U0244612

本成果受到中国人民大学2022年度“中央高校建设世界一流大学（学科）和特色发展引导专项资金”支持。

Supported by fund for building world-class universities (disciplines) of Renmin University of China.

绿水青山之路

刘金龙　等著

中国财经出版传媒集团

经济科学出版社
Economic Science Press
·北　京·

图书在版编目（CIP）数据

绿水青山之路/刘金龙等著. --北京：经济科学出版社，2024.6. --ISBN 978-7-5218-6031-3

Ⅰ. X321.2

中国国家版本馆CIP数据核字第2024YH5398号

责任编辑：刘　莎
责任校对：郑淑艳
责任印制：邱　天

绿水青山之路
LÜSHUIQINGSHAN ZHI LU
刘金龙　等著
经济科学出版社出版、发行　新华书店经销
社址：北京市海淀区阜成路甲28号　邮编：100142
总编部电话：010-88191217　发行部电话：010-88191522
网址：www.esp.com.cn
电子邮箱：esp@esp.com.cn
天猫网店：经济科学出版社旗舰店
网址：http://jjkxcbs.tmall.com
固安华明印业有限公司印装
787×1092　16开　29.75印张　410000字
2024年6月第1版　2024年6月第1次印刷
ISBN 978-7-5218-6031-3　定价：120.00元
（图书出现印装问题，本社负责调换。电话：010-88191545）

序

“绿水青山就是金山银山”是习近平总书记统筹经济发展与生态环境保护作出的科学论断，揭示了保护生态环境就是保护生产力、改善生态环境就是发展生产力的道理，指明了实现发展和协同共生的新路径①，是习近平生态文明思想的重要组成部分。习近平生态文明思想是当代中国以生态文明建设构建人类命运共同体的中国方案和东方智慧，是为在新时代营造绿水青山、建设美丽中国，转变经济发展方式、建设社会主义现代化强国提供了有力思想指引。

“绿水青山就是金山银山”写入党的十九大、二十大报告和修订后的《中国共产党章程》，“两山理念”成为积极建设生态文明的党的意志，是国家建设生态文明根本的思想遵循和行动指南。党的二十大报告提出，“必须牢固树立和践行绿水青山就是金山银山的理念，站在人与自然和谐共生的高度谋划发展”。“两山”理念作为一种新的绿色发展观、可持续发展思潮、人与自然和谐的方法论和实践论，当代中国老少皆知、家喻户晓、深入人心，深切回应民众诉求，体现了党以人民为中心的发展思想，提供更多优质生态产品，让天更蓝、地更绿、水更清，中国更美丽，人民更幸福。

习近平总书记关于“绿水青山就是金山银山”的重要论断深刻揭示了发展与保护之间辩证统一、相辅相成的关系，即保护生态环境就是

---

① 让绿水青山造福人民泽被子孙——习近平总书记关于生态文明建设重要论述综述［N］. 人民日报，2021－06－03.

保护生产力，改善生态环境就是发展生产力。这是中国特色社会主义理论全新经济增长模式的探索，表明了党和政府大力推进生态文明建设的态度、决心和信心，是走向现代化中国一次深刻而伟大的转变。“两山”理念以实现高质量发展，建设生态化、现代化经济体系为重要目标，超越工业文明发展的社会科学思想、理论和实践，体现出习近平生态文明思想的时代特征、现代属性，为建设人与自然和谐共生的现代化奠定思想和理论基础。

近十年来，习近平生态文明思想逐渐融入政治、经济、社会和文化建设中，曾给现实社会主义带来生态困境的“发展主义”思潮逐渐被纠正，百年来引入的资本主义价值指导下自由主义经济逻辑从主导的位置逐步退回到协助的位置，在党和政府统一领导下，社区和社会组织承担起与市场同等重要的使命和任务，让穷山恶水转化为绿水青山。生物多样性和生态系统服务具有公共产品属性和基本人权属性，社会主义制度应更加自觉地考量普通人民尤其是弱势群体的基本需要，实现资源与产品的合理配置与利益的公正分配，因此追求生态可持续的目标与社会主义制度本身是一致的。社会主义生态文明视域下的“发展”是基于生态理性、受生态约束、人类技术圈与生物圈适配、面向人与自然和谐共生的现代化实践。

在具体实践中，经济发展和生态保护的矛盾依然十分突出，不少地方客观存在严格保护环境而影响了短期的经济发展，存在生态空间被大量挤占、自然生态系统质量偏低和生态持续退化等问题。2020 年 3 月 30 日，习近平总书记在考察浙江余村时指出：“经济发展不能以破坏生态为代价，生态本身就是经济，保护生态就是发展生产力。”生产实践迫切需要回答维护和探索绿水青山的路径，这样的路径可维持社会稳定和活力，经济有竞争力，支撑中国特色生态文明制度培育和不断发展。这就是本书取名“绿水青山之路”的原因。绿水青山与金山银山是一体两面，发展和保护事业只能循中国人的智慧，走中庸之道，而不能非此即彼。

本书立题于2016年，终稿于2022年，其间可划分为三个阶段。第一阶段是由国家林业和草原局国际合作中心在国家林草局和世界自然保护联盟（IUCN）的支持下，中国人民大学刘金龙教授团队牵头组织来自清华大学、北京大学、中国人民大学、韩国首尔大学、延边大学、山西大学、北京林业大学等8所高校的本科生与研究生，组成8组调研团队。邀请来自政府部门、研究机构、教育机构、自然保护组织和当地机构的专家学者，组成专家指导小组，为调研团队提供前期的调研培训、后期的报告写作修订和全程的专家指导。就社会参与、社区保护、政府创新等研究视角，在福建长汀、东北虎豹国家公园、山西右玉、内蒙古库布齐、河北塞罕坝、浙江余村、内蒙古和林格尔、四川平武（大熊猫国家公园）等地展开调研，并撰写调研报告。基于调研报告，8个调研小组于2018年11月5日在杭州余杭区第二届世界生态系统治理论坛青年论坛上，各青年研究团队讲述了来自中国各地不同的生态治理故事，以青年的视角展现了中国在数十年的生态治理中妙手绘制绿水青山的壮丽画卷。自然保护联盟原秘书长、现联合国环境署执行主任英格·安德森博士、自然保护联盟中国办公室主任朱春全博士、志愿者魏琳女士为案例选择、团队建设、技术支持、研讨会组织倾注了大量心血。国家林业和草原局亚太森林与可持续经营组织秘书长鲁德博士、国际合作中心原副主任胡延辉博士给予了大力支持。

第二阶段是2018~2020年，在中国人民大学双一流经费的支持下，邀请山水、猫盟、富群、登龙云合、TNC、桃花源、三江源年保玉则协会、山水伙伴8个公益组织，刘金龙教授及团队成员支持他们将各自实施的社区参与自然资源管理成功案例组织成报告。于2019年4月21日，中国人民大学农业与农村发展学院与北京市永续全球环境研究所联合召开了“国家公园为主体的自然保护地体系自然资源社区管理案例研讨会”。这些公益组织就“我国公益组织积极引进国际社区参与自然资源管理的理论和具体操作经验”主题分享自然资源社区管理的项目经验和模式，并邀请了自然资源部、国家林草局、中国林业科学研究院等专家学者予以点评支持。中国人民大学农业与农村发展学院原院长唐忠教授、永续全球环境研究所彭奎博士、桃花源基金会田犎老师对这一阶段的工作提供了大力的支持。

第三阶段是2020年后，浙江何斯路村是我长期跟踪研究的一个村，是绿色和谐共享发展社区的一个好典型。采用地点为基础的自然资本和生态系统服务评估方法评估银川市马鞍山和志辉生态修复案例。这项工作得到了亚洲开发银行和中国人民大学科研处双一流经费的资助。亚洲开发银行牛志明博士给予了大力支持。

由于种种原因，从上述精心挑选的19个案例中，筛选了15篇案例文章而成本书。案例包括由政府（福建长汀、河北塞罕坝、山西右玉、东北虎豹国家公园、浙江余村）、企业（亿利集团、森林学校、志辉葡萄酒庄）、社区和社会组织（浙江何斯路村、桃花园基金会、老牛基金会、朝阳全球永续环境研究所、北京富群环境研究院、宁夏沙产业发展基金会）主导的15个生态恢复和修复案例。这些案例都为探索绿水青山之路提供可复制可借鉴的经验，在一定程度上可诠释中国生态文明建设的政策和制度探索。

第一和第二阶段的工作主体多是青年学生和社会组织的年轻实践者，他们大多不擅长案例文稿的写作。对社会组织而言，他们做得非常漂亮，却不善于总结提升，更不擅长用文字传播出来。我作为著作第一责任人，在案例撰写过程中，协助每一章的责任人一遍又一遍地修改，有的稿修改了十遍以上，我仍感不足。山西右玉、河北塞罕坝案例中主要作者放弃了写作计划，只能由我访问这些案例地区，提笔撰写案例报告。对我而言，这是一个相互学习不断完善的过程，社区实践工作者与理论工作者不断碰撞，在碰撞中寻求焦点和理论逻辑的过程。我作为本书的第一责任人，愿意承担案例报告中任何错误，包括一些诸如我误解了案例作者本来意思的错误。参与写作本书的作者如下：

第一章“‘两山’理论的形成逻辑和理论诠释”：刘金龙、匡野；第二章“生态系统治理机制和手段”：赵佳程、张沛、马磊娜、王炜晔、盛春红、巴枫、张明慧、傅一敏；第三章“以社区为基础的自然资源管理”：骆耀峰、刘宏；第四章“生态环境服务付费”：龙贺兴、刘梦瑶；第五章“福建长汀县水土流失治理和生态恢复”：齐琪、龙贺兴；第六章“河北省塞罕坝绿洲再造”：刘金龙；第七章“山西省右玉县的生态建设及其启示”：刘金龙；第八章“东北虎豹国家公园治理”：赵佳程、张沛、马磊娜、时卫平；第九章“浙江省安吉县余村两山转型发展”：李静媛、毛谨锐、姜雪梅；第十章“库布齐荒漠治理”：刘金龙、梁文远、时卫平；第十一章“生态保护与社区发展平衡之道——来自登龙云合森林学校的探索”：秦燕、刘晓梅；第十二章“何斯路：绿色和谐共享发展之路”：刘金龙；第十三章“四川省平武县社区保护地实践”：田犎、柴婷婷、陈祥辉；第十四章“行业龙头的社会参与推动草原发展与保护的可持续管理”：孙凯平、刘雪华；第十五章“内蒙古乌力吉图沙化草原治理措施的探索与实践”：孔令红；第十六章“社区参与型保护方式的地方呈现——三江源社区协议保护机制探索”：王倩；第十七章“三江源社区共管示范村建设实践”：余惠玲；第十八章“宁夏马鞍山和志辉废弃矿坑生态修复的生态系统服务和自然资本评估”：盛春红、刘金龙。本书除特别标注外，所用数据都来自各章作者的田野调查。

本人参与到所有章节内容的设计、修改和最终定稿。鉴于本人水平有限，文中会出现不少错误，我对本书所有文字和观点承担责任。

《绿水青山之路》和未来要出版的《金山银山之策》是姊妹篇。作者认为绿水青山和金山银山是一个不可分割的整体。数百年来，全球化、工业化席卷全球；数十年来，激进发展主义盛行中国。与世界大多数发展中国家一样，生态系统退化和生物多样性锐减成为我们面临的重大环境问题，生态系统修复恢复成为践行“绿水青山就是金山银山”理念绕不过的问题。将本书定名为《绿水青山之路》客观反映了党领导中国人民开展生态建设的奋斗历程和我国当下的实际需求。本书前四章以生态修复恢复实践为基础，初步搭建生态治理的理论逻辑框架，即以习近平生态文明思想为内核，在党的领导下，采取丰富多彩的政府、市场、社会和社区机制，营造绿水青山、建设美丽中国，借鉴国际社区为基础自然资源管理和生态系统付费的理论与实践，丰富和完善市场和社区机制。后十四章介绍了地方政府、社会组织和企业主导的生态修复和恢复实践案例。本书可为与发展改革、自然资源、生态环境、林业与草原、农业与农村相关的政府工作人员、政策研究者和从事自然资源治理研究和教育的学者、学生提供参考。本书不成熟和不完善的地方很多，敬请读者批评指正。

刘金龙

2023 年 10 月 1 日

北京海淀区天秀花园

目录

第一章　“两山”理念的形成逻辑和理论诠释 / 1

第一节　“两山”理念提出和发展 ………………………… 1

第二节　绿水青山与金山银山的逻辑关系解析 ………… 6

第三节　“两山”理念的哲学和社会科学意蕴 ………… 12

第四节　“两山”理念推动中国高质量发展 ………… 20

第二章　生态系统治理机制和手段 / 24

第一节　生态系统治理的内涵 ………………………… 24

第二节　政府机制 ………………………………………… 28

第三节　市场机制 ………………………………………… 42

第四节　社区机制 ………………………………………… 51

第五节　社会机制 ………………………………………… 56

第六节　治理机制和手段汇总 ………………………… 64

第三章　以社区为基础的自然资源管理 / 67

第一节　什么是 CBNRM ………………………………… 68

第二节　CBNRM 的背景与由来 ………………………… 70

第三节　CBNRM 的实践及经验 ………………………… 71

第四节　构建 CBNRM 的法律和制度框架 …………… 73

第五节　CBNRM 当前所面临的挑战 ………………… 75

第六节　中国的社区共管实践 ………………………… 77

第四章　生态环境服务付费 / 83

第一节　生态环境服务付费的内涵 …………………… 84
第二节　PES 关键要素 …………………… 90
第三节　我国支持 PES 的政策及实践 …………………… 96
第四节　哥斯达黎加 PES 实践 …………………… 101
第五节　我国 PES 现状、挑战和未来趋势 …………………… 107

第五章　福建长汀县水土流失治理和生态恢复 / 109

第一节　长汀水土流失产生的原因 …………………… 110
第二节　长汀水土流失治理的历程和做法 …………………… 113
第三节　长汀水土流失治理经验与启示 …………………… 124

第六章　河北省塞罕坝绿洲再造 / 130

第一节　塞罕坝及塞罕坝的历史 …………………… 130
第二节　塞罕坝生态恢复过程 …………………… 133
第三节　塞罕坝人 …………………… 138
第四节　塞罕坝上的绿水青山 …………………… 141

第七章　山西省右玉县的生态建设及其启示 / 144

第一节　山西右玉县的自然与历史 …………………… 144
第二节　久久为功，践行以人民为中心发展观 …………………… 146
第三节　绿水青山就是金山银山 …………………… 152
第四节　政府主导生态恢复成功的条件 …………………… 154

第八章　东北虎豹国家公园治理 / 162

第一节　东北虎豹国家公园试点地区自然社会经济演变 …………………… 162
第二节　虎豹公园试点的契机和使命 …………………… 165

第三节 东北虎豹国家公园试点自然资源管理的现状 ………… 166
第四节 东北虎豹国家公园建设面临的治理难点 ………… 179
第五节 东北虎豹国家公园治理的建议 ………… 193
第六节 结语 ………… 205

第九章 浙江省安吉县余村两山转型发展 / 208
第一节 余村的自然与历史 ………… 209
第二节 余村的转型发展历程 ………… 210
第三节 余村转型发展现状 ………… 214
第四节 余村生态经济协调发展动因 ………… 215
第五节 余村“两山”理论实践的一些启示………… 219
第六节 余村深化“两山”理论实践的建议………… 221

第十章 库布齐荒漠治理 / 224
第一节 库布齐沙漠形成与演变驱动力 ………… 225
第二节 库布齐沙漠防治的政策制度和社会经济环境 ………… 231
第三节 亿利资源集团参与库布齐荒漠治理历程 ………… 241
第四节 公司主导的伙伴关系 ………… 246
第五节 库布齐沙漠防治的成效 ………… 251

第十一章 生态保护与社区发展平衡之道
——来自登龙云合森林学校的探索 / 256
第一节 四川省丹巴县中路乡简要 ………… 257
第二节 中路乡的困境 ………… 261
第三节 登龙云合森林学校的尝试 ………… 266
第四节 森林学校介入社区保护面临的挑战和困惑 ………… 272
第五节 经验和启示 ………… 278

第十二章　何斯路：绿色和谐共享发展之路／281
第一节　何斯路村的简要发展史 …… 281
第二节　一个人改变了一个村庄 …… 283
第三节　何斯路之路的经验 …… 291
第四节　何斯路之路的启示 …… 296

第十三章　四川省平武县社区保护地实践／302
第一节　桃花源基金会和老河沟保护区 …… 302
第二节　民主村保护区扩展区的实践 …… 305
第三节　重构扩展区社区工作思路 …… 309
第四节　建立新驿村社区保护地 …… 312
第五节　新驿村社区保护地的启示 …… 322

第十四章　行业龙头的社会参与推动草原发展与保护的可持续管理／324
第一节　老牛基金会 …… 325
第二节　内蒙古古盛乐国际生态示范区 …… 327
第三节　项目所取得的效果 …… 332
第四节　关于企业在生态修复上起重要角色方面的反思 …… 334

第十五章　内蒙古乌力吉图沙化草原治理措施的探索与实践／341
第一节　草原保护协议引入乌力吉图嘎查 …… 342
第二节　乌力吉图沙化治理措施 …… 346
第三节　项目所取得的效果 …… 355
第四节　项目实施中的启示 …… 358

第十六章 社区参与型保护方式的地方呈现
——三江源社区协议保护机制探索 / 361
第一节 社区协议保护机制 …… 361
第二节 青海省囊谦县毛庄乡及其面临的保护威胁 …… 364
第三节 社区参与保护方式的呈现 …… 367
第四节 社区参与保护方式的特征 …… 373
第五节 关于社区保护协议的反思 …… 377

第十七章 三江源社区共管示范村建设实践 / 380
第一节 三江源社区共管试点项目背景 …… 380
第二节 社区共管示范村及面临的保护威胁 …… 381
第三节 试点社区共管实施程序 …… 385
第四节 示范村社区共管取得的进展 …… 392
第五节 来自示范村社区共管的经验与反思 …… 395

第十八章 宁夏马鞍山和志辉废弃矿坑生态修复的生态系统服务和自然资本评估 / 401
第一节 引言 …… 401
第二节 马鞍山生态修复自然资本和生态系统服务评估 …… 406
第三节 志辉生态修复项目 …… 413
第四节 结论与启示 …… 420
第五节 启示和讨论 …… 424

参考文献 …… 428
后记 …… 444

第一章

“两山”理念的形成逻辑和理论诠释

当今中国，“既要绿水青山，也要金山银山”“宁要绿水青山，不要金山银山”“绿水青山就是金山银山”，这些论述极具中国特色、极富深刻内涵，成为政界、学界、工商界耳熟能详的“金句”。生态文明建设作为新质生产力的重要抓手、高质量发展的重要内容，悄然改变着中国的发展轨迹。它改变了人民的日常生产生活、人们对大自然的行为和态度。美丽中国建设逐渐成为人民对国家、社会、家庭和个人美好愿望的重要组成部分，从而转化为中国人自觉的发展行为。这些论断深深植根于中华民族悠久的文化传统，客观反映了中国现代化进程的时代要求，是马克思主义基本原理同中国具体实践相结合的当代成果。

第一节　“两山”理念提出和发展

2005 年“两山”理念提出，到 2015 年写入中央文件，再到 2017 年写入党章，经历了从理念到政策化再到制度化的过程，是习近平生态文明思想不断成熟的标志性成果。这表明了以习近平同志为核心的党中央大力推进生态文明建设的态度、决心和信心，是发展理念的深刻、伟大、具有划时代意义的变革性转型。

2005 年 8 月 15 日，在浙江安吉余村，时任浙江省委书记的习近平同志创造性地提出“绿水青山就是金山银山”的重要理念。当天，习近平同志到安吉县余村考察，村干部介绍关停污染矿山，发展生态旅游，实现了“景美、户富、人和”。习近平同志说：“我们过去讲，既要绿水青山，又要金山银山。其实，绿水青山就是金山银山。”9 天后，习近平同志在浙江日报《之江新语》发表《绿水青山也是金山银山》的评论，鲜明提出，生态环境优势转化为生态农业、生态工业、生态旅游等生态经济的优势，绿水青山也就变成了金山银山。

2006 年 3 月 8 日，习近平总书记在中国人民大学的演讲中，深刻论述了“两山”理论的辩证关系。他说：“第一个阶段是用绿水青山去换金山银山，不考虑或者很少考虑环境的承载能力，一味索取资源。第二个阶段是既要金山银山，但是也要保住绿水青山，这时候经济发展和资源匮乏、环境恶化之间的矛盾开始凸显出来，人们意识到环境是我们生存发展的根本，要留得青山在，才能有柴烧。第三个阶段是认识到绿水青山可以源源不断地带来金山银山，绿水青山本身就是金山银山……这三个阶段，是经济增长方式转变的过程，是发展观念不断进步的过程，也是人和自然关系不断调整、趋向和谐的过程。”

党的十八大以来，习近平总书记多次对“两山”理念作出重要指示和精妙论述。2013 年 4 月 8 ~ 10 日，习近平同志在海南考察时指出：良好生态环境是最公平的公共产品，是最普惠的民生福祉。青山绿水、碧海蓝天是建设国际旅游岛的最大本钱，必须倍加珍爱、精心呵护。2013 年 9 月 7 日，习近平主席在哈萨克斯坦纳扎尔巴耶夫大学发表演讲，在回答学生们提出环境保护问题时说：“我们既要绿水青山，也要金山银山。宁要绿水青山，不要金山银山，而且绿水青山就是金山银山。”

2014 年 3 月 7 日，习近平同志在参加贵州代表团审议时指出：绿水青山和金山银山决不是对立的，关键在人，关键在思路。保护生态环境就是保护生产力，改善生态环境就是发展生产力。让绿水青山充分发挥经济社会效益，不是要把它破坏了，而是要把它保护得更好。2014 年 11 月 11 日，习近平主席在 APEC 欢迎宴会上致辞时强调：“希望蓝天常在、青山常在、绿水常在，让孩子们都生活在良好的生态环境之中，这也是中国梦中很重要的内容。”

2015 年 3 月 6 日，习近平同志在参加江西代表团审议时强调：环境就是民生，青山就是美丽，蓝天也是幸福。要着力推动生态环境保护，像保护眼睛一样保护生态环境，像对待生命一样对待生态环境。2015 年 3 月 24 日，习近平同志主持召开中央政治局会议，通过了《关于加快推进生态文明建设的意见》，正式把“坚持绿水青山就是金山银山”的理念写进中央文件，成为指导中国加快推进生态文明建设的重要指导思想。

2016 年 3 月 16 日，习近平总书记在参加党的十二届全国人大四次会议黑龙江代表团审议时强调，“要加强生态文明建设，划定生态保护红线，为可持续发展留足空间，为子孙后代留下天蓝地绿水清的家园，绿水青山是金山银山，黑龙江的冰天雪地也是金山银山。”2016 年 8 月 19 日，习近平总书记在全国卫生与健康大会上说：“绿水青山不仅是金山银山，也是人民群众健康的重要保障。对生态环境污染问题，各级党委和政府必须高度重视，要正视问题、着力解决问题，而不要去掩盖问题。”

2017 年 1 月，习近平主席在联合国日内瓦总部发表演讲指出，绿水青山就是金山银山。我们应该遵循天人合一、道法自然的理念，寻求永续发展之路。2017 年 10 月 18 日，习近平同志在中共十九大报告中强调：建设生态文明是中华民族永续发展的千年大计。必须树立和践行绿水青山就是金山银山的理念，坚持节约资源和保护环境的基本国策，像对待生命一样对待生态环境，统筹山水林田湖草系统治理，实行最严格的生态环境保护制度，形成绿色发展方式和生活方式，坚定走生产发展、生活富裕、生态良好的文明发展道路，建设美丽中国，为人民创造良好生产生活环境，为全球生态安全作出贡献。2017 年 10 月，新修订《中国共产党章程》总纲明确指出：树立尊重自然、顺应自然、保护自然的生态文明理念，增强绿水青山就是金山银山的意识。

2018 年 4 月 11 ~ 13 日，习近平同志在海南考察时强调：青山绿水、碧海蓝天是海南最强的优势和最大的本钱，是一笔既买不来也借不到的宝贵财富，破坏了就很难恢复。要把保护生态环境作为海南发展的根本立足点，牢固树立绿水青山就是金山银山的理念，像对待生命一样对待这一片海上绿洲和这一汪湛蓝海水，努力在建设社会主义生态文明方面作出更大成绩。

2019 年 4 月 28 日，习近平主席在中国北京世界园艺博览会开幕式上指出：绿水青山就是金山银山，改善生态环境就是发展生产力。良好生态本身蕴含着无穷的经济价值，能够源源不断创造综合效益，实现经济社会可持续发展。

2020 年 3 月 30 日，习近平同志再次前往浙江余村考察。4 月 1 日，在听取汇报后指出，要践行“绿水青山就是金山银山”发展理念，推进浙江生态文明建设迈上新台阶，把绿水青山建得更美，把金山银山做得更大，让绿色成为浙江发展最动人的色彩。2020 年 10 月 14 日，习近平总书记在深圳经济特区建立 40 周年庆祝大会上指出：“必须践行绿水青山就是金山银山的理念，实现经济社会和生态环境全面协调可持续发展”。

2021 年 10 月 12 日，习近平主席在《生物多样性公约》第十五次缔约方大会领导人峰会视频讲话中提出：“绿水青山就是金山银山。良好生态环境既是自然财富，也是经济财富，关系经济社会发展潜力和后劲。我们要加快形成绿色发展方式，促进经济发展和环境保护双赢，构建经济与环境协同共进的地球家园。”

2022年6月5日，习近平同志在致信祝贺2022年六五环境日国家主场活动指出：生态环境是人类生存和发展的根基，保持良好生态环境是各国人民的共同心愿。党的十八大以来，我们把生态文明建设作为关系中华民族永续发展的根本大计，坚持绿水青山就是金山银山的理念，开展了一系列根本性、开创性、长远性的工作，美丽中国建设迈出重要步伐，推动我国生态环境保护发生历史性、转折性、全局性变化。

2022年10月16日，习近平同志在党的二十大报告中提出，大自然是人类赖以生存发展的基本条件。尊重自然、顺应自然、保护自然，是全面建设社会主义现代化国家的内在要求。必须牢固树立和践行绿水青山就是金山银山的理念，站在人与自然和谐共生的高度谋划发展。

2023年8月15日，习近平同志在首个全国生态日之际作出重要指示强调：全社会行动起来做绿水青山就是金山银山理念的积极传播者和模范践行者，身体力行、久久为功，为共建清洁美丽世界作出更大贡献。2023年6月28日，党的十四届全国人大常委会第三次会议通过决定，将同年8月15日设立为全国生态日。首个全国生态日主题为“绿水青山就是金山银山”。

“两山”理念体现中国共产党领导人民建设生态文明的意志基石，推动人与自然和谐共生的现代化中国梦、人类命运共同体世界梦的实现。“必须树立和践行绿水青山就是金山银山的理念”写进了党的十九大报告，大自然是人类赖以生存发展的基本条件。习近平总书记在党的二十大报告中指出：尊重自然、顺应自然、保护自然，是全面建设社会主义现代化国家的内在要求。必须牢固树立和践行绿水青山就是金山银山的理念，站在人与自然和谐共生的高度谋划发展。《中国共产党章程》增加了“增强绿水青山就是金山银山的意识”的表述，彰显了将“绿水青山就是金山银山”作为新的发展观、历史方位的价值取向。

第二节　绿水青山与金山银山的逻辑关系解析

习近平总书记明确指出：我们既要绿水青山，也要金山银山。宁要绿水青山，不要金山银山，而且绿水青山就是金山银山。“绿水青山”与“金山银山”所喻指和表达的是保护生态与发展经济的辩证关系。“绿水青山”指的是农田、森林、湿地、海洋、草原、湖泊、荒漠生态系统，与社会经济系统组合而成的社会生态系统及与城镇、城郊、乡村社会经济耦合协同维持高水平的健康状态。维持和改善空气、水、土壤、动植物、微生物、碳库、生物多样性等生态系统组分的质量是保障社会生态系统健康的前提。“金山银山”指的是经济发展成果与物质财富。

习近平总书记的“两山”理念是科学的具有时代特征的发展理念，而不应当单纯理解为严格生态保护的理念。总书记多次强调，绿水青山既是自然财富、生态财富，又是经济财富、社会财富。“保护生态环境就是保护自然价值和增值自然资本，就是保护经济社会发展潜力和后劲，使绿水青山持续发挥生态效益和经济社会效益。”绿水青山和金山银山是一个辩证的关系，在生态保护中兼顾经济发展的需要，在发展经济中必须考虑到自然承受能力，不能让青黛的山峦和碧清的河流被破坏了。

一、宁要绿水青山，不要金山银山

通常情况下，人们一定会是绿水青山和金山银山都要，既要经济持续发展、福利持续改善，又要自然资源资本增值和生态系统服务能力持续改善。然而工业革命以来的发展实践证明，“鱼和熊掌难以兼得”，其中不少国家陷入了“贫困—资源破坏—生态恶化—更加贫困”的恶性循环中。在亚非拉殖民地不少国家，社会经济发展、人们收入增加和福利改善是用绿水青山去换金山银山，不考虑或者很少考虑环境的承载能力，一味索取资源，经济发展和人口增长、资源匮乏、环境污染和生态退化之间的矛盾凸显出来。在全球层面，气候变化、生物多样性锐减、生态系统退化、环境污染等已经成为威胁人类生存紧急事务。在社区层面，生计、传统知识和文化脆弱性增加，生态灾民和生态难民涌出。使人们认识到生态环境是人类生存与发展的根本。实践证明，用牺牲“绿水青山”的办法换取所谓“金山银山”最终只能付出惨痛的代价。毁林开荒、围湖造田可以暂时解决饥饿问题，但所带来的水土流失、洪灾频发、河道水库淤积会让人类自身受到自然界更严厉的惩罚。当“绿水青山”与“金山银山”出现矛盾时，必须毫不犹豫地做选择“宁要绿水青山，不要金山银山”。正所谓“留得青山在，不怕没柴烧”。

20世纪80年代中期以来，中国的发展主义催生了经济的快速增长，也带来了环境问题，北方地区雾霾问题一度影响了人民的健康和正常生活。我们党和政府十分重视生态环境的建设，近年来生态环境建设取得了非常大的成绩，主要城市空气质量大幅改善，主要水系质量大幅提升，森林数量持续增长和质量持续改善，水土流失面积减少，荒漠化趋势得以遏制，经济碳密度在持续下降，且催生了光伏、风电、电动汽车、电池等一批极具全球竞争力的产业。总体上说，党的十八大以前我国整体生态环境依然呈现“局部改善、整体恶化”的格局。党的十八大以来，尤其是在2017年“祁连山事件”以来，习近平生态文明思想得以深入贯彻。2023年，习近平总书记在全国生态环境保护大会上，全面总结了党的十八大以来我国生态文明建设取得的举世瞩目的成就，实现由重点整治到系统治理的重大转变，由被动应付到主动作为的重大转变，由全球环境治理参与者到引领者的重大转变，由实践探索到科学理论指导的重大转变。绿色发展是发展观的深刻革命。

一味地追求甚至苛求绿水青山，而不考虑经济发展，是与为中国人民谋幸福为中华民族谋复兴的初心使命相违背，是对“两山”理念误读。一些基层干部对“两山”理念的理解走向了另一个极端，在行动中将“两山”理念理解为“宁要绿水青山，不要金山银山”。“宁要绿水青山不要金山银山”论断，是针对先发展后保护、只发展不保护现象提的。“两山”理念绝不是不要发展，关键是我们要的是什么样的发展。发展是解决一切问题的总钥匙，是减贫富民的关键。不发展，经济发展不上去，人民就业难以得到保障，收入上不去，尤其影响相对落后地区和中低收入群体，社会稳定就会出问题。但是，当发展带来的自然生态和环境负担超出其承载和恢复能力时，就要调整经济发展方式，保障自然资本不贬值和生态系统服务水平不下降，增强国家和地方可持续发展能力。

二、既要绿水青山，又要金山银山

2012 年以来，我国生态文明建设从理论到实践发生了历史性、转折性、全局性的变化，我国天更蓝、地更绿、水更清，万里河山更加多姿多彩①。到 2022 年，我国重点城市 PM2.5 平均浓度累计下降 57%，降至 29 微克/立方米，重污染天数减少 93%。地水表优良水体比例达到 87.9%，长江干流、黄河干流历史性全线达到Ⅱ类水质。碳排放强度累计下降超过 35%。从思想、法律、体制、组织、作风上全面发力，加强党对生态文明建设的全面领导，全方位、全地域、全过程加强生态

① 钱勇．深刻认识新时代生态文明建设的“四个重大转变”［N］．人民日报，2023－08－15.

保护。习近平总书记在2023年全国生态环境保护大会上讲话中指出：“新时代生态文明建设的成就举世瞩目，成为新时代党和国家事业取得历史性成就、发生历史性变革的显著标志。”我国生态文明建设主体部分应当回到“既要绿水青山，也要金山银山”。发展经济和保护生态既相互对立又相互依存、相互统一。

现实生活中，我们在多数情况下面临着两难选择，要绿水青山就不可能有金山银山，要金山银山就必须放弃绿水青山。在欧美资本主义场景下，森林数量增长一般在人均国内生产总值（GDP）达到5 000美元（2010年不变价）的规模才发生。也就是在人均约5 000元之前，森林保护和经济增长之间的关系就是“用青山林海换金山银山”，人均GDP达到5 000美元以上，西方国家就进入森林面积和人均GDP协同增长的阶段。我们可称之为“金山银山就是绿水青山”的阶段，或西方学术界总结的“先污染、后治理”模式。西方国家，有了金山银山，向外输出污染工业、巧夺发展中国家生态资源，国内生态环境得到改善，却严重破坏了发展中国家的生态环境，这是披着隐蔽外衣的强盗行为。

生态扶贫是习近平总书记“两山”理论和精准扶贫思想相结合的最生动实践。“既要绿水青山又要金山银山”理念，强调在发展中保护，在保护中发展，统筹推进精准扶贫与全面建成小康社会，进一步创新理念、创新思路、创新举措，加快推进百姓富、生态美的绿色可持续发展。采取实施退耕还林还草工程，将新增退耕任务和补偿资金向中西部贫困地区倾斜，因地制宜发展经济林和林下经济，巩固拓展脱贫成果。实施荒漠化和石漠化综合治理，采取造林抚育、小流域综合治理、特色生态种植等措施，政府通过购买服务，拓展生态就业渠道，拓宽农民收入渠道。完善选聘生态管护岗位及动态调整机制。选聘有劳动能力的贫困人口从事生态护林员等公益性岗位，负责资源管护工作，在实现“家门口就业”的同时增加工资性收入。统筹考虑生态搬迁保护生态环境。对居住在遗产地缓冲区、生态位置重要、生态环境脆弱区的贫困户进行搬迁安置，对原有土地实施人工造林、流转开发等生态修复和恢复措施，减轻环境压力。以上述关键措施，不断推动贫困地区经济开发与生态保护相协调、脱贫致富与可持续发展相促进，使贫困人口从生态保护与修复中获得实惠，实现“一个战场”上打赢脱贫攻坚与生态治理“两场战役”。获取金山银山必须以保护绿水青山为前提，金山银山必须建立在绿水青山的坚实基础上。

三、绿水青山就是金山银山

“绿水青山就是金山银山”可有两重含义：一是绿水青山作为金山银山的基础，为创造金山银山提供前提；二是绿水青山可直接创造出金山银山，特别是通过发展生态产业，将生态优势直接变成经济优势。2016年1月18日习近平同志在省部级主要领导干部学习贯彻党的十八届五中全会精神专题研讨班上的讲话时指出：生态环境没有替代品，用之不觉，失之难存。这强调了环境问题产生的复杂性和维护绿水青山的艰巨性。中国古人言：穷山恶水出刁民。生态崩溃、经济崩溃和社会崩溃是一体的、互为因果的。树立“绿水青山就是金山银山”的理念，就是要认识和把握“绿水青山”和“金山银山”的辩证统一关系，让美丽多姿的绿水青山为我们带来富饶丰盛的金山银山。讲“绿水青山就是金山银山”要避免在发展中只把重心放在“金山银山”而对“绿水青山”乱作为的误区，也要避免不顾“金山银山”而对“绿水青山”不敢为的误区。

“绿水青山就是金山银山”理念，强调推动发展进程中的自然资本、物质资本、人力资本之间的动态性、互补性和替代性，创新生态产品价值实现机制，找到有效的“两山”转换途径。在转换思维、创新机制方面狠下功夫。比如，通过空间置换、腾笼换鸟的方式，大力开展生态旅游，如浙江余村。绿色是理念更是举措，防止走粗放增长老路、越过生态底线竭泽而渔。借助“互联网+”“生态+”，发展新业态，保持“绿水青山”不变色，创造“绿色金山银山”。正确处理好加快经济发展和转变经济发展方式有机结合起来，加快发展和保护环境齐头并进，把产业生态化和生态产业化作为发展新出路和新动力，推动高质量发展。

四、“两山”理念培育新质生产力推动高质量发展

习近平总书记在2024年1月31日中央政治局集体学习时指出，绿色发展是高质量发展的底色，新质生产力本身就是绿色生产力。“两山”理念所蕴含的发展观不是单纯为保护生态环境的发展，更不是不计生态代价、依赖资源开发式的发展。大力推进社会主义生态文明建设，逐渐解决目前所面临的严峻生态环境难题，找到一条人与自然和谐共生的现代化中国方案。我国需要加快发展方式转型，走生态优先、绿色发展之路。强化绿色科技创新和运用，推动绿色制造业、服务业发展进一步壮大绿色能源产业转型，构建绿色发展的制度和政策体系、倡导绿色生活方式。将生态环境保护和乡村振兴、新型城镇化、共同富裕有机统一起来，是社会主义生态文明观的形象化表达，是当下治国理政核心理念的形象化表达。

“两山”理念是为乡村振兴指明了乡村绿色发展的道路，保护和改善乡村自然生态环境，将生态环境优势转化为经济发展优势，实现人与自然、经济与环境的和谐共生，各美其美，美美与共，从根本上破解“三农”问题的科学发展新路。良好的自然生态环境，就是农村最大的优势和最宝贵的财富，实施乡村振兴战略，必须践行“两山”理论，促进绿水青山与金山银山的良性循环，实现百姓富、生态美的和谐统

一。浙江省安吉县余村在20世纪90年代资源枯竭的衰退期，引入乡村旅游、农家乐为主的生态经济，开展产业绿色转型与升级，成效十分显著。

以“两山论”理念为引领，让城市融入大自然。我国新型城镇化建设持续推进，城市发展正面临城市迭代和创新，探索走出城市与自然和谐的绿色发展之路。让城市融入大自然，让居民望得见山、看得见水、记得住乡愁。

以“两山论”为引领，贯彻“创新、协调、绿色、开放、共享”的新发展理念，走高质量发展之路。高质量发展，必须坚持以新发展理念为引领，绿色是题中应有之义，实现经济生态化和生态经济化。在信息产业、智能化应用、新材料、节能环保、清洁能源、生态修复、生态技术、循环利用等领域绿色产业和绿色经济发展十分迅速，为支撑走高质量发展之路打开了突破口。

第三节　“两山”理念的哲学和社会科学意蕴

“两山”理念是推进生态文明建设的重要指导理念。党的十八大以来，在习近平生态文明思想指引下，我国生态环境保护发生历史性、转折性、全局性变化。习近平生态文明思想以科学的理论范畴、严密的逻辑架构、深邃的历史视野丰富和发展了马克思主义人与自然关系理论，对中华优秀传统生态文化进行创造性转化、创新性发展，为正确认识人与自然关系提供科学指导，为建构中国自主的生态文明知识体系提供科学指引。厘清“两山”理念的哲学和社会科学意蕴十分必要。

一、绿色资本主义无法统一人与自然

工业革命以来，人类突破了马尔萨斯陷阱，人均财富和消费走出低水平均衡态，呈不断增长的趋势，然而这表面璀璨的人类世给地球留下了两大难题——不平等和生态环境破坏。国家间发展不平衡，性别、种族歧视严重，国家内部收入和财富差距持续拉大，金融、数字、信息等新鸿沟加剧了不平等，而气候变化、生物多样性减少、荒漠化等地球生态问题对弱势群体影响更大。工业革命以来，人类持续消耗不可再生资源，排放大量工业污染，大量使用化学品，导致空气、土壤、水域等生态系统全面恶化，环境污染由点到面，从英国、欧洲大陆逐步蔓延到地球的每一个角落。叠加人为不合理的开发利用，森林、湿地、草原、海洋、荒漠等生态系统退化，转化为气候变化、生物多样性锐减、土地荒漠化等全球性生态问题。自 20 世纪中叶始，人类致力于推动可持续发展、包容式发展、绿色发展，期待扭转生态恶化的趋势，消除绝对贫困和饥饿，减少不平等，缓解技术圈和生物圈失衡，形成了集体行动、治理、转型、耦合、社会生态系统等有影响力的学术概念和理论，全球发展正迈向一个新的人类世。

“绿色资本主义”流派主张市场手段和技术进步可有效地解决环境问题。发达资本主义国家环境规制越来越成熟，制定了气候变化应对战略、生物经济、综合森林管理战略，增加生物多样性、传统文化保护地面积，开设碳市场、增设碳税等措施，形成了以市场和技术创新为工具，同资本主义生产方式紧密结合的旨在纠正环境问题的解决方案。环境政治学学者认为：生态危机的根源不能简单归结于人口增长、技术失当和发展观谬误，生态环境问题本质上是政治问题。环境民主主义流派强调保护公民环境权和环境正义，通过代议制民主和公众参与改善生态环境。绿色资本主义思潮，各国经济绿色（生态）化努力没有阻止全球环境的整体恶化，业已形成的政治、经济、社会、文化、创新结构阻止了期待发生的变革。进入21世纪，学术界认为地球正进入人类史新时代，警告支持生命系统的地球系统和过程接近发生质变的临界点，一旦到了这个临界点，可能带来突然的、不可想象的变化。人类活动带来全球生物多样性丧失和生态系统退化已经超出了仅针对人类生存和发展重大风险的评估，而上升为包括人类在内的地球生命系统毁灭的危机。

绿色资本主义的本质是基于人与自然二元对立基础上的经济增长逻辑。放眼人类世，经济样式是嵌入自然社会经济大系统中的，不能将经济系统独立出来，而自然社会经济系统是不可机械地拆分为经济系统和社会生态系统。资本主义强化人与自然的割裂，追求无限的增长而忽视了地球自然资源的有限性，其夸大了人性的贪婪，忽视了人类对利润的追逐只是社会生活的一部分。囿于资本主义的竞争性民主体制，政党和政府需获得民众、资本和利益集团的支持，将民众短期福利、充分就业及资本利润置于环境规制之上，例如碳税和“总量控制和交易”的碳排放市场难以得到有效执行。缺乏道德指引的资本主义制度已经失衡，再多的绿色修补也无济于事。人类需要超越工业文明和资本主义发展范式，构建新发展范式，才能防止生物多样性丧失、气候变化、荒漠化等生态灾难的发生。

二、人与自然和谐共生的中国方案

当今世界，面对紧急的气候变化、生物多样性锐减、生态系统退化问题，加上厄尔尼诺现象，全球正面临生态、粮食、金融、供应链等重大问题，需要大破大立重建自然与人类的关系。习近平总书记指出，生态文明是工业文明发展到一定阶段的产物，是实现人与自然和谐发展的新要求。生态文明本身是对工业文明发展理念的科学扬弃，走“绿水青山就是金山银山”的发展之路是一场前无古人的创新之路，是对工业文明下发展观、价值观、财富观和生态观的突破，是对发展方式、生产方式、生活方式的转型性变革。“两山论”的科学论断，构成了生态文明建设的核心价值观，促进形成了生态文明发展的中国范式，提升和改造工业文明的发展模式，它是中国智慧、中国方案对人类命运共同体的贡献。“绿水青山就是金山银山，保护环境就是保护生产力，改善环境就是发展生产力”，这一朴素的道理正得到越来越多人们的认同。

经济基础决定上层建筑，上层建筑反作用于经济基础。当代中国绿色变革转型不是自然而然地生发的，而是在习近平生态文明思想指导下，通过经济、社会、政治和文化制度等上层建筑的调整来推动生态文明实践和经济基础的生发。要构建能够推进人与自然和谐共生的制度和政策体系，让生态马克思主义得以生动地展示出创造力、先进性，必须通过思想引领和制度孕育相依的生态文明经济形态。这种充满活力和竞争优势的生态文明新经济形态规定着生态文明制度的进一步发育和成长，又进一步推动生态文明经济的发展和提档升级。而在习近平生态文明思想引领下的社会主义生态文明经济孕育成长，应同时包括新经济理念、原则、进路和样态系统性引入，并在制度与政策层面上注重规范化及其落实。

来源于中国实践和服务于中国特色现代化进程的习近平生态文明思想，亟须理论化的诠释，形成具有自主知识体系的生态文明中国理论、中国方案和中国故事，为世界生态环境危机解决提供中国方案。

习近平生态文明思想深刻阐明人与自然是生命共同体，绿水青山就是金山银山，揭示了保护生态环境就是保护生产力、改善生态环境就是发展生产力的道理，指明了发展和保护协同共进的新路径，开辟了马克思主义人与自然关系理论新境界。[①] 人与自然生命共同体理念，以人与自然关系的整体性为视角，以实现人与自然和谐共生为主要目标，从认识论层面超越了人与自然主客二分的观念，实现了马克思主义人与自然关系理论的创新发展。人与自然生命共同体理念将人与自然有机融入生命共同体的理论范式。2013 年 11 月 9 日，习近平同志在党的十八届三中全会上作关于《中共中央关于全面深化改革若干重大问题的决定》的说明时强调："生态是统一的自然系统，是相互依存、紧密联系的有机链条""人的命脉在田，田的命脉在水，水的命脉在山，山的命脉在土，土的命脉在林和草，这个生命共同体是人类生存发展的物质基础"。从认识论层面揭示了人与自然和谐共生、人类文明与自然环境共存共荣的内在联系，以科学的理论范畴、严密的逻辑架构、深邃的历史视野丰富和发展了马克思主义人与自然关系理论，为正确认识人与自然关系提供了科学指导。[②]

习近平生态文明思想立足新时代我国发展实际，从人与自然和谐共生、人类社会长远发展的高度，将生态环境作为生产力的内在属性，把良好生态环境作为生产力发展的必备要素和有力支撑，继承和发展了马克思主义生产力理论。明确"坚持在发展中保护、在保护中发展"开辟了观照生态环境保护与经济社会发展关系的全新理论视野，拓展和深化了马克思主义人与自然关系理论的认知与实践视域[③]。

---

① 杨峻岭．深刻理解"两山"理念的科学蕴含［N］．光明日报，2019－10－10（05）．

② 黄承梁，燕芳敏等．论习近平生态文明思想的马克思主义哲学基础［J］．中国人口·资源与环境，2021，31（6）：1－9．

③ 郇庆治．开辟马克思主义人与自然关系理论新境界［N］．人民日报，2022－07－18（11）．

三、“两山”理念是中华优秀传统生态文化的创造性转化创新性发展

“两山”理念凝集了中华文化和中国精神的时代精华，同马克思主义的思想精髓与中华优秀传统文化的精神特质融会贯通，具有深厚中华韵、浓郁中国味的特色话语。传承中华优秀传统生态文化，对其进行创造性转化、创新性发展，为中华民族永续发展提供文化支撑和理论滋养，是习近平生态文明思想的一个重要特征。

传承发展“天人合一、万物一体”的自然观。中华民族在悠久历史进程中逐渐形成“天人合一、万物一体”的自然观，蕴含参天地赞化育的生生意识、“民胞物与”的生命关怀，体现人与自然和谐共生的朴素思想。早在先秦时期，儒家、道家学说已蕴涵人与自然关系的思想，追求绿水青山的生态环境。《礼记》中的“树木以时伐焉，禽兽以时杀焉”，孟子提出的“斧斤以时入山林”等都表达了人与自然和谐的追求。以庄子为代表的道家，提出了“人法地，地法天，天法道，道法自然”“天地与我并生，而万物与我为一”等观点，认为人与自然万物有着共同的本源并遵循共同的法则，构成相互联系的整体。北宋张载提出“天人合一”的概念以及“民吾同胞，物吾与也”的思想，强调包括人在内的天地万物的内在统一性。习近平总书记高度重视从我国古代生态自然观中汲取营养、找寻智慧。

合理借鉴“取之有度、用之有节”的发展观。习近平总书记强调：“把经济活动、人的行为限制在自然资源和生态环境能够承受的限度内，给自然生态留下休养生息的时间和空间①。”唐代陆贽讲：“取之有度，

① 赵建军．中华优秀传统生态文化的创造性转化创新性发展［N］．人民日报，2022－07－18（11）．

用之有节”，认为自然生长之物和人力创造之物是有限度的，在使用过程中要有所节制。习近平生态文明思想合理借鉴中华优秀传统生态文化的发展观，结合新时代生态文明建设实践对之加以创造性转化、创新性发展，强调杀鸡取卵、竭泽而渔的发展方式走到了尽头，顺应自然、保护生态的绿色发展昭示着未来。

科学吸收“顺天应时、建章立制”的制度观。以制度保护自然生态系统历史十分悠久。习近平同志在2018年全国生态环境保护大会的讲话时强调：“我国古代很早就把关于自然生态的观念上升为国家管理制度，专门设立掌管山林川泽的机构，制定政策法令，这就是虞衡制度。”虞衡制度几乎贯穿整个封建社会，一直延续到清代。党的十八大以来，我国加快推进生态文明顶层设计和制度体系建设，构建产权清晰、多元参与、激励约束并重、系统完整的生态文明制度体系，为建设人与自然和谐共生的现代化提供了坚强保障。[①]

四、“两山”理念源自习近平总书记生活和工作经历

习近平同志在2018年全国生态环境保护大会的讲话指出：“我对生态环境工作历来看得很重。在正定、厦门、宁德、福建、浙江、上海等地工作期间，都把这项工作作为一项重大工作来抓。”习近平生态文明思想的形成，贯穿他早期知青岁月和整个地方政治生涯，长期扎根基层，与人民群众有着密切联系，与说“人民话”的品格是分不开的。[②]

在陕西梁家河，习近平同志和群众一起打坝造田、植树造林、大办

① 赵建军. 中华优秀传统生态文化的创造性转化创新性发展［N］. 人民日报，2022－07－18（11）.

② 黄承梁. 习近平生态文明思想历史自然的形成和发展［J］. 中国人口·资源与环境，2019（12）.

沼气、发展生产。在河北正定，习近平同志负责制定的《正定县经济技术、社会发展总体规划》，明确强调：宁肯不要钱，也不要污染，严格防止污染搬家、污染下乡。

福建是习近平生态文明思想的重要孕育地。在福建宁德，习近平同志提出“靠山吃山唱山歌，靠海吃海念海经”“闽东经济发展的潜力在于山，兴旺在于林”。他在1988年8月的《福鼎通讯》指出，“抓山也能致富，把山管住，坚持十年、十五年、二十年，我们的山上就是‘银行’了”。这个观点可以说是他后来提出的“绿水青山就是金山银山”的滥觞之处。习近平总书记九次批示、五次亲临现场指导福建长汀县水土流失治理工作，让昔日的“火焰山”变成了今天的“花果山”。在福州，他主持编定了《福州市20年经济社会发展战略设想》，首次将“生态环境规划”列入区域经济社会发展规划，提出“城市生态建设”理念。1997年4月10日，担任省委副书记的习近平同志，在三明市将乐县常口村调研时提出：“青山绿水是无价之宝，山区要画好‘山水画’，做好山水田文章。”

浙江是习近平生态文明思想的践行地，明确提出“发挥浙江的生态优势，创建生态省，打造‘绿色浙江’”，启动实施了“千村示范、万村整治”工程。浙江安吉县余村是习近平总书记首次提出“绿水青山就是金山银山”科学论断的地方。2020年3月，习近平总书记重回余村视察指出，美丽乡村建设在余村变成了现实，余村现在取得的成绩证明，绿色发展的路子是正确的，路子选对了就要坚持走下去。2013年5月24日习近平总书记在中共中央政治局第六次集体学习时指出“要以对人民群众、对子孙后代高度负责的精神，把环境保护和生态治理放在各项工作的重要位置，下大力气解决一些在环境保护方面的突出问题”。

在2023年7月18日召开的全国生态环境保护大会上，习近平总书记强调，今后五年是美丽中国建设的重要时期，要深入贯彻新时代中国特色社会主义生态文明思想，坚持以人民为中心，牢固树立和践行绿水青山就是金山银山的理念，把建设美丽中国摆在强国建设、民族复兴的突出位置，推动城乡人居环境明显改善、美丽中国建设取得显著成效，以高品质生态环境支撑高质量发展，加快推进人与自然和谐共生的现代化。习近平生态文明思想深刻揭示了人与自然和谐发展、全面推进生态文明建设的客观规律，为我们筑牢中国式现代化的生态根基提供了强大的思想力量。

习近平生态文明思想的形成过程，体现中国共产党人不忘初心、牢记使命、坚持不懈探索人与自然和谐的执着坚韧和一脉相承的精神特质，是我国国家领导人关于生态环境保护和生态文明建设重要论述、理念和思想的集大成者，是中国共产党人关于人与自然思想的历史新高度。

第四节　“两山”理念推动中国高质量发展

中国式现代化是人与自然和谐共生的现代化，须更加坚定、更加全面、更加系统地贯彻习近平生态文明思想，践行“两山”理念，探索推广“两山”理念转化路径，推进中国式现代化。

一、“两山”理念是管用的发展观

“两山”理念及习近平生态文明思想展示了强大的力量，引领中国及不少发展中国家，大力降低经济碳密度、推动节能与降污协同、能源转型、循环经济，因地制宜探索生态产品价值实现创新模式，创新生态修复、恢复的政策和制度创新，充分调动企业、社会组织、地方社区和个人投身到整体、系统、综合、渐进的绿色社会转型，开展山水林田湖草系统性治理、整体性修复，推动人与自然和谐共生，中国生态文明正从抽象走向具体、从模糊走向清晰，具有自主知识体系的中国特色社会主义生态转型战略、路径、技术、理论日趋成熟，我国生态文明建设取得了举世瞩目的成就。提前实现联合国提出的到2030年实现全球退化土地零增长目标，提前达到2020年比2005年下降40%～45%的碳排放目标。毛乌素沙漠从“不毛之地”变为“塞上绿洲”，让周边村庄走上绿色脱贫之路。各地各部门持续加大污染治理力度，扎实开展生态保护修复，拓宽绿水青山转化为金山银山的路径，协同推进高水平保护和高质量发展，科学、合理、有效地将生态价值转化成经济发展动力，自然资源资本增强，生态系统服务提升，为中华民族世代繁衍留下了山清水秀的生态空间。

二、“两山”理念体现的是科学的政绩观

践行“两山论”，各级党委政府要把良好生态环境作为经济社会高质量发展的支撑点，落实生态优先、绿色发展，为我国各地天更蓝、山更绿、水更清、景更美，实现生态美、百姓富的有机结合，打造青山常在、绿水长流、空气常美丽的新中国贡献力量。“两山”理念要求领导干部彻底转变思想观念，树牢正确的政绩观。生态环保一定要算大账、算长远账、算整体账、算综合账，不能因小失大、顾此失彼、急功近利、寅吃卯粮。发挥各级党委政府考核“指挥棒”作用，把资源消耗、环境损害、生态退化等体现生态文明建设状况的指标纳入经济社会发展评价体系，细化为干部政绩考核的重要内容和标准，内化为干部的工作目标和追求，提高考核权重，强化指标约束，从源头上抑制领导干部片面追求GDP的政绩冲动。依靠最严格的制度和最严密的法治，形成生

态环境保护“高压线”。保护好“绿水青山”，是领导干部的刚性责任。实施并完善领导干部自然资源资产离任审计、生态环境损害责任终身追究、环境损害赔偿等一系列制度。

三、“两山”理念催生中国自主生态文明知识体系的建构

“两山”理念的实践探索方兴未艾，把以人民为中心和以自然为根基有机结合起来，走出一条以人为本与以自然为本融荣与共的绿色发展之道，不断推进并最终实现人与自然和谐共生的现代化。“两山”理念是原创性、时代性的概念和理论，对于中华民族永续发展和构建人类命运共同体具有深远的意义，为建设人与自然和谐共生的现代化提供学理支撑。党的十八大以来，以习近平同志为核心的党中央把生态文明建设作为关系中华民族永续发展的根本大计，坚持绿水青山就是金山银山的理念，从思想、法律、体制、组织、作风上全面发力，全方位、全地域、全过程加强生态环境保护，推动划定生态保护红线、环境质量底线、资源利用上线，开展一系列根本性、开创性、长远性工作，美丽中国建设迈出重要步伐，推动我国生态环境保护发生历史性、转折性、全局性变化。建构中国自主的生态文明知识体系，是以中国为观照、以时代为观照，以我们正在做的事情为中心，从新时代生态文明建设的生动实践中挖掘新材料、发现新问题、提出新观点、构建新理论，加强对实践经验的系统总结，提炼出有学理性的新理论，在深刻阐释习近平生态文明思想的核心要义、精神实质、丰富内涵、实践要求。建构具有中国特色、中国风格、中国气派的生态文明知识体系，需要从理论范式、路径选择、指标体系等多维度发力，既对我国生态文明建设的经验规律开展系统性学理阐释，努力提炼具有世界性、普遍性的原创成果，讲好生态文明建设的中国故事，为建设人与自然和谐共生的美丽中国、共建和

美世界作出更大贡献。①

四、“两山”理念引领我国生态文明建设实践

这主要体现在：第一，生态文明建设精神文化的创建。牢记使命、艰苦创业、绿色发展的塞罕坝精神，滴水穿石、人一我十的长汀精神，生命不止、治沙不息的王有德劳模精神等是中国共产党人精神谱系的重要组成部分，凝结着中国人民的伟大创造精神、伟大奋斗精神、伟大团结精神、伟大梦想精神，折射了“人不负青山，青山定不负人”的精神气概和不懈追求。第二，强化系统观念，统筹考虑自然生态各个要素，从全局角度推进生态环境系统治理、协同治理、源头治理，着力提升生态系统质量和稳定性，增加自然资源资本，提升生态服务功能。第三，探索“两山”理念转化路径模式。探索建立以生态产品价值为导向的政策框架，培育新型生态产业化经营主体，推动形成目标一致、上下联动、共商共享的建设格局，以及政府主导、企业和社会各界参与、市场化协同运作的可持续生态产品价值实现机制，探索包括绿色银行、“生态+”复合业态等在内的转化路径模式，为“两山”理念创新实践积累经验。第四，加强生态环境法治保障，完善生态文明立法体系，坚持用最严格制度、最严密法治保护生态环境，积极推进重点领域法律法规制度修订，加强生态环境法律制度衔接协调，为践行“两山”理念、打造生态文明发展新范式夯实法治根基。

① 张云飞．建构中国自主的生态文明知识体系［N］．人民日报，2022-07-18（11）．

第二章

生态系统治理机制和手段

本章简要诠释了生态系统治理的基本内涵，系统总结了自然生态系统治理实践中政府、社会、社区和市场机制采用的主要手段。

第一节　生态系统治理的内涵

自然科学家重视对生态系统结构、功能和过程的理解。人类积累了丰富森林、草原、湿地、荒漠和生物多样性结构、功能和过程的科学知识，对生态系统退化和修复过程中结构和功能演化的研究得到了长足的进步。人类面临着生态系统整体性退化问题，干预措施主要集中在如何修复生态系统的结构和功能以维护人类社会经济的可持续发展。从整个学界普遍认为，尤其是自然科学家，生态系统治理的目标就是通过人为干预措施调节其结构和功能，修复生态系统朝向最优的或符合自然演替的生态系统结构，朝向人类预期最大化生态系统功能演进。

然而，当社会科学家深度介入到生态系统治理研究中，其基本思路发生了实质性的变化。社会科学家发现，自然科学家可设计出生态系统结构美好的目标，但实操性很差，要么由大量资源堆砌而成，不可持续；要么就是做不到。社会科学家眼中的治理，不是人对自然生态系统单向介入，如调整生态系统的结构、修复生态系统的功能，而是聚焦如何调节社会结构以促使自然生态系统向人类预期的良好服务演进，在不同利益相关者之间寻求妥协，找到生态系统干预的方向。社会科学家更加重视生态系统所提供的服务，而服务的背后就是不同利益相关者的利益得失和权衡。科学家不断警告，越来越多公众和政治家认识到，气候变化、生物多样性减少、生态系统退化等环境问题成为威胁人类生存和可持续发展的迫切问题。如何改变人们的消费习惯，改变对待自然的行为和态度，终止人类对自然的征服，尊重千秋万代享有对自然生态资源的同等权力迫在眉睫。

生态系统服务就服务的范围可简单分为封闭型和开放型两类。封闭型的生态系统服务主要对象就是特定的社区或区域，主要内容包括当地社区和农牧民为了解决家庭日常生活、社区或本地市场需求。在云南彝族山地，每逢节庆或婚丧嫁娶，当地群众采集松针铺满庭院，迎接各方客人，更多的松针可用于堆肥，施用松针为主要原料堆制有机肥，可使农作物稳产高产，减轻病虫危害。而开放型的生态系统服务则被社区以外的人群所分享或占有。伴随着交通的便利、经济开放和社会流动，越来越多的生态系统服务产品走出社区、走向市场，自给自足的经济形态被市场经济所取代。在1990年前，在我国云南地区，当地人因不习惯松茸特有的香味而认为其是低价值食材，但在日本、韩国及中国沿海市场，新鲜的松茸却被认为是珍贵食材。随着交通条件改善，冷链物流畅通，云南偏僻山区松茸生产与国内外高端消费群体联结起来，让松茸采集成为不少高山松林地区社区群众的主要收入来源。藏在深山中美丽的九寨沟成为四川旅游的象征，当地藏民彻底告别了半耕半牧的自然生活，融入全球化的旅游经济之中。保护生物多样性、缓解资源退化的速度已成为全球共识，其实依然以自给自足方式生活的传统社区是遗存下来良好自然生态资源的主要管理者，他们并不清楚他们的生产和生活影响着人类家园——地球的未来。这更需要消费者、市场主体、管理执法者和社会团体，提升生态保护公众责任感，善待自然资源的管理者。

生态系统服务治理的行动者可抽象为四类，即政府、市场、社会和社区主体。我们强调生态系统是特定的生态系统，而不是抽象的，生态系统服务也是具体的，如山东黄河三角洲湿地生态系统，具有防洪纳洪、净化水质等生态功能，而作为西伯利亚—澳大利亚候鸟迁徙路径上的重要补给站而受到全球生物多样性领域高度关注。社会科学家更愿意从多样性、异质性的视角看待生态系统特征和生态系统服务具体形态。因此，生态系统治理的具体行动者必须是具体的，抽象地讨论政府、市场、社区和社会主体的治理逻辑意义不大。不同国家、国内不同的地区和社区其传统、社会、经济、政治、文化是存在差别的。美洲国家、澳大利亚、新西兰等倾向于采用市场化的机制实现生态和经济双赢的目标。而我国与这些国家不同，政府发挥着更有为的作用，人民期待有为的政府谋求整体性的发展。基层社区和人民继承和发展了优良的传统，勤劳、善良、淳朴、以邻为善、互帮互助，社区在人们生活中发挥着十分突出的作用，类同于学术语境中的集体行动彰显。我国整体性理性弥补了西方主要发达国家过分推崇“个人理性”所带来的种种弊端。

从行动者干预自然资源治理的内容来分，干预行动可以是战略性、战术性和操作性的。党中央和中央政府长于战略性，习近平生态文明思想和我国生态文明战略为我国自然生态系统治理提供了根本遵循。而中央政府和各地地方政府在不断探索针对生态文明建设中存在的问题开展有针对性的战术措施，如绿盾行动、抢救性的扩张自然保护地的规模。我国基层生态建设单位、市场主体、社区主体和社会组织策划了具体的行动方案。如编制森林管理方案，制定护林员管理措施，开展山水林田湖草生命共同体工程。在我国，基层生态建设单位、市场主体、社区组织、社会组织通过规定的制度可以参与到国家战略性的方案制订和完善中。

就生态系统修复、恢复和维护干预手段，可简要分为被动性的、适应性的、回应性的和预防性的手段。被动性的手段指生态系统服务已经下降到难以接受程度所采取的补救措施。当人类收获生态系统物质产出时，没有采取任何措施阻止生态系统服务功能的下降。但恶化到一定程度，区域生态系统严重退化可导致文明的消亡，而在小区域，则出现了社会崩溃、生态难民。在地块水平上，失去生态系统服务能力，比如在宁夏贺兰山沙石废弃矿坑。适应性的手段指的是当生态系统退化，但社区和地方人民调整生计方式，收获退化生态系统所能提供的物质服务，热带森林砍伐后转化为灌木林或草原，当地社区可转向收获非木质林产品为主。尽管退化的生态系统其调节服务功能（如碳库）出现了大幅度下降，当地社区和人民适应性转化是一个选择，达到了新的平衡。地球绝大多数生态系统处于这个状态，尤其是农田和城市。这是因为全球性的生态赤字，努力提升农田、人工林、草原、湖泊海洋牧场等人工生态系统服务能力以弥补生态整体上的赤字。回应性的手段指的是当生态系统发生退化，采取有力措施阻止退化并消除退化的成因。中国北方脆弱带生态系统恢复，包括山西右玉县、河北塞罕坝林场，浙江余村、福建长汀都属于这种类型，绝大多数保护区正在做的多为修复和恢复生态系统原生状态及其服务能力。预防性的手段指的是当生态系统面临威胁，采取预防性的措施，保护生态系统不受外界因素的干扰。增强社会生态系统的韧性最常用的是预防性措施。2013 年以来，在习近平生态文明思想的指导下，不少地方，尤其是保护区内采取了不少预防性的措施，如强化生态红线的管理，消除小水电，禁止开矿，强化监管和问责的制度。

第二节 政府机制

中国共产党领导下的有为政府成为中国特色社会主义制度的一个巨大优势。在中国，相较于企业、公众和社会组织，政府可立足于长周期宏观整体利益，推动立法，开展行政执法，且具备强大的社会资源动员能力，党和政府是生态文明建设的战略引导者、主要推动者和实施者。40余年来，党和政府在发展实践中探索环境保护和生态建设战略、方针、政策、法制体系、工作机制和监管惩戒机制。尤其是近10年来，在习近平生态文明思想的引领下，通过制定宏观战略规划，设计和推动生态文明建设的运行轨道，明确推动绿色发展体制机制建设过程中的主体参与、目标推进、机制完善、监督渠道等重要战略发展方向，为推进生态文明建设提供战略指引和战略规划设计，引导企业、公众和社会组织参与到环境治理中来。

一、制定政策和规划

党和政府从宏观角度制定战略规划、完善组织架构和管理体制。我国艰难地走过了“发展优先”、“在发展中保护”到“保护和发展并重”旅程。党的十八大以来，我国逐步展开了重要生态功能区“保护优先”的方向。在国家重点生态功能区、粮食主产区制定并落实保护优先的政策。将生态文明建设纳入政治、经济、社会和文化建设中，通过中央到地方各级政府中长期规划、五年规划和各部门规划落实到国家和地方发展进程中。

（一）规划引领

在山西省右玉生态恢复的过程中，每一届领导班子都为全县绿化作了规划，如喊出“哪里能栽哪里栽，先让局部绿起来”“哪里有风害哪里栽，要把风沙锁起来”“哪里有空哪里栽，再把窟窿补起来”“种草种树、发展畜牧、促进农副、尽快致富”“畜牧旅游促生态，富美绿洲靓起来”的口号，制定每一个十年规划。20 世纪 60 年代初，成立中华人民共和国林业部塞罕坝机械林场，总体性政府治理模式是塞罕坝森林从无到有、从有到好实现跨越的关键。浙江省将绿色 GDP 纳入考核指标，不断优化与生态文明建设相适应的管理体制。浙江省余村重新编制了村庄发展规划，将全村划分为生态旅游区、美丽宜居区和田园观光区 3 个区块，将村民生活、生产与发展的空间作了合理布局，保障经济建设和生态保护协同发展。

（二）划定国家重要功能区

生态功能区划是在分析研究区域生态环境特征与生态环境问题、生态环境敏感性和生态服务功能空间分异规律的基础上，根据生态环境特征、敏感性和生态功能在不同地域的差异性和相似性，将区域空间划分为不同生态功能区的研究过程。通过识别生态系统生态过程的关键因子、空间格局的分布特征，以及动态演替的驱动因子，就能揭示生态系统服务功能的区域差异，进而因地制宜地开展生态功能区划，引导区域经济—社会—生态复合系统的可持续发展（蔡佳亮等，2010）。

（三）建立以国家公园为主体的自然保护地体系

2017 年十九大报告指出要“构建国土空间开发保护制度，完善主体功能区配套政策，建立以国家公园为主体的自然保护地体系”，2019 年中共中央办公厅、国务院办公厅印发《关于建立以国家公园为主体的自然保护地体系的指导意见》提出“形成以国家公园为主体、自然保护区为基础、各类自然公园为补充的具有中国特色的自然保护地体系”（黄宝荣等，2018）。根据生态价值和保护强度高低，我国自然保护地被分为国家公园、自然保护区和自然公园3类，其中，自然公园包括森林公园、地质公园、海洋公园、湿地公园等多种类型（焦雯珺等，2022）。自然保护地通过法律或其他有效方式获得认可、承诺和管理，以实现对自然资源及其所拥有的生态系统服务和文化价值的长期保育（欧阳志云等，2020）。

在东北虎豹主要栖息地整合设立国家公园，保护野生东北虎和东北豹。四川新驿村社区保护地被划入大熊猫国家公园（试点）范围内，保护地内分为保护区和扩展区，在保护区内严格保护，发展项目都放到社区，帮助社区生计发展。河北塞罕坝成了国家级自然保护区，本着可持续发展的原则，统筹规划、合理开发利用森林景观资源，打造塞罕坝国家森林公园品牌，初步建成了华北生态旅游胜地、京津地区生态花园。案例登龙云合森林学校的所在地墨尔多山区域被划分为四川省省级自然生态综合型保护区，其保护对象为亚高山针叶林、珍稀动物、自然风景、人文景观和文物古迹。

二、健全行政管理机构、推动立法和严格执法

（一）改革和完善行政管理机构

新中国成立以来，我国对矿藏、湿地、森林、草原、海洋、荒漠等自然资源实行部门管理的方式，为技术进步、效率提高、工业化开发提供了专业化的保障，大幅度缩小了与发达国家资源利用的技术和工业化的差距。与此同时，由于自然资源本身的复杂性，弊端逐渐凸显，政出多门、规划打架、协调不畅、执行不力、追责乏力等问题不同程度地出现，具体体现在：重开发、轻保护；重效益、轻生态；重局部、轻系

统；重眼前利益、轻长远利益上，甚至在个别地方出现了自然资源过度开发、生态系统破碎化和服务功能弱化的现象，科学管理水平亟须提升。

党的十八大以来，以习近平同志为核心的党中央站在“生态兴则文明兴，生态衰则文明衰”的文明高度，将生态文明建设纳入中国特色社会主义“五位一体”总体布局，提出了一系列新理念新思想新战略。生态文明建设和体制探索取得了重大进展，自然资源管理已经基本实现了从重视利用到重视保护的重大转折。2013 年，习近平在《关于〈中共中央关于全面深化改革若干重大问题的决定〉的说明》时指出，“由一个部门负责领土范围内所有国土空间用途管制职责，对山水林田湖进行统一保护、统一修复是十分必要的”。《生态文明体制改革总体方案》提出：到 2020 年，要构建起由自然资源资产产权制度、国土空间开发保护制度、空间规划体系等八项制度构成的产权清晰、多元参与、激励约束并重、系统完整的生态文明制度体系。组建自然资源部，有利于整合分散的自然资源相关机构和职责，统筹考虑自然生态各要素、山上山下、地上地下、流域上下游，进行整体保护、系统修复、综合治理，符合生态系统管理的完整性和系统性，有利于统筹考虑自然生态各要素、山上山下、地上地下、流域上下游，进行整体保护、系统修复、综合治理，在更大尺度上恢复生态完整性和提高人类福利水平，整合分散的自然资源相关机构和职责，可谓瓜熟蒂落、水到渠成。

（二）推动立法和执法

在“五位一体”总体布局的大背景下，2018 年将生态文明写入宪法修正案，为新时代生态文明建设提供了根本法保障。以习近平生态文明思想为根本遵循，自然资源领域基本法律体系的“四梁八柱”正在逐步完善。

“坚持和完善生态文明制度体系，促进人与自然和谐共生”，党的十九届四中全会这一重大部署，与自然资源部职责密切相关。按照党中央精神，自然资源部组建以来，坚持节约优先、保护优先、自然恢复为主的方针，健全完善自然资源法律法规制度，筑起自然资源领域基本法律的“四梁八柱”。

2019年，新修订的《土地管理法》坚持最严格的耕地保护制度和最严格的节约集约用地制度。加强耕地数量、质量、生态“三位一体”保护，将基本农田全面上升为永久基本农田，明确了因地制宜轮作休耕和防止土地荒漠化、盐渍化、水土流失、土壤污染等生态要求。完善《国土空间规划法》《自然保护地法》《长江保护法》等自然资源领域立法。完成了《森林法》《草原法》等法律的修订。

完善自然资源制度体系“促进人与自然和谐共生”。实行最严格的生态环境保护制度。建立健全国土空间规划和用途统筹协调管控制度，统筹划定生态保护红线、永久基本农田、城镇开发边界三条控制线工作，明确管控规则，协调解决各类冲突，将三条控制线作为调整经济结构、规划产业发展、推进城镇化不可逾越的红线，将红线管理纳入国土空间规划“一张图”和监管平台。全面建立资源高效利用制度。修订了《自然资源统一确权登记暂行办法》，推进自然资源统一确权登记法治化、规范化、标准化、信息化进程。加快建立归属清晰、权责明确、保护严格、流转顺畅、监管有效的自然资源资产产权制度。健全生态保护和修复制度。在统筹山水林田湖草一体化保护和修复的同时，优化生态安全战略格局。编制全国重要生态系统保护和修复重大工程总体规划。推动自然保护地统一设置、分级管理、分区管控。严明生态环境保护责任制度。推动试点编制自然资源资产负债表，探索支撑开展领导干部自然资源资产离任审计。

各级政府十分重视法律完善和严格执法。库布齐荒漠化治理中，内蒙古先后颁布《内蒙古自治区草原管理条例》《内蒙古自治区基本草牧场保护条例》《内蒙古自治区草原承包经营权流转办法》等规范性法律文件构建起的荒漠化防治法律体系。政府直接运用命令控制手段禁止垦殖、禁止开荒、推动植树造林的社会运动等。内蒙古治理沙化退化区域时全区推行禁牧、休牧、划区轮牧制度、生态移民工程、退牧还草工程、“生态恢复禁牧区”等政策性战略部署。

政府还应建立和完善环境监督制度，完善环境监督体系。政府要强化环境监管，要求环保部门通过督查督办、专项执法、行政管理等多种方式加强对环境污染的监督管理，加强环境管理的空间管控（秦书生和晋晓晓，2017）。

三、采取管制措施

管制理论源自 18～19 世纪古典经济学派基于公共利益的政府管制思想，弥补市场缺陷以提升公共利益水平。有效的管制能够平衡私利与公益而维护社会良性运转。在生物多样性保护领域，栖息地管制用于维持生态系统过程的连续性，维系生态网络格局，恢复自然生态过程改善生物多样性，如建立各种形式的自然保护地。

美国黄石国家公园的建立是野生动植物栖息地和文化遗产地管理理论的具体实践，主要特征是明确界址、明晰产权、大面积及高等级政府直接管控。150 年来，“黄石公园模式”在推崇自由主义的国家被广泛复制，栖息地管制被推广到广大的发展中国家，被信奉为最有效的自然资源管理方法。

栖息地管制的对象是周边社区农户，方式是禁止或限制利用其生计资源。禁止或减少人类干扰，让自然的力量主导生态过程的演进，维护和恢复生物多样性。然而，被管制者生计资源受到侵蚀，当地社区和人民会采取种种措施去占有自然资源或拥有使用权，严重的甚至会导致爆发管制者和被管制者的激烈冲突，影响到管制目标的实现。

中国在生物多样性保护领域深受新自由主义思潮的影响。在自然保护领域，知识体系、人才培育、生物多样性保护实践基本上是照搬北美和欧盟所谓成熟的体系。并以这些国家和地区在生物多样性保护理论和实践发展过程形成的逻辑作为检视标准来评估、改革或完善我国的生物多样性保护制度。尤其体现在我国保护地管制制度上，底层逻辑是当地社区和人民是“他者”，必须采取有效的管制措施。认识到当地社区反抗会增加保护地管制的额外负担，管制者采取“大棒 + 胡萝卜”的政策。管制措施为管制者获得寻租收入创造可能性，因此，推动相关利益群体参与，尤其是地方社区的参与，采取问责制，加强监督和程序管理。先把管严起来，降低被管制者的收入预期和漫天要价的可能性。后采取补偿措施或共建措施，建立健全生态补偿制度弥补农户损失，推进农户参与、民主决策、合作共赢的社区共管机制建设，鼓励被管制者开展特色种养业、参与生态旅游，帮助生计转型而减轻其对自然资源依赖利用的压力。

缓解人兽冲突是各国实施管制措施普遍面临的问题。随着我国自然资源保护力度的加大，自然保护区的静态管制边界与野生动物栖息空间动态变化之间的张力增强。2021 年，云南大象北迁事件处理过程集中彰显了缓解人兽冲突所取得的杰出成绩。野生动物生境与人类生活区交叉，野生动物取食农作物，伤害牲畜，致害事件造成的损失惨重。为减少野生动物对农户人身及财物安全造成的损失，人们探索了多种措施，如设置障碍物、捕杀和狩猎、移民搬迁、致害补偿。探索建立野生动物致损保险制度与野生动物致损补偿基金、投食及补饲以及生物防控法等。建立专项赔偿基金、建立有效保险机制等。

四、纵向和横向协调

协调，是指“在管理过程中引导组织之间、人员之间建立相互协作和主动配合的良好关系，有效利用各种资源，以实现共同预期目标的活动”（张康之等，2002）。通过协调可以整合政府各层次、各部门和各级行政人员的力量，实现整个行政系统的有效运转和协同一致。相关利益者作为行动者，在政策过程中，包括政策目标、政策措施、政策行动等方面会存在冲突，协调机制有助于缓解冲突，通过共同目标的塑造与强化，增强不同相关利益者在生态文明建设中的凝聚力。

在生物多样性保护、生态修复领域，大多数发展中国家依赖财政和社会捐赠，我国西部地区的生态保护事业依赖中央的财政转移支付。这需要学习和借鉴一些发达国家依托市场，将市场作为主要资金渠道，建构或完善以体系化的法律体系、多元化的激励机制、契约化的公私合作模式和市场化交易为主体的生物多样性保护或生态修复体系，这就需要政府具备强大政策方向把控的能力，寻求更加复杂的协调制度，推动和强化生物多样性、生态修复与经济增长挂钩，与以人民为中心的发展和福利改善协同，与气候变化协同，贡献于碳中和目标，实现治理变革、社会公正、社区融合和传统知识保护等多目标的实现。

（一）政府上下级间的合作

实现纵向合作，关键在上一级政府，而关注地方的不同政策需求是焦点。国家层次的机构需要特别重视地方的政策需求、反映基层的政策现实。

东北虎豹国家公园实行两级垂直管理体制，在长春成立东北虎豹国家公园管理局，在下属管辖区域设立区域东北虎豹国家公园管理局，受东北虎豹国家公园管理局领导，从而整合分散在各地方、各部门的国有自然资源资产所有权、管理权。

党中央十分重视，各级政府积极落实防沙治沙工作。新中国成立初期，国务院召开了西北六省治沙工作会议，持续开展群众性的防沙治沙运动。改革开放以来，制定全国防沙治沙规划，内蒙古和伊盟制订相应的规划和实施方案，将防沙治沙事业纳入国民经济和社会发展长期规划和五年计划中。库布齐荒漠化治理案例中，久久为功，持续推进生态修复，发展沙产业，改善基础设施，促进技术、资金、劳动力向生态修复和生态产业集聚，充分调动企业和农牧民的积极性，探索出了“党委政府政策性引导、企业产业化投资、农牧民市场化参与、科技持续化创新”四轮驱动的库布齐治理模式。

（二）跨部门合作

推动跨部门合作，可以在不同部门之间共享信息和资源，避免潜在的冲突，增强政策实施的协调性、统筹性。公共政策的实施往往需要多个部门之间的配合，跨部门合作至关重要。跨部门合作需要建立平台，如协调小组等，还需要仪式，如通过签署协议、签署备忘录等方式来确认，联席会议、专家顾问委员会等非正式方式也可以被用于跨部门合作。

福建省长汀治理水土流失的过程中，省林业厅、水电厅、农业厅、水土保持办公室、福建农林大学、福建林业科学研究院、龙岩地区行署、长汀县政府组成“八大家”，协同治理长汀水土流失的问题，为长汀提供资金、技术和政策支持；在县级层面，县水保局、林业局、农业局、畜牧局等各部门也协同合作，站在水土流失治理的第一线上。

（三）跨地区合作

推动跨区域合作是当今各国治理的又一道难题。推动跨区域合作，实现利益均衡，使双方受益，还存在许多理论上和方法上的难题。我国推动长三角一体化、京津冀一体化、南水北调等重大跨区域合作总是存在这样那样的困难，往往都需要中央政府的强力介入。中央政府部门在行使协调职能的过程中，还是要以区域政府间自主协商的充分性为前提，减少中央政府权力对区域性事务的过度干预，形成最终区域自主协商和中央介入协调的有机统一。

五、建立生态补偿和经济激励措施

第一，建立生态补偿措施。我国已经建立起向国家重点生态功能区一般性财政转移支付的制度，且转移支付的投入逐年加大。我国建立了森林生态补助资金、湿地生态补助资金。以专项财政转移的方式支持地方开展退耕还林、退牧还草、退田还湖、天然林保护、荒漠化防治、矿区修复和设立保护地，以及区域间生态价值“横向”交换。在中央政府的支持下，安徽和浙江就新安江水质和稳定性管理建立了生态补偿机制（见专栏），新安江流域环境质量得到了明显改善。以新安江流域生态补偿机制试点为范本的流域上下游横向补偿机制试点工作，在全国其他 10 个流域、15 个省份复制推广，为我国推进流域环境管理提供了“新安江方案”。2021 年，山东与河南签订《黄河流域（豫鲁段）横向生态保护补偿协议》，综合考虑黄河水情和两省实际，以黄河干流刘庄国控断面水质监测结果为依据，进行水质基本补偿和水质变化补偿。水质基本补偿，即断面水质年均值在三类基础上，每改善一个水质类别，山东省给予河南省 6 000 万元补偿资金；反之，每恶化一个水质类别，河南省给予山东省 6 000 万元补偿资金。水质变化补偿，即断面 COD、氨氮、总磷 3 项关键污染物年度指数每下降 1 个百分点，山东省给予河南省 100 万元补偿资金；反之，每上升 1 个百分点，河南省给予山东省 100 万元补偿资金。补偿协议签署以来，黄河入鲁水质持续保持在二类标准以上，主要污染物指标稳中向好，根据协议，至 2022 年 7 月山东补偿河南省 1. 26 亿元。山东在省内县际建立了黄河全流域横向生态补偿机制。2021 年 9 月，全省 301 个跨县界断面全部签订横向补偿协议。截至 2022 年 5 月底，共兑付县际横向生态补偿资金 3.24 亿元。其中，下游补偿上游 2.17 亿元，上游赔偿下游 1.07 亿元。[①]

专栏　新安江生态补偿机制

2012 年，在财政部、原环保部的指导下，根据流域水文特征和水质国标要求，新安江流域生态补偿实施以 P 值（由高锰酸盐、氨氮、总磷、总氮四项污染物指标和水质稳定系数、指标权重系数组成）为主要内容的补偿标准体系。2012～2014 年为第一轮试点，中央财政每年出资 3 亿元，皖浙两省每年分别出资 1 亿元，年度水质达到考核标准（P≤1），浙江拨付给安徽省 1 亿元，反之安徽拨付给浙江省 1 亿元，中央财政 3 亿元全部拨付给安徽省。2015～2017 年和 2018～2020 年为第二轮和第三轮试点，皖浙两省出资增加到 2 亿元。水质和稳定系数逐轮提高。

2012～2021 年，安徽累计投入财政资金 206.95 亿元，支持新安江流域生态保护修复项目推进。十年间，新安江流域安徽境内化肥使用量下降 20%，农药使用量下降 31.3%，高效低残留和生物农药使用率提高至 90%。黄山市累计建成农村污水处理 PPP 项目站点 96 个，实现农村生活垃圾无害化处理率 100%。累计建成新安江水质自动监测站 36 个，形成覆盖新安江流域主要河段及重要节点的自动监测网络体系，实现流域水质连续动态监测和远程监控。

引导社会资本加大生态投入，构建社会化、多元化、长效化环境保护发展模式，推动新安江绿色发展基金转型升级，利用亚洲开发银行和国家开发银行支持新安江流域综合治理。

---

① 携手呵护黄河——黄河流域省际横向生态补偿新实践［N］. 新华社，2022-07-10.

建章立制。安徽省财政出台新安江流域生态补偿资金管理办法和绩效评价管理办法，建立健全以水质改善为导向的全过程资金管理体系和绩效评估机制。黄山市制定实施全国地级市首部有关专项政府规章《河湖长制规定》，出台《新安江流域突发事件应急方案》等超过70个流域制度管理文件，健全管理体系。

新安江每年向千岛湖输送近70亿立方米干净水，连续多年是全国水质最好的河流之一。经生态环境部规划院评估，新安江生态系统服务价值达246.5亿元，水生态服务价值达64.5亿元。统筹推进了上下游、干支流、左右岸环境保护治理，推动流域经济发展全面绿色转型。

第二，建立生态服务交易平台。这包括地域间的交易平台，如2019年《重庆市实施横向生态补偿提高森林覆盖率工作方案》施行，对完成森林覆盖率目标有困难的地区，允许向其他区县购买森林面积指标。2020年重庆市南岸区与石柱县达成协议，购买石柱县9.2万亩森林面积指标，不涉及林地、林木所有权和经济收益，总额2.3亿元。也包括区域内政府引导企业和个人参与的生态建设和保护平台。福建永安市建立了生态文明协会，由政府出资引导，企业融资参与平台，筹集资金用于赎买林地，进行生态化改造。福建、浙江、安徽等不少地方建立了生态权益交易、资源产权流转等平台，如浙江的“两山”银行、福建南平的“生态银行”。2017年“丽水山耕”注册为全国首个含有地级市名的集体商标，这是当地政府与企业共同营建适应互联网销售渠道的生态产品品牌。各地在探索生态产品价值实现中，十分重视区域公共品牌的建设，推动生态产品、有机产品、地理标识产品和生态旅游的发展，形成了不少践行“两山”理论的新模式。在国家公园体系探索中，各地积极探索特许经营制度建设、模式探索，尽管在平衡社区利益、维

护社区文化、保护地方知识上存在不少冲突，这种探索是有益的。

第三，制定产权、绿色金融、绿色投资、价格和税收政策。通过调动各类市场主体参与环境治理和生态保护项目建设的积极性，推动投资主体多元化。充分发挥市场机制的作用，鼓励各类社会资本投资生态修复市场，吸引各类资本参与绿色发展相关的投资、建设和运营，并为社会提供公共产品和服务。

采取直接的经济补助、荣誉激励和身份鼓励等举措，推动生态恢复。山西右玉植树造林过程中，面对饥荒，政府没有把救济粮直接发给民众，而是搞了以工代赈，拿出救济粮大部分作为植树的奖励粮，只有植树才能吃粮；还明确林权，规定群众在荒山荒坡植树造林谁种归谁，调动群众植树造林的积极性。库布齐荒漠化治理案例中，政府为纳入规划中的造林提供每公顷 75 元的财政补贴；还通过就业激励和精神激励推动多元化主体参与到生态文明建设中：如果造林面积能达到 5 000 亩且能够保存下来的家庭，可指定一个家庭的子女（或年轻人）成为国家公职人员；部分造林大户评选为县级、自治区级劳动模范。

产权改革也可提供生态修复的激励。在我国北方生态脆弱带，存在大面积的公共荒地。赋予企业和个人长期土地使用权、保障收益权可调动其积极投入到生态恢复中。福建长汀也以林权作为激励，实行“谁造谁有”的政策，倡导农民上山积极造林；进入 21 世纪后又开始了以确权发证、稳定承包关系、放活经营权和处置权等为主要内容的新一轮林权改革。在这样的背景下，农民、村集体、承包大户、城镇居民、企业、机关单位、政府部门以及科研机构等都参与到了长汀县水土流失治理工作中来。

政府还可以完善绿色财政政策，对更新陈旧设备进行绿色生产的企业给予一定财政补贴，对于绿色产品给予一定的价格补贴；健全绿色税收政策，开征环境税，并按稀缺程度适当提高税率，同时还要制定并开征新的生态保护税，如二氧化碳排放税、水污染税等；对积极推行绿色生产的企业进一步加大税收优惠力度，减免其所得税和增值税等。

制定和完善绿色金融政策。通过绿色信贷、绿色债券等金融手段，引导企业发展绿色技术，推行绿色生产，实现绿色发展。资金密集型部门依据“金融绿色化”（green financing，降低环境负面影响）和“绿色项目融资”（financing green，增加自然资本投资）而采取的管理举措：统计（环境损益账户、生态系统账户）、价格（生态产品溢价）、市场（生态标签认证）、付费（生态系统服务付费、净零抵偿）、交易（生态银行、缓解银行、权利和许可证交易）、债权（债务交换自然保护）、股权（优先卖出毁林企业股票）、债券（绿色债券、蓝色债券、影响力债券）、税收（环境税、碳税、保护地役权）、基金（水基金、土地信托）、激励（责任投资、绿色信贷、可持续采购）、补贴（自然基础设施、生态修复、生物勘探）、融资（社区共管、蚂蚁森林）、保险（绿色保费优惠）和碳汇（森林碳汇、农业碳汇、湿地信用）。

政府还应该向企业和公众提供激励、技术研发援助、资金和技能培训。福建长汀水土流失治理中，政府不仅提供政策和资金支持，还为当地引进了水土流失治理的新技术与新方法。在浙江省余村，政府指导当地村民进行全面小康示范村建设和美丽乡村建设，为余村提供了许多基础设施方面的支持，比如通电通网、道路建设、污水处理等；还定期组织村民参加民宿经济的相关培训。

六、生态环境教育

政府可通过培育公民生态意识，通过利用地方立法有效保证生态环境和资源保护活动的有法可依（卓越和赵蕾，2017）。提高公众的环境监督责任感，首先要增强公众的生态意识。培养公众生态意识的一个重要途径就是加强环境教育。环境教育不仅使人们掌握生态环境知识，了解环境保护法律体系，以及环境保护的知识等，而且还有助于提高民众的生态参与意识，提升公众环境监督的责任感。如福建长汀的机关部门、学校、工会、妇联等组织多次植树造林的活动，既改善水土流失区植被，又宣传水土流失防治知识，强化群众生态保护意识。

库布齐荒漠化治理案例中，政府通过总结表彰、动员部署，不断组织交流会、现场会，互相考察学习，形成浓郁的保护生态、建设生态、治沙造林、恢复植被的社会氛围，树立民众防沙治沙的意识。

在政府主导的生态建设和生物多样性保护中，除了上述机制，更重要的是领导班子始终牢记“全心全意为人民服务”的建党初心和使命。在山西省右玉县的生态修复中，从1949年以来，一任接一任的领导班子抱着“功成不必在我，功成必定有我”的信念，共同铸就了“全心全意为人民服务，迎难而上、艰苦奋斗，久久为功、利在长远”的“右玉精神”。在塞罕坝绿色再造的案例中，塞罕坝机械林场的领导班子们放弃原有的城市优越生活，把家搬到了坝上，以革命时代大无畏的精神气概和对科技的狂热演绎了荒原变林海、沙地成绿洲的人间奇迹。右玉和塞罕坝的领导班子都是优秀共产党人的缩影，他们不计较个人得失，艰苦奋斗为祖国建功立业，这种赤子之心是生态建设成功不可或缺的因素。

第三节　市场机制

市场机制的主体是企业，以盈利为导向的法人和个人消费者。《2020年后全球生物多样性框架初稿》[①] 行动目标15：所有企业（公营

① 资料来源：https：//www. cbd. int/doc/c/9e0f/a29d/239fa63d18a9544caee005b5/wg2020 - 03 - 03 - zh. pdf。

和私营企业以及大型、中型、小型企业）评估和报告自己从地方到全球对生物多样性的依赖程度和影响，逐步将负面影响至少减少一半和增加正面影响，减少企业面临的与生物多样性相关的风险，并逐渐使开采和生产做法、采购活动和供应链以及使用和处置方式实现充分的可持续性。据世界银行报告估计，2018 年，全球 GDP 85.8 万亿美元，其中 44 万亿美元中度或高度依赖自然界及其提供的产品和服务（World Bank，2018）。在亚太和中国则分别达到 63%（19 万亿美元）和 65%（9 万亿美元），明显高于世界平均水平（《新自然经济：亚洲新浪潮》，2021）。

一、生态保护修复市场化

党中央在《生态文明体制改革总体方案》中提出“构建更多运用经济杠杆进行环境治理和生态保护的市场体系”，以及“加快建立以产业生态化和生态产业化为主体的生态经济体系”，为生态保护修复市场化指明了方向。以市场化为主导、提升社会资本的参与程度，是我国生态文明建设领域机制创新的重要方向，其核心命题是确定“绿水青山向金山银山”转化的路径，包括如何挖掘高价值的生态资源、如何产出高质量的生态产品及如何实现生态产品的价值兑现等（徐有钢和万超，2021）。

西方国家在生态保护修复市场体系建设方面，普遍采取“小政府、大市场”的自由经济发展模式。政府通过法律约束、搭建平台、产权流转等多种方式，引导建立了稳定有序的生态保护修复市场。例如德国基于“生态价值分”交易的模式，专业从事生态修复的企业投入生态保护修复后，由专业机构进行评估确定其“生态价值分”并纳入当地政府“生态账户”，通过出售给责任主体获得收益；英国基于“水务特许经营权”的流域水环境治理市场化模式，英国政府赋予市场主体水务特许经营权，将潮汐隧道这一基础设施的投资、建设和运营权完全转移给水务公司；美国基于“生态旅游特许经营权”的国家公园保护市场化模式，个人、公司或其他组织可以获得国家公园的特许经营权、投资旅游设施建设，从而通过生态旅游经营活动获得收益（周妍等，2020）。

我国在2021年11月印发的《关于鼓励和支持社会资本参与生态保护修复的意见》指出，要充分发挥市场在资源配置中的决定性作用，更好发挥政府作用，聚焦重点领域，激发市场活力，推动生态保护修复高质量发展，增加优质生态产品。规定社会资本的参与方式包括自主投资模式、与政府合作模式和公益参与模式。

亿利资源集团参与库布齐荒漠化治理就体现了与政府合作的参与模式。在生态修复过程中，中央和地方政府协调国家开发银行、中国农业银行、中国工商银行、中国建设银行等政策性和商业性银行，建立亿利资源集团与金融企业的银企合作框架；将公共资源防沙治沙项目和生态修复工程项目、植被恢复项目向私有企业开放。而企业作为市场经济主体则能将市场力量引入沙漠治理中，有力推动了将生态修复和恢复的投入效率及生态经济社会系统的可持续性参与到各级政府，包括中央政府防沙治沙政策创新、制度创新和治理体系的改革中。

老牛基金推动内蒙古和林格尔县生态修复的案例是社会组织与政府合作的成功模式，政府进行引导，老牛基金和内蒙古林业厅以及TNC（大自然保护协会）共同启动生态保护修复项目，老牛基金给予资金支持。

二、生态产品价值实现

狭义的生态产品是指维持生命支持系统、保障生态调节功能、提供环境舒适性的自然要素，包括美丽的景观、干净的空气、清洁的水源、无污染的土壤、茂盛的森林和适宜的气候等。面对当前严峻的生态环境现状，我们不能再把生态环境看成一种生存条件，而必须看成价值载体，作为生态产品来开发，进行市场交换，实现生态资本化经营（曾贤刚等，2014）。广义的生态产品可称为绿色产品，指具有节约能源、无公害、可再生的产品。一般来说，生态产品是在不损害生态系统稳定性和完整性的前提下，生态系统为人类生产生活所提供的物质和服务，可包括物质产品供给、生态调节服务、生态文化服务等。

生态产品的价值实现有多种方式，能够交易的可以直接进行市场交易，并尽可能扩大生态产权交易市场，不能交易的主要建立以国家公园为主体的自然保护地体系，通过生态补偿机制实现其经济和安全价值；从生态文明建设角度出发，生态产品价值实现的主要方式主要包括生态保护补偿、生态权属交易、生态产业化经营、绿色金融扶持和政策制度激励等措施。

（一）生态保护补偿

生态保护补偿，国际上通常称之为生态系统服务付费（payments for ecosystem services 或者 payments for environmental services，PES），生态保护补偿是一种生态系统服务使用者和生态系统服务提供者之间的自愿交易，基于双方协定的自然资源管理规定而产生被补偿的生态系统服务，进行有条件的付费（柳荻等，2018；Wunder et al.，2008）。

目前我国生态保护补偿项目有天然林保护工程、退耕还林工程、森林生态效益补偿等。此外，中央财政根据我国生态文明建设的要求设立了许多大型的生态保护补偿项目。例如，2010 年开展的海洋保护区和生态脆弱区的整治修复；2011 年设立的国家重点生态功能区转移支付和在全国各大草原牧区及半牧区实施“草原生态保护补助奖励”机制；2013 年启动的土地沙化封禁保护区的试点；2014 年启动的退耕还湿、湿地生态效益补偿试点和湿地保护奖励等工作；2016 年在内蒙古、河北、黑龙江等省区推动开展土地轮作休耕试点工作等（吴乐等，2019）。在这一过程中，应以政府财政资金为主导，有效激活市场力量，积极引进社会资本参与生态补偿，构建多元化的资金投入机制（赵晓迪等，2022）。

福建省长汀县生态保护补偿基金来源于上级政府，其得到了国家和省级生态林的补偿基金，使得 18.8 万名林农受益；青海省囊谦县毛庄乡社区的生态补偿基金则来源于社区；还有的生态保护补偿基金来源于非政府组织，东北虎豹国家公园案例中，荷兰老虎基金会曾通过 WCS（国际野生生物保护学会）向珲春自然保护区管理局提供 7365 美元进行野生动物冲突补偿。还有一些生态保护补偿基金来源于企业，因此政府应引导建立多元化投入资金渠道，资金仅来源于财政是不够的。

（二）生态权属交易

生态权属交易是公共性生态产品通过市场交易的价值实现方式之一，主要包括碳排放权、取水权、排污权、用能权等产权交易体系（范丹等，2022）。

碳排放权交易政策是以市场手段解决碳问题的重要环境政策，是将二氧化碳排放权视为一种特殊的商品并赋予其商品属性，允许其在碳交易市场上进行交易，促使碳排放权在企业之间进行合理配置。企业一方面受到碳排放约束从而增加其合规成本，另一方面可以有通过售卖多余碳排放额度从而获益的激励（刘传明等，2019）。

我国碳排放权交易政策始于国家发改委 2011 年出台的《关于开展碳排放权交易试点工作的通知》，该通知明确在北京、上海、湖北、重庆、广东、天津、深圳 7 个省市开展碳排放权交易试点工作，同年在“十二五”规划中正式提出逐步建立碳市场（吴茵茵等，2021）。随后 2017 年底出台《全国碳排放权交易市场建设方案》，至此我国开始进入碳排放权交易时代。

而排污权有偿使用和交易的运作逻辑为：在污染总量控制前提下，通过对环境容量资源的物权化（即排污权确权）及其用益权界定（包括有偿获得、使用、交易等），建立排污权两级交易市场，重点借助排污权有偿使用和排污权交易共同组成的两级市场，通过价格引导排污企业作出环境友好的生产决策，使得环境污染成本具体化，排污行为外部性内部化（金帅等，2021）。

在东北虎豹国家公园案例中，吉林省国土资源厅挂牌出让白虎山铁矿探视权，金盛源矿业有限责任公司获得吉林省国土资源厅颁发的白虎山铁矿“勘查许可证”和“采矿许可证”。即吉林省国土资源厅通过出让铁矿探视权、采矿权限制开采矿产资源的企业。

（三）产业生态化与生态产业化

产业生态化与生态产业化是一个问题的两个方面，相辅相成，其实质是生态文明建设与经济建设的高度融合。所谓产业生态化，是指产业的生态化、绿色化过程或行为，指的是资源减量、环境减污、生态减用。所谓生态产业化，是指生态产品或服务的价值实现过程，以及以生态系统修复为主的新业态的形成过程，最大限度地发掘生态红利、支撑经济持续发展。在生态产业化过程中，企业起着主体性作用，要成为生态产业化的实践者、贡献者和获益者；市场起着决定性作用，要努力构建生态产业化的市场机制，确保生态产品服务交易的有序高效进行（谷树忠，2020）。

上述生态保护补偿、生态权属交易、生态产业化经营等生态产品价值实现路径都离不开金融业的支持，即离不开绿色金融。绿色金融是所有生态产品生产供给及其价值实现的支持手段，包括用绿色信贷、绿色债券、绿色保险和绿色基金等金融手段，通过融资环节影响企业的绿色生产经营行为（张林波等，2019）。

本书提供的案例呈现了多种类型的生态产业，如山西右玉发展森林旅游、森林康养、特色种植业、体育产业等。库布齐荒漠化的治理中，亿利资源集团在政府的投资、财税政策支持下发展成新型沙产业企业，该企业开发利用沙漠生长出一批产业，包括利用沙漠植物资源加工增值、如沙柳、甘草、沙棘、梭梭林等植物发展沙产业；饲草加工等草产业；种植黄芪、麻黄、肉苁蓉、锁阳、沙参、防风等药用植物发展天然药业；通过技术手段将天然沙转变为工业原料沙发展沙材料产业；此外还发展了沙漠生态农业、有机肥加工、沙漠生态旅游业等产业。

登龙云合森林学校的案例中，该企业开展研学旅行活动、生态教育课程，通过对外来研学者收费，为当地村民创造了可观的收益；除了生态教育外，企业还带领村民在生态农业、景观农业、手工业、文创产品等方面做积极尝试，种植马鞭草、薰衣草和萝卜等经济作物，并开发基于当地文化的文创产品进入市场。

老牛基金推动内蒙古草原生态修复案例，展示了生态旱作农业、林下养殖、整体可持续放牧管理等管理模式，使得生态修复的生态价值可以直接转化为社区实际的经济效益。

三、市场认证

我国市场认证包括绿色食品认证、农产品地理标志和生态标签等。为保障农产品质量安全和保护农业生态环境，我国推动了绿色食品事业的发展，设立了绿色食品认证制度。国际社会和一些国家也建立起多种与绿色食品类似的认证制度。如公平贸易认证（Fair Trade Certification）、雨林联盟认证（Rainforest Alliance Certification）、有机食品认证（Organic Food Certification）和国际互世认证（UTZ Certification）等（刘瑞峰等，2021）。

2019 年中央“一号文件”《中共中央　国务院关于坚持农业农村优

先发展做好“三农”工作的若干意见》提出“健全特色农产品质量标准体系，强化农产品地理标志和商标保护”，农产品地理标志成为乡村振兴的重要抓手（朱战国和王月，2022）。山西省右玉县的“右玉燕麦米”申报了国家地理标志。库布齐荒漠化治理过程中，农牧民们种瓜种菜、养牛养羊为企业、旅游业提供肉、蛋、禽、奶及绿色有机食品。

此外还有生态标签产品和认证体系，如“蓝色天使”“白天鹅标志”“欧盟之花”等，希望通过市场因素中消费者的驱动，促使生产企业采用较高的环境标准。随着生态友好型消费观念的发展，为产品贴上生态标签能提高产品溢价，并为企业塑造良好的社会形象，提供更高的消费者感知价值（赵连霞等，2020）。

四、企业社会责任

企业社会责任（corporate social responsibility，CSR）是指企业在创造利润、对股东和员工承担法律责任的同时，还要承担对消费者、社区和环境的责任，企业的社会责任要求企业必须超越把利润作为唯一目标的传统理念，强调要在生产过程中对人的价值的关注，强调对环境、消费者及社会的贡献。比起政府部门，基于商业动机、经济动力等可观利益原因，企业更容易通过创新和行动推动改革，带来改变。

从企业社会责任的实践发展历史来看，可持续发展起始于跨国公司在国家及国际上对环境问题的关注和实践，伴随全球治理与可持续发展在联合国平台上的融合发展，并经由《联合国工商业与人权：“保护、尊重与救济”框架指导原则》和《2030 可持续发展议程》实现了国家义务与企业责任的衔接，使得企业成为推进可持续发展目标实现的重要力量。随着社会责任理念的传播和 ESG（环境、社会和公司治理）投资市场的崛起，信息披露制度在环境保护、公平竞争等方面得到广泛应用，如加拿大把环境与可持续发展作为一项基本国策，通过环境核算账户建立起一个联系环境数据与经济数据的框架从而反映各种经济活动对环境造成的影响。

而随着中国在全球竞争中地位和角色的转变，企业社会责任在国家制度建设层面的认知和定位从企业竞争力层面上升到了国家竞争力高度。在这种变化过程中绿色金融战略与上市公司自律规则共同推动了ESG框架在中国资本市场的发展和落地。通过将企业社会责任履行状况同投资人的投资意愿联系在一起社会责任投资理念在很大程度上可以促使企业将社会责任理念内化（Griffith，2016；袁利平，2020）。

企业社会责任中的现有文献还表明，一方面，公司有义务考虑社会利益，因为社会将合法性和权力授予公司开展业务（Pepperdine，2017）。另一方面，从公司声誉和社会影响的视角来分析企业社会责任对公司违规后果的严重影响。很多公司都会自愿主动承担社会责任，这样可以提升公司无形资产的价值，帮助公司营造诚信的企业形象，提高社会声誉，增加人力资本投资，提高竞争优势，吸引有竞争力的机构投资者等（王爱萍等，2018）。

福建长汀水土流失治理中，不仅政府要发挥主导作用，企业也要担当起社会责任，中国石油天然气股份有限公司投资建立“中石油万亩水保生态林”，栽种无患子、樱花等兼有经济和生态价值的树种，为发展森林旅游奠定基础；国家电网投资进行农村电网的升级改造，提高长汀县的供电能力。

内蒙古亿利资源集团参与库布齐荒漠化治理的案例中，最初企业是被动参与到治沙当中，因为肆虐的库布齐沙漠严重制约了企业的发展。但在防沙治沙过程中，该企业生长出一批产业，通过技术创新和管理创新，创造新的竞争优势，一方面可以获得额外经济收益；另一方面可以提高企业知名度和美誉度，打造其声誉。亿利资源集团是从库布齐沙漠中成长起来，其企业价值和企业文化都来源于沙漠中。

老牛基金的案例中，老牛基金由当地牛奶龙头企业家牛根生创立，以环境保护、文化教育及行业推动为主要公益方向，践行“绿水青山就是金山银山”的理念；此外负责施工的蒙树公司以生态修复和碳汇造林等绿色产业为核心，践行保护环境和可持续发展的社会责任。

第四节　社区机制

社区机制是指社区作为生态环境保护的主要组织形式，以社区居民广泛参与为主要特征，充分考虑社区传统文化、社区经济结构、社区政治效能，以及社区所处的自然环境对环保效能的影响的一种生态环境保护模式。社区机制不需要外部具体指令的强制，社区成员通过面对面协商，达成共识，消除分歧，解决冲突并增进信任，合作治理社区公共事务（孙少超，2010）。

一、社区自然资源管理

社区自然资源管理（community based natural resources management，CBNRM）是一种以社区为主体的积极的参与式管理方式。受益主体（即社区及其居民）参与社区自然资源管理，为社区居民管理资源创造机会，并按照既定协议，对社区自然资源有效保护、合理利用，实现社区自然资源的可持续利用（王娟娟，2010）。以社区为基础的管理体系有诸多优势，主要表现在两个方面：一是强调当地居民参与资源管理，二是强调集体行动。当地居民与资源有最密切的关系，他们的生计活动对资源有着最直接的影响，因此他们是资源最有效的管理者。自然资源是当地居民的生计来源，让他们参与管理能够有效地缓解贫困、降低管理成本、确切地提高资源管理质量。集体行动能促进信息交流、增强抗风险能力，帮助穷困家庭发展生计（左停等，2005）。CBNRM 可由混合且多层次的治理结构来支持，由更高级别（通常是国家/政府）的行为者提供资金，并向较低级别的行为主体提供不同程度的指导，为社区构建资源管理活动和规则创造有利的条件（Lockwood M，2010）。基于社区的自然资源管理必然会面临不同利益相关者之间关于分权的纷争。一方面，社区可能缺乏获得经营管理权的条件；另一方面，政府想争取更多利益而不承认社区的管理权（左停等，2005）。

北京富群环境研究院于 2014～2016 年在青海省玛多县两个示范村进行了社区共管实践，在通过参与式调研与相关利益方达成共识的基础上，通过社区共管 SWOT 分析、组建社区共管领导小组、社区共管委员会选举与成立、签订社区共管协议和开展社区共管活动等措施，成功开展了社区动员并基本建立了社区共管委员会的机制和制度。

二、圣境

“自然圣境”是指由于传统文化信仰的原因而受到崇拜、禁忌和保护的一类特殊自然—人文景观单元，实际上是一类特殊的生态系统，与其他类型的生态系统相比，圣境在文化内涵和管理方式上有其自身的特殊性，并具有种类的多样性、文化背景的多元性和复杂性等特征（裴盛基，2001）。其以传统文化为依托，以保护自然生态系统中的动植物及其生态服务功能为目的，建立在当地公众承认和尊重的富有精神和文化信仰意义的特定自然地域，被现代自然保护领域命名为文化景观保护地（杨立新等，2019）。圣境属于文化与自然的结合，有助于传承当地社区民族的整体利益和文化，支持他们的生计方式，是人类特定族群的文化和自然遗产（肖文武等，2015）。

山林自然圣境在区域环境和生物多样性保护方面的意义主要有三个方面：第一，保护了一些重要的植被类型；第二，保护了大量的植物物种，其中不乏具有重要科学研究和经济价值的植物，包括药用植物；第三，位于自然保护区周围或之间的山林圣境，可能起到自然保护区之间物种交流“踏步石”或生态走廊的作用，从而提高保护效果。自然保护区是进行生物多样性保护的主要场所，而许多现代的自然保护区都是在自然圣境的基础上建立起来的（裴盛基，2006；罗鹏等，2001；Wang，2014）。在西双版纳，一些重要的、生态交错区域的生态类型主要是受到了龙山圣树等自然圣境的保护（裴盛基，2004）。

随着社会经济的发展、环境的变迁和科学技术的进步，自然圣境开始面临一系列的威胁与挑战：（1）工程或旅游项目的过度开发，使得自然圣境的自然性和神圣性遭到了不可恢复的破坏；（2）外来游客的大量涌入，破坏了圣境良好的生态环境和自然风光；（3）土地利用的变化，一些圣境本身范围比较小，又因为人类活动所造成的土地利用变化导致圣境的面积进一步缩小，使其抵御外界干扰的能力降低（Löki，2019）；（4）价值观念的变化与冲突。城市文明和外来文化影响了当地人的生活方式，各种禁忌和文化遭到冲击，导致自然圣境逐步退化；（5）自然环境变迁，气候变化等环境因素的变化使得圣境遭到严重破坏（赵海凤等，2021）。鉴于自然圣境对生态环境的重要保护功能，政府和社会需要采取一系列保护措施对其进行保护。

三、风水林

风水林是古人在风水思想的影响下，将林木与人的福祉联系在一起，人工培植或天然生长并严加保护、广泛存在于乡村的特殊森林和树木（杨和平等，2018；杨国荣，1999）。不少村落在选址时，考虑到风水的因素，通常会在茂密的树林旁兴建，令其成为村落后方的绿带屏障。由于村民相信风水林会为村落带来好运，因此他们都会着重保护风水林。风水林在长期的生长演变过程中具有多种价值。其生态保护价值表现吸收二氧化碳、释放氧气、提升空气质量、涵养水源、调节局部小气候，提高居住环境舒适性，也是鸟类等野生动物的良好栖居地。风水林的美学价值和稀有性则成为旅游开发中的珍贵景观资源。其文化传承价值与所在地的风俗民情、文化传统紧密关联，为村民的生产生活赋予了丰富的植物文化（方荣等，2022）。

四、传统文化

民族传统文化主要源于当地居民经过千百年与自然相处过程中获得的自然经济和社会生活形态。自给自足的生产生活方式与周围的自然环境有着密不可分的关系，产生了许多直观的动植物图腾，有关自然资源的神话传说，对自然环境的敬畏、崇拜，利用与保护生物物种的生活常识，形成了独特的传统民族生态文化。这种文化是由各民族在长期生存发展中不断与周围环境相适应而形成的，其会由于地理、历史等方面的因素而表现出诸多不同之处，但总体而言，民族传统文化对于生物多样性的保护具有积极的作用（雷启义等，2009）。不同形式的民族传统文化信仰，无论是“祖先崇拜”“自然崇拜”“神灵崇拜”还是宗教崇拜，在历史上都起到了保护动植物物种及其生境的作用，这些文化信仰的核心包含着人与自然共生、生物伦理道德和民族文化标记的多重内涵，是先辈认知和实践的经验总结，是凝聚于传统文化之中的一种无形力量，为生物多样性和自然保护作出了历史性的贡献，对于现代生物多样性保护有很好的启示和借鉴作用（裴盛基，2011）。

祭敖包是蒙古族最传统的风俗习惯，是被保留得比较完整的祭祀活动。几乎每个嘎查都会有敖包，每年都会有大型祭祀活动，祈求风调雨顺，或是干旱时来祈雨。平时也会有牧民上来祭拜祈福。敖包作为蒙古族传统文化的象征，是人民的精神寄托。为保护文化传统，恢复草地生态，嘎查划定敖包周围近 2 000 亩地作为保护区，用围栏围起，禁止牲畜进入采食，也不允许打草等行为。保护区由嘎查管理，管理上比较开放，保护区内没有采取任何的人为措施，完全靠其自然恢复。

长汀县历来重视封山育林，在水土流失治理的过程中严格实施封山育林的政策。封山育林体现的是中国古代的生态观念：天人合一、道法自然。自然具备一定自我修复的能力，森林自然恢复比人工种植的效果更好，形成更稳定的生态系统。封山育林是一种投入成本低的生态恢复方法，但是重在能否真正落实封山政策。长汀县在改善人民生计的前提下，实行严格的封山政策。

三江源区的当地居民 99% 都是藏民族，他们千百年来在这里游牧，历来有保护环境和管理资源的文化和传统，并融汇在藏传佛教中传承，生活在这里的藏族人民形成了敬畏自然、珍惜一切生命的生态伦理价值观。青海省毛庄乡当地牧民有不杀生的习惯，甚至是自家的牦牛都很少出售、宰杀，主要的经济收入来源是放养牦牛的农副产品和挖虫草等药材，经济收入较低。当地村民在利用自然资源和处理人与自然的关系方面积累了丰富的实践经验和乡土知识。朝阳全球环境研究所（GEI）依据当地村民不杀生的文化习俗，没有想当然地发展畜牧业等产业，而是在充分调研和数据收集的基础上，选择地方传统手工业，通过技术工艺改良、产品设计等扶持当地手工业与市场接轨，并通过资金支持手工合作社发展，并约定将受益的 5% 投入到环保事业中，为开展保护行为提供了有效的激励机制，尊重和调动了村民参与环境治理的积极性，探索形成了经济发展与环境保护的动力循环机制。

五、村规民约

村规民约是乡村民众为了办理公共事务和公益事业、维护社会治安、调解民间纠纷、保障村民利益、实现村民自治，民主议定和修改并共同遵守的社会规范。其产生于乡村社会之中，在村民日常生活逻辑中形成、生长，具有内生性，是不同于国家法律的社会规范，在乡村治理中有其独立发挥作用的空间（陈寒非等，2018）。

长汀县在改善人民生计的前提下，实行严格的封山政策。划分林区，每一个林区都配上一名护林员负责监督管护；设立规章制度，重视法治，严格执行，乡村用《村规民约》的方式对百姓的行为约束。谁破坏植被，谁就要接受惩罚：抓住谁割草就要鸣锣，抓住谁砍树就要让他放电影、杀掉家里最肥的一头猪。长此以往，百姓割草砍树的行为越来越少，由于封山政策的严格实施，长汀县森林植被逐渐恢复起来。

2017 年 7 月，浙江余村出台新的《余村村规民约》，在这则新修改的条约中，增加了生态环境保护的内容，并进行了细化。同时，村里还建立多支群众性文体队伍和志愿者队伍，深入开展环保义务活动、美丽家庭创评等活动，用群众的双手妆扮绿水青山，吸引八方游客。

第五节　社会机制

生态环境保护的社会机制，是指通过非政府非营利组织，以社会舆论、社会道德和公众参与等非行政、非市场方式进行调整人和组织行为，达到保护环境的目的。利用公众参与的力量，来弥补政府能力的不足和市场的缺陷（徐玲燕，2005）。建立以公众参与、信息公开、宣传教育为主要内容的环境保护社会机制，对于践行“两山”理论，加强社会主义生态文明建设有着极其重要的意义。

一、社会企业

21 世纪初以来，我国旨在以非政府行政方式实现社会目标、解决社会问题、优化社会治理的社会企业如雨后春笋般生发出来。这些企业以创新商业模式、市场化运作为主要手段，将所得部分利润按照其社会目标再投入自身业务、所在社区和公益事业中，社会企业不是以营利为中心目标，社会使命是其中心和战略。我国一些大型企业，如阿里巴巴、腾讯、亿利都支持成立公益基金会。一些企业尽管以营利为目标，但部分业务十分类似于社会企业属性。

2015 年，藏地第一座未来学校——登龙云合森林学校（以下简称“森林学校”）在中国西南部四川省墨尔多山省级自然保护区实验区内的甘孜州丹巴县中路乡成立。其定位是一家以“生态服务型经济”为主的社会企业，希望通过生态教育与生态经济，探索保护区内生态保护和经济发展的平衡之道。森林学校的校舍秉持“自然”的设计理念，充分利用自然资源，并减少对环境的污染。为了与当地人共同探究什么是最适合当地的生态建筑，森林学校尽量采用当地技艺，聘请当地匠人，还邀请了一些优秀的当代设计师参与森林学校的改建，以期促成传统技艺与当代设计的相互交流和学习，让传统民居成为低碳环保的绿色建筑，从而改善村落整体的生态环境。同时，森林学校毫无保留地与当地人分享改建经验和教训，用以引导居民进行合理的房屋改造和新建。除此之外，森林学校还鼓励当地居民参与生态教育，努力推广土地友好型种植方式，并组织居民在生态经济方面进行了一系列探索。激发原住民的生态保护主动性是森林学校的重要目标，其目标和工作角色，为政府提供非常好的政策倡导、社区培训、环境保护的宣教工作。

亿利资源集团是一家致力于从沙漠到城市生态环境修复的私有企业，其愿景是“引领沙漠绿色经济，开拓人类生存空间”，主要发展沙漠生态和清洁能源产业。亿利资源集团是从库布齐沙漠中成长起来的企业，创始人和早期的创业者均来自库布齐沙漠中的社区，从某种意义上讲，亿利资源集团就是当地社区的一个组成部分，其在社区公共基础设施建设上投入巨大。1988 ~ 2017 年，亿利集团在库布齐治理荒漠 969 万亩，固碳 1 540 万吨，创造生态财富估值在 5 000 亿元，带动当地 10 万牧民脱贫。为带动当地农牧民和私有企业共同参与沙漠治理提供了典范。亿利资源集团还出资成立了亿利基金会，以支持荒漠化防治的公益活动（见本书第十章库布齐沙漠治理）。

内蒙古老牛慈善基金会以环境保护、文化教育及行业推动为主要公益方向。基金会除了重视生态效益及对我国环境有战略意义的规划项目外，重视撬动国际资源到中国落地，如与大自然保护协会合作，在公益慈善、环境保护领域引进国际资源。老牛基金会不但实行环境保护的社会工作，而且非常支持教育工作的建设和发展、培养环境领域的人才。基金会与清华大学环境学院合作，于 2011 年捐资 500 万元，与清华大学教育基金会合作设立“老牛环境学国际交流基金”，现更名为“清华大学老牛环境基金”项目，采用“保本用息”的运作模式，持续资助环境学专业杰出人才进行国际上的学习交流活动，培养国际前沿的环境人才。2016 年，老牛基金会又与环境学院签署了战略合作协议，并追加捐赠 500 万元，借此进一步支持国际班发展，并推动清华—耶鲁双硕士学位及环境学院教师开展前沿课题研究。

内蒙古盛乐国际生态示范区项目驱动了企业的参与。虽然项目是由老牛基金会、TNC 等联合发起，实际由内蒙古和盛生态育林有限公司来负责施工。内蒙古和盛生态育林有限公司旗下建设了蒙树生态科技园。

以绿色发展为理念，以创新研发为基础，从事生态修复和碳汇造林，为生态建设和环境治理提供全程化一体化系统性解决方案，相继获得“科普示范基地、自治区林业产业化龙头企业、自治区良种苗木示范基地、内蒙古和盛国家种苗基地、国家林业标准化示范企业、国家林业重点龙头企业”等多项殊荣。蒙树的绿色事业本身就是在践行保护环境和可持续发展的社会责任，掀起全民义务植树和国土绿化建设的新高潮，以实际行动引领社会各界人士像对待生命一样对待生态环境。

中国石油天然气股份有限公司在国家的号召下在长汀县投资建立“中石油万亩水保生态林”，重点改造水土流失严重区域“远看青山在，近看水土流”的状况，栽种无患子、樱花等兼有经济和生态价值的树种，改善森林的生态效能，同时增加森林的观赏性，为发展森林旅游奠定基础。

二、社会组织

社会组织、志愿组织等非政府行动者的参与对于生物多样性保护和自然资源可持续管理的实践具有重要意义。个人力量与企业和政府相比是弱小的，在生态环境保护方面，他们需要聚集起来，给群体的力量插上专业的翅膀同政府和企业进行政策、战略和策略、方法的对话，而生态环境保护社会组织在实践和理论上都已经成为公民参与生态环境保护的重要途径（徐玲燕，2005）。当下，推进多元主体协同治理已经成为生态保护的重要方式，社会组织作为政府与社区之间协调的媒介，发挥作用的空间越来越大。

桃花源生态保护基金会是一家关注自然保护地的非营利环境保护机构，致力于用公益的心态、科学的手段、商业的手法保护具有重要生态价值的区域。其以四川老河沟为起点，建立了中国第一个公益保护地，开启了民间机构参与自然保护地管理的探索。其在建立老河沟保护区时，为了解决保护区内保护和发展的矛盾，创造性地提出了保护扩展区的概念，为此还组建了一个社会企业，帮助保护区邻村开展生计帮扶项目。基于上述保护区建立的经验教训，桃花源基金会开始推动新驿村社区保护地的建立，聚焦于消除盗猎影响，采用协议保护的基本思路，从解决社区自己关注的问题开始进行社区动员，推动社区自治，使得新驿村社区保护地的变化与发展超出了基金会的预期（案例材料来源于第十三章四川省平武县社区保护地实践）。

永续全球环境研究所（Global Environmental Institute，GEI）是中国本土的非政府、非营利性组织，其以资源保护为首要目标，力求社会、环境和经济效益的多赢。GEI 自 2005 年起开始对社区协议保护机制（Community Conservation Concession Agreement，CCCA）进行研究，参与建设了多个社区协议保护机制中国本土化实践的案例，探索出生态保护和社区协同发展的可持续之路。2011 年 GEI 在福特基金会的资助下将协议保护机制（Conservation Concession Agreement，CCA）引入到草原保护工作中。通过内蒙乌力吉图草原的沙化治理项目，探索适合草原保护和经济发展的协议保护机制，充分调动牧民积极性，打破单户经营草场的模式，建立牧民合作经营草场的规模化管理模式。2014 年 GEI 开始与青海省囊谦县毛庄乡社区建立联系，开始初步进行生物多样性本底调研，在摸底调查结束后，其结合社区现有生态资源和村民的参与意愿，协调各个利益相关方共同行动，开展社区的可持续生计能力建设培训，并相应制订了具体的保护行动策略和方案。在与青海省囊谦县毛庄乡政府、毛庄乡奔康利民合作社开展协议保护工作两年之后，GEI 再次与其续签了三年的共同保护计划，制订和补充了新的保护计划和范围，完善了保护能力培训和替代生计能力建设，推动三江源毛庄社区成为社区协议保护的能力培训点，发挥协议保护的示范作用。

富群环境研究院（Future Generations）是一个非营利性的环保和教育组织，其旨在推动以社区居民为主导、以当地资源为基础的发展模式，通过加强社区能力建设，引导社区科学合理利用现有资源，制定符合当地文化与经济发展的可持续发展方案。北京富群环境研究院于2014年以三江源腹地黄河源头的两个示范村作为试点，针对当地自然资源保护和社区发展的矛盾，通过社区共管的实践探索，带动当地政府自上而下形成生态保护的有效管理机制，并提高社区的生态保护能力。2017年，北京富群环境研究院组织专家从自然科学和社会经济两方面对青海省曲麻莱县团结村的冬虫夏草的现状开展了调研，并从关系社区牧民切身利益的问题着手开展自然保护工作，发掘和发展社区原有成功经验，培养本地保护领袖，支持本地保护领袖自主开展环保活动，制定符合当地社会经济和环境的自然资源可持续利用方案。

内蒙古老牛慈善基金会（以下简称“老牛基金会”）2004年由牛根生先生创立，其以“教育立民族之本、环境立生存之本、公益立社会之本”践行公益慈善理念，以环境保护、文化教育及行业推动为主要公益方向。基金会坚持着“传承百年，守护未来”的精神，践行着“绿水青山就是金山银山”等习近平新时代生态文明建设思想，关注民生、重视环保，为“建设生态文明”这一中华民族永续发展的千年大计贡献力量。2010年8月，老牛基金会与大自然保护协会（TNC）等合作伙伴共同启动了内蒙古生态修复和保护项目，致力于探索适应内蒙古干旱及半干旱地区关键生态系统的可持续修复方案。这些修复项目已经取得了很大的成效，为当地的生态系统恢复作出了重要的贡献（见本书第十五章行业龙头的社会参与推动草原发展与保护的可持续管理）。

东北虎豹国家公园建立以前，非政府组织就多次捐款协助东北虎豹保护事业。2000年，受美国鱼和野生动植物署“犀牛与虎保护基金”的资助，黑龙江林业厅与WCS在哈尔滨联合召开“中国野生东北虎种群恢复计划国际研讨会”。会议制定了《中国野生东北虎种群恢复行动计划（建议书）》，要在虎分布重点位置建立保护区和生态走廊。2002年，在WCS的资助下，刚成立不久的珲春自然保护区管理局在核心区域开展第一次清山行动。2004年，荷兰老虎基金会通过WCS提供7 365美元的资金用于进行野生动物冲突补偿。

三、环境教育

环境教育是以教育手段提高人们对环境与人关系的理解和对环境问题的认识。这是旨在解决问题和实现可持续发展，普及环境知识和技能，提高人们的环境意识和有效参与能力，以教育为手段而开展的社会实践活动过程。环境教育还促使人们对环境质量问题作出决策、对本身的行为准则作出自我约束（徐辉等，1997）。环境教育通过培养公众的环境意识和参与环境决策的能力，加深对周边环境问题的思考和认识，产生自觉自发的环境保护行动，促进公众能够更加科学有效地参与环境管理和决策。

在登龙云合森林学校的案例中，登龙云合森林学校协同丹巴教育局一起，举办了“大自然在说话”配音比赛，通过为环境纪录片和环境绘本配音的形式，对中小学生进行环境保护的宣导。登龙云合森林学校在生态教育的课程系统设计上颇费心思。在52位专家和21位当地人的参与支持下，共开发了4个课程模块12余门课程，直接落地到森林学校的主题活动20余次。森林学校开展的研学旅行活动深度挖掘当地的文化自然特点，创意独特，活动体验性强，并邀请当地非遗传承人及社区长老做研学导师，与当地社区有良好互动。同时，其课程对研学者收费、对当地人免费，在维持正常运营的前提下，降低了当地人接触环境教育的门槛。通过一次次的环境教育，村民们逐渐认识到伐木、采石、乱扔垃圾、胡乱排放废水、覆地膜、施肥料等行为的危害性，对生态系统和环境保护有了更多的认识，从而更有能力、有意愿、有意识地去保护家乡的环境和文化。森林学校积极邀请当地学生参与组织和设计环境教育、生态体验的课程和活动，并积极筹措与教育部门共同研发校本课程，让生态环境教育成为义务教育体系的一部分。

四、共管

共管是指涉及保护区管理的不同的利益相关群体，建立起相互信任的合作伙伴关系、共同参与保护区管理方案的决策、实施和评估过程，研究和解决有关保护区管理不同利益群体之间存在的问题，其目标是将生物多样性保护和可持续发展结合起来。而社区共管通常是指当地社区对特定的自然资源的规划和利用具有一定的职责，同时也指社区同意在持续性利用这些资源时与保护保护区生物多样性的总目标不发生矛盾（李小云等，2009）。

北京富群环境研究院于2014～2016年在青海省玛多县两个示范村进行了社区共管实践，在通过参与式调研与相关利益方达成共识的基础上，通过社区共管SWOT分析、组建社区共管领导小组、社区共管委员会选举与成立、签订社区共管协议和开展社区共管活动等措施，成功开展了社区动员并基本建立了社区共管委员会的机制和制度。

五、宗教文化

生态问题并非只是科技、立法与经济体系的问题，它还与某些世界观、价值观和知识体系有着深刻的联系，它还涉及宗教性的观点和理念（闫韶华，2006）。当今世界流行的主要宗教都包含有对生态环境的关怀和对自然的协调方面的思想内容（陆群，2006）。“此有故彼有，此无故彼无；此生故彼生，此灭故彼灭”，佛教的“缘起”思想充分说明了人与世间万物有着和合共生、唇齿相依、互为因果的密切联系。“依正不二”是佛教关于人作为生命主体同其所处的自然环境客体之间关系的原理（闫韶华，2006）。道教更为关注自然，因而对天地人的关系有较为深入的探求。老子认为：“道大、天大、人最大，域中有四大，而人居其一焉。”（牟钟鉴等，2003）人只是天地万物的一部分，在人与自然的关系上，主张“人法地，地法天，天法道，道法自然”，人应当尊重天地自然，尊重一切生命，与大自然和谐相处。老子和庄子特别强调天道自然无为，人道应该遵从天道，顺应自然，自然在老庄的学说里，就是指事物自生自发的本来状态（陆群，2006）。基督教强调万物平等，人类应该与万物共存，建立一种超越功利以爱为基础的环境道德意识，上帝会对人类破坏环境的行为施以惩罚。伊斯兰教具有重视整体和谐的鲜明特征，在其看来，真主创造的世界生机盎然、气象万千；真主的安排使万物各得其所、井然有序，保持平衡，从日月星辰、高山大川、江河胡海、矿藏田园，到空气、阳光、水分以及地球上的人类、生物，共同构成了一个协调有序、和谐完美的生态系统。人是其中唯一有灵的存在，因此，人除了处理好与同类之间的关系外，还要处理好同自身赖以生存的大自然之间的关系（闫韶华，2006）。

宗教思想在自然生态保护中能发挥的作用巨大，我们要注重宗教思想的生态保护功能，通过人与自然的和谐来促进人与人的和谐、人与社会的和谐，从而为保护人类共同的家园作出真正的贡献（张建芳，2007）。

第六节　治理机制和手段汇总

全球都在探寻实现全球自然生态资源可持续管理的治理良方，政府、市场、社会和社区机制创新眼花缭乱，你方唱罢我登场，好不热闹。然而，坦率地说，绝大多数所谓的成功都停留在案例上，是经验视野下的自然资源可持续管理，远不能支撑我们建构适配的理论以支持人类绿色转型和重建人与自然的关系模式。过去六十年，人类在生态环境管理上涌现了不少主流逻辑以支撑绿色转型和实现可持续发展目标。然而，国际环境政治格局惯性很强，难以在生态资源治理问题上达成一致性的、可信的协议和集体行动。分权改革步伐变慢，有边缘化的风险。市场机制看着很美，但困难重重、作用有限，质疑声音很大。以社区为基础的森林资源管理难以模仿、复制和高效率推广，不断受到挤压。社区、农民、私营部门和非政府组织等非政府主体的大量兴起弱化了政府在自然生态资源治理中的角色，而国家干预活动又重新强化了政府集权，分权和集权的交锋和融合成为国际自然资源治理的显著特征。

多中心治理势不可当，如何协调成为难题。20 世纪 80 年代以来的分权改革、市场化改革和国际环境政治化催生了大量的非政府行动者，如非政府组织、跨国公司、社区、林农、消费者等，政府的影响力和权力不断受到挑战，政府与非政府行动者的边界越来越模糊。这些利益群体的介入也是国际发展赋权、民主、可持续发展、绿色消费、公民运动等发展思潮和运动推波助澜下的结果。生态环境问题又与发展和其他环境问题交织在一起，这些复杂的问题背后是全球、国家、地方、社区等不同层次的行动者。在不同层次，行动者众多，其中部分行动者主导了不同层次的议题。政府与非政府行动者相互依赖日益增强，政府的角色逐渐从控制管理转向协调不同行动者，以形成合理推动和持续发展进程。

二战以来的实践表明，没有一种治理机制和工具是万能的，可治愈生态系统退化和生物多样性减少的各种疑难杂症，政府、市场和社区治理机制，国有、私有和社区管理都具有特定的适应条件，在不同的社会、经济和自然资源状况特征下具有各自的优势和劣势，很难简单说哪一种模式是好的，哪一种模式是不好的。表 2－1 列示了政府机制、市场机制、社会机制和社区机制的常见手段。在现实中，各种治理机制、产权管理安排和治理手段在不同层次和问题中被综合使用，形成自然资源治理的综合体系。中国不能盲目迷信其他国家生态资源治理的理论、方法和手段，不能盲目将别国的治理安排移植到中国生态环境资源管理上来，而是要探索符合中国实际的发展和改革方向，重视每一个利益相关者，在改革中去学习，让他们参与到改革的进程中，并拓展他们的参与空间。

表 2－1　政府机制、市场机制、社会机制和社区机制的常见手段

政府（管制）机制	机构改革、国际环境相关法律和法规、国内和地方法律和法规、规划、生态功能区、土地用途管制、贸易管制、自然资源账户管理、保护地体系
政府（激励）机制	上级政府补助促进区域间横向补偿、政府投资、补贴、PPT、特许经营、野生动物致损保险制度、野生动物致损补偿基金、区域公共品牌
市场机制	PES、生态服务交易平台、生态产品、有机产品、地理标识、生态旅游、生态税、绿色金融、公平贸易、土地信托、森林碳汇
社会机制	基础设施投资、企业社会责任、共管、道德约束、环境教育、宗教文化、纪念林等
社区机制	社区自然资源管理、圣境、风水林、村规民约、传统文化、宗族制度

第三章

以社区为基础的自然资源管理

从管理的模式与理念来看，自然资源管理作为准公共事务的一部分，经历了由管制到治理、由单一中心到多中心的转变。有关自然资源管理的讨论源自“公地悲剧”所引发的市场失灵对公共利益的破坏上（Hardin，1968）。学术界为了应对与解决这一问题衍生出了两种不同的理论道路：一是借由具备政治威权的公共权力机构，通过“自上而下”的干预和管制来解决资源利用的失序问题（Hobbes，1909）。二是基于科斯定理，通过明晰产权将自然资源使用负外部效应内部化，通过市场的自发手段来实现有效的自然资源配置（Coase，1960）。然而，前者面临着监管成本、信息不对称、政策时滞与扭曲，以及寻租所产生的腐败、资源浪费、精英俘获、贫富分化等问题，还增加了与自然资源相关利益者冲突的潜在风险（龙贺兴等，2016）。后者则受限于公共资源的异质性与流动性，明晰产权技术上可行性较差，且过分分割致使自然资源破碎化不利整体性系统性管理，明晰产权实际效果远低于预期。为了跳出以上二元路径所面临的失败与局限，以奥斯特罗姆为代表的公共资源治理学派通过对公共资源私有化和政府管制的反思，着手推动以社区为基础的森林管理，并得到了前所未有的关注。公共资源治理学派的研究发现，社区具有依赖地方传统设计规则的能力，并以此为基础搭建自发的监督机制来制约成员的机会主义行为，从而改变公地悲剧性的结果。社区自主治理成为政府和市场之外的第三条道路，而这一政策手段得到了世界各地森林、渔场、牧场、保护区等自然资源管理相关案例的佐证。

依赖社区自组织，基于不同的社会背景和共同发展目标所建立起来的资源管理方式逐渐成为全球范围内开展资源可持续管理的政策焦点。将社区视为核心治理工具的管理理念中，“社区共管”是一个较为典型的概念。世界银行将社区共管定义为“当地社区、政府和其他利益相关者之间的责任、权利及义务的分担与共享，是一种去中心化的决策，使当地社区与政府平等地参与决策过程”。“社区共管”大致具有三个典型特征：（1）相关利益主体之间的合作伙伴关系（一般指社区与政府之间）；（2）相关利益主体之间权力、责任与利益的共享；（3）推动社区发展和生态保护之间融合发展的路径与手段（G B－F，1996；侯艺许等，2021）。

第一节　什么是 CBNRM

20 世纪 80 年代，来自多个学术背景的学者共同提出了“社区为基础的自然资源管理”（community based natural resources management，CBNRM）的概念。CBNRM 是一种既允许社区（共享同一套社会规范且社会结构趋于同质化的空间单元）对自然资源使用具有较高自主权的同时又关注自然资源管理的治理机制。CBNRM 是一种“任务导向型”的治理工具，以自然资源的可持续管理为目标，在管理过程中充分结合社区的现有权力与地方知识，实现社区发展与自然保护之间的双赢。

CBNRM 的理念已被许多国家采用，并逐步与地方的社会文化背景相融合。实践证明，CBNRM 能够适用于多种自然资源管理的应用场景，囊括森林、草地、海洋、野生动物、渔业、沿海区域和自然保护区。在东南亚、南亚、非洲、拉美，CBNRM 在实践中得到广泛的运用，但政府管制和市场驱动依然是自然资源管理的主要手段。

20 世纪 70 年代始，发展中国家经历了分权改革、民主化、问责制等社会政治运动，特别是与环境相关的社会组织兴起，而 CBNRM 就是这一社会政治进程的重要行动，或这场社会政治运动的重要成果。与 CBNRM 密切相关的自然保护本身被视为一种社会政治进程，并将这一进程分解为六个要素：（1）自主性，即生态保护和人类福祉之间优先性的权衡；（2）合法性，参与者，尤其是社区群众是否认为这一过程合理且公平；（3）治理方式，决策的制定者和形成机制，及其执行和问责的边界；（4）问责，各方能否履行承诺，参与者达成目标的效度；（5）适应与学习，如何系统地学习经验并适应性地作出调整；（6）可调节性，对市场变化及其环境影响、对政治经济社会变迁及其对地方实践的干扰作出适配调节的能力（Brechin，2002）。CBNRM 作为依赖人类组织所衍生出的社会政治进程，需要具备生态友好、与社会和政治背景相适应、道德公正等特质，从而减少这一进程所可能引发的冲突与对抗。

CBNRM 概念往往包括三个层面的内容：一是以社区为基础的自然资源管理的模式，即 CBNRM 如何在地方、国家与跨国层面行动者的协力之下逐渐构建、推广和制度化。CBNRM 的发展与国际组织的对外援助密不可分，CBNRM 在被社区接纳后，又在与社区的互动之间不断调整发展，并与地方政府、监管机构不断发生联系，最终塑造了社会组织、政府、地方社区和社会运动之间的关系。二是技术问题与政治困境，即用于搭建 CBNRM 的政策工具如何在不同的政治途径下发挥作用。三是不平等竞争，即 CBNRM 是国际管理倡议的一部分，需具有一定普适性规则但同时受制于民粹主义或是民族主义运动（Brosius et al.，1998）。不同国家和不同社区竞相提出普适的方案，以竞争本来就不多的国际援助资源，而竞争取决于援助机构。

第二节　CBNRM 的背景与由来

以社区自主治理为底色的自然资源管理模式的发展与演化和 20 世纪 70 年代以来受欧洲殖民压迫的原住民的民族主义斗争紧密联系。大航海时代以来，为服务于西方资本初始积累所需求的“不平等贸易”，获取廉价的原料来源，欧洲殖民者通过建立集中的、官僚体制化的资源管理机制，来实现殖民地区自然资源的开采与获取。但粗放式的资源经营模式与无节制的开发与采伐，使得殖民地区域的自然资源逐渐走向退化与枯竭（Bowler，et al.，2012）。这种伤害殖民地居民根本利益的行动招致了对应的抗议，而对抗逐渐由对资源所有权的诉求上升为主权与民族独立的诉求（Bray，1991；Sivaramakrishnan，2007）。民族政权建立后，政府否认地方居民具备自主开展资源管理的知识、能力与禀赋，推行了自上而下的集权式管理，导致管理体制内部逐渐衍生出大量的低效与腐败问题（Agrawal et al.，1999）。这些治理手段的失败使得以社区为主导、依赖地方知识与权力的管理模式得以重现和回归。但不同的是，这种管理实践获得了来自外部各类国际组织和发达国家资助机构的支持与援助，实现了社区知识与专家技术之间的沟通与互动。

20 世纪 90 年代，奥斯特罗姆和她的团队成员基于大量的案例经验，总结出关于集体行动的多中心治理理论。该理论认为当社区对公地资源的产权主张能够得到充分保障的时候，地方性的管理机构就能够自主地发展和建立，通过达成集体行动来规范对自然资源的使用，实现自然资源可持续管理。这能够有助于实现社会—生态的系统管理，降低外部干预所需要耗费的多余成本。该理论为 CBNRM 提供了强有力的理论支持，使之能够更加广泛地推广并被广大的发展中国家所接纳。

第三节　CBNRM 的实践及经验

20 世纪 90 年代非洲开展了土著资源社区土地管理计划（communal areas management programme for indigenous resources，CAMPFIRE），这是 CBNRM 的典型例子，为土著社区提供了野生动植物资源的管理方法。CAMPFIRE 旨在为实现可持续发展、给社区赋权，通过有序的开发利用来开展自然保护。计划强调地方居民能够以可持续的方式从野生动植物资源中获得经济利益，以此来鼓励实际控制野生动植物资源并受益的社区达成共识，采取有效的措施，实现资源可持续管理（Matzke et al.，1996）。该计划认为自然资源因缺乏充分的利益分配与保护责任协同机制而退化，甚至消失，应通过将地方习惯性做法与现代民主框架结合起来寻求问题解决方法（Metcalfe，1994）。与 CAMPFIRE 类似的包括，联合森林管理（JFM）、社区森林管理（CFM），以及在撒哈拉以南的非洲地区所建立的野生动物与狩猎管理区（Chevallier et al.，2018；Pailler et al.，2015），等等。

在津巴布韦，采取命令—控制式集权管理模式，Masoka 村的社区成员承受野生动物肇事所带来的损失，但保护所带来的经济收益被非本村的利益相关者所分享。根据 CAMPFIRE 计划，该村村民易地重建，扩大社区居住地与野生动物之间的缓冲区域，将野生动物的管理权责和利用收益下放到村。这迅速产生了正向反馈，生态系统保护的价值与重要性得到社区成员的充分认识，村民自发组建了生物多样性保护和社区发展协同的决策管理机构（Matzke et al.，1996）。这个案例说明以社区为基础的自然资源管理是行之有效的。

权力下放是实现有效资源管理的必要条件，但不是充分条件。公地资源的成功管理需要基础管理单元对自然资源的排他管理权，需要管理单元内部建立起有效的内部监督制度，与社区特质匹配的规则，对违反规则的惩罚细则，国家和地方司法体制应有效支持社区规则（Ostrom，2009）。权力下放思想融入了以提供生态系统服务为主要形式创造公共物品供给的公地资源管理架构的设计，例如 PES（生态系统服务支付）与 REDD +（减少毁林及森林退化造成的碳排放），及上文所提到的有关森林与野生动物管理权向社区下放的案例。向社区分权实践结果好坏参半，千差万别。因为很多公地资源管理的条件难以满足奥斯特罗姆在相关制度设计上的全部要求。CBNRM 项目常受腐败和精英俘获的困扰，内部监督机制难以有效发挥作用，社区民众失去对 CBNRM 项目的信任，等等。开展与之互补的、针对相关财务金融问题的外部监督能够恢复社区民众对 CBNRM 的信任，更好地促进合作（Turpie et al.，2021）。如果 CBNRM 所提供的经济利益未能充分抵销保护资源所付出的成本，CBNRM 的可持续性是难以实现的（Suich，2013）。

部分 CBNRM 通过获取来自商业群体的支持实现了新的发展，以 CBNRM 和商业伙伴共同开展的旅游项目为资源的可持续管理创造了额外的利润。部分 CBNRM 还搭建了更广阔的平台，引进更多的生态系统服务支付项目（PES）来激励地方社区更好地进行生物多样性保护，以提供更多的公共产品（Robinson et al.，2013）。相较于传统 CBNRM 依赖产权激励推动公地资源的保护与可持续使用，搭建合作平台引进生态补偿机制，更能有效鼓励社区居民采取可持续资源管理方案，补偿因实施保护计划所带来利益损失，将公共物品供给的正外部性内部化（Ngoma et al.，2018）。

社区林业（community forest management）项目同样证明了将产权下放给社区，不是所有的项目都能兼顾资源保护和减轻贫困这两个双重目标（Seymour et al.，2014）。社区呈现社会、文化、经济、生态多样性和异质性，在长期实践中不同的社区形成了不同的资源管理方式和地方知识体系，社区规则、习惯生成和演变具有其内在的逻辑。社区是不同的，美美与共是常态。为实现自然资源可持续管理、提升生物多样性管理和生态系统服务水平目标，而着力于寻求普适性的方法与机制是不妥的。应当重视来自社区内部和外部的因素在实现保护和发展二元目标上所发挥的作用（Ojha et al.，2016）。可通过工业化与市场化为地方社区提供信息与技术，提高社区在项目投资与评估中的管理能力，创建参与平台、增进社会网络、制定决策与奖惩的程序，改进社区治理结构，提升社区治理的能力（Bowler et al.，2012）。能力建设能够帮助社区更好地利用和拼凑多样化的资源和资本，更好地将社区组织起来，实现更好的治理结果。能力建设需要社区以外的组织（政府、企业、社会组织）的协助，尤其当社区群众失去了对内部管理机制的信任，通过外部监管对项目的财务与收益安排实行干预，可有效地就提高民众围绕资源管理的公共行动达成合作的意愿（Turpie et al.，2021）。

第四节　构建 CBNRM 的法律和制度框架

须充分了解地方管理机构在自然资源管理上的权力，才能有效地构建新的自然资源管理体系，并使之有效地发挥作用。地方自然资源管理机构是制度的重要组成部分，授权国家相关法律和政策落实与监管。他们拥有一定自由裁量权，尤其对技术规程、政策落实的流程。在发展中国家，地方管理机构也会巧用国家政策和法律掩盖懒政或谋求部门利益或私利（Brechin et al.，2007）。理解地方机构的行为，从而构建有利于 CBNRM 的制度环境十分重要（Ostrom，1999；Ostrom，

1990；Gibson et al. ，2000）。

与自然资源系统相伴的社会生态环境更为复杂，这要求相应资源管理机制是多变而灵活的，可结合资源的使用条件和本地特征适度调整。制度上的灵活性可使资源使用者以较低的交易成本，采取与社区文化传统等适配的程序，孕育出集体行动，生发可持续自然资源社区管理制度和知识体系。通常情况下，政府保留着制定规则和监管的权力，社区保护规则的执行权力交付给地方社区。需要国家在政策层面上鼓励和支持地方政府推动和组织落实，社区积极采取行动推动自治（Ostrom，1999；Ostrom，1990；Gibson et al. ，2000）。

分权改革则通过增加地方对自然资源的控制并使之制度化，赋予更多行动者相应的权力，建立有利于地方自我组织的体制框架，来解决CBNRM 内在的脆弱性（Brinkerhoff，1995）。在非洲，有效的地方自组织需要两个前提，即建立地方政府的对下问责制，提高公共服务的效率和公平性；赋予地方领导者充分的自由裁量权，并对所作出的决定问责（Ribot，2002）。简言之，赋予地方政府与所承担责任相匹配的权力是实现可持续资源管理所必要的。

不少学者强调孕育多中心治理制度环境的重要性。社区内生态和生计互锁，但社区出现生态和生计问题往往超出了社区范围，社区间流动、经济自由化、气候变化、生物多样性丧失等极大影响到社区治理的效果。因此，需要高级别政府搭建有效的制度框架协调社区内难以控制的因素，以支持社区集体行动。必须认识到，这样做的制度交易成本是高昂的，这也能说明社区为基础的自然资源管理并不是必然成功的，以行政管制为主的，如国家公园在生物多样性保护领域依然扮演着重要的角色。多中心化治理体系强调了社区治理的重要性，但没有否认不同层级行政管理机构的作用。就生态学而言，为特定目标的生态系统管理需要合适的面积，如老虎、大象、熊猫等大型旗舰物种保护需要一个非常大的区域，成百上千的农村社区涉及其中，而农业遗传资源保护往往可在较小的面积上实现保护目标。因此，多层级的管理机构为自然资源管理多样化目标适配提供了可能性（Brechin et al.，2007；Ostrom，1999）。然而，机构是由人组成的，越是大型的生态系统，因配置更高级别的管理机构，但与社区群众所拥有的资源和权力更加失衡，推动集体行动的意愿降低，而更为热衷于推动所谓“正式”“科学”“规范”制度，大型生态系统正式管理制度与社区传统制度和自治制度张力会更为突出（Agrawal et al.，1999）。基层相关利益者更为依赖非正式规则来强化群体凝聚力，削弱甚至挑战来自政权机构的正式制度。实施 CBNRM 项目，开展社会影响评估是必须的，需要通过利益相关者联席会议等多种方式寻求管理机构和社区等多方利益者作出目标和利益妥协（Idrissou et al.，2011）。

第五节　CBNRM 当前所面临的挑战

CBNRM 的治理结构通常是混合且多层次的，国家或高级别的地方政府提供必要的足够的资金资源，指导基层政府和社区行动者开展导向自然资源管理的集体行动。基层政府和社区被赋权构建资源管理活动和规则（Lockwood et al.，2010）。因此，CBNRM 利益相关者包括不同层级的政府机构、社会组织、地方社区等，发展中国家实施的项目还包括外来捐助者，他们有不同的价值取向、知识体系和参与所求，对自然资源可持续管理的理念、方法和措施存在分歧（Pomeroy et al.，2001）。一般来说，外来捐赠者和社会组织更倾向于公共价值和长期目标，而当地社区需要获得稳定及时的生计和收入，即使不同利益方就自然资源可持续管理目标达成共识，也很难转化为具体的议程和行动方案（Murphree，1994）。

在津巴布韦，地方委员会以狩猎和采集野生动植物所带来的经济收益建立野生动物管理基金会，用于开展野生动植物及相关采集活动的监督。尽管基金会充分吸纳了政府官员、社会组织代理人和地方议会代表，但在缺乏其他替代生计的情况下，野生动植物采集始终作为当地社区群众的主要经济来源，这种诉求的冲突阻碍各方有效达成制度性安排，以实现野生资源的可持续保护和利用（Derman，1995）。

地方社区和社会身份的差异，如印度、尼泊尔的种姓等级制度，非洲、欧洲、美洲性别不平等，以及面对全球化、信息化时代所带来深刻社会分化和政治进程，都对自然资源管理的成本与收益分配产生深远影响，进而影响到自然资源管理相关利益者的获益。在不少国家，获取资源的权力和特定的社会地位与职业身份绑定，更加弱势的社区群众，尤其是传统利用者被新的管理制度所排除出来（Ribot et al.，1990；Neumann，1998）。在发展中国家，所谓的公地资源、荒地是社区中低收入者放牧和野生资源采集地，而他们往往被捐赠者、各级政府、私人企业所忽视。

社区在自组织管理上具有先天优势，社区本就是一个利益和文化共同体，可自我监督、自我激励，这并不意味着“社区”就是自然资源有效管理的主体，保障自然资源可持续管理。广泛开展的以社区为基础的自然资源可持续管理需要解决的就是社区生计和生态保护的矛盾。绝大多数以资源为生的社区普遍存在生计与保护的矛盾，而人口增长往往加剧了这个矛盾。随着社区人口规模的扩张，资源利用必然呈现两种不同的结果：一是赖以为生的资源数量减少和质量下降；二是迈向集约化经营，通过人工手段，改善资源管理水平，提高科技水平，提高资源利用的效率，或成功转向其他生计以实现资源质量改善和永续利用（Terborgh et al.，2017）。1930～1990年，肯尼亚 Machakos 地区的人口增长了5倍，在市场、技术以及地方政策的推动下，发挥劳动力多的优势，扩大树木种植实现资源可持续利用（Mary，1994），经济效率有了改善，但生物多样性遭到一定程度的破坏。一些传统社区，在市场化不断冲击下，生产活动演变过程中出现了无意识的生态破坏。在热带雨林中捕杀灵长类动物可导致部分大型树种的种子传播途径被阻断，这些灵长类动物充当树木种子传播者，因此这些大型树种减少，而被依赖鸟类传播种子的小型树种所取代（Carlos et al.，2016；Terborgh et al.，2008）。

全球化突飞猛进，带来了新的技术和消费模式，社区融入全球化市场中，传统的以社区为主体的保护区管理模式瓦解，而被适应现代经济的管理模式所取代。政府和社会组织多信奉市场原则，偏好全球化进程，这不可避免地影响社区对资源的可持续利用，反而助推公地悲剧的产生（Terborgh et al.，2017）。

传统权威的崩解、商业化、现代化、社会变迁、新的城市发展愿景、外来移民，以及不适当的政府干预，都可能破坏社区自组织孕育和监管的有效性。迫切需要实现社区再建、自然生态和社会经济系统的平衡，因此重建和创新资源管理体系十分必要（Leach et al.，1997）。

第六节　中国的社区共管实践

一、自然保护区管理模式演变

人们对自然保护区功能和作用的认识，有一个不断深化和提高的过程，形成了不同的自然保护区管理理念和模式（王献溥、崔国发，2003）。20世纪70年代以前，奉行的是绝对保护思想，强调自然保护一草一木都不能动，一切让其自生自灭，实行“堡垒式”消极管理模式。实践证明这不是一种有效的管理模式。20 世纪 70 年代以后，随着对自然保护区研究的不断深入，在总结以往绝对保护模式经验和教训的基础上，提出了生物圈保护管理模式（即协调管理模式）通过“人与生物圈”计划，研究人与生物圈的相关关系，探寻人类有效保护和合理利用自然资源的途径，以满足人类生产和生活的需要。进入 20 世纪 90 年代中期，国际上提出了生物区域规划管理模式（即社区共管模式）。该模式强调，自然保护区建设要关心周边地区有关部门和社区的生产和发展，通过广交伙伴、利益共享，争取广大公众的积极参与，实施共同管理；并以生物区域规划为指导做好土地利用规划和组织实施。

二、自然保护区与社区发展之间存在的矛盾与成因

吴小敏等（2002）总结了自然保护区与社区之间的主要矛盾有：资源保护与利用的矛盾；利益分配不均匀引起的保护区与当地社区之间的对立和冲突；社区人口、资源需求增加的压力加剧了保护区与社区之间的矛盾。姜春前、沈月琴等（2005）认为，自然保护区与周边社区的矛盾与冲突原因主要有：（1）自然保护区的外部性是冲突产生的客观原因；从整体而言，自然保护区收益主要是以社会生态效益的形式由不确定的外部公众获得，周边社区居民承担了较多自然保护区建设的成本（损失）。然而，我们至今仍然未就自然保护区建设建立有效的利益补偿机制（即产权交易制度），这是造成自然保护区与周边社区居民冲突的客观基础。（2）保护理念和模式落后是冲突产生的认知原因，主要表现为：①认为保护和开发是绝对矛盾的，动用保护区内一草一木都将被视为违法，完全忽视当地居民的需求和愿望；②认为当地居民是保护区的破坏者，在自然保护区管理过程中，完全将其排除在决策范围之

外；③认为法律和行政命令是自然保护区管理的唯一有效手段，没有从满足周边居民需求出发，建立真正的利益共享机制，使社区居民从自然保护区的“破坏者”变为“拥有者”和“保护者”。（3）产权交易制度不健全是冲突产生的制度原因。自然保护区往往是国家或地方政府依据社会整体福利最大化原则，为实现可持续发展，对特定区域内的自然资源进行抢救性保护而建立起来的；虽然依据“权属不变、农户不迁、统一管理、利益分享”的原则，但没有明确具体的利益分享机制和办法，对当地居民的财产权利构成事实上的限制，是冲突产生的制度原因。

三、中国自然保护区社区共管流程

中国的社区共管实践大多应用于保护区的资源管理情景当中，主要的手段和方式为推动社区参与保护区管理方案的决策、实施和评估，建立起社区与保护区共同开展资源管理的制度安排。制度设计的初衷在于通过帮助社区合理地使用资源，达到保护生物多样性的最终目的。一方面使社区在发展中能持续地利用自然资源，减少对保护区资源的破坏；另一方面帮助社区发展经济和提高生活水平，减小由于生物多样性保护给社区发展带来的限制和约束，使社区能将经济发展与生物多样性保护相协调，并积极地参与到保护区的保护和管理工作中（张金良等，2000）。推行“社区共管”的资源管理方式也是对传统“封闭式”保护理念的反思与修正。对经济发展滞后的地区，落实最严格的保护措施易伤害到社区居民利益，造成保护和发展矛盾激化。采取以社区为基础的自然资源管理，兼顾多方利益，倡导沟通与协商，找到自然资源可持续方案是更有效的。

社区共管的流程大致可分为三个部分，即规划、实施与评估。规划指与地方政府建立协作，组建共管领导小组，领导小组成员包括保护区所在地县、区、乡的地方政府和保护区管理单位，负责监督整个共管过程，并协调各级地方政府之间的关系，以使共管过程合理合法化。实施阶段则包括五个流程：一是组建由村民推选的村民代表和村干部组成的共管委员会。二是在共管委员会成员的帮助下，通过调查与访谈收集社区经济社会领域的本底资料，广泛征求和听取村民意见，动员不同群体的村民和个人参与共管工作。三是利用所收集的信息编制资源管理计划，其中包含制定并完善土地利用规划、选择社区发展项目，以及建立社区保护体系。四是制定监督管理与矛盾沟通程序。五是完成由保护区和社区共同签订的共管协议，最后交由共管领导小组批准。

评估部分则由共管领导小组和共管委员会共同完成，主要通过三个维度来评判社区共管的绩效与成果：（1）生态保护成效。即生态系统是否向良性方向发展，或当下资源保护现状是否存在明显改善。（2）当地社区状况。即社区的生产生活方式是否发生改变、社区经济水平是否提高、社区居民对生态保护行为和态度是否发生转变。（3）社区共管的可持续性。社区共管是生态保护和社区发展共同优化的过程，其目标是试图建立一种保护与发展相协调的机制。如果项目结束，社区又返回到原来的生产、生活方式，那么社区共管的推广与尝试就失去意义。当以上三个目标均能够得到满足时，可以认为社区共管取得了成功（张金良等，2000；张宏等，2004）。

我国自然保护区的“社区共管”模式以可持续发展为指导，以现代科学方法为保障，由与自然保护区相关的多个利益相关主体共同开展的协同管理，倡导相关利益主体平等分享资源使用权力与资源收益，并共担管理责任。其目的在于实现自然保护区与社区发展之间协调均衡，地方社区和政府之间就保护措施方面是存在不同的看法的，社区重视社区发展过程中生计产业繁荣所创造的经济收益，而政府则着眼于生态保护所提供的公共利益。基于我国自然保护区的现状，“社区共管”是既保护资源又能发展经济的管理方式，能够在一定程度上缓和保护区内部和外部相关利益群体在价值取向上的冲突（刘锐，2008）。

我国的保护地社区管理政策工具箱中主要包含了易地搬迁、生态补偿、社区共管、社区扶贫与社区旅游等措施。政策根本逻辑与目的在于：（1）明确社区的生存发展空间，针对社区活动的类型与强度进行规范界定，并明晰保护区与村庄行政管辖的事务范围。（2）明确划界范围，避免界限内外社区与保护区之间的空间交叉和无序发展。（3）承认社区在土地等自然资源上的传统权属，有偿征用或使用社区土地，并与社区达成管理契约（周睿等，2017）。（4）推进自然资源管理与社区扶贫相结合，推进野生动物保护与社区经济发展相结合（陈哲璐等，2022），能够有效协调保护地与地方社区之间的目标，尽可能降低矛盾与冲突。

按照实施的先后顺序，社区共管可分为3个阶段（司开创，2002；张宏、杨新军，2004；李或挥，2004）：（1）初始阶段。选择并培训工作人员，与地方政府建立联系并得到支持，收集本底资料，建立组织机构以检查共管进程。该阶段任务主要由保护区区共管工作小组完成，保护区为共管实施进行了所有准备工作。（2）计划阶段。该阶段工作主要由共管委员会完成的。本阶段的目标，是利用和村民讨论的信息及参与性乡村评估和农户调查资料来制定一个管理和保护村自然资源以及满足社区可持续经济发展需要的计划即社区资源管理计划。（3）共管的审批和实施阶段。主要是领导小组审批，准备协议，项目技术培训，项目监督管理和监督与评估。

在结合中国国情和国外绩效评估方面研究成果的基础上，认为可以从效率性、公平性和可持续性方面建立社区共管绩效评估指标体系。效率性主要指通过成本效益分析了解是否通过最低的成本获得最大的收益，包括资金投入效率、组织效率和资金分配效率。公平性指自然保护区各利益群体能够公平地参与，并且社区共管实施过程中充分考虑了不同民族、阶层、性别的利益。公平主要通过代表性、清晰性、相融性和分配公平性等来体现。可持续性指通过社区共管项目的实施，维持并促进了生物多样性资源保护管理，在确保生物可再生性的基础上合理利用自然资源，不仅提高了社区群众的环保意识，还提高了保护管理机构处理冲突的能力，健全了管理机构和实施严格的管理程序，加强了保护管理人员的能力建设。可持续性通过生物多样性和稳定性、自然资源再生性、管理能力以及环保意识等指标来体现。然后根据社区共管的目标，确定各项评估指标权重，并进行分级化处理，通过专家对照赋值标准逐项打分，将所得分数累加，即得到社区共管项目绩效评估值。

四、中国自然保护区开展社区共管取得的成效及存在的问题

国内对自然保护区社区共管的研究案例体现出社区共管所取得的一些成效（张晓妮、王忠贤等，2007；李或挥，2004）：社区居民的环保意识得到提高；保护区及周边地区生态环境明显改善；社区传统的生产方式得到改变；社区居民经济收入明显增加；社区基础设施建设明显改善；提高了保护区的保护管理能力；

同时社区共管也存在着一些问题，集中体现在：缺乏支持社区共管工作顺利开展的法规；没有建立野生动物破坏庄稼的补偿机制；保护区、乡、县级各政府部门之间需加强协调；缺乏共管激励机制；环境宣教力度不大；管理人员素质有待提高等。社区共管项目的开展缺乏可持续性。

第四章

生态环境服务付费

解决生态保护外部性的市场化工具主要有两类：一类是生态环境服务市场，包括排污权交易、碳排放权交易、水权交易等有形的集中交易市场；另一类是生态环境服务付费（payments for ecosystem/environmental services，PES）（张捷，2020）。早在19世纪早期，就有了对自然提供的服务应予付费的思想。只是到了20世纪90年代以后，PES作为一种激励生态保护的市场机制和以财政激励为基础的新兴自然资源管理工具才在各国逐步被采纳（蔡晶晶，2020），PES方法、模式，相关支持政策和体制机制创新有了突破性的进展。

PES主要是基于受益者付费原则，通过特定生态服务的用户或代表与生态服务的提供者（保护者）之间的谈判，达成对后者保护活动给予补偿的协议。由于生态服务交易市场对产权安排、法律制度、交易规则和监管体系等要求很高，在我国碳交易市场尚处于起步阶段。而PES对制度设计的要求相对较低，且灵活多样，国外主要用来解决地方性的生态环境外部性问题（Farley J et al.，2010），在自然资源生态服务领域开展PES尝试或运用的国家已超过50个（Shang et al.，2018）。我国总体上生态服务市场化探索起步晚，与其他国家不同的是，森林生态效益补助资金、退耕还林（草）项目等用于解决全国性、全局性、普遍性的生态环境问题，规模大、影响大，且我国各级地方政府积极探索生态服务市场化的机制，将绿水青山有效转化为金山银山。我国PES主要由政府推动，生态服务市场发育不良，这难免将市场机制和政府机制交织在一起。不少地方政府，将生态修复工程、城市美化工程包装成PES，以PPP的形式来实施，其本质是政府隐性负债，逃避上级部门的监管，让企业垫资来做政府该做的事。本章系统地总结了PES的内涵和PES实践，以利于正本清源推动国内学界、政策界和实践者探索真正的PES机制，补齐我国自然资源市场机制短板。

第一节　生态环境服务付费的内涵

一、生态环境服务付费概念

生态环境服务付费是一种通过研究而设计出一系列基于市场的生态环境保护政策方法，以支持性和限制性的经济激励措施鼓励生产者采用生态环境可持续的生产方式，通过向生态环境服务提供者购买生态环境服务来激励他们维护和改善生态环境的市场化手段（Wegner，2016；Reed et al.，2017），是一种把生态环境外部性的非市场价值转化为当地环境服务提供者真正的经济激励的机制（Engel et al.，2008）。

当下没有成熟的理论支持生态环境服务付费实践。PES在新古典经济学盛世孕育，并缓慢成长。PES的学术纷争陪伴新古典自由主义经济学与政治经济学、政治学等学术逻辑上深层次的矛盾。即使在新古典自由主义经济学内部，PES的学术逻辑也难以达成一致的意见。

马歇尔首创“外部经济”理论，他是英国“剑桥学派”的创始人，也是新古典经济学派的代表，他为外部性理论奠定了基础。外部性是支持PES的核心逻辑，外部性指生产和消费给他人带来收益而受益者不必为此支付的现象。经济活动对环境有益，其价值未通过市场实现，导致私人收益少于社会收益，对良性经济活动产生抑制作用。因此，该理论认为社会应该对外部有益的生产和消费进行补偿，使私人收益与社会收益趋于一致。外部性可分为正外部性，如上所展示的，和负外部性，如矿山开发破坏了表层土壤，动植物赖以生存的自然资本恶化。施用化肥农药，降低了谷物生产者的成本，提高了单位面积的产量，但却污染了水源，长期土壤生产力有所影响。福利经济学家，如庇古，创立负外部性理论，以厂商生产过程中所产生的污染问题作为负外部性的对象。

外部性问题不只局限于同一地区的企业、社区生产活动对当地社区居民的正面和负面影响，还进一步扩展到了流域上游对下游的影响，国家之间相互影响和当代人对子孙后代的影响。从全球层面看，生物多样性锐减、气候变化、生态破坏、环境污染、资源退化等，都已经危及我们子孙后代的生存。生态环境问题的外部性多为单向的。企业向河流排放工业废水，导致下游渔业生态系统服务能力下降，渔民生计受损，而渔民生产生活对上游企业的经营活动则没有外部性。互为正外部性或负外部性的情景很少，如养蜂人与苹果种植户，蜜蜂要酿蜜，离不开花粉，蜂农逐苹果花季从东到西、从南到北迁徙，蜂农受益。苹果种植户则从蜜蜂对果园授粉而受益。在我国陕西，因苹果种植户施用过量的农药，加上不少蜂农改行，导致果园授粉不足，而对果园采取人工授粉则成本高企。蜂农和果农可以是互利的关系，也可为互损的关系。动物传粉直接关系到全球农业产品的产量，依赖动物传粉的农产品产量占全球的5%～8%，每年在世界各地产生的市场价值为2 350亿~5 770亿美元。[①] 不可持续的农业生产、集约化单一作物种植和滥用杀虫剂对生物多样性和生态系统造成重大破坏，导致蜜蜂和其他传粉昆虫的食物和筑巢地减少，甚至导致昆虫死亡。这已经超出了谁受益、谁受损的简单问题，人类需要反思工业化农业的现代含义，受损的将是人类自己。

庇古是马歇尔的嫡传弟子，创立“庇古税”理论，被称为“福利经济学之父”。在边际私人收益与边际社会收益、边际私人成本与边际社会成本相背离的情况下，依靠自由竞争是不可能达到社会福利最大的。政府应采取适当的经济政策，对边际私人成本小于边际社会成本的部门实施征税，即存在外部不经济效应时，向企业征税；对边际私人收益小于边际社会收益的部门实行奖励和津贴，即存在外部经济效应时，给企业以补贴。庇古认为，通过这种征税和补贴，就可以实现外部效应的内部化。环境保护领域采用的“谁污染，谁治理”的政策，是庇古理论的具体应用。排污收费制度成为世界各国环境保护的重要经济手段，其理论基础就是庇古税。

并不是所有的新古典自由主义经济学家，如科斯、张五常等，都支持庇古理论，核心观点是坚信市场是完美的，以及对政府干预市场的担忧。现实生活中，外部性问题的根源是不同利益主体间信息的不对称，然而政府也不可能掌握足够的信息以支持奖励或征税的最佳额度，奖励或征税所带来的福利损失可能会更大，市场不完美，政府则可能更不完

① IPBES (2016) Summary for policymakers of the assessment report of the Intergovernmental Science - Policy Platform on Biodiversity and Ecosystem Services on pollinators, pollination and food production. In: Intergovernmental Science - Policy Platform on Biodiversity and Ecosystem Services Deliverables of the 2014 - 2018 Work Programme (eds Potts SG, Imperatriz - Fonseca VL, Ngo HT, Biesmeijer JC, Breeze TD, Dicks LV, Garibaldi LA, Hill R, Settele J, Vanbergen AJ, Aizen MA, Cunningham SA, Eardley C, Freitas BM, Gallai N, Kevan PG, Kovács - Hostyánszk A, Kwapong PK, Li J, Li X, Martins DJ, Nates - Parra G, Pettis JS, Rader R, Viana BF), pp. 1 - 28. IPBES, Bonn, Germany.

美，且很难控制寻租损失。“市场失灵”不是政府干预的充要条件，政府干预不一定是解决“市场失灵”的唯一方法。C 市场、排污权交易制度是对科斯理论的具体运用。

国际上比较有影响的对生态环境服务付费的概念界定包括下列两种。其一，RUPES 认为（Noordwi J K et al.，2005）生态环境服务付费（PES）应该具备以下四个条件：（1）现实性，即该机制手段是基于某种现实的因果关系（如种树有固碳和减缓温室效应的作用）和基于对机会成本的现实权衡。如有研究者提出，在寒温带种树会加剧而不是减缓温室效应，排碳企业为寒温带种树而支付的费用不能叫作生态环境服务付费。（2）自愿性，即付费的一方和接受费用的另一方交易是充分知情下的自愿行为。（3）条件性，即付费是有条件的，付费的条件是可监测的。有合同约束，达到什么条件就付多少费。（4）有利于穷人的，即该机制应是促进资源的公平分配，不致使穷人受损。

其二，国际林业研究中心（CIFOR）认为生态环境服务付费（PES）应是：一种自愿的交易；具有明确定义的生态服务或可能保障这种服务的土地利用；至少有一个生态环境服务购买者；至少有一个生态环境服务提供者；生态环境服务提供者应能保障服务的供给付费是有条件的。

二、PES 的主要特征

基于双方自愿的市场机制是普遍认可的 PES 应当遵循的原则。生态环境服务的生产者和消费者应当有一定的能力和空间对交易产生影响。双方自愿是前提，尤其是生态环境服务供给者（卖方）的自愿特别重要，强制性交易容易造成交易的失效。少数学者对上述原则提出了质疑，现实中 PES 实践并不是生态环境服务供需双方自愿的。我国大面积集体林被划入生态公益林，非林农自愿可选。越南生态环境服务付费多为一种指令和控制（Wunder & Ibarra，2005）。早在20世纪80年代，江西婺源通过县人大立法，对小水电站发电中每度电征收0.001元用于该县自然保护小区的管理费用，采取强制行政措施从生态环境受益者征收费用，并用于支持生态保护，实际效果非常好，该创意受到了国内外学界和政策界的一致好评。

交易的生态环境服务内容应当明确，如提供清洁水、减少水土流失、维护生物多样性、碳储存等。自然科学家可提供科学的知识，为买卖双方理解生态环境服务的价值或服务功能提供依据。然而，生态环境服务会因时空变化而变化，一片森林位于香山，其景观价值远超大兴安岭林区同等数量的森林。流域上游的森林，去年风调雨顺，今年则暴雨频发，说明今年这片森林削减洪峰的功能表达强于去年。有些生态环境服务功能很难得出科学的结论。如增加森林覆盖率是否可以增加水库的有效来水量或者流域的水资源条件？我国西北地区的研究多倾向于森林可减少流域来水量，而在南方多数试验则表明森林可有效滞留降水，削减了洪峰，提高水资源可获得能力。自然科学家承认：对自然生态系统过程的研究尚不足以提供生态系统管理的有效知识。生态系统服务买卖双方很难拥有自然生态学家的知识和理解。即便如此，让买卖双方知道买的是什么还是很重要。

三、生态环境服务付费与生态补偿的异同

在国内，PES常与生态补偿相混淆，两者多有相同之处，也有差异。生态补偿（ecological compensation）是党的十八届三中全会所确定的生态文明制度建设的重要内容，即“以保护生态环境、促进人与自然和谐为目的，根据生态系统服务价值、生态保护成本、发展机会成本，综合运用行政和市场手段，调整生态环境保护和建设相关各方之间利益

关系的环境经济政策”。[1] 生态补偿是对生态功能和质量所造成损害的一种补助，旨在提高受损地区的环境质量或创建新的具有相似生态功能和环境质量的区域。我国环保部定义的生态补偿是一个宽泛的概念，它包括中央政府与地方政府的财政转移支付，这已经成为国家重点生态功能区生态补偿的最重要的政策工具。我国还对产业的生态化、重点生态功能区的税收等产业政策予以了支持，这都是生态补偿的内容：

第一，PES 和生态补偿都是对生态环境服务提供者的支付，但生态责任和支付手段存在差异。PES 中生态环境服务直接提供者明确为企业、社区或个人，市场交易中的主体。而生态补偿则可交易主体可以是一个区域，如新安江流域安徽和浙江对赌协议。中央对国家重点生态功能区的财政转移支付，国家重点生态功能区负面清单制度等。地方政府可制定更为严格的生态保护法律和行政措施限制对生态环境服务功能的伤害性发展行为，因补偿而获得的资源用于污染行业的转产或生态化改造，也可以对有利于生态保护的产业予以支持。对最终生产者而言，PES 是对提供生态环境服务功能的激励，这可能促使生产者拉低生态环境服务责任的底线，而提高向使用者的要价，引发对生态环境的破坏。从企业、社区和个人等生态服务生产者来看，生态补偿则是加大自然资源管理者生态责任，否则就面临因触发严格的自然资源管理法律和行政规定而面临生态损害的惩罚。

第二，PES 是生态环境服务消费的事前行为，而生态补偿是事后行为。PES 是通过自愿交易获得生态环境服务的提供方和使用方事前的约定，这具有预期相对稳定，责任和权力对应清晰，具有可持续性。而市场终端之间的生态补偿往往是先污染后付费，并构成一种因果关系，需用法律手段保障实施。

---

[1] 原国家环境保护部《关于开展生态补偿试点工作的指导意见》（环发〔2007〕130号），2007.

第三，PES尽可能遵循市场逻辑，而生态补偿都遵循法治原则和科层制命令控制手段。PES逻辑上是基于市场机制进行成本收益分析，拥有更高的灵活性，体现为市场主体的经济理性。生态补偿更多地会受到信息不对称、交易成本和管理问题的影响，从而导致实施过程烦琐、僵化，难以达到预期效果。

第四，生态补偿是由造成损失的一方承担补偿的费用，通过制度设计保障实施；PES的支付者则可能是真正的使用者，也有可能是第三方机构，作为长期的投资来进行支付。

虽然生态环境服务付费与生态补偿有上述差异，但是一般在我国的政策文件和学术研究中，并不进行严格区分。大多国内学者认为与国外的“生态环境服务付费”对应的国内名词即为“生态补偿”（朱文博，2014；丁杨，2017；吴乐，2019；高玉娟，2021）。

第二节　PES关键要素

生态服务市场化还处于一个概念推广和实践探索的阶段，这会成为生态环境保护治理和政策主要工具之一。一个成功的PES探索和实践，需要满足以下的关键要素。

一、付费主客体

现有的PES探索和实践，已经超越了主客体界定为卖方和买方的限定。普通商品交易的标的物是客观的和具体的，卖方和买方可为具体的市场行为人。生态环境服务交易的主客体称之为生态环境服务的提供者（provider）与使用者（user）。生态环境服务的“使用者”可为私人、企业、政府或社会组织等。一个流域上游的森林，其生态环境服务受益者可涉及多个主体，位于流域下游的农业经营者因获得稳定的灌溉用水而获益，城市居民可拥有良好有保障的饮用水源。而水电企业、航道管理者因森林所具有的削减洪峰、旱季提高流域水位功能而获益。因森林所具备的生物多样性保护、精神文化功能备受公众关注，社会组织也可因参与生物多样性、精神文化价值保护事业而获得社会支持，并可回补森林社区的生计改善。而政府可代表全体人民利益支持森林社区开展森林保护和可持续经营，以满足水土保持、碳汇、生物多样性保护等功能，乃至国家的生态安全。这因为一个生态系统具有多样的生态服务，且一个特定的生态服务可惠及多样的利益群体。PES 的交易机制可包括多样的受益主体，多样的受益主体参与也有利于 PES 机制可持续运作（Pagiola et al.，2007）。

生态环境服务的“提供者”主要是自然资源的所有者、使用者或实际的使用者。国际上多为针对私人或资源实际使用者而设计的。在国有或公有土地上，政府可建立国家公园、自然保护区等，以保障生态环境服务功能的供给。政府、社会应承认这些社区和传统使用者的权益，需要为这些资源传统使用者提供必要的支持或者补偿，让他们共享发展的成果和福利改善。我国国有林场是生态环境服务的重要提供者，但国有森林资源是国有林场职工和周边社区群众生计的基础。天然林禁伐后，生态环境服务的付费安排十分复杂，且国有林场职工生计转移的费用将更为显性和高昂。而森林社区居民的传统使用权往往难以得到政府和社会的关注。而在共有（集体）土地上，则往往会牵涉到社区内公平分配和有效参与问题。如果处理不好相关利益群体的关系，PES 项目的实施和生态环境服务提供的可持续性就有可能受到威胁。

交易的评估和监测。PES 的交易双方往往都比较复杂，尤其是付费方中的政府和社会组织，都会制定出复杂的监测和评估体系，以保障

PES 的落实。而 PES 的提供者往往采用承诺或合同的形式以落实对自然资源或土地利用的限制。在大多数国家，对违反承诺或合同的 PES 提供者的惩罚多为合同终止或通过法律措施惩戒，更多采用社区内的惩戒机制，而社区惩戒机制往往是最有效的。

二、价格与付费机制

（一）生态环境服务价值的测算方法

测算生态环境服务价值的方法分为两类：投入成本付费和产出效益付费（见表 4－1）。对于绝大多数非使用价值，从产出效益出发，采用陈述偏好法是一种常见的方法，这种方法又包括了联合分析法、选择实验法等（Barbier E B，2007），对于一些难以评估的价值，从投入成本来看，计算机会成本是一种常用的方法（Farley J，2010），此外计算游客的旅行费用也可以间接地估计生态系统服务的娱乐价值。

表 4－1　　生态环境服务价值的测算方法

分类	测量方法	生态环境服务价值类型
投入成本型	旅行费用法	娱乐价值
	资产价值法	对人类产生负面影响
	生产函数法	生产性价值
	陈述偏好法	可以描述的综合价值
产出效益型	重置成本法	类似市场中的商品价值
	机会成本法	可以计算的综合价值
	可避免行为模型	调节价值
	生境等价分析法	生态损害价值

这些方法对生态环境服务的价值给予货币化的描述，让 PES 参与各

方更加科学客观地理解其生态环境服务，并不表明这样的生态系统服务就是可以用钱来代替的。生态环境出了问题，这远不是钱所能解决的。森林是环境和发展的纽带，而纽带的价值是无法用钱来标识的。如前文解释的，生态环境服务是因时因地且因人而不同的，测算生态环境的价值并不是 PES 供需双方交易的价格，而只是一种参考。在现实生活中，其交易价格都大幅度低于测算的价格。

（二）付费方式

现有 PES 探索和实践中，生态环境服务付费方式主要有四种类型：市场交易式、政府补偿式、社会组织代偿式（Wunder S et al.，2008；Muradian R et al.，2010；Grima N et al.，2016）和综合补偿式。

市场交易式与政府补偿式较为普遍，其主要特点如图 4－1 所示。市场交易式针对生态环境服务具体、容易监管、交易双方自愿，且执行力高（Wunder，2008；Tacconi L，2012；Engel S，2008）。政府补偿式

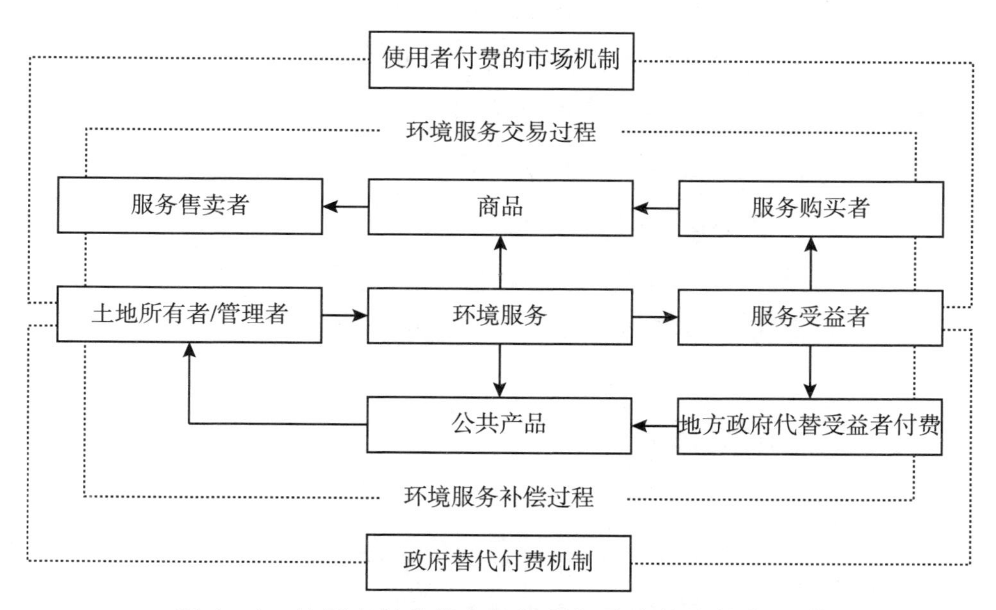

图 4－1　使用者付费的市场机制与政府替代付费机制

则对普遍性紧迫性生态环境问题有明显优势，且交易成本相对较低（Wunder et al.，2008；Pattanayak，2010）。我国在经济发展过程中积累了森林破坏、草场退化、水土流失、荒漠化、生物多样性减少、水质恶化、土壤污染、土壤盐渍化等生态问题，中央政府采取了强有力的措施，普遍采用政府补偿式推动生态环境改善，效果十分明显。

国外环境 NGO 和我国社会组织普遍介入到 PES 交易中来，我们称之为社会组织代偿式。一些或具有全局性意义，但更多表现为地方性特征的生态环境服务，包括地方知识、文化宗教、生计特征、经济发展、社会形态等。将这些地方性特征综合起来看，它体现了生态环境服务、存在问题和缓解之策的多样性、复杂性、系统性和整体性。采用市场机制和政府机制都难以十分有效地去解决生态环境服务有效供给的问题，那么社会组织就大有可为。

针对气候变化、生物多样性保护、污染、生态系统退化等全球性问题，往往采用综合补偿式，政府、市场、社会组织中至少两个加入到特定社区和关联生态环境服务支付中去。采用综合的平衡的，协调多方利益相关者的（但往往是难以协调的）支付方式以支持社区可持续管理生态系统。这样的方法在我国十分普遍，我国生态系统的恢复政府无处不在，市场亦无处不在，而社会组织规模小、数量少，但发挥了政府和市场难以取代的作用，细致入微探索生态系统可持续管理实践知识，为我国生态环境服务的持续改善作出了一定的贡献。

三、支付方式

按生态环境服务提供者与支付者的自愿性与强制性、双边交易与多边交易、经济类与非经济类工具来划分，PES 支付方式可分为以下四种（Yann et al.，2012；蔡晶晶等，2020）。

第一，双方自愿支付。生态系统服务的受益者和生产者之间以自愿的方式达成协议，主要类型包括：服务供给合约、私人双边协议、环境认证等，也称为契约型 PES 机制（蔡晶晶等，2020）。这些协议可被看作私人合约，政府需提供法律保障。

集聚奖励机制是为克服生态系统的破碎化，扩大栖息地规模而利于濒危物种保护，美国一些州制定了一个奖励机制（Smith & Shogren，2012），规定如果两个或多个土地所有者将共同边界上相邻的土地一起闲置，参与方都可以获得奖金，以鼓励土地所有人优先闲置与邻居闲置土地相邻的地块，因为适宜的连片的大块土地比不连续的破碎地块对野生动物（如地鼠龟）来说能够提供更好的栖息环境，土地所有者也可以通过为地鼠龟栖息地提供基金（购买信用）的形式来获得私有土地的开发权。土地所有者可自主决定是否参与该机制。

第二，集体自愿支付。基于付款人自愿原则，以补偿生产生态环境服务的主体。支付资金可来自社会捐赠，而捐款者不一定是生态服务的受益者。通常情况下，捐赠资金来源于公益组织或社会组织的捐助，也可通过保护地役权、土地信托、生物多样性信用额度交易等途径筹集资金。政府部门可通过财政补贴、税收减免、贴息贷款、对生态服务受益者征收税费（如向下游用户收取水费以补偿上游居民，以激励对水源的保护）等补充资金。

第三，强制双方支付。生产者强制使用者要为所使用的生态环境服务付费。通过对使用者征收相关税费，推动生态服务提供方生产方式的改变。这多应用在水资源管理方面，如哥伦比亚对发电公司和水力发电厂的收入征收 3% 的税款用于支付给上游流域的农民使其改变耕作方式。由于流域上游土地过度开发引发水土流失，威胁到下游供水，墨西哥政府向自来水公司强制征税，用以补贴上游森林所有者，鼓励他们减少毁林以保护水源（Pirard，2010）。印度尼西亚通过对用水户强制缴纳

0.1 美元/立方米的水税，用于国家公园森林保护项目和造林等。

第四，强制集体支付。支付资金主要来自政府财政，即生态系统服务提供者强制集体受益者以税费和补贴的形式补偿提供生态环境服务所付出的成本。需要注意到，许多政府对生态环境服务的支付不适宜认定为 PES 机制，只有当生态环境服务的提供者在适度的经济激励下自愿提供服务方才可认定为 PES 机制。

第三节　我国支持 PES 的政策及实践

一、政策梳理

根据近三年来国家颁布的政策（见表 4－2），PES 在国内的政策落地主要体现在生态补偿方面，尤其是对于生态环境的破坏进行收费以及生态补偿的市场化两个方面，包括推进市场化修复、支持社会资本参与生态保护项目、推进补偿实践的市场化和多元化等。

表 4－2　2019～2022 年国家关于生态环境服务付费相关政策

序号	时间	单位	名称	内容
1	2019.1	生态环境部 发展改革委	《长江保护修复攻坚战行动计划》	采取多种方式拓宽融资渠道，鼓励、引导和吸引政府与社会资本合作（PPP）项目参与长江生态环境保护修复。完善资源环境价格收费政策，探索将生态环境成本纳入经济运行成本，逐步建立完善污水垃圾处理收费制度，城镇污水处理收费标准原则上应补偿污水处理和污泥处置设施正常运营并合理盈利

续表

序号	时间	单位	名称	内容
2	2019. 1. 23	国家发展改革委、财政部、水利部等9部门	《建立市场化、多元化生态保护补偿机制行动计划》	明确到2020年初步建立市场化、多元化生态保护补偿机制，初步形成受益者付费、保护者得到合理补偿的政策环境。到2022年市场化、多元化生态保护补偿水平明显提升，生态保护补偿市场体系进一步完善
3	2019. 2. 19	国家林业和草原局	《关于促进林草产业高质量发展的指导意见》	推动林草产权制度和经营管理制度创新。实施好《建立市场化、多元化生态保护补偿机制行动计划》，创新森林和草原生态效益市场化补偿机制
4	2019. 11. 7	国家林业和草原局办公室	《2018年林业和草原应对气候变化政策与行动》	积极探索建立生态产品购买、森林碳汇等市场化补偿制度，明确将具有生态、社会等多种效益的林业温室气体自愿减排项目优先纳入全国碳排放权交易市场，为乡村振兴提供政策支持
5	2019. 12. 24	自然资源部	《关于探索利用市场化方式推进矿山生态修复的意见》	将构建政府为主导、企业为主体、社会组织和公众共同参与的环境治理体系，激励、吸引社会投入，推行市场化运作、科学化治理的模式，加快推进矿山生态修复
6	2020		习近平在全面推动长江经济带发展座谈会上的重要讲话	要加快建立生态产品价值实现机制，让保护修复生态环境获得合理回报，让破坏生态环境付出相应代价
7	2020. 8. 14	自然资源部 国家林业和草原局	《红树林保护修复专项行动计划(2020~2025年)》	推进市场化保护修复。贯彻推进自然资源产权制度改革要求，按照谁修复、谁受益的原则，鼓励社会资金投入红树林保护修复

续表

序号	时间	单位	名称	内容
8	2021.9.12	中共中央办公厅、国务院办公厅	《关于深化生态保护补偿制度改革的意见》	充分发挥政府开展生态保护补偿、落实生态保护责任的主导作用，积极引导社会各方参与，推进市场化、多元化补偿实践；逐步完善政府有力主导、社会有序参与、市场有效调节的生态保护补偿体制机制
9	2021.9.12	中共中央办公厅、国务院办公厅	《黄河流域生态保护和高质量发展规划纲要》	依法平等对待各类市场主体，全面清理歧视性规定和做法，积极吸引民营企业、民间资本投资兴业。探索特许经营方式，引入合格市场主体对有条件的支流河段实施生态建设和环境保护
10	2021.11.10	国务院办公厅	《国务院办公厅关于鼓励和支持社会资本参与生态保护修复的意见》	鼓励和支持社会资本参与生态保护修复项目投资、设计、修复、管护等全过程，明确社会资本通过自主投资、与政府合作、公益参与等模式参与生态保护修复
11	2022.1.6	国务院办公厅	《要素市场化配置综合改革试点总体方案》	资源环境市场方面，提出要加强制度建设。着力推动资源环境市场流通交易与制度创新，支持完善电力、天然气、矿业权等资源市场化交易机制，进一步健全碳排放权、排污权、用能权、用水权等交易机制，探索开展资源环境权益融资，探索建立绿色核算体系、生态产品价值实现机制以及政府、企业和个人绿色责任账户

二、本土实践

学界广泛认可的可交易的生态服务，主要有以下四种类型：第一，碳储存，碳源（如电力、运输、机械、互联网等）企业可付钱给林权所有者种植树木和改善管理，提高单位面积土地碳储量。第二，生物多样性保护，政府或慈善机构直接或通过保护机构向当地居民支付费用，让他们空余出一部分土地，恢复自然环境，建立生物走廊，或采纳对生物多样性有利的土地利用方式。第三，流域保护，下游用水户付钱给上游农民，以限制砍伐森林，减少水土流失、洪水等风险与灾害的发生。第四，生态景观，旅游经营者付钱给当地社区，让他们不要在供游客观赏野生动植物的森林里狩猎和采集。

我国在不同的发展阶段，关于PES的研究内容与研究重点存在差异（吴乐等，2019）。我国的PES项目多是以政府主导为基础的，一是国家有关机构以退耕还林（草）工程等政策形式推进生态补偿项目的实施；二是地方政府主动性的探索与实践，如福建闽江、九龙江流域上下游之间的补偿；三是在全球生态补偿市场上进行交易（胡旭珺等，2018）。综合来看，我国的生态补偿计划主要集中在森林、流域、矿产资源开发、自然保护区等领域。下面重点介绍两个PES案例。

（一）与民间力量合作，实现利益共享与生态补偿多元化

四川省平武县是秦巴山连片特困地区，也是生态大县，由于当地生态环境保护价值较高，无法简单、快速地进行大规模资源开发活动，导致民生基础发展受限。当地社区引入阿里巴巴脱贫基金，以蚂蚁森林为基础平台，推动网友认领保护地或经济林、网购当地农产品、支持平武县森林巡护等生态保护行为，帮助农民实现增收。

在平武县关坝村，村民从生态补偿项目中获得了稳定的收入：巡护收入、合作社提成以及给慕名参观者做旅游导览的收入。阿里巴巴脱贫基金还邀请农村淘宝、盒马鲜生、四川地区生态农产品知名电商、中央美院等合作伙伴，共同帮助平武推广保护地蜂蜜品牌，打通线上线下销售渠道，建设快检中心，向消费者展示平武稀缺、优质的生态旅游资源

（田姣，2018），通过养蜂卖蜂蜜带动周边生态产业发展，进而推动保护地建设和农村社区综合发展。平武县的 PES 项目还引入高校科研机构（中科院生态环境研究中心），通过县域研究，提炼出 GEP（生态系统生产总值）和 GDP 双增长的可行模式，为全国范围内的生态脱贫实践提供理论依据。

企业等多元主体的参与，对社区从选择合适的生态产品类型，恰当的生态脱贫模式、产品销售渠道，甚至从当地人的技术培训与融资需求方面提供了有效的资源和渠道，是促进生态补偿市场化和多元化的有效途径，有助于将生态保护与精准扶贫相结合，实现 PES 项目的持久效应（王淑娟，2015）。

（二）绿水青山带来金山银山

青山村位于中国浙江杭州西北郊的黄湖镇，三面环山、竹木葱郁。坐落在村北的龙坞水库是青山村等社区近 4 000 人的饮用水水源，从前水质优良，达到 I 类标准。青山村共有毛竹林地 8 600 多亩，林地确权承包以后，村民们为增产增收和减少用工对毛竹林施用了大量化肥和除草剂，水源受到面源污染，水库的水质逐年变差，社区的饮水安全受到威胁。由于只有水库周边集水区的竹林污染水源，无须禁止所有竹林施用化肥农药，但如果仅仅禁止水库周边的林地使用农药，又显失公平（来源：田野调查）。显然，这是一个社区管理规范长期无法解决的“公地悲剧”。

2015 年，非营利自然保护组织“大自然保护协会”（The Nature Conservancy，TNC）联手阿里巴巴公益基金会和万向信托，建立了治理龙坞水库的“善水基金”，与承包水库周边集水区 500 余亩竹林的 43 户农户分别签订了为期 5 年的使用权信托协议，竹林的经营权被流转到善水基金，基金保证每年支付给农户不低于林地流转前收益的补偿金。善水基金通过严格管理和生态修复，短短数年就使龙坞水库的水质从最初的Ⅲ类至Ⅳ类水质重新恢复为Ⅰ类水质，龙坞水库也被政府列为水源地保护区。不仅如此，善水基金还出资建立企业，通过搭建平台引入外部资源，把村里废弃的礼堂改造为传统手工艺研究图书馆，引进传统材料专业设计公司进驻，培训村民把传统竹编工艺升华为时尚工艺品，不仅产品附加值提高，而且参加了国际手工艺大赛，大大提升了青山村的知名度。善水基金还利用废弃的村小学建立了公众自然教育基地——青山自然学校，面向青少年普及热爱自然保护环境的意识和知识。发展环境友好型产业带来了可观的收入（这些收入不仅用于支付农户补偿金和善水基金日常管理费用，同时还投入水源地保护），并带动了村民的就业，实现了环境保护与生计改善的良性循环。更重要的是，龙坞项目打破了社区封闭性，整合了内外资源，提高了社区声誉，中央电视台做了专题报道，访客和游客纷至沓来，带旺了青山村的生态旅游和休闲产业，实现了“齐心呵护绿水青山、多方共享金山银山”。

青山村的小水源保护项目通过上述一系列的措施和安排，实现了水源地集水区竹林的集中管理，有效控制了水源地竹林的农药、化肥使用，让竹林处于最好的水源涵养状态；同时，通过帮助村民和亲环境产业的投资者实现收益最大化，创建了可持续发展机制（张捷，2020）。

第四节　哥斯达黎加 PES 实践

国际学术界和政策界对 PES 在推进可持续发展，实现人与自然的和谐上寄予厚望，然而，真正成功的实践并不多，而哥斯达黎加一直就被当作生态环境服务市场化的模范生。其实，哥斯达黎加 PES 实践没有传说中的那么成功，越来越多的问题暴露了出来，能否真正成功尚需要时间来检验（苏芳等，2020）。

一、简要历程

哥斯达黎加是位于中美洲的发展中国家，拥有丰富的森林资源。20世纪初，该国森林覆盖率高达90%，到1950年下降到70%。受国际牛肉、咖啡和香蕉等作物价格上涨的影响，以及森林资源的私有制，导致不受控制的砍伐急剧上升，许多森林迅速转变为农地和牲畜牧场，到1987年森林覆盖率降至20%（任世丹，2010）。20世纪80年代，发生在中美洲的战争破坏了哥斯达黎加的政治和经济稳定，全球肉类、糖和咖啡市场出现萧条，致使其农业用地比例显著下降，缓解了严重的森林砍伐现象。席卷全球的环境运动影响到哥斯达黎加，节制农业扩张，保护森林，推动森林可持续经营，成为可持续发展重点议题。

20世纪90年代初，哥斯达黎加森林恢复进程加快，但存在相关法律制度的滞后、政策风险等，制约了森林恢复的稳定性。在1979年哥斯达黎加就颁布了《再造林法》，通过减征所得税激励大型企业造林等。然而在很多情况下人们先将森林砍伐了，再重新造林，这样就有机会获得再造林的奖励。政策对推动森林恢复效应打了折扣。在1986年颁布森林信用证书，1995年推出森林保护证书，帮助超过15万公顷的土地持有者获得融资支持（CoqJ－FL，2010），但这对制止森林砍伐和鼓励重新造林成效也很有限。然而，这为顺理成章推出森林生态服务付费制度创造了条件。1996年颁布第7755号《森林法》明确承认了森林生态系统提供的四项环境服务功能，即减少温室气体排放、水文服务（包括为人类消费、灌溉和能源生产提供水）、保护生物多样性、休憩或生态旅游。哥斯达黎加创建了国家森林基金委员会（FONAFIFO），为森林生态服务生产者提供了监管、保障和支持。哥斯达黎加为保障PES的顺利运行，建立了配套支持造林和森林管理的结算系统，修改了

《森林法》相关条款，将支付的理由从对木材业的支持改为对提供生态环境服务的支持，将筹资来源从政府预算改为专用税和受益人的付款。

二、具体举措

（1）完善法律法规制度体系。哥斯达黎加的 PES 机制探索始于 1969 年，颁布了首部《森林法》，鼓励新造林和更新造林。《森林法》经多次修订，PES 机制逐步完善。1986 年修订的《森林法》规定，通过补偿造林成本，鼓励中小型企业和农场主造林。1990 年再次修订的《森林法》规定，将以财政激励和直接支持方式鼓励再造林扩大到适用于大、中、小型林业企业（朱小静，2012）。1996 年修订的《森林法》对 PES 制度进行了完整的规定，包括生态服务的内涵、生态补偿的管理机构、补偿对象、补偿资金来源、补偿合同、森林保护激励措施等。哥斯达黎加还制定了《公共服务监管法》《环境法》《土地保护法》《生物多样性法》等法律，这些法律中都对 PES 制度作出了相关规定（丁敏，2007）。负责 PES 管理机构还针对规则、补偿合同、监督措施等内容制定了一系列的实施细则，构建了完善的法律法规制度体系。

（2）明确管理机构及其职责。为了保障 PES 机制的正常运行，哥斯达黎加明确了 PES 管理机构及职责，设立了国家森基金，管理国内的 PES 项目，并对基金的组成、职能、与职务活动相关的合同或采购、禁止行为等进行了规定。在实践中，国家森林基金负责管理与 PES 相关的一切活动，包括筹集资金、制定有关规则、与生态服务的支付方进行谈判并确定支付额度、与生态服务提供方签订 PES 合同并支付补偿费等（张艳群，2013）。

（3）实施多样化 PES 项目。在初期，林地所有者或使用者只要拥有 1 公顷以上的林地并愿意用于造林或以其他有利于森林保护和管理的方式加以利用，即可与国家森林基金签订合同，加入PES项目，并获得相应的森林生态服务补偿。随着实践的发展，PES项目类型逐渐多样化，包括再造林项目、可持续森林管理项目、森林保护项目、人工林栽植项目、农用林业项目、有林业生产潜力地区的重建更新项目和牧场自然更新项目。林地所有者或使用者可自主选择是否参加项目，并根据林地条件选择项目。林地所有者可以向国家森林基金提交申请，国家森林基金根据法律规定受理申请，并与符合条件的林地所有者签订PES合同。国家森林基金在合同约定的支付期限内，按照约定的金额支付环境服务费用，而林地所有者则应当按照约定，在其所有土地上履行造林、森林保护、森林管理等义务（丁敏，2007）。

（4）多渠道筹措资金。生态补偿资金来源包括税收、国内外组织的赠款或贷款、与私有企业签订的生态有偿服务协议、金融工具及其他渠道等（张艳群，2013）。在实践中，哥斯达黎加的PES资金主要包括以下几种：一是税收。主要包括化石燃料税和水税两部分。根据1996年《森林法》的规定，化石燃料税收中的1/3将被用于国家森林基金，但并未全额拨付过。《税收简化效率法》对此规定进行了修改，规定化石燃料税的3.5%用于国家森林基金，不再通过财政部转拨，而直接分配给国家森林基金。2005年，哥斯达黎加通过修改水税扩大了水资源补偿的使用范围，所有的水资源使用者，包括水力发电、农业用水和饮用水的用户，都必须为其在区域森林提供的水资源服务付费。二是国际援助。国家森林基金自成立之初就通过与国际组织和银行的谈判，获取PES资金，其中包括：世界银行贷款、国际环境组织补助金和一些国外援助机构的援助款。三是其他来源。国家森林基金负责与私有企业（电力公司、饮料生产企业等）商议，签订生态服务付费合同，由此所得资金用于PES项目。除此之外，私人购买环境服务证书也是PES项目的资金来源。

（5）开展碳汇市场交易。国家森林基金创立了可交易碳信用（CTO），是全球碳市场早期开发者之一。政府与从事固碳经营的林业经营者签订碳汇买卖合同，获得碳汇产权后，政府将其打包在国际市场寻找买家，出售给世界银行生物碳基金等，所得作为PES资金。

（6）构建绿色金融支撑体系。哥斯达黎加运用金融市场工具，如特定的债券和票据等，为生态产品价值实现提供绿色金融支撑。例如：哥斯达黎加发行碳债券以及贸易抵消证明给外国投资厂商，有效保证期为20年，国外投资者可用此凭证抵免其在本国减少的二氧化碳量（李溪，2011）。

（7）实行生态产业化经营。哥斯达黎加保护森林，也依靠森林开发森林旅游等项目创造经济效益。20世纪80年代末以来，哥斯达黎加因自然资源的高质量和多样性，丰富的自然资源优势和文化特色，开始发展特色生态旅游业。哥斯达黎加实行"旅游+环境教育"的模式，为游客介绍风土人情和相关自然知识，并提供亲身实践的机会，通过诸如丛林探险、热带音乐类等活动，使游客切身感受到当地自然和文化特色。生态旅游业已经成为哥斯达黎加的国家名片，"旅游+环境教育"式的组织措施吸引了大量生物学家、生态学家致力于生态旅游可持续发展的研究与实践（任佳等，2019）。

三、存在的问题

哥斯达黎加的PES项目是在前期森林补贴计划基础之上逐步发展起来的，并且得益于覆盖全国的生态环境服务付款系统。由于延续了之前的森林补贴计划，哥斯达黎加的PES项目在很多细节上并不是最优的。

（1）补偿资金来源渠道丰富，但筹资机制仍面临挑战。资金来源渠道丰富是哥斯达黎加森林生态服务补偿机制的一大亮点。PES项目的资金来源主要有税收，个人、企业和公共机构的付费，国际组织的贷款和资助，以及出售森林碳汇所得，补偿资金来源。但是，PES 项目筹资机制也面临着一些挑战。首先，化石燃料税虽然为 PES 项目提供了可持续的、稳定的资金来源，但国际能源价格上涨会导致政府面临减税的政治压力，从而减少 PES 项目的资金总额。其次，来自个人和企业的资金非常有限。个人和企业作为水资源使用者签订付费合同和购买环境服务证书是私人参与 PES 项目的两个主要途径，但是这两项资金各占 FONAFIFO 年资金总额的 2.6% 和 0.2% 。这表明个人和企业对此兴趣不大（Fonafifo & Conafor，2012）。因此，如何为长期保护森林生态环境提供必要的资金是 FONAFIFO 面临的一个很大的挑战（朱小静，2012）。

（2）长期监测系统有待完善，数据的科学性有待提高。哥斯达黎加的 PES 项目的一个缺点在于很难有科学的数据来评估生态环境服务的提供。全球环境基金支持的土地牧业项目监测了其对生物多样性保护和碳固存的影响，帮助参与者和其他外界人员更好地理解 PES 项目。PES 效应的长期监测需要很高的技术、人力和资金投入，这有待于逐步建立长期监测系统，并辅以针对不同土地用途对生态环境服务供给的影响研究。

（3）管理机构自主权受限，影响项目实施效率。作为哥斯达黎加的 PES 由具有独立法人地位的半自治机构国家森林基金委员会（FONAFIFO），虽然在制定人事决定和管理资金方面具有一定的自治权，但是它仍然受到政府的很多限制，其预算必须由财政部批准，付款水平和优先级则由每年的政策法令设定，这为 PES 的高效开展造成了阻碍。

（4）从自愿补偿向强制性支付转变，但利益分歧和征收成本凸显。为 PES 项目筹集资金，2007 年始，从游客和生态旅游业征收生态环境服务的费用启动，水税的征收和水资源使用者付费合同由自愿签订变为强制性签订。强制性生态环境服务付费会引起被征收对象的不满，而旅游业从业者复杂，产业链条很长，异质性程度很高，逃避税现象普遍，且监管成本比较高。

第五节　我国 PES 现状、挑战和未来趋势

经过数千年的农业文明和百余年工业革命的旅程，我国人口激增，对资源环境的需求已经超出了自身的承载能力，生态产品供给不足，生态产品市场化的呼声越来越高。中华民族自古就有中央政府在国家治理、社会经济发展发挥十分重要作用的传统，以利于协调长江、黄河等主要河流上下游的关系，这为积极开展 PES 奠定制度前提，我国生态服务市场化土壤十分肥沃。

40 年来，我国处于市场化转型阶段，那些社会成本低廉且政治、经济和文化阻力较小，容易市场化的项目都已经实现了市场化。客观地说，我国生态服务的市场化进程处于探索的状态。如森林生态效益补助项目、天然林保护项目一样，大多生态环境服务市场化导向的探索因服务于脱贫攻坚、平衡区域发展、维护社区稳定等非生态服务目标，或为地方政府认定的中心工作提供支持，偏离了 PES 机制的设计初衷，而没有相关实践，如哥斯达黎加那样推动一个 PES 进程。

森林碳汇开发本可能是一个融资的渠道，也让森林所有者学习新型森林经营思想，让碳消费者能够学会低碳生活方式。然而，这两个关键利益者没有参与到碳汇开发制度的设计中，也没有参与到碳汇林管理及其监测过程中。到头来，碳汇市场很有可能演化成向电力用户等征税的一个借口。中国因人口众多，耕地不足，采取严格的耕地保护政策得到普遍的认同，然而，因严格保护耕地政策，派生出许多相关政策，不断

形塑、稀释耕地政策，演变成地方财政增收工具。因此要下大决心，让市场机制回归，由市场主体来主导。

我们要重视生态服务市场化的规则，各级地方政府，尤其是自然资源管理部门要学习与市场相处，尊重市场，敬畏市场。

第五章

福建长汀县水土流失治理和生态恢复

长汀县位于福建省西部，武夷山脉南麓，南与广东近邻，西与江西接壤，是闽粤赣三省边陲要冲。长汀县辖 18 个乡（镇）300 个村（居），总人口 55 万（2020 年），土地面积 3 104.16 平方公里，是典型的“八山一水一分田”山区县。长汀县古称汀州，自唐朝以来一直是州、郡、路、府治所在地，历史底蕴浓厚，是国家历史文化名城。历史上，长汀重教兴学、书院林立、才子辈出，历代文人墨客流连吟诵，为长汀这座古城增添浓厚的文化气息。自晋唐五代十国时期，客家先民一路南下到汀州，与当地闽越人民一同创造出独特而灿烂的客家文化。长汀山清水秀，汀江穿城而过，森林茂盛，水运交通便利，自古就万商云集，商贸发达。宋代汀州知州陈轩曾用诗句赞美汀州：“十万人家溪两岸，绿杨烟锁济川桥”。成书于 16 世纪初期的《嘉靖汀州府志》，将汀州描述为“山势险阻，树林蓊密”①。民国时期，著名国际友人、新西兰教育家路易·艾黎曾评价：中国有两座最美的山城，一个是湖南的凤凰，另外一个便是福建的长汀。

近代以来，长汀这座风景秀丽、富饶繁荣的历史文化名城，却为水土流失问题所困扰，失去了山水本色。长汀水土流失历史之长、面积之

① （明）邵有道总撰．天一阁明代方志选刊续编：嘉靖汀洲府志（上册）[M]．上海：上海三联书店，1990：212.

广、危害之大，一度居福建之首，被认为是中国南方水土流失最为严重的县份之一。当地百姓尝尽生态破坏、森林退化、水土流失之苦。“山光、水浊、田瘦、人穷”成为长汀农村生活贫苦的形容词。1949年以来，在长达70多年的水土流失治理中，淳朴勇敢、坚韧智慧的长汀人民克服重重困难，再一次找回了山水的本色，创造出绿色奇迹。自1985~2021年，长汀县森林覆盖率从58.4%上升到80.31%，水土流失率从31.5%下降至6.78%，水土流失面积累计减少7.65万公顷。长汀成为中国南方地区水土流失治理的一个典范，被评为全国第一批“绿水青山就是金山银山”实践创新基地、首批国家生态文明建设示范市（县）。本章将梳理长汀水土流失产生的原因，分析长汀水土流失治理的历程和主要做法，向世界总结和分享长汀水土流失治理和生态恢复的经验。

第一节　长汀水土流失产生的原因

在人们的印象中，中国南北方自然环境迥异，水土流失似乎更多出现在北方地区，例如黄土高原，而中国南方气候温暖湿润、植被生长茂盛，不会发生水土流失。殊不知，在特殊的自然和经济社会条件作用下，中国南方地区也会发生严重的水土流失问题。长汀县就是南方水土流失最严重的地区之一。长汀水土流失是自然和经济社会因素综合作用的结果。归结起来，脆弱的自然环境、频繁的战乱、政治运动带来的破坏、日益增长的人口压力是长汀水土流失产生的四大原因。

一、脆弱的自然环境

土壤和气候因素是造成长汀水土流失的内因。长汀成母岩主要包括砂质岩、泥质岩和酸性岩等，暴雨和温差造成母岩风化严重，风化发育物是红壤和黄壤。红壤为长汀县内主要土壤资源，占土地总面积79.81%，主要分布于海拔600米以下的低山丘陵地带。红壤土层结构疏松，含沙量大，保水保肥能力差，抗蚀性弱，一旦失去表面植被的保护，极易发生水土流失的问题。长汀处于亚热带季风气候带，降水分布不均，4~6月降雨量占全年降雨总量一半左右。在温差的作用下，母岩风化十分强烈。每逢降水，失去植被的坡面，径流夹带大量泥沙下泻，形成水土流失，危害极大。沙流入汀江和农田，对生态环境和农业生产造成巨大的不利影响。

二、战争破坏

长汀自古为闽、粤、赣三省边陲要冲，历来是兵家必争之地。从县志记载来看，1949年之前，长汀境内发生过多次重大战争。唐末，汀州城一带发生了王绪之争、黄连峒蛮二万围汀州之乱。五代十国时期，汀漳、汀州一带发生了汉主刘龚和汀人陈本与闽人之争等。宋末，在长汀县城境内爱国将领文天祥进行了抗元之战。元初，汀漳间发生陈桂龙陈吊眼之乱。元末明初，汀州、清流、上杭一带发生了陈友谅、陈友定和朱元璋之争。清朝咸丰年间，宁化、长汀河田镇、武平一带又发生了太平天国石达开与花旗军之战。民国二次国内革命战争时期，长汀是中央革命根据地的重要组成部分，境内发生了长岭寨大捷、苦竹山战斗、松毛岭保卫战等多次战役。战争对长汀县植被的破坏来自两方面：一方面，战争常用火攻的策略，战火焚烧了大量的树木；另一方面，战争需要砍伐大量的树木来供养军队，充作“军资”，满足战时能源的需要。结果是，每一次战火的燃起都是长汀森林植被的一场浩劫。

三、政治运动带来的破坏

1949 年新中国成立后，长汀县免去了战争的侵扰，但政治运动一度成为长汀森林破坏和水土流失的重要因素。1958 年“人民公社化”运动时期，长汀县大炼钢铁，大烧木炭、乱砍滥伐非常严重，不仅成片原始阔叶林被砍光，有的地方连杉木林、松树林甚至风景林也不能幸免。1959 ~1966 年水土流失增加 6 463. 67 公顷。1970 ~1976 年“文化大革命”时期，由于无政府主义思潮泛滥，造成群众乱砍滥伐，加上掀起“向山要粮”的开荒造田之风，水土流失增加 13 276. 4 公顷（刘金龙等，2015）。1983 年后，落实山林权政策的交叉阶段，农民生怕政策变动，又对森林资源进行一场规模较大的砍伐，水土流失面积进一步扩大。

四、人口增长压力

长汀水土流失的产生也源于人口增长对自然界的过度索取。随着北方移民的不断增多，长汀县人口不断增多，人均耕地面积从明朝时期的 9. 6 亩降至1949 年的不足2 亩。人口增加还推动燃料消耗和建房等其他生活用木材需求的增长。面对人口压力，长汀存在着广泛的毁林和林地转换为农田的现象。1949 年新中国成立之后至 1978 年改革开放前夕，长汀县人口迎来新一轮的增长，农业人口从 1949 年的 16 万人增长到 1976 年的 30. 14 万人，农村人口占总人口比重从 80. 12% 上升到了 88. 58% 。农村劳动力出现剩余，人地矛盾不断加剧。长汀百姓主要依靠薪柴来点火、照明、做饭、取暖等。据估计，人民公社时期，山区每人平均消耗柴片等燃料折合 3 立方米，半山区、丘陵平原地区居民平均消耗1立方米。人们开荒种田或者上山砍柴，葱郁的山林逐渐被“烧”光了。1973～1978年，长汀县平均消耗木材34.15万立方米，超过长汀县林木年均生长量15.52万立方米的1倍多。①

严重的水土流失使长汀生态环境日趋恶化，并长期面临农村劳动力剩余、贫穷和薪柴短缺等问题，陷入贫穷—生态环境退化的恶性循环中。在水土流失区，山地表土冲刷殆尽，沟壑纵横，植被稀疏，难以自然恢复。失去植被庇护的山头显露出触目的红色，远望仿佛山燃起了大火。1942年，福建省研究院（河田）土壤保肥试验区主任张木匋撰写的一份调查报告中这样描述长汀水土流失：“四周山岭尽是一片红色，闪耀着可怕的血光。树木很少看到！偶尔也杂生着几株马尾松或木荷，正像红滑的溯秃头长着几根黑发，萎绝而凌乱。密布的切沟，穿透每一个角落，把整个的山面支离碎割……再登高远望，这些绵亘的红山仿佛又化作无数的猪脑髓，陈列在满案鲜血的肉砧上面（刘金龙等，2015）。在那儿，不闻虫声，不见鼠迹，不投栖息的飞鸟；只有凄惨的寂静，永伴被毁灭的山溪。”

第二节　长汀水土流失治理的历程和做法

从1949年开始，为了摆脱“山光、水浊、田瘦、人穷”的困境，长汀人民走上了水土流失治理的征程。经过70多年的奋斗，长汀用“水滴穿石，人一我十”的精神，将火焰山变成葱郁的青山，甚至飘香的花果山。

① 福建省长汀县地方志编纂委员会．长汀县志（唐－1987）（卷5）．林业（卷18）．环境保护［M］．北京：生活·读书·新知三联书店，1993：142，442.

一、群众运动治理阶段：1949～1979 年

1949 年 12 月，新中国成立仅两个月之后，长汀县就建立起了“长汀县河田水土保持试验区”，开展以群众性封山育林及植树造林为主的水土保持工作。封山育林是一种见效快、成本低、效果好的治理方法，减少了人类对自然的干预，给予自然时间进行恢复调整。1950 年 12 月，长汀县开展了第二次土地改革，没收地主的林地，将林地和田地一同分给农民。1952 年，长汀县政府鼓励人民群众自发上山造林，实行“谁造、谁有”的政策。长汀县以赋权作为激励，倡导农民积极上山造林，一时掀起了造林热潮。1956 年 6 月，长汀县进行了河田地区水土流失调查。1958 年，又制定了《长汀县今后水利水土保持规划》，将河田镇选定为重点区域开展水土保持工作。截至 1958 年末，9 年累计造林 4 245 公顷，封山育林 12 000 公顷，修建水土保持谷坊 60 座，挖鱼鳞坑 16 万余个。大片山头出现了郁郁葱葱的幼林，不少地方招来飞禽走兽，开始改变昔日不闻鸟声、栖鸟不投的凄凉景象（刘金龙等，2015）。

1958 年“大跃进”运动期间，长汀全民大炼钢铁，滥伐森林情况变得严重，前几年营造的不少林木毁于一旦，水土保持事业遭受巨大损失。1959 年，长汀县人民委员会发出《关于严格禁止乱砍滥伐林木的通知》，纠正“大跃进”大炼钢铁的错误，水土流失的治理又一步一步回到正轨。该通知规定公路、河堤两岸、水库周围、房前屋后、名胜古迹、高山陡坡、岩石裸露以及水土冲刷地区的林木不得砍伐；不能砍伐杉木、油茶、毛竹等经济价值较高且处于生长阶段的林木作为薪材，尽量使用不能成材的灌木、弯曲木等；要充分发挥砍伐木材的剩余价值。1961 年，生产大队和生产队实行“社造社有，队造队有，社员房

前屋后植树归社员个人所有”的政策，通过明确产权的方式激励群众种树。1962 年，长汀县成立“县水土保持办公室”“长汀县河田水土保持站”，开始采用林草工程系统综合的方式治理水土流失。在河田镇建立了试验基地，开展了夏季绿肥、丘陵坡地耕作方式等技术研究，进行经济林果、茶叶等引种栽培试验，采用工程措施开展治理。据统计，1962～1966 年累计种植乔灌草 2 500 公顷，开水平梯田 107 公顷，修建土谷坊 1 172 座、石谷坊 18 座，水土流失治理取得较大成效（刘金龙等，2015）。这一时期的治理与试验研究工作及成效，为后续的水土保持积累了宝贵的经验。

1966～1976 年“文化大革命”期间，长汀水土流失治理的工作再度停滞，水土流失情况愈加严重。本阶段处于水土流失治理的起步阶段，基本靠群众植树造林、投工投劳，治理工作因政治运动几经反复，收效甚微，但取得了一些相关工作的宝贵经验。农民生计问题始终得不到解决，没有走出贫困—环境退化的恶性循环。

二、政府主导阶段：1980～1999 年

1980 年，家庭联产承包责任制在耕地中取得巨大的成功，使政府有意将这一制度也应用到集体林地中。1981 年，长汀县开始推行“稳定山林权归属，划定自留山，确定林业生产责任制”的林业改革，简称“林业三定”改革。由于长汀水土流失严重，土壤贫瘠，林地治理成本高，承包林地的经济价值低，农民又缺乏治理荒山的激励，因此大量农民更倾向于打理耕地，大片荒山被搁置下来。在这样的背景下，政府出面承担起了水土流失治理的重任。1983 年，时任福建省委书记的项南同志来到长汀调研考察，长汀水土流失治理工作引起了福建省委和省政府的关注与支持，将长汀列为福建省水土保持的工作重点和试验地区。

福建省政府组织省林业厅、水电厅、农业厅、水土保持办公室、福建农林大学、福建林业科学研究院、龙岩地区行署，为长汀提供资金、技术和政策支持，协同治理水土流失问题。项南书记和当地干部一起总结出《水土保持三字经》：“责任制，最重要；严封山，要做到；多种树，密植好；薪炭林，乔灌草；防为主，治抓早；讲法制，不可少；搞工程，讲实效；小水电，建设好；办沼气，电饭煲；省柴灶，推广好；穷变富，水土保；三字经。永记牢。”这一段简单易懂的“三字经”成为长汀县水土流失治理的行动指南。

（一）建立责任制

长汀县政府担当起水土流失治理的重任。首先，长汀建立一支有力的水土治理队伍。长汀政府率先恢复水土保持站，建立水土保持办公室，之后又建立起水土保持预防站、水土保持开发服务公司。县水保局、林业局、农业局、畜牧局等各部门和“八大家”奋战在水土流失治理的第一线上，不在第一线上的学校和机关部门在推广省柴灶方面发挥积极的作用。其次，搭建层层完善的护林体系。搭建县、镇、村三级水土流失治理网络体系，在水土流失严重的乡镇设置专职副镇长负责，各村指定一名村干部协助；县政府出台《关于护林失职追究制度》《关于禁止砍伐天然林的通知》等规章制度，乡镇和村一级以《乡规民约》《村规民约》的方式进行落实。再次，长汀县组建专门的护林队伍，形成了“县指导、乡统筹、村自治、民监督”的护林机制，明确林农、护林员、村委会的权、责、利。最后，长汀县进一步明确荒山承包的治理责任，要求荒山承包者及时治理经营，否则收回林地交给其他人经营。1994 年起，长汀进行四荒地使用权拍卖，不论对象、不论形式、不论体制，只要求承包者能开发荒山治理水土流失。让承包责任制发挥出真正的作用，把荒山林地承包给那些真正参与到水土流失治理、植被恢复中的村民、集体等。

（二）封山育林

封山育林是长汀治理水土流失的重要做法。从 1979 年起，长汀县加强封山育林的力度，组织成立护林队，对封山提供一定的补贴，乡、村通过村规民约方式制止砍树、打枝、采石、挖草皮等。例如，有乡规约定，谁家上山毁林，作为惩罚就要放电影或者杀掉家中最肥的一头猪，把肉分给全村的人吃，要求毁林的这个人亲自把肉送到每一户家中，吃到肉的这一家人也受到了警戒。1982 年，长汀县有 238 个大队订立了乡规民约，清理乱砍滥伐木材 5 780 立方米，杀猪 56 头，罚放电影 129 场（刘金龙等，2015）。1983 年，长汀成为福建省水土保持工作的重点和试验地区后，长汀对水土流失严重地区，实行全封山，禁止和林业一切相关的活动。1984 年，政府和各个村子签订合同，对汀江和公路两旁的第一重山实行全封山的政策。20 世纪 90 年代重视对新造林的抚育管理，严格封山，同时推广省柴灶、实行煤炭补贴，从源头上减少人为对自然的干扰。封山育林成效显著，森林面积大幅增加，说明给予自然一定的时间来休养生息，生态环境会逐渐好转。

（三）人工造林

这一时期，长汀进行了大规模的人工造林。1988 年，长汀县举全县之力实施“三五七”造林绿化项目，要求三到五年完成宜林地绿化、七年内实现绿化达标，尽快摆脱“荒山县”的帽子。长汀县在 1988 ~ 1991 年完成造林 3. 42 万顷，荒山基本披绿。1992 ~ 1996 年，长汀县为了巩固消灭荒山的成果，继续投入大量人力、物力、财力，在疏林地进行工程造林，累计完成造林更新合格面积 2. 04 万公顷（刘金龙等，2015）。同时，长汀重视加强对新造林的抚育管理，开展补植补造，严禁打枝、割草、砍柴、放牧，实施“封禁 + 补种”、营造生物防火林带等一系列措施，使当地生态得到较大程度的修复。

（四）能源转型

长汀农村居民的能源需求与森林保护之间存在着激烈的矛盾。“薪炭林，乔灌草；小水电，建设好；办沼气，电饭煲；省柴灶，推广好”这几句概括出了长汀县在推动能源升级的努力。1985 年前，薪柴是长汀县农村家庭主要的能源。有的家庭专门有一个劳动力砍柴才能满足一家人烧火做饭的需求。1984 年起，政府实施煤炭补贴，逐渐推动农民用煤炭来代替薪柴。政府机关带头带动城镇居民改变冬季用木炭烤火取暖的传统，减少木材消耗。20 世纪 90 年代，沼气推广普及，家家户户逐渐用上了电。随着农民生活水平的提高和政府煤补，长汀县农村能源消费结构日趋多元，薪材消费呈下降趋势，而煤、电力和液化气等商品能源均呈上升趋势。从烧柴向烧煤、电力的能源转型改变了长汀人民的生活环境和生活方式。水土流失区农民与森林的薪柴联系，在快速的农村经济社会大转型中逐渐变弱，间接促进了水土保持和森林植被恢复。

（五）因地制宜的生态恢复技术

长汀县遵循自然规律，通过因地制宜、分类治理的方式，攻克南方红壤水土流失造林的难关，总结出有效的水土流失治理做法与经验。“反弹琵琶”是长汀人民在水土流失治理过程中开拓出的一个重要方法。长汀县人民运用“反弹琵琶”的理念变生态系统的逆向演替为顺向演替，实施“老头松”施肥改造、等高草灌带和陡坡地小穴播草等水土流失治理新技术。反弹琵琶就是指，人们反其道而行，变生态系统的逆向演替为顺向演替，从山脚开始治理，先种草灌，再种上马尾松，再套种上阔叶林。长汀人民总结出老头松施肥改造的方法：先进行清洁采伐，然后再树根处挖穴施复合肥，覆上土踩实，通过这样的方法使得昔日的“老头松”焕发生机，继续生长，拓宽根系。“等高草灌带”则用于治理强度的水土流失山地，具体的操作方法是：首先，沿着等高线，挖出小水平沟，按品字行排列，沟间距约为 200 厘米；其次，在沟内种植灌木、乔木、撒播草籽。通过挖水平沟的方式拦截更多的地表径流，减少沟内的土壤水分蒸发，使植被加速覆盖地表。对于水土流失的坡地，长汀县人民采用“小穴播草”的方式治理。先挖宽、深、底分别为 50 厘米、40 厘米、30 厘米的种植穴，株行距 170 厘米，每公顷 1 150 穴，挖穴土在穴下方做埂。每穴种植胡枝子截干苗一枝，撒播草籽。这样的方式达到“草灌先行，植灌促林”的目的，在较短的时间里降低水土流失的强度。

（六）绿色致富

“山光、水浊、田瘦、人穷”是长汀人民总结出来的，可见长汀人民意识到了生态环境与社会经济之间的关系。“穷变富，水土保”这一句点明了治理长汀水土流失的关键。早在 20 世纪 90 年代，长汀县人民就开始探索如何借助生态环境改善来增加经济收入。长汀先后通过政府、公司和私人等多种渠道，引进杨梅、银杏、蓝莓等一批优质高效的经济林，逐渐培养起当地重要的生态产业。1993 年，长汀县林业局引种浙江台州的东魁杨梅，1998 年成功挂果。长汀产的杨梅饱满多汁，个大味甜，而且比浙江杨梅成熟时间早，市场上具有优势。百姓看到杨梅种植能产生相当的经济效益，纷纷参与到杨梅种植的队伍中来。1994 年，长汀采用“公司 + 农户”的方式带领村民种植板栗树，产生经济效益的同时起到了保持水土的功效。1999 年，长汀县策武镇南坑村引进厦门树王公司，该公司不仅租山种植银杏，还带动村民种植银杏。银杏树根系繁茂，市场上的白果价格较高，银杏树的种植能产生极高的生态价值和经济价值。除了引进新的经济树种，20 世纪 90 年代长汀更加重视油茶和毛竹这两种本地的经济林树种。长汀政府在山林经营权流转、财政补贴、银行贷款、基础设施建设、税费减免等方面给予一系列优惠。随着市场对油茶、板栗、杨梅等产品的需求量增加，越来越多村民也参与到种植经济林之中。

三、多元主体参与治理阶段：2000～2011 年

2000 年是长汀水土流失治理工作的重要转折点。1999 年 11 月 27 日，时任福建省省长的习近平同志到长汀县视察水土保持工作，他被长汀县干部群众几十年来坚韧不拔治理水土流失的意志深深感动，也对存在的困难和问题深感忧虑。在他亲自倡导下，2000 年福建省委、省政府决定，2000 年、2001 年连续两年将长汀县水土流失治理列为福建省“为民办实事”项目，每年给长汀县水土流失治理提供 1 000 万元的资金支持，龙岩市政府也配套补助 190 万元。2001 年 10 月，习近平同志再次来到长汀县，再次作出决策，“再干八年，解决长汀县水土流失问题”（2001 年 10 月 19 日习近平同志对长汀水土保持工作的批示）。福建省政府对长汀县连续 8 年、每年补助 1 000 万元，开展了以小流域为单元的水土流失综合治理。此外，长汀水土治理还被纳入国家预算内专项投资水保项目、国家水土保持重点工程项目、国家新增投资项目等，2004～2011 年累计投入资金 1.6 亿元。

长汀县积极调动多元主体参与水土流失治理。首先，长汀县从 2002 年开始实行新一轮集体林权改革，进一步将全县集体林的林地、林木所有权和使用权进行分离。专业大户、家庭林场、农民专业合作社、林业企业等成为长汀油茶、毛竹、杨梅、杉木产业的主力，打造速生丰产林基地、丰产毛竹林基地、生态油茶林基地、林下经济示范基地、优良种苗繁育基地等。其次，为了吸引更多人才和项目参与长汀县水土流失治理，2003 年长汀县成立水土保持博士生工作站，与中国科学院水土保持研究所、北京林业大学、厦门大学、福建师范大学、福建农林大学、福建林业科学院等单位建立了良好的长期合作关系。长汀县林业部门、水土保持部门为科研单位水土保持研究提供实验基地，科研

单位为长汀县带来科研项目、技术和人才。最后，长汀县政府号召政府部门和群团组织，积极参与到水土流失治理，各种小规模的义务植树活动遍地开花。例如，在河田镇一片（强度）水土流失区域里建起了世纪生态园。园内相继营造了“公仆林”“荣誉林”“长寿林”“青年林”“巾帼林”“思乡林”“园丁林”“希望林”等，成为社会参与水土流失治理和生态文明建设的重要载体。

2001 年始，长汀县开展了生态公益林划分工作，汀江两岸、水土流失区、大小水库等重要区位林逐步划入国家和福建省公益林，其经营和采伐受到了严格的限制。中央和福建省政府是长汀生态公益林项目主要的资金来源，通过给予林权拥有者适当的补偿以弥补生态服务的外部性。长汀县 116.3 万亩森林界定为生态公益林，占全县林业用地面积的 30%，其中有 74.9 万亩分布在水土流失区，占全县生态公益林面积的 64.4%。补偿基金中 50% 直补给权益人口、15% 用于村监管费、35% 用于护林费用。2001 ~ 2011 年，长汀县共发放森林生态效益补偿基金 8 360.12 万元，18.8 万林农直接受益（刘金龙等，2015）。

2010 年，全县水土流失面积下降到 32 249 公顷，比 1999 年减少 38 115 公顷；水土流失率下降到 10.4%，比 1999 年下降了 12.3 个百分点。其中，2010 年强烈以上水土流失率合计为 2.1%，与 1999 年的 5.9% 相比减少近 2/3。随着工业化和城镇化发展，大量的年轻人外出务工，农民收入水平不断提高，农民对山林的依赖大大削弱。群众以用电、用煤为主，基本完成能源结构的升级转换，林地得以休养生息，森林得以逐渐恢复。莲湖村的村支书说：“现在很多村民外出打工，就很少有人上山砍柴了，外出打工赚了钱，拿回来劝说父母用电烧煤，不要砍树了。”露湖村的村民也说：“以前是有力气没地方赚钱，只能上山砍柴，现在经济好了，年轻人能去打工，砍树自然少了”。这说明，这一时期的治理不仅在总量上减少了水土流失面积，而且在遏制强度水土流失方面取得更大成效。

四、生态文明全面建设阶段：2012 年至今

经过多年治理，长汀县水土流失治理取得明显的成效，但剩余水土流失区域治理难度大，水土流失治理依旧任重而道远。余下的区域多分布在第二、第三，甚至是第四重山的山顶、陡坡和深沟，交通不便，难以治理；同时由于人工等费用上涨，水土流失治理成本升高，资金利用效率下降。长汀县水土流失治理进入攻坚克难的关键时期。2011 年 12 月习近平同志对长汀水土流失治理的批示与 2012 年 1 月批示中指出“长汀曾是我国南方红壤区水土流失最严重的县份之一，经过十余年的艰辛努力，水土流失治理和生态保护建设取得显著成效，但仍面临艰巨的任务。长汀县水土流失治理正处在一个十分重要的节点上，进则全胜，不进则退，应进一步加大支持力度。”随后，长汀县认真贯彻落实党的十八大精神和习近平同志重要指示批示精神，将生态文明建设融入经济、政治、文化、社会建设各方面和全过程，在中央相关部委、福建省政府、龙岩市政府的大力支持下，掀起了生态文明建设的浪潮。

近年来，长汀先后制定了《关于建立健全水土流失治理和生态文明建设若干保障机制的意见（试行）》等 10 多个指令性和指导性政策文件，统一和规范全县生态文明建设政策；出台《长汀县“绿水青山就是金山银山”实践创新基地建设实施方案》，明确了“绿水青山就是金山银山”实践创新基地建设的“时间表”和“路线图”。长汀深入开展自然资源资产负债表试点、领导干部自然资源资产离任审计等试点工作，推动各级干部落实生态责任。面对工业、农业以及基础设施等项目实施过程中造成了新的水土流失，长汀县要求全县所有开发建设单位申

报水土保持方案并详细落实方案措施，对实施过程进行督察，不合格的单位需要及时进行整改并缴纳生态补偿款。长汀县也逐渐建立起完善的水土预防监督网络，借助无人机等技术进行监管，同时保持反映渠道畅通，充分发挥群众和社会监督的作用。长汀继续实行封山育林制度，落实暂停砍伐阔叶树、禁止炼山造林、高速公路沿线生态断弱带修复、矿山植被恢复等政策措施，全面禁止垦荒、放牧、砍柴、割草等人为破坏活动。同时一些已治理区域由于树种单一，林分结构结构差，生态效益下降，存在“二次退化”的风险。长汀县遵循自然规律，严格落实封山育林的政策，同时也借助补植阔叶林等方式改造已治理区域，维护好治理成果。长汀县坚持开展水土保持宣传“六进”活动（进机关、进乡村、进社区、进学校、进企业、进项目），提高全县人民水土保持意识，增加社会对生态文明建设的关注度，从源头上减少人为水土流失的产生。

长汀将水土保持燃料补助与精准扶贫相结合，对水土流失率 10% 以上的策武、河田、三洲、涂坊和濯田 5 个乡镇 2 738 户 9 058 位建档立卡的贫困人口，每年提供人均200 元补贴，市、县各补50%，补贴时间为2016 ~ 2020 年（见第五章福建长汀县水土流失治理和生态恢复）。长汀加快汀江源国家级自然保护区、汀江国家湿地公园、森林公园、森林人家建设，开展天然商品林停伐补助试点、生态环境损害赔偿试点，健全天然林保护制度、耕地森林河流休养生息制度，开展汀江—韩江流域生态补偿。长汀县探索推广林草、林茶、林药、林果、林竹等产业发展模式，鼓励山林权流转集约开发经营，打造万亩杨梅基地、万亩果场、银杏基地、林下兰花基地和花卉苗木示范基地等，增加群众收入，让良好生态环境成为最普惠的民生福祉。通过举办杨梅文化节等活动，增加长汀杨梅的知名度和影响力，打造闻名遐迩的杨梅之乡。依托长汀县水土保持科教园的示范推广、科普教育、观光旅游和对外交流功能，长汀县开展了形式多样、内容丰富的宣传活动，每年接待党政机关、院校师生及社会人士近5万人次，科教园已成为水土保持进党校、中小学水土保持教育社会实践、水利同行及相关行业考察学习、社会公众科普教育的实践基地。

2012年以来，长汀县水土流失面积大幅减少，尤其是水土流失剧烈区的面积缩小。1985～2021年，长汀森林覆盖率从58.4%上升到80.31%，水土流失率从31.5%下降至6.78%，长汀水土流失面积累计减少7.65万公顷；长汀县的鸟类从20世纪80年代的100种，上升到现在的306种（见本书第五章福建长汀县水土流失治理和生态恢复）。通过产业结构调整和城镇化建设，发展烤烟、果业、养殖业、农副产品加工业等农林业及生态旅游，实现了大量农村剩余劳动力的转移，有效解决了水土流失区的就业问题，农民收入水平不断提高。长汀彻底消灭了绝对贫困问题，农民过上了全面小康生活，农村居民人均可支配收入从2012年8 000多元提高到2021年将近18 000元。长汀逐渐从一个“生态县”不断提升为真正的“生态文明县”，形成可持续发展道路，从而守住来之不易的山水本色。

第三节　长汀水土流失治理经验与启示

经过70多年的艰辛努力，长汀昔日万壑贫瘠的“火焰山”，已变成造福百姓的“花果山”，走出了一条具有长汀特色的生态文明建设之路，成为践行绿水青山就是金山银山理念的突出代表。长汀人民在长期治理水土流失的实践中，成功探索出一系列符合当地实际的有效做法，成为中国南方地区水土流失治理的典范，也为世界水土流失治理探索提供了经验和方案。

一、治山治水又治贫

长汀的生态建设不仅是自然生态系统、景观格局的重建过程，也是社会经济系统的重建过程，更是一个自然系统与社会经济系统相互促进和双向调节，进而达到和谐的自然—社会系统的过程。在水土流失治理中，致力于协调生态和人的需求是长汀人民和政府一致的愿景，并得以持之以恒地坚持（刘金龙等，2015）。改革开放以来，长汀县政府始终将水土流失治理作为经济社会发展和人民安居乐业的重要内容，列入国民经济和社会发展计划，常抓不懈、持续推进。历届县委、县政府延续了主要领导抓水土流失治理的传统，县委主要领导担任水土流失治理领导小组的组长，统筹各方力量，落实和开展水土保持工作，以期有效地解决水土流失治理中的各种问题，避免水土流失治理被经济发展边缘化。

治理水土，先治山林。森林植被破坏是导致长汀县水土流失的直接原因。长汀水土流失治理以恢复森林植被为切入点，采取植树造林、封山育林、低效林改造等植被恢复措施，将裸露的荒山变成郁闭葱茏的蔚蔚青山以实现水土流失治理。

长汀县水土流失治理不仅是技术上的问题，还需要考虑当地生计需求，减少农户面对风险的脆弱性和对森林资源的依赖，逐步引导当地村民从高度依赖森林的生计需求模式转向非林的生计需求模式。世代深受水土流失之苦的长汀人民意识到水土流失的治理必须与反贫困、地方发展、农民致富相结合，百姓富才能生态美，政府和农民在地方发展、农民致富上达成了一致的共识，引导转变当地的生计模式、统筹经济与生态效益，是决定长汀水土流失区森林景观恢复能否成功的关键。一是调整能源需求结构，采集积极有效措施引导农民和各级政府、企事业单位用燃、用电代材。二是进行产业结构的调整。发展纺织服装、稀土深加工、机械电子等产业，提供非农就业机会，转移水土流失区剩余劳动力人口，以减轻生态承载压力和水土流失治理压力。三是发展果业、养殖业、农副产品加工业等农林复合经营及特色农业、生态旅游，以森林景观恢复的方式使百姓脱离贫困、提高收入水平，摆脱当地贫困人群对自然资源的经济依赖。

二、形成整体性技术方案和重视本土化技术

长汀不断结合自然条件和经济社会变化探索、试验、纠正、归纳总结出整体的技术解决方案。在大规模生态建设实践中，长汀经历了20世纪80年代的植树造林，90年代经济林发展，到21世纪初农林复合经营发展的历程。在每一个阶段，均有标志性的核心技术方案，比如植树造林阶段的大封禁，经济林发展而兴起的杨梅产业，在21世纪以来，各种生态经济型农林复合经营组合而成的“反弹琵琶”。技术手段上注重因地制宜、循序渐进、系统整体，不仅逐步恢复了生态系统的功能和活力，更实现了生态和社会系统、生态和民生的平衡。此外，长汀县针对不同的自然条件、土壤侵蚀程度，以及不同的社会经济条件，如距离县中心的远近、农业人口数量等，因地制宜地确定森林景观恢复技术，合理布局、分区治理，以获得最大的综合效益。对于自然条件较好，土壤流失程度较轻，距离县行政、商业中心较远，人口密度较低，人类活动相对较少且容易控制的地区，采用封山育林为主的自然恢复模式；对自然条件相对脆弱、土壤流失程度中等、人口密度相对中等、农业人口偏少、人类活动相对较多的地区则采用人工造林、低效林改造等加速植被恢复的模式；对于自然条件极脆弱、水土流失程度强烈、人口密度相对偏高、农业人口相对较多、人类活动频繁的地区，采用生物措施和工

程措施相结合、以小流域为单元的综合性模式。

70多年来，长汀围绕群众生计改善和水土流失治理技术开展技术创新，搭建了以政府为主导，高等院校、科院所、科技公司、社区群众共同参与的技术创新机制，为长汀县水土流失治理和植被恢复的成功提供了技术保障。长汀县建立起专业化、技术化、市场化的治理力量。而这一核心治理力量是由当地人、当地的“土”专家组成。他们对当地有感情，扎根于当地的传统文化、传统知识和具体的社会经济条件，又大胆引进外来科技和人才，基于实践的检验、革新而非书本、理论和宣传。他们积极与现代知识相结合，引智筑巢，立足本地、“土洋”结合、为我所用，又不迷信和盲从外来技术，在一定程度上减少了某些大、高、洋外来技术的干扰，避免了政府主导技术研发可能带来的不计成本、不计效果和不切实际等问题。

三、多元主体共同参与

长汀水土流失治理涉及农民、村集体、林业企业、县政府、县林业局、县水保局、上级政府、林业企业、教育科研机构等方方面面的利益相关者。各方利益相关者出于生态改善、经济利益、政绩需求和工作要求，在本质上都有着治理水土流失以改善生态和生计的诉求，这就需要调动所有利益相关者的积极性，扩大共识、调和矛盾，促使他们利用各自的资源，协调合作，优势互补，实现生态和经济效益的共赢（涂成悦等，2016）。一方面，政府发挥主导和协调作用，较好地处理了治山、治水和治贫，政府、社会和市场这两对重要的关系。长汀县政府充分利用上级政府的各种项目扶持，加强自身的组织化建设、技术化和专业化治理，构建社会参与的政策和激励措施，从而引领全社会共同参与，有效地应对了水土流失、分权改革对政府治理能力的考验。另一方面，长汀县积极打造生态建设基层治理体系，积极推动公众参与，为私有部门参与生态建设提供优惠政策，保障当地社区在生态建设中优先受益权，推动公民社会的介入，为企业集团和各界人士体现社会责任提供平台。这一进程中，各级政府着力推动不同部门间的政策和项目措施协调，保障各社会主体参与生态建设的政策延续性和稳定性。

多元主体共同参与顺应了长汀社会经济发展的规律。20 世纪 90 年代中期以前，政府、村集体和农民是最主要的水土流失治理主体。村集体、农民是水土流失产生的主要制造者和危害承受者，是最重要的利益相关者。水土流失不仅带来自然灾害频发、粮食减产，还影响到农民生计的可持续性。随着农业发展、能源升级、外出务工增多，农民逐渐脱贫致富，减少了对森林的依赖。林地经营权流转、新一轮集体林权制度改革的资金扶持、税费减免等一系列优惠政策，调动了种植大户、林业企业参与治理的积极性，他们在 20 世纪 90 年代末期以后也愈发愿意投入到水土流失区的治理与开发中，替代普通农户成为水土流失治理的主要市场力量。2000 年以来，越来越多的企业、大户、科研机构参与到水土流失治理中来，长汀县水土流失治理实现了由政府治理向多元治理体系的转变。尤其是 1998 年以来，随着中央政府和福建省政府对生态建设的重视，中央政府、福建省政府、龙岩市政府的水土流失治理专项资金成为长汀县水土流失治理的重要外部力量，推动了水土流失治理的跨越式进展。

四、走一条具有中国特色的生态文明建设之路

长汀人民是生态建设的主力军，他们是生态建设技术、知识、生产、生活和文化持有者和实践者。世代深受水土流失之苦的长汀人民意识到水土流失的治理必须与反贫困、地方发展、农民致富相结合，百姓

富才能生态美，政府和农民在地方发展、农民致富上达成了一致的共识。引导转变当地的生计需求模式、统筹经济与生态效益，是决定长汀水土流失区森林景观恢复能否成功的关键。在长汀县，生态文明的理念已经融入当地经济建设、社会建设、政治建设和文化建设中。长汀人体验到了人是生态恢复最重要的力量，基于人为中心的思想处理人与自然的关系，突出了领导重视、技术力量、资金保障在生态恢复中的作用。长汀县生态建设成功之路，体现了中华民族“天人合一”的理念和中华儿女艰苦奋斗的优秀品质，统筹人与自然和谐的思想，秉持了治山治水治国、执政为民的传统（刘金龙等，2015）。客家传统文化与山水的紧密相连为长汀县水土保持和生态建设工作提供了坚实的文化基础与精神支柱。长汀县境内古树名木、风水林、水源林、坟山管理风俗等，是长汀县人民朴素的顺时应天、谦逊求真的生存智慧的表达，也是“慎终追远、热情善良、勤劳开拓、耕读传家”的客家人伦传统的体现。长汀县蔚然成为一个发展特区，开辟了一条通向亲自然的社会经济发展道路。

在肯定取得成绩的同时，需要注意到长汀县水土流失治理仍然存在进一步完善的空间。长汀县生态建设依赖于政府的推动以及从上至下的社会动员，市场、农村社区和公众的参与程度还不够。政府在财政投资项目的设计和实施中需要进一步将水土流失治理和农业、社区的可持续发展、当地人能力建设有机结合起来，不能只是单一的工程措施或植树种果。政府需要探索适度退出生态建设的第一线，推动企业、合作社、农户成为植被恢复和水土流失治理一线的主要力量。对承包大户和林业企业的扶持要从开发性扶持转向经营性扶持，降低其经营性风险，形成特色品牌，防止因管理不善、投资损失而带来的二次水土流失。政府需要逐步回归预防、监管和服务的职能，持续巩固和保障农民和投资者的参与和权益，构建地方生态环境公共服务体系。

第六章

河北省塞罕坝绿洲再造

塞罕坝，蒙语，意为“美丽的高岭”。塞罕坝地处北京东北约350公里，曾是清朝皇家御地，供哨鹿狩猎之用。这里曾经是一座森林茂密、水草丰沛、禽兽繁集的天然名苑，有“千里松林”之称。清朝后期开围放垦，森林植被破坏，后来又遭日本侵略者的掠夺采伐和连年山火，到新中国成立初期，原始森林已荡然无存。塞罕坝地区退化为高原荒丘，呈现“飞鸟无栖树，黄沙遮天日”的荒凉景象。1960 年，中央政府直接介入，在这片荒芜之地树立“塞罕坝机械化林场”的牌子。经过 60 年的 4 代林场人的努力，如今的塞罕坝重新焕发了昔日美貌。

第一节　塞罕坝及塞罕坝的历史

塞罕坝位于河北省围场县北部的塞罕坝地区，地处内蒙古浑善达克沙地南缘，系内蒙古高原与大兴安岭余脉西南、阴山余脉的接合部。地理坐标为 42°05′～42°36′N，116°53′～117°38′E。塞罕坝海拔高 1 500～1 939.6 米，面积有 20 030.8 公顷，距离北京约为 460 公里。塞罕坝是滦河与辽河的重要源头集水区，也是北京市重要的上风区以及风沙阻挡区，对京津地区阻挡来自内蒙古高原沙尘、涵养水源具有重要作用。滦河是河北第二大河流，是天津重要的水源地。辽河是中国第七大河流，哺育了东北数十座城市，数千万人口。总体来说，塞罕坝生态区位非常重要，处于内蒙古高原到华北山地的过渡地带，阻挡西伯利亚南下的寒风，对于其南面的京津唐地区是一道不可或缺的生态屏障。

塞罕坝地区位于冀北山地与内蒙古高原过渡地区，依据其南低北高的地势，将该地区分为北部坝上和南部坝下两部分。坝上地区以曼甸（坝上东部）、丘陵（坝上西部）为主，海拔为1 500～1 940米。坝下地区以典型冀北山地为主，海拔为1 010～1 500米。本区地貌介于内蒙古熔岩高原与冀北山地之间，以高原台地为主，地形地貌组合为高原—波状丘陵—漫滩—接坝山地。塞罕坝地区属于寒温带半干旱半湿润大陆性季风气候区。冬季漫长，气温寒冷；春秋短暂，干燥多风；夏季不明显，但气候凉爽、光照强烈。无霜期短，昼夜温差大，降水量较少，积雪时间较长。

塞罕坝的土壤类型丰富，主要有棕壤、沼泽土、灰色森林土、草甸土、黑土和风沙土6大类。其中棕壤为该区主要土壤类型，约占总面积的59.9%，主要分布在海拔900米的东部坝缘山地；其次为风沙土，约占总面积的4.3%，海拔跨度很大，多分布在900～1 900米干燥多风地区；灰色森林土在地区也有少量分布，约占3.2%，多分布于海拔较高地区。由于塞罕坝地区地形复杂，气候特殊，其土壤分布既有垂直地带性分布特征，也有水平地带性分布特征。其中，垂直地带性分布从低到高，土壤类型为：棕壤—灰色森林土—黑土；水平分布则为：东部为黑土，中部为灰色森林土，西部为风沙土。植被由森林区向草原区过渡，植被资源丰富，沼泽及水生群落、灌丛与灌草丛、草原与草甸、落叶针叶林、常绿针叶林、针阔混交林和阔叶林7种植被类型共存。

塞罕坝曾是皇家的后花园，是一座森林茂密、水草丰沛、禽兽繁集的天然名苑，曾有“千里松林”之称。回顾历史，公元1681年，清朝康熙大帝在平定了“三藩之乱”[①] 之后，在巡幸塞外途中看见“南拱京师，北控漠北，山川险峻，里程适中”的游牧地——塞罕坝，并决意在此地设立“木兰围场”，作为清朝皇家的哨鹿狩猎之地。

据历史记载，塞罕坝的原始森林气候凉爽，清幽雅静、情致醉人，是闲游、静修之所。于是，自然成了清帝避暑的风水宝地。康熙帝为了锤炼满族八旗[②]的战斗力，实行怀柔政策绥服蒙古，遏制沙俄侵略北疆，维护多民族国家的团结统一，在塞罕坝举行“春蒐、夏苗、秋狝、冬狩”等四季狩猎的古代礼仪，并以“敬献牧场，肇开灵圃，岁行秋狝”的名义，设置了“木兰围场”，将“木兰秋狝”定为祖制。自康熙二十年（公元 1681 年）到嘉庆二十五年（公元 1820 年）的 139 年间，康熙、乾隆、嘉庆三位皇帝共举行木兰秋狝 105 次。后来，在乌兰布通之战[③]胜利结束后，康熙曾登临亮兵台，检阅凯旋的清军将士。许多清朝帝王在木兰围场进行重大事件的运筹决策，一个木兰围场，承载着半部清史（高海南，2019）。

塞罕坝生态环境随着清王朝历史的推移，因吏治腐败、财政颓废和外忧内患而退化。同治年间（公元 1862 ~ 1875 年），希望木兰围场“就近招佃展垦，尚足以济兵饷不足”的声音此起彼伏。光绪年间，部分群众表达了“热河围场地亩，可否令京旗人丁迁往耕种”，后来更加直接地表达“开垦围场各地藉筹军饷，实为寓兵于民之善策”。最终，同治二年（公元 1863 年）木兰围场开围放垦，森林植被被破

---

① “三藩之乱”是清朝初期平西王吴三桂、平南王尚可喜、靖南王耿精忠三个藩镇王发起的反清事件。历时 8 年，三藩之乱被平定，是清王朝稳定统治的标志。

② 八旗最初源于满洲（女真）人的狩猎组织，是清代旗人的社会生活军事组织形式，也是清代的根本制度，包括正黄旗、镶黄旗、正红旗、镶红旗、正白旗、镶白旗、正蓝旗、镶蓝旗。

③ 乌兰布通之战为康熙二十九年（公元 1690 年），清帝国与准噶尔汗国在萨里克河边的乌兰布通峰的一场大战，两军各使解数，双方死伤枕藉，最终以准噶尔军弹药耗尽，噶尔丹撤退告终。

坏，后来日本开始侵略我国，大肆采伐塞罕坝的树木，还放火烧山。解放初期，原始森林已荡然无存，当年“山川秀美、林壑幽深”的太古圣境和“猎士五更行”“千骑列云涯”的壮观场面不复存在。塞罕坝地区退化为高原荒丘，呈现“飞鸟无栖树，黄沙遮天日”的荒凉景象（高海南，2019）。

第二节 塞罕坝生态恢复过程

1961 年，原国家林业部批准成立塞罕坝机械林场，经过近 60 年的努力，建成了世界上最大的人工林。森林面积由建场前的 24 万亩增加到 112 万亩，林木总蓄积由建场前的 33 万立方米增加到 1 012 万立方米，增长了 30 倍，塞罕坝是人工修复植被的最成功案例之一（秋石，2018）。

一、成立塞罕坝机械化林场

根据 1950 年颁布的《中华人民共和国土地法》，大森林、大荒地、大荒山均归国家所有。各级地方政府在这些国有荒山、荒地上陆续建立了一批国有林场。现在的塞罕坝林场包括由当时河北省承德专区领导的河北承德塞罕坝机械林场（1957 年经河北省批准成立）和河北省承德专区围场县领导的阴河林场和大唤起林场。因生活条件十分艰苦，且造林成活率不足 10%，河北承德专区准备撤销塞罕坝机械林场。1961 年 10 月，时任林业部国有林场管理总局副局长刘琨知晓此事后，就决定带队来到塞罕坝考察。1962 年，国家林业部又派出专家组来此考察认证。国家林业部根据专家报告，并与河北省协商，决定在塞罕坝建立

“中华人民共和国林业部塞罕坝机械林场”，由林业部直接领导。中央和地方各自负责国控物质和地方物质的供应，林场干部由林业部和承德专区协商，由林业部直接任命（高海南，2019）。

1962 年，原林业部正式建立塞罕坝机械林场。当时的塞罕坝气候恶劣、沙化严重、人烟稀少。林场的总体规划规定四项建场任务为：建成大片用材林基地，生产中、小径级用材；改变当地自然面貌，保持水土，为改变京津地带风沙危害创造条件；研究积累高寒地区造林和育林的经验；研究积累大型国营机械化林场经营管理的经验。

由原林业部直属后，塞罕坝第一任领导班子，党委书记由承德专署农业局局长王尚海担任，承德专署林业局局长刘文仕任场长。林场一级领导分别来自承德、北京和围场。在当时的体制下，接受党的号召，服从党的安排是一项政治纪律。他们分别把家从北京、承德和围场搬到了条件异常艰苦的塞罕坝。林业部从 18 个省市、24 个大专院校选派了一批毕业生进驻塞罕坝（在计划经济时期，大中专毕业生必须服从国家的分配）。加上原承德专区塞罕坝机械林场等的干部职工，一共 369 名，平均年龄不到 24 岁，开启了林业部塞罕坝机械化林场的历史。这些青年们触摸到了自然条件的严酷，感受到了塞罕坝的寒冷、荒凉和闭塞。他们来到这里，一切都得从零开始，建房起灶，创建他们的生活。他们的使命就是种树，必须给荒凉的土地披上绿洲。

60 年来，塞罕坝生态得到了彻底的恢复，但过程并不是一帆风顺的。除了生活条件十分恶劣，交通极其不便外，塞罕坝森林恢复是在克服了一个又一个技术难题的基础上实现的。据对塞罕坝森林经营水平提升做出较大贡献的河北农业大学林学院黄选瑞教授介绍，塞罕坝森林恢复过程可简单分为两个阶段：以造林为主的阶段和以营林为主的阶段，具体内容叙述如下。

二、以造林为主的阶段

自 1962 年建场至 1982 年属以造林为主阶段。这个阶段面临的困难和需要解决的问题不能以今天的眼光来审视。需要解决的问题很基础：选择什么种苗来造林？如何采种？如何育苗？如何把苗木栽活？造林密度如何？

塞罕坝机械林场土壤贫瘠，降水量少，无霜期短，是典型的山地地形。为了筛选出“活、快、好、高”的树种，林场工人选择了多个树种在实验林里种植、研究、尝试，经历了许多次失败，最终选定了三个主要树种：华北落叶松、云杉和樟子松。这些树种都是当地的乡土树种，容易存活，可形成当地最稳定的群落。

1962～1963 年期间，由于缺乏在高寒、高海拔地区造林的成功经验，造林成活率不到 8%。林场干部和职工总结出造林失败的原因：从黑龙江等地调运外地苗木在运输中容易失水、伤根，且适应不了塞罕坝风大天干、异常寒冷的气候。因此，林场造林需自己解决苗木问题。经过考察、摸索、实践，改进传统的遮阴育苗法，首次采用全光育苗并取得成功，并摸索出了培育“大胡子、矮胖子”优质壮苗的技术要领，大大增加了育苗数量和产成苗数量，彻底解决了大规模造林的苗木供应问题。

1964 年春天，造林 516 亩，成活率达到了 90% 以上，突破了造林树种选择和育苗、造林技术的技术难关。此后，塞罕坝造林成绩不断增加，造林季节也由每年春季造林发展到春秋两季造林，多时每天造林超过 2 000 亩，最多时一年造林达到 8 万亩。

林场自 1964 年开始大面积人工造林后，遵循建场时确定的：“建成大片用材林基地，生产中、小径材；改变当地自然面貌，保持水土，为改变京津地区风沙危害创造条件；研究积累高寒地区造林和育林的经验；研究积累大型国营机械化林场管理经验”等建设任务，用近20年时间探索从666株/亩至222株/亩等不同梯度造林密度实验，总结积累了育苗和治荒、治沙造林经验。20世纪70年代，林场开展了柳条筐培育容器苗造林实验并取得成功。至1996年林场所剩宜林地大多为纯沙地、石质山地及裸岩滁地，造林进入攻坚阶段，柳条筐培育容器苗造林在塞罕坝全面铺开。1999年，“京津风沙源治理工程”“再造三个林场”“坝上生态农业工程”等项目在塞罕坝林场启动后，容器苗在工程造林中得到大规模推广应用，林场的容器育苗技术和基质配置技术为河北省及周边单位提供了经验和技术支撑，工程造林质量多次被各级部门树为样板。2020年前后，林场采取容器苗大规模造林，每年实施荒山及更新等造林达2万余亩[①]。

自然灾害频发带来了很大的损失，林场从技术角度不断完善，种植抗逆性更好的树种，培育更为健康的森林群落。1977年，林场遭遇了严重的“雨凇”灾害，57万亩林地受灾，20万亩树木一夜之间被压弯、压折。据《林场场志》记载：“森林受害57.2万亩。据抽样测算，树高3米、10年生的落叶松每株挂冰250公斤。”林场十多年的劳动成果损失过半。1980年，林场又遭遇了百年难遇的大旱，12万多亩树木被旱死。塞罕坝积极介入损毁森林的清理、补造新的苗木，着力降低密度，增加灌木种群密度，增加森林抗逆性。到1982年，塞罕坝机械林场在沙地荒原上造林96万亩，总计3.2亿余株；保存率70.7%。

三、以营林为主的阶段

上一阶段目标的重点是形成森林，而这一阶段则是培育高质量的森

---

① 资料来源：田野调查。

林。自1983年起，塞罕坝进入了以经营为主、造林为辅的阶段。多年的生产实践形成了塞罕坝独有的一整套营造林生产流程：整地—造林（荒山或次改、低改迹地）—幼抚、踏实—割灌（草）—定株—修枝—抚育间伐—强度间伐—经济成熟伐、主伐—迹地整地—更新造林。1982年后，塞罕坝机械化林场将越来越多的精力放在营造林生产流程的后半段。对新造林树种选择、苗木管理、密度管理等提出了新要求，存留森林的抚育间伐也是工作的重点之一。

“抚育间伐”为其他生物的进入腾出了空间，每亩松树密植从初植222株减少到50株，个别区域减少到15株。树下通过“引阔入针”“林下植树”等手段，在高层树下植入低龄云杉等，逐渐形成了以人工纯林为顶层，灌木、草、花、次生林的复层异龄混交林结构。人工林间伐后，通风透气性增加，温度和湿度提高，微生物活跃，有利于枯枝落叶的分解，为植物生长提供更多养分，乔灌木和花草越长越高，生物多样性迅速提高。

到了1999年，塞罕坝机械林场共营造了以落叶松为主的人工林80万亩，封养天然次生林30万亩，有效地阻止了浑善达克沙地向南推进和风沙对京津的侵袭，涵养了滦河辽河水源，为京津地区筑起一道绿色生态屏障。林场摸索出一套落叶松人工林集约经营以及落叶松人工林病虫害防治等五十多项高寒地区育苗、造林、营林技术经验和科研成果，培养了一批技术人才和管理人才。林场的建设成就得到了上级主管部门的充分肯定。1990年，塞罕坝机械林场被国家林业部评为“全国国营林场先进单位”；1992年，被省政府评为“河北省先进单位”；1997年被国家林业部评为科技兴林示范场（全国共十个）；1993年，被林业部评为“全国一百佳国营林场”。到2020年，林场科技工作者共取得6类、43项科研成果，有34项科研成果在林业生产中得到应用，有200多篇林业科技论文在国家或省级刊物上发表。

第三节　塞罕坝人

塞罕坝从荒原变成绿洲，一代真正具有为共产主义事业奋斗终身的共产党人功不可没，他们身上始终闪烁“为人民服务”的精神光芒（孙阁等，2017）。他们是王尚海、刘文仕、张启恩等，他们为了塞罕坝的绿化事业无怨无悔地奉献了一生（李德坤等，2019）。他们都不是在塞罕坝出生，但终身扎根塞罕坝，成为塞罕坝精神屹立不倒的“青松”。

一、屹立不倒的开拓者——王尚海

王尚海，山西五台人，读过三年书，1940 年参军抗日，1944 年入党，1945 年日本投降后，被委派去日占区河北省围场县担任农会主任（塞罕坝部分土地曾属围场县管理）。1962 年担任塞罕坝林场第一任党委书记，1989 年去世。让落叶松在塞罕坝大面积扎根的“老书记”王尚海，被誉为一棵挺拔的“青松”，一面不倒的旗帜。1962 年，王尚海是承德地区农业局局长，一家人住在承德市一栋舒适的小楼里。塞罕坝建林场，组织上动员他去任职。这个抗战时期的游击队长，新中国成立后担任围场第一任县委书记的汉子，像是要奔赴新的战场，交了房子，带着老婆孩子上了坝。他成了塞罕坝机械林场第一任党委书记。

建厂后的前几年，生活环境艰苦，更让人挫伤的是造林成活率低下，一批建场来的大中专学生们渐渐失去了信心。1963 年冬天，塞罕坝偏偏又下了一场罕见的大雪，一些从城里来的大学生和职工被困在坝上无法回家过年。思乡之情加上造林失败的坏情绪，让有些人打起了退堂鼓，甚至还有人写歪词：天低云淡，坝上塞罕，一夜风雪满山川；两年栽树全枯死，壮志难酬，不如下坝换新天。

王尚海明白，塞罕坝需要成功，一定要将树木种活，方可提振军心！他穿上老皮袄，骑上枣红马，和中层干部跑遍了林场的山山岭岭，调查后认为："山上能自然生长松树，我就不信机械造林不活！"塞罕坝在1964年春天举办了"马蹄坑大会战"，结果取得了圆满胜利，所植落叶松平均成活率达到99%以上！这是国内首次用机械栽植针叶树获得成功。用当时的话来说，王尚海就是不信天不信地，用刚毅和坚韧在四面楚歌中带领"部队"赢得了对大自然抗战的胜利。

1989年底，病危的王尚海在承德市一所医院的病床上用手艰难地指向北方，艰难地说出三个字："塞……罕……坝……"。王尚海书记在弥留之际依然心念着他奋斗一生、坚持一生的塞罕坝绿化事业。按照他的遗愿，王尚海的骨灰被撒在了马蹄坑，伴他长眠的那片松林被命名为"王尚海纪念林"。

王尚海在塞罕坝工作了13年，完成造林54万亩，更重要的是，他将对党和国家的忠诚，对人民的热爱转化为坚决改变塞罕坝面貌的精神力量，融入领导班子和职工的血脉中，在荒无人烟的苍凉之地站住了脚，扎下了根，种下了魂，这是塞罕坝成功的基础。

二、党员本色——首任场长刘文仕

刘文仕出生于河北丰宁，1927年生，2019年去世，塞罕坝林场第一位厂长，在坝上工作了17年，后调任原林业部下属的三北防护林建设局副局长。他这一辈子，就是认真做好"种树"一件事，清清白白做人、踏踏实实做事，淡泊名利，不谋私利，是一位党员。

1962 年，时任承德专署林业局局长的刘文仕，担任塞罕坝机械林场第一任场长。刘文仕熟悉塞罕坝，任承德专署林业局局长时曾不止一次到此考察，也是塞罕坝建立机械化林场的倡议者。35 岁那年，刘文仕带着一家老小，离开了承德市，把家安在了坝上。

在塞罕坝，建场之初，生活条件极为艰苦。人畜饮水主要靠收集雨雪，吃的是黑莜面窝头和咸菜。最难熬的是冬天，风吹到人身上刺骨地疼，睡觉时要穿着棉袄棉裤，早上起来眉毛上都是一层霜。刘文仕热爱林业，工作认真果断有魄力，带领职工让极度退化的生态系统恢复了植被，让几乎死亡的土地恢复了生机。1977 年 10 月下旬，塞罕坝普降大雪，出现雨凇现象。不少树木因承受不了沉重的冰挂而折断。刘文仕带领大家展开救灾生产大会战，保护幼树，伐掉被压木，在“天窗”地块及时补造林木。受灾林整整持续了一年多才清理结束。刘文仕与上百名年轻的大学生一起，艰苦奋斗，使得在自然状态下至少需要上百年才能修复的生态，重现盎然生机。

三、“特号锅炉”——首任技术副场长张启恩

张启恩，1944 年北京大学林学系毕业，望门才子。来塞罕坝前，就职于原林业部造林司，夫人在中国林业科学研究院从事植物遗传育种研究工作。1962 年，张启恩不是中国共产党党员，在塞罕坝历练了 17 年后才成为中国共产党合格党员。他下定决心要扎根林场干出一番事业。他退掉了北京的房子，不仅自己来到坝上，还带上了妻子和孩子。张启恩干工作“马力”十足，林场人亲切地称他为“特号锅炉”。在塞罕坝，他们只有一间房，全家五口人挤在一起。屋里没有地方储粮，就在室内挖一个深洞，把粮食和土豆放进去。靠墙埋几根桦木杆，杆与杆之间钉几个木板，就是一个简易书架。

1967 年春季造林期间，他在三道河口林场从拖拉机上往下搬树苗时不慎摔了下来，右腿粉碎性骨折。由于没有得到及时医治，一段时间内，他只能拖着伤腿从事劳动，加上没有完成系统的治疗，落下了终身残疾，只能靠拄着拐杖走路。

“文革”中，张启恩夫妇和一个最小的儿子被发配到条件十分艰苦的大唤起林场五十三号苗圃劳动。但张启恩没有自暴自弃，拄着拐杖比职工更早地来到苗圃查看小苗长势、有无病情，指导苗圃技术员和工人科学育苗、科学养苗、科学起苗。

技术工作的总指导张启恩在进行植树造林实践的过程中，不断总结经验教训，探索适合塞罕坝土壤、气候特点的营造林技术方案。20 世纪 60 年代出版的《塞罕坝机械造林的技术要点与规程》和《塞罕坝人工造林的技术与规程》等专业书都出自张启恩之手，这些著作给后来从事林业的专业人员提供了许多借鉴。

他们是第一代，从烽火硝烟中还能活着爬出来的无产阶级革命者、共产主义的战士，与受过最良好教育知识分子、代表先进科技发展方向的优秀学子就这么结合起来了。以革命时代大无畏的精神气概和对科技的尊重和迷信，开辟和完成了一件“不可能”完成的事业。

第四节　塞罕坝上的绿水青山

三代塞罕坝人以坚韧不拔的斗志和以永不言败的担当，在荒寒遐僻的塞北高原营造起百万亩林海，演绎了荒原变林海、沙地成绿洲的人间奇迹，不仅创造出巨大的生态效益、社会效益和经济效益，也铸就了“忠于使命，艰苦创业，科学求实，绿色发展”的塞罕坝精神。如今的塞罕坝，是一面墙，一面抵御风沙的墙；是一汪海，一汪绿意葱茏的海。

今天，在文人的笔下，我们看到的塞罕坝山川皆绿、鸟语花香，是生态氧吧，成为鸟儿的栖息天堂。当我们登上亮兵台，看到坝上的万顷林海，像一条绿色长龙，横亘在内蒙古高原的南缘，有效地阻滞了浑善达克沙地南移，成为“为首都阻沙源、为京津保水源、为国家增资源、为地方拓财源”的绿色生态屏障。

从生态意义上讲，塞罕坝林场像母亲，用汗水和乳汁滋养着滦河、辽河，每年产生淡水 2 200 万立方米，保障了津唐、辽西地区居民的饮水安全，不愧为“水源卫士，风沙屏障”。从气候的大环境上讲，塞罕坝有效改善了区域气候，当地旱灾及洪涝灾害明显减少。更为神奇的是，50 多年来塞罕坝区域气温仅上升 0. 2 摄氏度，显著低于全球平均气温上升的速度。中国林科院预估，塞罕坝的森林生态系统每年可涵养水源、净化水质 1. 37 亿立方米，固碳 74. 7 万吨，释放氧气 54. 5 万吨；空气负氧离子是城市的 8 ~ 10 倍；每年提供的生态服务价值超过 120 亿元；资源总价值为 202 亿元，投入与产出比为 1 ∶ 19. 8。

2014 年，在习近平总书记亲自谋划和推动下，京津冀协同发展上升为重大国家战略。《京津冀协同发展规划纲要》将承德列为“京津冀西北部生态涵养功能区”。塞罕坝人牢记习近平总书记的殷切嘱托，植树造林敢攻坚，改革发展不停步。塞罕坝人扛起政治责任，坚守生态红线，正在全力提高生态服务功能，保障京津冀生态安全。塞罕坝林场会进一步明确定位、理顺体制、完善机制、保护生态、改善民生，促进林场可持续发展。

随着生态文明建设的推进，政策导向发生了质的变化，塞罕坝林场的森林资源及管理出现了两个新趋势：其一，木材生产持续减少，发展方式越来越绿。木材生产曾经是塞罕坝林场的支柱产业，一度占总收入的 90% 以上。近年来，林场大幅压缩木材采伐量，木材产业收入占总收入的比例持续下降，最近五年已降至 50% 以下。对木材收入的依赖减少，为资源的永续利用和可持续发展奠定了基础。根据河北省林业调查规划设计院的调查和预测，“十三五”期间塞罕坝林场林木蓄积年生长量约为 54 万立方米。因此，只要年均消耗蓄积维持在 20 万立方米左右，完全可以保证森林资源总量的持续健康增长。塞罕坝林场的采伐限额只用了六成，而且主要用于“森林抚育”：严格按照规章制度，把林子里长势较差的林木伐掉，将林木密度过大的地方降下来一些，使留下的林木能够更好地生长，提升森林质量。其二，森林面积在不断增加，森林质量越来越好。森林覆盖率由 12% 提高到 80% 。塞罕坝林场的林木总蓄积量，由建场前的 33 万立方米增加到 1 012 万立方米，增长了 30 倍。单位面积林木蓄积量超过每亩近 10 立方米，是全国人工林平均水平的 2. 76 倍，全国森林平均水平的 1. 58 倍。

塞罕坝现已成为国家自然保护区。在现代国有林场建设上，林场坚持以人为本，和谐发展，本着可持续发展的原则，统筹规划、合理开发利用森林景观资源，打造塞罕坝国家森林公园品牌，初步建成了华北生态旅游胜地、京津地区生态花园。森林旅游成为林区新的经济增长点和改善人居环境、提高健康水平、建设生态文明的重要载体。“草木植成，国之富也。”塞罕坝机械林场凭借取得的建设成就，先后获得了“时代楷模”、全国五一劳动奖状、全国先进国营林场、全国科技兴林示范林场、中国沙产业十大先进单位、全国森林经营示范国有林场、全国生态文化示范基地等荣誉称号，2017 年 12 月，获得联合国环境规划署颁发的地球卫士奖。

第七章

山西省右玉县的生态建设及其启示

山西省是中华文明重要发祥地，而地处山西北部的右玉县位于农耕文化和游牧文化交融交锋的前沿地带。数千年来，连绵的战争、不断的移民和高强度的垦殖，使与毛乌素沙漠毗邻的右玉县自然生态系统整体上崩溃了。追溯到新中国成立前，右玉土地沙化、水土流失严重，常年风沙肆虐，几乎寸草难生。然而，70 年来，右玉县经历了 21 任县委班子，始终牢记“全心全意为人民服务”建党初心和使命，迎难而上，艰苦奋斗，久久为功，利在长远，持之以恒带领右玉干部群众植树造林、恢复生态，终于把昔日遍地荒山秃岭的不毛之地变成了现在处处生机盎然的塞上绿洲，在“全民绿色接力”中孕育形成了宝贵的右玉精神（巨文辉，2020）。2019 年，林木覆盖率 55%，右玉县已成为“全国造林绿化先进县”、国家生态文明建设示范县和“绿水青山就是金山银山”实践创新基地。

第一节　山西右玉县的自然与历史

右玉县地貌从整体上来看是一个被黄土覆盖的丘陵地区，山地丘陵面积占总土地面积的近 90%。地处阴山山脉向南延伸的部分，而阴山是我国北部地区一个重要地理分界线，是季风区与非季风区的分界线，是温带半干旱和干旱气候的过渡带。关于阴山，我国北朝最具代表性的著名民歌之一“敕勒川，阴山下，天似穹庐，笼盖四野。天苍苍，野茫茫，风吹草低见牛羊”，描绘了阴山大自然的美丽。然而，关于阴山波澜壮阔的战争画卷的历史记载更多，如唐代诗人王昌龄的“但使龙城飞将在，不教胡马度阴山”等名句。右玉历史名人，多为武将，如北齐的高市贵，骠骑大将军，明代的孙祥、何颜魁、麻贵都在总兵以上。境内历史古迹或多或少均与军事用途相关，秦代至明代修建长城近 100 公里，土石堡 90 多座，素有“中国古堡看山西，山西古堡看右玉”，以及“走西口”的必经之路，西口古关——杀虎口。

据右玉县志（2018）介绍，右玉县自古为我国北方要塞，自春秋后是北方少数民族聚集区。三国时期，连年混战，匈奴侵边，人口流失，右玉为荒无人烟之地。秦朝初期设置善无县，西汉时期境内增设中陵县，隶属于雁门郡。清朝初期改名右玉卫；雍正三年设右玉县，归朔平府。民国时期废县留府，归雁门道。抗战时期成为革命根据地。

右玉县属温带大陆性季风气候，冬季严寒少雪而漫长；春季干燥多风，气温回升快；夏季温凉适宜，雨量集中；秋季降温迅速，气温严寒。夏天太阳辐射强，光照时间长，温度日较差大。全年自然降水少，大风日数多，无霜期短。右玉县的地理位置特殊，加之过去长期战争的破坏和土地资源的不合理利用，当地自然条件曾经十分恶劣，生态环境极其脆弱。明代兵部尚书王越曾说：“雁门关外野人家，不养桑蚕不种麻。百里并无梨枣树，三春哪得桃杏花。六月雨过山头雪，狂风遍地起黄沙……”由此可见，明清时期此处环境最为恶劣。《朔平府志》这样记载，“大风拔禾，毁屋伤牛羊，昼晦如夜，人物你咫尺不辨。”由于旧城三丈六尺高的城墙，曾一度被流沙淹没，车辆在上面如履平地。据统计，新中国成立前，全县仅有残次林 8 000 亩，森林覆盖率不足

0.3%。风蚀、干旱使土地沙化面积达到225万亩，占土地总面积的76.2%，生态环境已经遭到了严重的破坏（李莉，2014）。年均气温3.6摄氏度，降水量不到400毫米，无霜期不到100天，自然条件相当恶劣。“一年一场风，从春刮到冬；十山九秃头，风起黄沙飞；白天点油灯，晚上土堵门”是对那时候的右玉生态环境最为真实的写照。生态环境的极度恶化致使风沙干旱、水土流失、旱霜冰雹等自然灾害频发，全县农业生产发展极其缓慢，贫穷和落后长期深深困扰着当地的百姓。

右玉生态环境极度退化，主要原因可归纳为频繁的战乱、人口快速增减、生产方式与自然再生产不协调。右玉人民难以在长期稳定的生活和生产实践中，探索与自然和谐相处的哲学、宗教、技术和生活习惯。作为农耕文化和游牧文化的交汇之地，频繁战乱、对自然过度利用，长期对自然的索取，最终导致生态系统的崩溃。

然而七十年来，在1 969平方公里的土地上，人口从约4万人增长到2017年11.5万人，人均产粮从不足500斤增长到1983年达到了1 000斤，农业增加值3 279万元，人均收入276元；到了2015年，农业增加值上升到5.5亿元，2019年农民人均可支配收入增长到9 106元，右玉森林覆盖率从0.3%增长到33.3%①。生态环境得到了极大的改善，沙尘暴天气比20世纪50年代初期少了一半，水土流失面积大幅度减少，降水量增加了。那么这样的奇迹是如何发生的呢?

第二节　久久为功，践行以人民为中心发展观

生态的破坏非一日之祸，而生态修复绝非一日之功。纵观右玉70

① 资料来源：田野调查。

年的绿化历程，21 任县委班子就好像是一场接力赛，历任县委书记和领导班子清楚，绿化植树在短期内不会有明显的政绩，但是他们坚守着“功成不必在我，只要坚持，长此以往就会取得实效，人民群众的利益才能实现”的信念。70 年来，他们始终一个心思，一种干劲，换班子不换方向，换领导不换精神，“一任接一任，一棒接一棒”，一张蓝图绘到底，全心全意践行着“为人民服务”的宗旨（董娟，2019）。

一、20 世纪 50 年代

20 世纪 50 年代初期，右玉县领导班子面对恶劣环境，确立了以植树造林为主的全方位改善生态环境的基本思路。第一任县委书记张荣怀用半年多的时间完成了对右玉全境的考察。1949 年初夏，在调研路上的张荣怀看到一片庄稼长势喜人，就问在地里劳作的老乡。老乡说：“大道理我不懂，我就知道种了树，才能挡住沙子，挡住沙子才能打下粮食。”“人要在这里生存，树就要在这里扎根。”老乡的话启发了张荣怀，右玉百姓要想生存就得从治理风沙开始。1949 年 10 月 23 日，张荣怀在全县干部群众大会上发出“植树造林，治理风沙”的号召，“右玉要想富，就得风沙住，要想风沙住，就得多栽树”，拉开了右玉人植树造林、绿化家园的大幕。从此，右玉的种树绿化的行动没有停歇，无论是新中国成立之初百废待兴的恢复时期，还是风云变幻的“文革”时期，或者是经济快速发展的今天，右玉的历任党委政府领导始终执着于此（刘金龙等，2020）。

1952 年，第二任县委书记王矩坤就和时任县长李文仁共同组织开展了春季植树造林万人大会战。他们和上万名的干部职工、群众一样，冒着塞北初春的严寒奋战在植树的现场。是年，全县修土谷坊 479 道，控制水土流失面积 41 平方公里（刘金龙等，2020）。

1953年，右玉遇到罕见的春寒，几乎家家断粮。国家给右玉下拨了40万公斤玉米作为救灾粮，王矩坤没有把这批救灾粮直接发给老百姓，而是搞了以工代赈，拿出救济粮大部分作为植树的奖励粮，每种一亩树验收合格后，奖励给17斤玉米。在发放赈灾粮的大会上，王矩坤讲了一段话："同志们，这粮食是国家白给的，但我们不能白吃，我们今年白吃了这批粮食，那我们明年还得继续靠国家救济，或许十年二十年以后，我们还得靠国家来救灾。我们右玉人不能这么没出息！我们右玉人要靠自己的双手去改变自己的命运！这些粮食我们不能当作救济粮，要当作'植树粮'，吃粮的人就得种树，种树的人，才有资格吃粮。"当年右玉不少农户吃上了"植树粮"。从1952年3月到1955年1月，王矩坤在右玉工作了3年，右玉植树造林12.7万亩，零散种树17万株（刘金龙等，2020）。

第三任县委班子为全县绿化作出了规划，在继续大片造林、四旁绿化技术的基础上，在部分村庄试种了杏树等果树经济林。第四任县委书记马禄元正是抱着这样的信念开始了这场接力，提出"以林促农，种草种树，防风固沙，控制水土。"摆开了四十里黄沙洼绿化战役，组织了苍头河等重点流域和四十个山丘绿化会战（李莉，2014）。马禄元为了鼓励群众种树，采取了以工代赈的办法，群众每植1亩树发给17斤玉米，既救了灾又促进了植树造林。1957年，全县25个乡、203个农业社，按照县委、县政府的安排部署，开始了声势浩大的秋季农田基本建设和植树造林活动。当年全县完成大片造林2.2万亩，其中国营林5 755亩，零星植树89万株，控制水土流失面积2.5万亩。50年代始，县委班子带头自带干粮，自备工具，长期以来县委班子带头捐款，开展义务植树活动。

二、20世纪60年代

20世纪60年代，领导班子提出"哪里有风害哪里栽，要把风沙锁起来”的奋斗口号，在全县风口地区，营造防风林带和防风林网（李莉，2014）。1962年，时任县委书记的庞汉杰明确了林权，规定群众在荒山荒坡植树造林谁种归谁，调动了全县群众造林绿化的积极性。庞汉杰提出“若要右玉富，必须风沙住；风沙何时住，山川皆有树。”他任职期间绿化了县城，营造大型防风林带八条（李莉，2014）。

随后接力的县委班子完善了防护林带绿化的路子，首次组织飞播、人工种草成功，引进草木樨种植，组织大规模杨树插条育苗，解决苗木问题。形成了带、片、网结合防风固沙林格局，乔灌结合，林草结合，搞林间合作。经十年苦战，“杀虎口、黄沙洼、老虎坪、杀场洼”等风口的沙丘全部得以控制（李莉，2014）。

三、20世纪70年代

20世纪70年代处在较为动荡的年代，几代领导班子依然在右玉生态环境保护的道路上坚持不懈。提出“哪里有空哪里栽，再把窟窿补起来”，杨爱云书记提出种草种树与农田基本建设、种草与发展畜牧业结合、生物措施与工程措施、乔木与灌木结合的思路，建设社队苗圃，组织全县干部群众，大造防风林、水保林、经济林（李莉，2014）。1975～1983年，时任右玉县委书记的常禄在右玉工作了8年，他对右玉的生态建设起到了关键性的作用，他大面积引进种植油松、落叶松、樟子松等针叶树种，对全县的林业建设进行了全面规划、科学营造，使右玉成为全省人工造林最多的县。全县有林地面积从1975年37.57万亩，上升到79.85万亩，占总土地面积的27%，翻了1倍多。

四、20世纪80～90年代

20世纪80年代，“三北”防护林二期工程实施以来，右玉县领导班子本着“因地制宜、适地适树”的原则，把林业建设的重点放在规模营林、集约经营和提高造林质量、增强经济效益上来（李莉，2014）。袁浩基是右玉的第十二任书记，1983 年上任时，右玉生态明显改善，粮食产量逐年上升，右玉成为文明全国的“塞上绿洲”。在外来专家的帮助下，袁浩基制定了“种草种树、发展畜牧、促进农副、尽快致富”的 16 字方针，右玉开始由绿起来向富起来转型。根据 1986 年的森林普查数据，全县累计大片造林 151 万亩，保存面积 114. 8 万亩，占总土地面积 38. 91%。其中国营 39. 6 万亩，集体 74. 1 万亩，个人 1. 1 万亩，人均有林面积 12 亩，未成林造林地 33. 1 万亩。全县的林种结构有了很大改良，形成了一个乔灌草、多品种、多层次的生态格局。20 世纪 80 年代，畜牧业开始得到长足发展，直到今天，右玉农民一半的收入来自畜牧业。

随后，师发书记提出了“上规模、调结构、抓改造、重科技、严管护、创效益”的十八字林业发展方针，靳瑞林书记提出“乔灌草结合，集中连片综合治理”的绿化模式，出台优惠政策，鼓励机关团体、干部群众购买“四荒”。

五、进入 21 世纪

21 世纪的右玉立足新时代发展潮流，加快了生态畜牧经济和生态旅游开发的步伐，确立了“建设富而美”的新右玉目标，形成“畜牧旅游促生态，富美绿洲靓起来”的新生态建设高潮。高厚书记上任后，启动实施了“农村移民并村撤乡、退耕还林还草还牧、种植结构调整”的三大战略工程，构建以生态畜牧为主导的农村经济发展新格局，构筑以“绿化带、生态园、风景线、示范片、种苗圃”为重点的生态保护网络（李莉，2014）。赵向东领衔的县委领导班子推进生态畜牧基地建设工作，引导农民念草木经、发畜牧财，按照“人力变山河，山河生畜牧，畜牧促经济，经济营生态，生态美人居”和“营林种草上规模，景区景点抓提升，道路绿化创特色，项目造林出精品，苗圃建设增后劲，小流域治理树典型，围栏封育抓管护”的总体思路，促进生态畜牧和生态旅游业的发展（李莉，2014）。编制了全县生态旅游的总体规划，基本形成了南山生态公园、苍头河生态走廊等休闲度假区，还打出特种经营旅游牌、承办了全国短道汽车拉力赛、全国大学生表演赛等项目。右玉县被国家环境保护总局命名为国家级生态示范区。2006 年，右玉全县财政收入 1 亿多元，比四年前翻了两番，发展生态农业、做强生态旅游的绿色理念进一步提升了县域经济，取得了良好多米诺骨牌效应，在招商引资和两区建设中，汇源、六味斋、同煤等大集团纷纷抢滩右玉，成为右玉经济增长的新动力。根据 2005 年统计数据所示，是年全县有林面积达到 150 万亩，林木覆盖率达到 50%。

2008 年陈小洪牵头的县委班子，实施生态建设“二次创业”，围绕“生态建设提档，生态产业增效，生态保护同步”的思路推动右玉经济社会发展，右玉经济取得了长足的进步，成为山西省的中上游县。

党的十八大以来，右玉县把生态文明建设作为打赢脱贫攻坚战，全面建成小康社会的关键举措，坚持生态林、经济林、林草牧统筹发展“生态 +”产业协同发展，推进贫困户移民搬迁，降低生态负荷，越来越多的群众因绿脱贫致富，走上了全面奔小康的康庄大道。[①]

新中国成立以来，70 年的风雨沧桑，在右玉植树造林的大舞台上，21 任县委班子不断接力，共同铸就了“全心全意为人民服务，迎难而上、艰苦奋斗，久久为功、利在长远”的“右玉精神”。他们想着如何让右玉尽快绿起来、富起来、发展起来。历任领导为植树造林赋予了更

① 资料来源：http：//www. youyuzf. gov. cn/zjyy/yyjs/lsfz/202006/t20200619_287723. html。

深刻的内涵，而其中始终不变的是他们心系百姓、立足实际、长远发展的执政理念，这应该就是右玉之所以成为今天“塞上绿洲”的答案（董娟，2019）。

第三节　绿水青山就是金山银山

“蓝天白云下，一望无际的绿色将县城和村庄掩映其中”这是右玉县现下的画面，与近70年前的景象已有天壤之别。这个曾经风沙成患的“不毛之地”经过多任右玉领导的正确引领和世代右玉人的植树造林，彻底地改头换面，成为“塞上绿洲”。

长达70年的绿化进程磨炼了右玉人艰苦奋斗、顽强拼搏、百折不挠、勇于争先的精神；当地百姓通过生态建设发家致富，摆脱了之前贫困落后的生活；相关企业的创建和发展为右玉的社会经济发展打下了坚实基础；右玉的生态旅游事业正在如火如荼地发展。

2017年以来，右玉县按照“一个战场”打赢生态治理和脱贫攻坚“两场攻坚战”的决策部署，推动林业产业发展与脱贫攻坚有机融合，通过议标将造林绿化项目最大限度分配给扶贫攻坚造林专业合作社实施，同时将60%以上林业管护岗位落实到建档立卡贫困人员，将新增的15.94万亩退耕还林任务优先安排到贫困村、贫困户，让贫困群众实现利益最大化，特别是组织贫困人口组建扶贫攻坚造林专业合作社，让他们通过参与造林绿化工程建设获取劳务收入，2017～2019年累计1 197人次贫困人口增收1 077.63万元，人均年增收9 000多元。2019年城镇、农村常住居民人均可支配收入分别达到26 568元、9 106元。贫困发生率由2012年的18%降低至2019年0.006%（刘金龙等，2021）。

右玉的水土流失得到了极大的控制；防风固土效果明显；土壤改善，养分有了改变，水分提高；环境改变，平均每年有林区降水量比无林区增多 17% 左右，森林对减少自然灾害产生了明显作用。昔日黄沙漫天的不毛之地如今变成满眼绿色的塞上绿洲，基本形成了网带片、乔灌草相结合，针阔混交的生态防护林体系。全县现有林地面积达 170 万亩，森林覆盖率上升到 54%，城市建成区绿地率 43.74%；林种树种结构不断优化，森林草原的质量不断提高；沙化土地面积由 225 万亩减少到 93.56 万亩；沙尘暴天数比新中国成立初期减少 80%，地表径流和河水含沙量比造林前减少 60%，田间林网水分蒸发量比旷野年平均减少 8.8%；全年空气质量二级以上优良天数 300 天左右，右玉变得更加天蓝水清地绿，成为晋蒙京冀生态后花园和避暑休闲养生首选地之一。右玉，曾被国外专家认定为“不宜人类生存的地方”变成了被联合国机构评价为“最佳宜居生态县”（牛芳等，2019）。

林茂粮丰畜旺。生态畜牧业优势明显，全县羊的饲养量达到 75 万只，右玉羊肉成为山西省第一个获得国家地理标志认证的畜产品。[①] 粮食增产明显，畜牧业发展迅速，全县农民畜牧业收入占全年总收入一半；农村经济发展快速；沙棘等林草资源效益明显。

全县绿色产业初具规模，特色杂粮种植达 40 多万亩、沙棘 28 万亩，各类农业产业化龙头企业达 20 多家，“右玉燕麦米”已申报国家地理标志。苗木产业形成气候，全县育苗面积达 5.67 万亩，各类规模苗木生产企业 61 家。

2018 年全年接待旅游总人数 290 万人次，实现收入 26.9 亿元，分别增长 32.4%、28.2%。以沙棘为主要原料的龙头加工企业促进县域经济发展，全县现有沙棘林 28 万亩，汇源果汁、山西塞上绿洲有限公

---

① 资料来源：同一个战场　打两个战役　有一种精神叫右玉［J］. 生态文明，2019（5）：22－23.

司等12家沙棘加工企业，年产饮料、罐头、沙棘油等各类产品3万吨，产值2亿多元。目前，右玉县在森林旅游、森林康养、特色种植业、体育产业等方向进一步探索绿水青山转化为金山银山有效实现途径。

在全面迈向小康的基础上，右玉党委和政府学习和践行右玉精神，树立绿水青山就是金山银山理念，统筹推进山水林田湖草系统治理，同步推进“绿化、彩化、财化”，实现右玉从绿起来到富起来的转变。右玉彻底摆脱了在恶劣自然中求生存的阶段，走出了在严重退化生态系统条件下探索生态恢复和民生改善双赢的艰难旅程，走向人与自然和谐发展的良性循环格局。

第四节　政府主导生态恢复成功的条件

右玉是中国北方生态遭到严重破坏后生态建设成就的一个缩影。如果从学术立场上，生态建设这个词是有缺陷的，国际从事生态恢复工作的学者很疑惑“ecological construction”一词。生态建设一词具有强烈的人类中心主义色彩，在弱人类中心主义和反人类中心主义的视角中，生态环境是不可以创造的。在本章中，我们花了很大的篇幅交代右玉生态破坏及其后果。我们想说明的是：右玉生态已经极度退化，它处于中国生态脆弱带，生态自然恢复的能力十分弱，加上右玉人口的压力，那么多人需要从土地上刨生计。右玉的干部和人民选择如何开展生态恢复的路径更有效？只能把那些完全退化了的、生产力十分低下的土地优先拿出来种树，只能因害设防，针对水土流失、针对风害设置防护林带。如果将人力投入计算在内，生态建设是难以获得期望回报的。要想人活下来，只能选择人为干预进行快速生态重建。右玉走出了一条缓解贫困和生态建设同进的道路，值得学术界和政策界仔细地研磨。这当然具有中国特色，即党和政府坚强领导为实现这一集体意愿提供了可能，彰显了中国制度的优越性。

一、始终坚持党“为人民服务”的初心和宗旨

右玉，不同于我国西南边陲。在长期生产生活实践中，云南、贵州、四川、广西、西藏等地少数民族形成了与自然资源相处的宗教、文化、技术和社区规则、惩戒机制。右玉，长期处于农耕文化和游牧文化交锋的前沿，连绵不断的冲突，中央直接推动的移民和军事行动，1949年以前，右玉人民和自然关系处于极度不稳定的状态中，不可能形成社区规则实现自然资源可持续管理。

右玉是一个革命老区，中国共产党在这片贫瘠恶劣的土地上，在烽火年代，与当地人民建立起深厚的友谊。在土地革命时代，老区共产党员走村入户，发动群众，组织群众，发展生产，保家卫国，赢得了右玉人民的爱戴，缔结了鱼水情谊。获取政权后，地方党委和政府继承了土地革命时期形成的宝贵精神财富。人民的相信，让中国共产党人有机会大展宏图；人民的相信，才让共产党人将一盘散沙、处于积贫积弱的人民有效组织起来，修复恶劣的自然环境。更为难能可贵的是，右玉一代又一代县委书记和县长们，始终围绕修复生态、为人民谋福利，久久为功，坚持了正确的政绩观、荣辱观，右玉精神的内核就是中国共产党始终保持“为人民服务”的初心和宗旨，而生态建设的成就客观地体现在“始终”两字。

据中央党校（国家行政学院）党的建设教研部课题组（2019）的报告，很好地总结了在右玉精神中所呈现出的中国共产党的性质、宗旨、优良传统和执政理念。70年来，右玉各级领导班子始终坚持全心全意为人民服务的宗旨，自始至终把人民群众的根本利益作为谋划发展

的出发点和落脚点，先是解决群众的生存问题、温饱问题，再是解决群众的富裕问题、幸福问题，热爱人民、忠于人民、尊重人民、依靠人民、为了人民，充分彰显了中国共产党党员干部的为民情怀。

二、实事求是、循序渐进

回过头看，后人们会对右玉生态系统恢复过程提出很多疑问，为什么要先绿后富而不同时兼顾既绿起来又富起来呢？为什么早期种植了那么多小叶杨，而谁后又大面积改造更新呢？为什么不一开始就种植针叶树和灌木呢？甚至还能进一步追问，为什么从第一任书记起，就不可能确立山水林田湖草生命共同体的理念？为什么不可能把荒野化作为自然生态恢复的选择之一呢？只有回到右玉的现实中方可回答这些问题。

笔者学术生涯的早期，和联合国粮农组织、英国海外发展署一起在中国及其他发展中国家针对严重退化或与右玉一样、被判定不适宜人类生存的地方，试图通过退化生态系统的恢复让经济发展、生计改善与生态系统康复走向正途。提出了一揽子的组合方案包括社区参与、能力建设、传统知识与现代科技融合、技术推广体系创建、金融支持、基础设施提升、创业者精神培育、合作精神的重塑、多部门合作、制度和文化培育等。这些想法被世界银行、亚洲开发银行、德国复兴银行等开发援助机构采纳，运用到国际技术援助项目的方案设计和执行、评估框架中。研判右玉生态建设的成功实践，回过来想，这些方案不免有些天真。右玉有近 2 000 平方公里的面积，超过 3/4 的土地已经沙化，在如此大的空间中，用高强度技术援助和财政援助项目造一盆景、绣一朵花是可能的，但没有造“景”社区丰厚的自组织能力、社区干部领导力是不可能成功的。“景”造出来了，淹没在广袤的生态退化系统之中，缺乏系统的制度和市场支持，一定会枯萎而去。右玉只是中国辽阔的农牧交错带中一个极小的组成部分。中国退化生态系统恢复只能用时间，也就是持之以恒、滴水穿石的精神，依赖实事求是、循序渐进的原则实现退化生态系统修复。右玉的生态修复事业已经延续70年，而真正实现经济发展、人民富足、生态健康，还需要进一步发扬和升华右玉精神，持之以恒做好生态修复事业。

70年来，右玉的生态建设坚持了实事求是、循序渐进的原则。70年前，右玉面临的实际问题是，如何让4万人民在已经破坏的生态系统中活下来，而不能追求富起来、美起来，甚至追求高级的自然生态和人类社会发展的平衡这样不切实际的目标。始终强调先绿起来只是生态建设的第一步，只有绿起来了，地才能打粮食，人才能活下来。1983年是具有里程碑意义的一年，人均粮食达到了1 000斤，右玉人民才过上了真正吃饱的日子。此后，经济作物慢慢发展起来了，右玉莜麦、小米、红豆、土豆种植面积增加，而玉米种植面积减少，牛羊养殖量增加了，农业的结构向适应自然资源特色、迎合市场需求的方向迈进。右玉气候寒冷，漫长的冬日要靠取暖而生，在相当长时期内，右玉林下杂草不留、片叶不存，留下的树木只剩下光溜溜的树干和头上的几缕细梢。群众都拿去取暖了，只是为了生存是无罪的。农村能源问题得以缓解还是到了世纪之交，实际居住在农村的人口逐步减少。农村经济改善让越来越多的农村人口用上了煤炭取暖，加上农村电力设施的改善，推广节能灶、发展沼气等也促进了农村能源的缓解。

面对荒凉的大地，找不到可种植的植物材料。新中国成立以后相当长时期内，主栽树种就是小叶杨，这种乡土树种耐寒、耐旱，侧枝众多，插条易成活。一位林业干部回忆该县引入樟子松第一年的情形，大家从来没有种过，只能依靠上级派来的技术人员，挖多大的坑、怎么培土、怎么浇水，一丝不苟听人家的。技术人员说，樟子松苗有向阳面和向阴面之分，栽的时候小心翼翼让苗木的阳面向正南。现在想来这是多么稚嫩，今天的右玉人随便栽栽都能活，不管什么阴面和阳面了。右玉人说，现在的树种多了，而每增加一个造林树种，背后都有一番故事。长期以来，右玉人吃尽了造林成活率不高的苦头，所以他们栽树才那么小心翼翼。而造林成活率得以大幅提高还是发生在21世纪初，当地群众积累了丰富的造林经验，苗木质量得以大幅提高，各种工程和技术标准也有了大幅提高，更为关键的是，当地人民基本上解决了温饱问题，对新造林地的非恰当干扰大幅减少了。

右玉绿起来了，人民群众的温饱问题得到了解决，右玉开始了绿色自然化、景观化的改善，迈向土地利用结构合理化，产业结构合理化新的旅程。如何利用右玉自然资源，发展特色生态农业产业、生态旅游业、生态康养业等，右玉还需要漫长的道路去探索。回顾右玉生态建设70年，就是一个实事求是、循序渐进的生态事业过程。生态建设不能是一蹴而就、异想天开地做“盆景”，绣“花坛”的事情。

三、坚持走群众路线

如果说右玉70年来的绿化历程是一场马拉松，历任县委书记和县长就是领跑者，他们竖起生态建设的大旗，带头奔跑在前方，而这场旷日持久的长跑主体是广大的人民群众，人民群众的广泛参与则是右玉生态建设落到实处的根本保证和力量源泉。人民群众是历史的主人，他们既是生态建设的执行者，也是生态建设的直接受益者。生态建设要深入持久地发展下去，就需要全民的广泛参与，就要依靠人民群众的力量。右玉县历任领导认识到群众路线的强大生命力，在生态建设中通过宣传、动员、引导、组织，调动起广大人民参与的积极性，充分发挥其主观能动性，让人民亲自参与到生态建设“建设—管理—维护—受益”

的全过程，因此，生态建设才能落到实处，才能大规模大范围地开展（牛芳等，2014）。

四、规划引领

70年来，县委班子一任接着一任，坚持生态建设，一个重要的抓手，就是规划。中国中长期规划，每五年一个规划成为社会经济生态等各项事业发展重要载体。规划合理与否关键是地方党委主要负责人能否走到群众中去，认真开展实实在在的调研。而坚持以人民为中心的发展观、为人民谋福利，调动人民在发展过程中的主人翁意识，坚持人民的主体问题，决定了规划落实成败。过去二十一任县委书记都交出了合格的案卷。

第一个十年规划，提出了“哪里能栽哪里栽，先让局部绿起来”的口号，号召全民广泛植树。第二个十年规划，“哪里有风哪里栽，要把风沙锁起来”。第三个十年规划，右玉作为国家“三北”防护林建设重点县，“哪里有空哪里栽，再把窟窿补起来”。第四个十年规划，走多林种、多树种、多草种、高效益的大林业路子。第五个十年规划，林业建设由生态防护型向生态经济型转移。第六个十年规划，走生态建设、人居环境、经济效益三者科学发展之路。第七个十年规划，右玉县把生态文明建设作为打赢脱贫攻坚战，全面建成小康社会的关键举措，在“巩固绿、提升绿、依靠绿、展示绿、享受绿、打造绿”上做文章，越来越多的群众因绿脱贫致富。

右玉精神已经成为右玉的一张名片。习近平总书记关于“右玉精神”六次重要指示和批示从执政党的角度赋予“右玉精神”很高的荣誉，右玉精神作为执政党的精神财富的组成部分，维护中国共产党的初心和宗旨，始终坚持为人民谋利益的政绩观，全心全意为人民服务，知难而上、艰苦奋斗、久久为功、利在长远的实干精神。右玉是我国生态建设的一面旗帜。

右玉精神更多是对右玉过去的肯定。在充分肯定右玉干部和人民创造伟大精神的同时，需要冷静看到右玉正面临着巨大的困难和未来方向不确定性。首先，全球土地荒漠化、自然生态系统退化一直在加速推进，世界环发大会以后，全球环境问题上升为国际政治问题。笔者曾到非洲、东南亚、东北亚一些国家指导土地退化防治和退化生态系统恢复的技术工作，然而收效甚微。右玉能够成功的重要条件是右玉人民对党的无限信任。党和人民的鱼水关系是在土地革命时期建立起来的。党始终在强调“为人民服务”，坚持以人民为中心。然而，我们必须正视右玉近年形式主义、官僚主义在一定程度上兴起，各级机关人浮于事，技术部门技术力量有所衰退，发现、解决问题的能力不足，顺应时代发展潮流的能力较为缺乏。

其次要重视尊重科学精神。1952 年，右玉能引进南京林业大学一名本科生来此工作，可以看出在引进树种时对知识分子那种虔诚的渴求。而今，你却能感到其各业务部门报告背后的森林管理思想跟不上时代的步伐，依赖行政和工程手段推动森林的恢复。落实到田间地块，森林面临的管理问题严重。多年来，森林已经出现了不少自然稀疏的现象，也就是土壤水分供应已经出现问题。而技术方案还是侧重于种树，选择乔木，甚至那些对环境要求苛刻的景观树种。这反映了当地技术能力的低下，也反映了当地部分干部放弃了实事求是的原则。右玉很大比例的森林出现过密现象，这个现象之前在我国具有广泛的普遍性，群众缺薪少材，种植密度大一点是可以理解的。然而，现在群众不上山砍柴了，枯枝落叶早已不再收集，密度大就成问题了。如果不及时采取有效的抚育措施，这些森林会成为森林火灾、病虫害频发的地方，极不利于森林质量的提高。

再次，顺应时代潮流的能力不足。右玉市场活力不够，经济主体培育不力，在生态保护和市场活力上往往选择严防死守，不能激发群众参与市场竞争的内生动力。坦诚地说，在保生态和发展经济上确实难以找到一个平衡。发展畜牧和保护森林是一对矛盾，而畜牧应当是右玉优先利用良好生态发展的方向。右玉始终没有在护林和养畜间找到一个平衡。其实一个承包户给出的答案很简单：羊退牛进。这位创业者 2001 年在右玉实施“百村万民”大移民项目后，承包了其所在自然村搬迁后留下的 12 500 亩土地，承包期 50 年，在未造林承包地上放羊，每年造一片林，退一些羊，增一些牛。羊可破坏幼林，而牛不会。总投资了约 600 万元，除留下约 100 亩青储玉米饲料地外，其余土地已经全部植树，可养牛 100 余头，年收入可超百万元。右玉所有森林都纳入公益林管理，不允许采伐。如果允许大幅度减低乔木林的密度，增加一些灌木，提高林下饲草的产量，该承包户也可大幅提高土地的净产出，一些成林林地也可适当放羊。重建更高水平的自然—经济系统，也是山水林田湖综合治理的一个重要方向。右玉需要更进一步把握“绿水青山就是金山银山”的理念，进行生态文明建设重要制度设计及生动活泼的发展实践。采用市场手段管理生态系统，激发群众对经济效益的追求，实现山水林田湖综合治理。

最后，制度建设探索乏力。右玉成功的实践，蕴含的精神财富，还不能制度化到我国生态文明建设事业中。在党中央大力推动生态文明建设的大潮中，各地或多或少存在形式主义、政绩观不纯、急功近利的冲动。生态建设必须有久久为功、滴水穿石的精神，需拥有“功成不必在我，功成必定有我”的境界。生态文明治理制度的创立尚在途中。而对右玉来讲，制度探索能力缺乏，更重要的是动力不足。发现问题的主动性要有，思考问题、解决问题的能动力不能丢。

第八章

东北虎豹国家公园治理

生态文明试验示范区和国家公园体制承载着我国生态文明体制建设先锋的使命。参与试点的国家公园有熊猫、祁连山、普达措、长城、南山、武夷山、钱江源、三江源、神农架和东北虎豹国家公园，通过试点探索建设国家公园体系，以加强自然生态系统原真性、完整性保护为基础，以实现国家所有、全民共享、世代传承为目标，理顺管理体制，创新运营机制，健全法治保障，强化监督管理，构建统一规范高效的中国特色国家公园体制，建立分类科学、保护有力的自然保护地体系。[①] 本章从自然社会经济背景、契机与使命、自然资源管理现状、治理难点和治理建议等五个方面对东北虎豹国家公园试点进行全方位的介绍与剖析。

第一节　东北虎豹国家公园试点地区自然社会经济演变

东北虎豹国家公园试点选址于吉林、黑龙江两省交界的广大区域，是全国第一个中央垂直管理的试点国家公园，具体由东北虎豹国家公园管理局统一行使职责。

---

① 2017 年 9 月 26 日中共中央办公厅、国务院办公厅印发了《建立国家公园体制总体方案》。

一、试点范围

东北虎豹国家公园（试点）位于我国吉林、黑龙江两省交界的老爷岭南部区域，地理坐标北纬 42°31′06″~44°14′49″，东经 129°5′0″~131°18′48″，总面积经现地落界确定为 149.26 万公顷。行政区划涉及吉林省珲春、汪清、图们和黑龙江省东宁、穆棱、宁安 6 个县（市）、17 个乡镇、105 个行政村，主体包括长白山森工集团汪清、珲春、天桥岭、大兴沟和龙江森工集团绥阳、穆棱、东京城 7 个森工林业局（以下简称“森工局”）所管辖的 65 个国有林场（所），以及汪清县、东宁市 2 个县市所管辖的 12 个地方国有林场。此外，还有吉林汪清县的 3 个国有农场。

二、试点区域社会经济演变与自然资源开发历程

历史上，由于人口稀少，生产方式以渔猎为主，大片原始森林处于未开发状态，东北虎豹在中国东北的山地平原均有分布。随着农业生产活动的出现，河谷平原地带森林有所消退，但范围和强度都非常有限，对东北虎豹的种群和分布影响不大，乾隆年间《盛京通志》记载虎豹在东北“诸山皆有之”。

19 世纪 60~90 年代，东北地区实行“移民实边政策”，关内流民大量涌入，毁林开荒，森林、草地、湿地资源遭到破坏，吉林、黑龙江地区农田由原有的 300 公顷增加到 10 万公顷。20 世纪初，中东铁路修至穆棱、绥阳，穆棱林区、绥阳细鳞河林场、老黑山林场、珲春嘎呀河流域的森林遭到沙俄大规模采伐。1931~1945 年，东北彻底沦为日本殖民地，14 年间损失木材约 1 亿立方米，森林面积不足清末的一半；

煤炭、黄金等矿产资源遭到抢占开发，14 年间损失煤炭超过 9 000 万吨。日俄的侵略对东北自然资源造成巨大破坏，中国境内的东北虎数量由上千只锐减到 500 只左右。

新中国成立初期，木材是国民经济建设的重要物资，森林资源被高强度开发利用，1948 ~ 1950 年，东北地区累计生产木材 1 121. 3 万立方米，第一个五年计划累计生产木材 4 893 万立方米。20 世纪 70 ~ 80 年代，湿地围垦情况严重，湿地面积缩减。20 世纪 70 年代，中国境内的东北虎数量 150 余只。到 20 世纪末，东北虎先后在大兴安岭、小兴安岭以及长白山山系的绝大部分区域消失，东北豹曾被认为在中国境内绝迹[①]。

新中国成立初期，我国政府提出“保护森林，并有计划地发展林业”方针，制定了一系列林业政策，林业发展进入森林采伐与造林相结合的阶段。东北各地成立抚育站、护林队，开展造林、抚育及森林防火等工作，但森林采大于消的局面没有得到根本遏制。20 世纪 80 年代，我国重点国有林区进入了“资源危机、经济危困、生态危急”的“三危”时期。汪清森工局开始探索“采育兼顾伐”，大规模发展采育林，初步扭转了“三危”局面。

1998 年，长江、松花江、嫩江等多个流域暴发特大洪水，党中央、国务院高度重视，相继实施了天然林保护等林业重大工程。大幅度调减东北重点国有林区的木材产量，加强生态公益林培育，森林资源得到了休养生息。同期实施的还有退耕还林还草、野生动植物保护，以及自然保护区建设等工程，有效保护了森林、湿地、草地等自然资源，生物多样性逐步恢复。2014 年，龙江森工全面停止天然林商业性采伐。2015 年，吉林森工、长白山森工全面停止天然林商业性采伐。2016 年，汪清县地方国有林业全面停止天然林商业性采伐，结束了一百多年来人类

---

① 资料来源：《东北虎豹国家公园总体规划（2017 ~ 2025 年）》。

向森林过度索取的历史，东北重点国有林区进入全面保护的新阶段。

第二节　虎豹公园试点的契机和使命

东北虎豹公园试点区域处于东北虎豹由中俄边境向东北内陆扩散的关键廊道，与俄罗斯豹地国家公园接壤，是俄罗斯远东地区东北虎豹种群向我国扩散的必经之地。根据国家林业局东北虎豹监测和研究中心与俄罗斯豹地国家公园联合监测表明：2015 年，中俄两国边境不足 4 000 平方公里的区域，至少生存着 38 只野生东北虎和 91 只野生东北豹，已超出资源承载力的 3 倍；该东北虎豹种群目前已进入繁殖高峰期和种群快速增长期，并已呈现出强烈地向我国内陆迁移的趋势，是该种群迁移扩散时间节点的关键窗口期。

同时，虎豹保护事业还面临诸多困难亟待解决。其一，东北虎豹栖息地破碎，生态恢复任务艰巨。虎豹公园内人类活动空间与东北虎豹栖息地和潜在栖息地空间高度重叠，参地、围栏、道路分割严重，致使东北虎豹栖息地碎片化。其二，当地居民生产生活与虎豹种群繁殖扩散矛盾突出。公园内居民多且居住分散，频繁开展耕种、放牧、开矿、养殖等不同形式的经济社会活动，不利于虎豹种群繁殖扩散。其三，自然资源多头管理难以协调。虎豹公园内自然资源资产管理目前实行多部门、多机构分散管理，所有者、管理者和监管者权责利不明晰，所有权人没有真正落实，自然资源保护和管理条块分割，体制机制不顺，管理不到位，中央与地方财权事权不匹配，严重影响了自然生态系统的保护成效。其四，虎豹公园及周边社区转型任务艰巨。全面停止天然林商业性采伐后，东北重点国有林区整体从企业化管理向森林资源保护管理转型，原有传统产业急剧萎缩，林业劳动力冗余，经费紧张，在虎豹公园建设中需重新定位，职工转岗安置任务繁重。周边社区原有的矿业、采伐业等资源开发利用的传统产业受到限制，经济来源单一，资源节约型、环境友好型产业接续不上，经济社会发展面临新的困难。

在东北虎豹主要栖息地整合设立国家公园，把最应该保护的地方保护起来，肩负着为全国生态文明制度建设积累经验，为国家公园建设和国有自然资源资产改革提供示范的使命。建立东北虎豹国家公园，以国有林区、国有林场改革和全面停止天然林商业性采伐为契机，以探索建立跨地区跨部门统一管理体制机制为突破口，健全国家自然资源资产管理体制，有利于创新体制机制，解决跨地区、跨部门的体制性问题，破解“九龙治水”体制机制藩篱，从根本上实现自然资源资产管理与国土空间用途管制的“两个统一行使”；有利于实行最严格的生态保护，加强山水林田湖草生命共同体的永续保护，筑牢国家生态安全屏障；有利于处理好当地经济社会发展与野生动物、生态系统保护的关系，促进生产生活条件改善，全面建成小康社会，形成人与自然和谐发展的新模式。

2016 年 12 月，中央全面深化改革领导小组第三十次会议召开。会议审议通过了《东北虎豹国家公园体制试点方案》，这代表着酝酿已久的东北虎豹国家公园建立正式获批。2017 年 8 月 19 日，东北虎豹国家公园国有自然资源资产管理局、东北虎豹国家公园管理局在吉林省长春市正式成立。这标志着我国第一个由中央直接管理的国家自然资源资产和国家公园管理机构正式建立，也标志着我国东北虎豹保护工作迈出了实质性一步。

第三节　东北虎豹国家公园试点自然资源管理的现状

本节基于三个真实的案例，对东北虎豹国家公园试点范围内森林、矿产等代表性自然资源资产的管理现状进行剖析，从历史维度分析制度形成的原因。

一、国有林自然资源资产管理现状——以汪清林业局为例

汪清林业局位于延边州东北部汪清县域内，隶属于长白山森工集团，是吉林省最早开发的森工企业之一。截止到2018年，汪清林业局总经营面积达30.4万公顷，活立木总蓄积4 150万立方米，森林覆盖率96%，现有职工4 826人。

（一）汪清自然资源管理机构和收入来源

汪清林业局辖区内共有3个管理机构，分别为汪清国有林管理分局、汪清自然保护区管理局和吉林兰家大峡谷国家森林公园，其管理架构和隶属情况如图8-1所示。

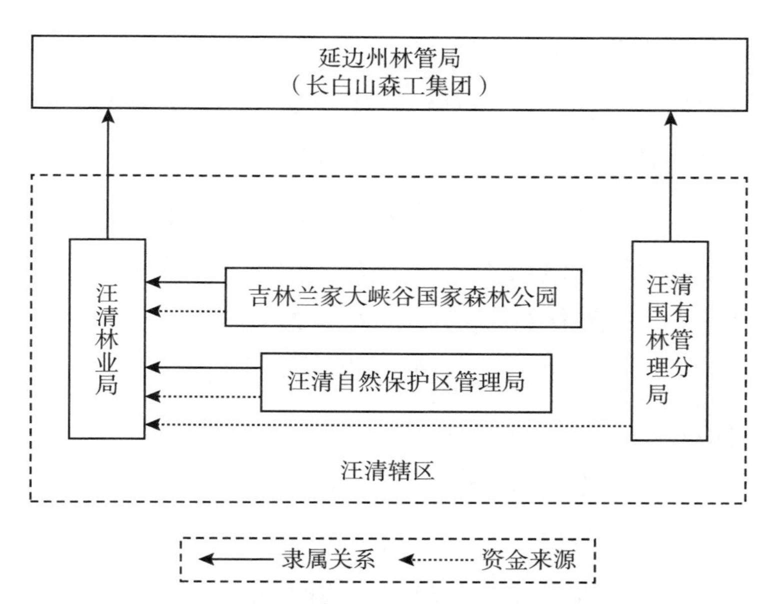

图8-1　汪清自然资源资产管理架构

汪清国有林管理分局建立于2004年11月，是《国家林业局关于东北、内蒙古重点国有林区森林资源管理体制改革试点意见》统一部署的全国重点国有林区六个试点单位之一。汪清国有林管理分局承担汪清国有林区森林资源林政管理和监督双重职能。现有资源处、林政处等8个部室和15个基层管理站，人员编制85人。

汪清国家级自然保护区成立于2013年6月，前身是吉林汪清省级自然保护区。总面积为67 434公顷，主要保护对象为东北红豆杉、东北虎、东北豹等珍稀濒危野生动物及其栖息地。保护区在虎豹种群恢复、保护生物多样性和生物资源、维护生态系统服务功能等方面发挥着重要作用。保护区管理局编制95人，现有工作人员642人，下设局、站两级管理，全面开展保护区各项基础性工作。

吉林兰家大峡谷国家森林公园成立于2013年，由国家林业局批准设立，规划总面积为10 972公顷，《总规》批复人员编制79人，现有120人。下设森林公园办公室、经营管理科、规划建设科等科室，负责森林公园的日常工作开展。

汪清林业局需承担汪清国有林管理分局、汪清自然保护区、吉林兰家大峡谷国家森林公园人员工资等各项管理费用。

2015年，汪清林业局全面停止天然林商业性采伐，使林区发生了从木材生产为主向以生态建设为主的历史性转变，汪清林业局的收入构成发生了巨大变化。全面停伐以后，收入主要来自财政补贴和经营性资产收入。2016年，汪清局刚性收入20 184万元，包括木材补贴收入7 410万元、社会运行费收入1 500万元、天保管护资金收入3 766.4万元、社会性公益性事业补贴补助886万元、养老统筹保险补助4 360.6万元、良种补贴225万元、维稳工资143万元、中幼龄林抚育和改造培育补贴收入1 893万元。而包括企业职工工资在内的刚性支出达到24 222万元，企业收支差额达到4 038万元[①]。

在经营性资产收入方面，汪清局通过网上竞价的方式对可以进行林蛙养殖和红松果采集等活动的沟系进行发包，承包期为10年，承包收入总计可达1.6亿元（包含个人和林业局收入）。此外，还在林下进行了延边黄牛的放养。

（二）经营性资产管理

承包经营是主要的经营性自然资源管理的主要模式。汪清林业局在东北虎豹国家公园试点内的经营性资产管理活动主要涉及林蛙与黄牛养殖以及红松果采摘。

1. 林蛙与黄牛养殖

林蛙养殖主要是对国有林区沟系内的野生蛙群进行捕捉。未进行承包时，林蛙捕捉产业处于无序状态，林业局也没有监管。之后随着林蛙价格的上升，从业者对于野生林蛙进行了掠夺式的捕杀，林蛙种群持续下降。近年来，随着承包制度的完善，滥捕滥杀、“只捕不养”的态势有所缓解，承包沟系的林场工人一般一年上山时间分为两个时间段，分别是：3月到6月末和8月中旬到10月中旬，主要进行林蛙的看护和喂养。

根据调查数据，截止到2018年，东北虎豹国家公园试点区域（吉林片区）内林蛙养殖面积达584 724公顷，投入23 187.2万元，不动产价值4 766.31万元，个人年收入4 299.07万元，林业局年收入440.967万元。其中，汪清林业局共养殖林蛙120 919公顷，个人年收入1 258.3万元，林业局年收入126.03万元。

汪清局关于林蛙养殖主要以小班的方式进行沟系承包，小班之间未必连片，所以沟系实际养殖面积往往要大于沟系承包面积。承包主要通

① 资料来源：延边朝鲜族自治州人大重点生态功能区建设调研组：《延边州重点生态功能区建设情况的调查报告》，2016年4月5日。

过网上竞价的方式进行，承包对象仅限于林场职工和林业局工作人员。因为该产业的前期投入很大，所以林业局通过免收承包期间前五年承包费用的方式，对承包户进行补贴，让他们白捉白经营，尽快收回成本。针对职工掠夺性的捕杀，林业局规定承包个人必须在承包的沟系中为林蛙建造孵化池，以确保林蛙种群数量的稳定。相较于无序管理，林场管理本林场的沟系，对于林蛙能起到更好的保护效果。

林场的黄牛主要与林蛙置于同一处进行养殖，尤其是夏天放养，沟系旁边的森林就成为天然的林下草场。2018 年，汪清林业局共养殖了 1 344 头黄牛。因为黄牛养殖投入较大，所以林场职工主要在林子里放养，这种管理方式操作简单，节省人工成本和草料消耗，同时黄牛得病率较小。在黄牛退出和圈养方面，畜牧局虽然对黄牛养殖户进行了补贴，但是未对部分养牛的林场职工补贴，因此林场并没有专项资金进行黄牛圈养。

2. 红松果采摘

红松果，即红松结出的种子，是世界上籽粒最大、质量最好、营养最丰富的松子品种之一。采摘红松果，销售松子获得的收益是林场职工的主要收入来源。

根据调查数据，截止到 2018 年，东北虎豹国家公园试点区域（吉林片区）内红松果林面积 527 502. 43 公顷，投入 24 149. 211 万元，个人年收入 13 767. 728 万元，林业局年收入 2 400. 7 万元。其中，汪清林业局共承包红松果林面积 216 019. 68 亩，投入 17 215. 827 万元，个人年收入 5 117. 15 万元，林业局年收入 1 708. 89 万元。

红松果林同样是以网上竞价的方式进行承包，发包对象同样是林场职工和林业局工作人员。但是现阶段林业局对红松果采摘并没有补贴措施，相对而言，承包费用较高，因此林场职工多以联合承包的方式化解高昂成本。

承包经营之前，首先，随着松子价格的上升，林场职工和周边社区居民每年会对红松果林进行破坏式采集，甚至在红松果未成熟，果实尚且青绿的时候就进行采摘，这种现象被称为“掠青”。其次，采集红松果一般需要一定的技术，如在树上攀爬进行采摘等，这样的采摘方式可以减少对松树的破坏。但在承包经营之前，不具备技术的职工和居民往往会采取破坏式的手段获取红松果，甚至会砍伐结果树木来收集松果。

承包经营之后，“掠青”和破坏式收集的行为受到了一定的遏制。在经济利益的驱动下，受让林场职工会自觉地管理红松林。林场职工会主动对承包区域进行巡护，防止其他采集者进入林地。林场职工的承包期一般都长达10年，在这段时间内，职工往往都有着较长的管理规划，会耐心等到红松果成熟，减少对树木的损害，因此也便杜绝了“掠青”和砍伐的行为。

成熟的红松林每年都会有一定的收益，但是收益成果呈现规律性波动，当地人总结为“三年一小收，五年一大收”。职工对红松果林基本上没有抚育等行为，仅仅在山上花费1.5个月到2个月的时间（一般8月20日至10月），在收获前夕进行守护、收获季节进行采摘。

在森林管护方面，承包了林蛙沟系和红松林的职工同时承担着管护的责任。在发包过程中，林业局会让承包林地的职工们同时承担承包区域森林的防火、森林经营、野生动物保护等方面的职责，促使每个林场职工在自己承包的范围内管理森林。2016年，汪清林业局开始了新一轮的承包（承包期一般为10年），承包费用收入总计1.6亿元，平摊到每年的承包收入为1 600万元，另加上其他零星费用，林业局和林场职工在沟系承包方面的收入每年达到2 000万元。

二、自然资源管理

作为区域国有林的主管单位，汪清林业局主要承担着护林防火、野生动植物保护、森林抚育等非经营性自然资源资产管理的职责。

护林防火方面。汪清林业局实施火灾包保责任制度，局级领导、林场领导、林场职工层层承担责任，按照林区防火、专业培训、指挥调度、医疗应急、火灾调查等不同业务划分林区防火责任，将工作落实到人。

森林抚育方面。在不违背国家林业政策和相关规定的前提下，汪清局鼓励以森林培育为目的的抚育间伐（采挖）天然更新的幼苗、幼树用于绿化苗木培育；允许职工在不改变林地用途和破坏周边植被的前提下，在郁闭度 0. 3 以下的有林地、疏林地、退耕还林地、撂荒地、房前屋后的自留地等种植绿化苗木，苗木培育成型后，在保留经营密度的前提下，允许采挖销售。

野生动植物保护方面。辖区内现有脊椎动物 28 目 68 科 244 种，重点保护野生动物 34 种。汪清是东北虎豹活动最为频繁的地区之一，为此，汪清局采取了清山清套、路段监察、市场稽查、保护宣传、社区联动、平台建设等方式对以东北虎豹为代表的野生动植物资源进行保护。

国有林自然资源管理主要的权责集中在地方森工局。对经营性资产管理，森工局统合了资源资产的管理权和所有权，向职工进行发包，这种自然资源资产管理模式的效果是复杂的。第一，该模式有效提高了禁伐后林场职工的收入，缓解了林场的贫困问题；第二，该模式将周边社区及未承包的职工排除在外，在一定程度上遏制了无序开发的现象；第三，林下资源的开发使得林场职工变相地依赖于现有森林资源，对于虎豹等野生动植物的生存环境带来了一定的影响。

在自然资源管理方面，森工局发挥着一定的作用。第一，在森林防火和森林抚育方面，森工局充分发挥了行业部门的作用和优势；第二，在野生动植物保护方面，森工局与伙伴组织、相关部门构建了联合工作网络，提高了工作效率；第三，由于自身定位模糊、专业技能不足等方面的约束，森工局在自然保护方面的行动仍显单一。

三、矿产资源资产管理现状——以铁矿企业为例

试点区内的大多数矿产企业规模小，效益差，甚至处于歇业、停产状态。截至 2018 年，正在生产的仅有 17 家。本节列举两个铁矿企业的案例，对其经营状况进行分析。

（一）珲春市金盛源矿业有限责任公司白虎山铁矿

2007 年，吉林省国土资源厅挂牌出让白虎山铁矿探视权，金盛源矿业有限责任公司积极参与投标并获得中标。2008 年 3 月，该公司获得吉林省国土资源厅颁发的白虎山铁矿勘查许可证。2013 年 11 月，公司申领的采矿许可证获得批准。2014 年 5 月，白虎山铁矿正式开工建设，但受诸多原因影响，基本建设工程于同年 9 月底被迫停止，未能按时完成。2017 年 4 月，公司向珲春市安全生产监督管理局提交了复工申请，获得批准后进行恢复建设。同年，因矿区拟在东北虎豹保护公园区域内，被有关部门叫停，工程再度被迫停止。

当前，白虎山拟划入虎豹保护公园自然保护区，珲春市金盛源矿业有限责任公司作为依托矿山资源经营的企业，矿山采矿权和其他相关手续到期将无法正常变更延续。工程未竣工验收，无法投入生产获得收益，并且每年矿井维护等费用还需上百万元，经济损失巨大。

（二）珲春市金龙达冶金有限责任公司青龙山铁矿

珲春市金龙达冶金有限责任公司青龙山铁矿位于珲春市，成立于

2003年5月，是一家从事铁矿石开采、选矿、矿产品销售为一体的民营企业，主要产品是铁精粉。2007年4月取得采矿许可证，有效期至2020年1月29日。2007年11月，矿山建设项目获得批准。2009年10月开始，由于受到国家安全生产形势严峻和铁矿石市场波动较大等诸多因素的影响，该公司处境维艰，生产时停时续，基本处于半停产状态。2014年初，国际铁矿石市场又一波持续低迷，尤其是国内铁精粉价格不断走低，同年10月，企业被迫全面停产。2017年，铁精粉市场有所回暖，该公司准备好了恢复生产，却因矿区被拟划入虎豹保护区域而搁置，至今未恢复生产。

停产期间，公司遣散了大部分工人，只留少数人员守护矿区，按上级主管部门要求定期对矿井进行通风、排水和设施及设备安全维护工作，每年需要费用100多万元。公司现负债高达6 900多万元。现青龙山拟划入虎豹保护公园自然保护区，矿山采矿权和其他相关手续到期将无法正常变更延续，公司面临继续停产的困境，相应人员家庭没有经济来源，企业无法生存，经济损失巨大。

四、管理部门权力清单

试点区域内矿点生产涉及的部门有吉林省国土资源厅、珲春市林业局、珲春市发展和改革局、珲春市安全生产监督管理局、珲春市税务局等（见表8-1）。

表8-1　　矿业部门权力清单

部门名称	相关权力
吉林省国土资源厅（或委托珲春市国土资源局）	挂牌出让铁矿探视权、采矿权

续表

部门名称	相关权力
吉林省国土资源厅	颁发勘查许可证、采矿许可证
珲春市林业局	关于临时征用林地的权利的许可，林木砍伐相关手续的办理
珲春市发展和改革局	《珲春市金盛源矿业有限责任公司白虎山铁矿项目的批复》
珲春市安全生产监督管理局	审核企业复工申请

一方面，矿产资源资产管理是一个可能带来巨大改革成本的风险池。试点区域内的厂矿企业既对生态有影响，又因为数量多、占地大、牵扯相当规模的地方就业，而成为综合的社会事务。厂矿的退出将是大势所趋，但涉及数目巨大的治理成本，因此需要有规划、有策略地逐步退出。

另一方面，厂矿企业已经从其他部门获取了探矿权、采矿权等诸多合法权益，而且随着改革的推进，现阶段厂矿企业或因渣土场得不到审批，或因探矿权转不了采矿权，或因市场因素而陷入停滞状态。处理厂矿企业问题需要考虑国家公园改革的程序正义，在合理范畴内，保障厂矿企业和职工的合法利益。

五、集体林资源资产管理现状——以春化镇为例

（一）社区及自然资源资产情况

虎豹公园中集体土地面积 12.82 万公顷，占公园总面积 8.59%。村屯居民点虎豹公园现有户籍总人口 37 724 户 92 993 人。居民以村屯人口为主，24 365 户 62 370 人，呈“大集中、小分散”特征。自然村屯共有 130 个，其中有 31 个边境村屯，包括中俄边境村屯 22 个，中朝边境村屯 9 个。

在吉林片区中，村庄所拥有的林地面积为123 018.84公顷，占片区林地总面积的12%；耕地面积为30 433.34公顷；水域面积为90.5公顷；建设用地面积为1 751公顷。

（二）春化镇集体自然资源管理

春化镇是珲春市东北虎豹国家公园试点范围内一个村镇，距珲春市区92公里，总面积2 082.3平方公里，边境线长141.28公里。春化镇辖区面积212 330.88公顷，下辖20个村屯、1个社区，2个林场。全镇在籍户数3 661户、在籍人口9 934人，常住2 673户6 626人。国有林地120 000公顷，集体林地30 000公顷，耕地2 145公顷，牧草地5 656公顷，水域面积60.09公顷①。

1. 多种产业共同经营

春化镇无霜期仅有115天，主要粮食作物是玉米和水稻，以种植黑木耳、特色经济作物（如软枣猕猴桃）为主。近年来，种养大户、专业合作社、家庭农场等形式发展很快，促进土地规模化经营。当地年轻人主要以外出务工为生，待在村屯的大多为50岁以上的老年人。

每年5月到11月，村庄田地受到野猪、狍子等野生动物的侵扰，因此老年人主要以放牛和采摘山野菜为生。12月到次年4月，天气阴冷，养牛户将牛圈养在家中，用家里储存的豆饼、玉米面、玉米秸秆进行饲养；5月开春后，养牛户会将牛放养在山林中；直到11月，天气转冷后，农户会把牛从山上赶下来，此时正值玉米、大豆收获时期，田间散落着麦秸和豆秆，牛群可以在田间自由觅食；直到12月，食物耗尽，养牛户将牛群赶回家里进行圈养（见表8－2）。

① 资料来源：《东北虎豹国家公园总体规划（2017～2025年）》。

表 8－2　　春化镇下草帽村季节历

月份	玉米大豆	养牛	家禽（鸡鸭鹅）	山野菜	野生动物侵扰
1		圈养			
2		圈养			
3		圈养			
4	播种	圈养			
5		上山放养	买幼崽	采薇	野猪狍子
6	打药	上山放养	饲养	榛蘑	野猪狍子
7		上山放养	饲养		野猪狍子
8		上山放养	饲养		野猪狍子
9		上山放养	饲养	豆蘑	野猪狍子
10	收获	上山放养	售卖		野猪狍子
11		放养在田地			野猪狍子
12		圈养			

2. 社区资源与国有资源的重叠

春化镇集体林和国有林犬牙交错，为社区提供多种生产生活资源。重要的资源有红松果、林蛙、药材、蘑菇和牧草。红松果和林蛙主要分布在国有林，由于价格上涨，遭受掠夺式的捕杀。林业局对这两类资源进行发包，以承包制的方式规范经营，发包对象一般为林场职工。一般社区村民以饲养黄牛、采集林下菌类和药材为辅助生计。由于牧草、林下菌类和药材没有被纳入林业局的管理范围，属于“公地资源”。村民可自由进入国有林和集体林放养黄牛、采集林下菌类和药材。

上述现状造成社区资源与国有资源的重叠，进一步形成社区发展和生态保护的矛盾。社区居民世代靠山吃山，与当地的自然生态系统融为一体。实现虎豹回归，不得不直面社区发展问题。如何协调社区居民的发展权益和国家公园自然资源和生态环境原真性和完整性的保护将是国家公园体制建设成败的关键。

3. 与野生动物的资源争夺

在历史上，虎豹在东北地区的绝迹与该地区的移民、开垦和资源开发是密不可分的。现阶段，虽然社区已经不再允许继续开荒，但是社区居民对于自然资源的利用强度仍旧较大。社区对自然资源资产的开发利用主要集中在生活和第一产业生产。重要的生计来源有收集薪柴、采集山野菜和放养黄牛。其中，放养黄牛与东北虎的冲突较为激烈。每年5～10月，村民采取放养的方式，让牛群在山上自由活动。这种黄牛养殖方式不仅使黄牛容易遭到东北虎的袭击，给村民造成经济损失，也扰乱了东北虎的自然狩猎模式，挤占虎豹猎物的食料资源和生存空间。野生虎豹迁移、扩散是以雌性虎豹的生境选择为基础和主线，而雌性虎豹对生境选择相当“挑剔”，主要取决于其繁殖、育养后代时的环境是否足够安全和“宁静”；高强度和密集的牛群放养对雌性虎豹繁殖、育养后代形成巨大而严重的干扰。

六、自然资源管理的发展趋势

但是，我们应当认识到社区自我组织和当地产业转型的可行性，这将为政府大大减少改革成本，也将为国家公园建设、寻找人与自然和谐相处的基层道路提供可能。

第一，当地社区还未“原子化”，还有“聚沙成塔”的可能性。村镇可以作为具有前瞻性和组织性的集体，接受政府等外界力量的合理引导，探索生态友好、可持续的发展模式。

第二，黄牛等地方产业存在集约化、生态化的转型可能。我们应当对地方发展模式创新留有空间，并提供技术和资金支持。鼓励地方探索生态友好的发展道路，而不因一味否定，徒增改革成本。

第四节　东北虎豹国家公园建设面临的治理难点

本章从纵向央地事权划分、横向部门关系间、历史传承和开创未来之间，及多方行动者参与国家公园建设等方面分析了东北虎豹国家公园建设面临的困难。

一、自然保护与属地管理：央地权责划分

东北虎豹国家公园有其特殊性。东北虎豹国家公园是由中央直接行使自然资源所有权的试点区。东北虎豹国家公园地处中、俄、朝三国交界，区域定位复杂且多样，如何梳理现有矛盾，统合多项国家级、区域级规划，整合多个部门的权责，也是东北虎豹国家公园建设的重要课题。

在问题层面，东北虎豹国家公园的特殊性和代表性主要体现在管理体制和规划设计两个方面。管理体制方面主要表现在不同层级的政府在国家公园治理体系中的角色和作用，规划设计主要是多项国家级规划之间的协调统筹。

（一）管理体制

在国家公园现有的管理体制下，需要理顺各个层级政府应该扮演的角色。在中国，自然保护不仅需要依靠科学规范，更需要平衡保护与地区居民发展权益，这就需要兼顾自然保护地体系的纵向构建和属地管理的横向整合。根据《东北虎豹国家公园总体规划（2017～2025年）（征求意见稿）》，国家公园的组织架构将为两级垂直管理，在长春成立东北虎豹国家公园管理局，在珲春、天桥岭、汪清、大兴沟、绥阳、穆棱、东京城、珲春市、汪清县、东宁局设立区域东北虎豹国家公园管

理局，受东北虎豹国家公园管理局领导。各区域东北虎豹国家公园管理局行使辖区内资源保护管理职责，承担上级管理局交办的各项工作（见图 8－2）。

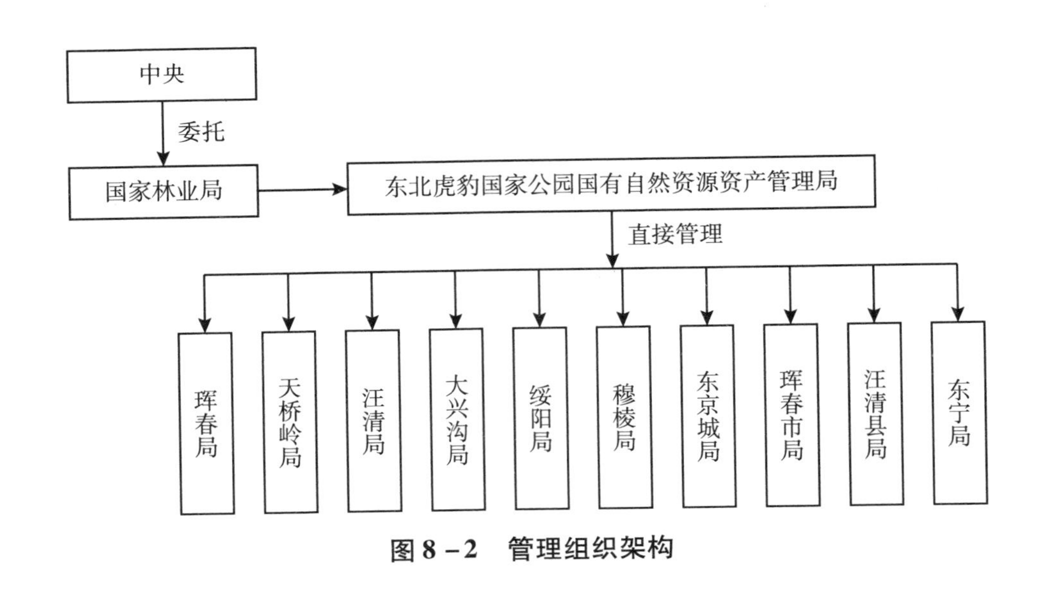

图 8－2　管理组织架构

2017 年 8 月 19 日，东北虎豹国家公园国有自然资源资产管理局、东北虎豹国家公园管理局在长春挂牌成立；同年 9 月 2 日，东北虎豹国家公园国有自然资源资产管理局（东北虎豹国家公园管理局）吉林片区各分局挂牌仪式在珲春举行，依托珲春、天桥岭、汪清、大兴沟林业局等 4 个森工企业及珲春市、汪清县 2 个地方林业主管单位，设立 6 个分局，实行两级垂直管理体制。

两级垂直管理体制的设计意图是在于整合分散在各地方、各部门的国有自然资源资产所有权、管理权，同时将地方上管理者的所有权剥离出来，实现“一个部门干一件事”。东北虎豹国家公园国有自然资源资产管理局将整合虎豹公园范围内吉林省、黑龙江省各级国土、水利、林业、森工、农业、畜牧等部门的全民所有自然资源资产所有者权利和职责，具体行使虎豹公园范围内全民所有自然资源资产所有者职责。

同时两级垂直管理体制可以减少耗费在管理层级上的组织成本，在组织开展自然资源调查、监测、评估；组织实施国有自然资源资产有偿使用制度、特许经营制度、生态损害赔偿制度、生态补偿机制；指导、管理各类专项资金筹集、使用工作等方面有着一定的优势，可以及时获取保护工作进展情况、自然资源资产数据、特许经营和资金利用情况等，有利于提高国家公园管理工作的针对性、灵活性和及时性，减少层级消耗。

但是不可忽视的是，两级垂直管理体制在减少国家公园管理工作的组织成本时，加大了地方综合事务的治理成本，减少了地方政府的治理空间。两级垂直管理体制在自然资源的专项管理方面有着独特的优势，尤其是针对基于自然科学的本地调查组织、保护工作设计等方面。但是国家公园治理体系的设计安排会影响当地居民的生产生活和当地政府综合事务的治理模式，二级垂直管理体制实践上绕开了地方政府。

《关于健全国家自然资源资产管理体制试点方案》提出“结合国有林区、林场改革，创新资源管护机制，以提供生态服务、维护生态安全为导向，推动试点区内国有林区和林场等管理机构转型，承担全民所有自然资源资产保护管理职能。所在行政区域内的地方政府不再行使试点区内自然资源资产所有者职责，继续行使辖区内（含试点区域）经济社会发展综合协调、公共服务、社会管理、市场监管等职责”。这意味着国家公园管理局管理自然资源，地方政府管理社会事务，分工合作，各有所长。但是不同于美国原本就是荒野的国家公园，我国的自然资源与当地居民是紧密联系在一起的，它不仅仅是当地生产生活所必需的资料，更是当地居民传统文化、生活方式、生产选择的基础。在这样的背景下，国家公园管理单位与地方政府各领一摊事务、“老死不相往来”并不现实。

两级管理体制是系统内部跨度较大的工作架构，在减少单一业务治理成本的同时，也使得国家公园管理机构，尤其是区域国家公园管理机构脱离各级政府综合事务的统筹范围，也会因此导致国家公园管理机构在地方治理动员、区域统筹、工作协同等方面处于“缺席”的状态。这样的“缺席”状态会使得地方事务，尤其是社会事务的治理成本大大提高，同时也会由于自然资源资产所有者的不在场，而导致治理方式选择的受限，压缩地方治理空间。

“国家公园并不是管老虎，而是管人。”从野生动物保护工作和自然资源资产管理工作开展的角度，只有人的行为能够被有效监督、合理引导，东北虎豹的保护工作才能进入良性循环。因此，区域国家公园管理局与地方政府的关系应该是伙伴关系、协同关系、统筹关系，共同寻找当地居民与野生动物保护之间、综合事务与国有自然资源资产管理之间的协调关系，积极探索国家公园组织架构设计需要的平衡点。

吉林片区的社区村庄都嵌入国家公园之中，社区的生产生活的地理分布呈现大聚居、小散居的布局，国有自然资源资产管理状态极为复杂，无论是国家公园建设的筹备期，还是国家公园之后的工作开展，需要国家公园管理部门与当地政府的通力合作，调动各级政府资源，综合国土资源、环境保护、农业、水利、林业、森工、畜牧、能源等多方面的职能，但是无论是森工局还是地方林业局，都是行业主管部门，都不具备调动政府资源的能力。根据现有规划，基于森工局和地方林业局设立的区域东北虎豹国家公园管理局也将面临同样的问题，难以突破现有局限。

综上所述，面临着复杂的社会状况，东北虎豹国家公园管理部门需要与地方政府通力合作，推动资源配置和工作效率最大化。

（二）规划设计

东北虎豹国家公园面积广袤，涉及吉林、黑龙江两省，改革之举势必会影响到同区域的相关规划，其中有些规划也是国家级战略规划。在试点阶段，不同规划之间的矛盾与冲突也逐渐浮出水面。

延边朝鲜族自治州涉及国家公园建设的区域，同时还承担着多项规划的实施任务。通过课题组梳理，延边地区战略规划还包括《中国图们江区域合作开发规划纲要》、《国务院关于支持中国图们江区域（珲春）国际合作示范区建设的若干意见》（中央）、《关于加大边民支持力度促进守边固边的指导意见》、《吉林省融入国家“一带一路”战略规划》、《周边国家互联互通基础设施建设规划》及强基富民固边工程规划、脱贫攻坚、区域民族自治等相关国家战略规划和任务。面对着众多战略规划，如何统筹各项工作，实现“多规合一”，是东北虎豹及其他国家公园的症结之一，也是中央、地方合力破题的重要突破口。

（三）治理破碎化：部门关系纠葛

根据《试点方案》要求，东北虎豹国家公园管理部门应当按照“精简统一效能”的原则，整合分散在各政府部门的国有自然资源资产所有者的职能，并行使国家公园的管理权。

其中，东北虎豹国家公园国有自然资源资产管理局主要职责包括：统一行使区域内国有自然资源资产管理与保护职责，承担国有自然资源资产出资人职责和保值增值责任；组织开展自然资源调查、监测、评估，编制国有自然资源资产负债表，建立国有自然资源资产目录清单、台账和动态更新机制；负责国有自然资源资产出让管理和收益征缴，组织实施国有自然资源资产有偿使用制度、特许经营制度、生态损害赔偿制度、生态补偿机制等，编制国有自然资源资产预算；负责拟定资金管理政策，提出专项资金预算建议，编制部门预算并组织实施，指导、管理各类专项资金筹集、使用工作。

2017 年，吉林省机构编制委员会办公室出台了《东北虎豹国家公园试点区各类国有自然资源资产所有者职责划转意见》（以下简称《意见》)，《意见》提出了国土资源部门、林业部门、水利部门、农业部门（含畜牧）、环保部门等部门的划转职责名录。其中，国土资源部门划转了关于土地、矿产等资源政策制定、调查勘测和权益管理及相关资金调配等方面的职能；林业部门划转了试点地区林业发展规划、国有林和集体林管理、湿地及其他自然保护区管理、森林清查、造林及相关资金调配等方面的职能；水利部门划转了试点地区水资源调配、监督清查、水域河道保护管理、渔业发展规划、水生动物保护及相关资金调配等方面的职能；环保部门划转了试点地区自然保护区、风景名胜区、森林公园的环境保护工作；农业部门划转了试点地区农用地宜农滩涂、宜农湿地开发利用及农业生物物种资源的保护和管理工作。

现有职责划分已经为国家公园管理部门构建了统一行使全民所有自然资源资产所有权和国家公园管理权的职能架构，在一定程度上破除了“九龙治水”的困境，使得国家公园管理部门有能力对试点范围的自然资源资产进行全面的审查、监督和管理。一方面，精简统一效能有效缓解了治理破碎化。职责划转破除了原有矿业、林业、农业、牧业等行业部门由于目的不同、行业开发形式不同，而导致的自然资源破碎化治理；另一方面，精简统一效能有效缓解了空间破碎化。职责划转有效整合了林业、国土、环保名目繁多的自然保护区、风景名胜区、自然（人文）遗产地、森林公园、湿地公园等空间划分，有效降低了冗杂的治理成本，缓解了“政出多门”的问题。

但是仅仅职责转让很难解决自然资源资产原所有者（管理者）之间的纠葛。这种纠葛深深扎根在纷繁复杂的地方治理结构中，既是地方发展的历史投影，也是当下社会状况的现实需求。

以延边州汪清县国有自然资源资产管理机构为例（见图8－3）。汪清县涉及国有自然资源管理的部门如此繁多，涉及省级、地级、县级、乡镇、社区（农场/林场）五个层面，包含林业、农业、牧业等多个行业。在这些部门当中，有些已经拟订向国家公园管理部门划转了相应职能，例如农业部门等；有些将成为区域国家公园管理局（区域国有自然资源资产管理局），例如天桥岭林业局、汪清林业局、大兴沟林业局、汪清县林业局等；有些并未向国家公园管理部门划转职能，例如森林公安局、乡镇政府。这也将使改革面临三个可能遇到的问题。

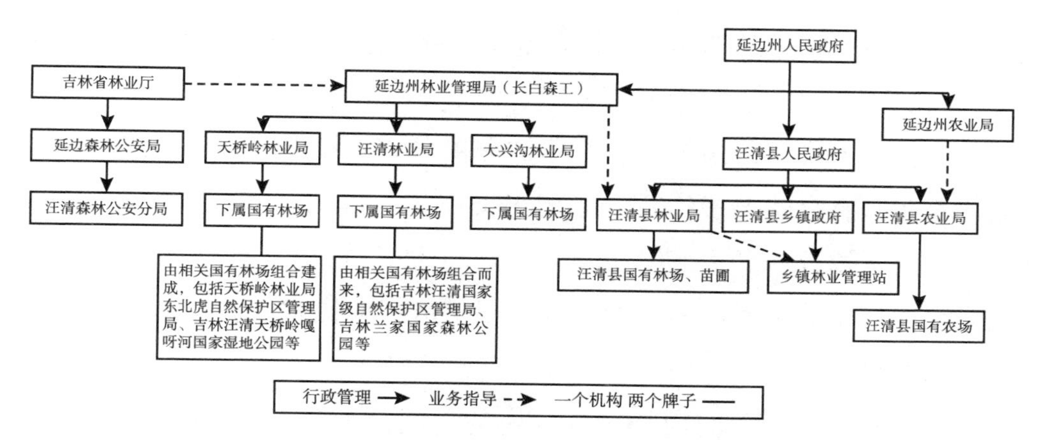

图 8－3　延边州汪清县国有自然资源管理机构

第一，已经转移职能的部门并未能完全从自然资源管理中抽身而出。例如，汪清县林业局仍旧管理着下属国有农场，其所涉及的各类自然资源资产管理事务便无法完全剥离。

第二，汪清县林业局和三个森工局将转型为区域国有自然资源资产管理局，随之转入管理局的职能包括县林业局和森工局的下属国有林场、苗圃的管理工作，而且原有管理部门改换门庭，也将原单位的治理架构、历史残留和管理成本带入新的国家公园管理部门。

第三，并未转移职能的部门可能还保留着重要的自然资源资产管理的权限，例如，汪清森林公安分局还保留着对违反《中华人民共和国森林法》的个人和单位进行处罚的权力。

综上所述，笔者认为职责划转固然是一项化解地方自然资源资产管理空间破碎化和治理破碎化的重要举措。但是这一项举措并不能完全达到“精简统一效能”、有效监督的治理目标，国有自然资源资产管理部门仍要面临着现实复杂的公共事务，并需要与伙伴单位一同克服之后的治理挑战。

二、历史遗留问题：改革所面临的成本

基于我国国家公园的体制改革的进程来看，我国国家公园体制的建设并非在原有自然保护体系上“屋上架屋”，而是以国家公园为主体以推动自然资源保护体系的改革，是对现有自然资源保护地区体制的优化，是在新形势下对自然资源管理和保护进行的探索创新。这就要求国家公园建设有效处理历史遗留问题，轻装上阵。

就虎豹国家公园的规划来看，虎豹公园总面积 149.26 万公顷，其中，国有土地面积 136.44 万 12 公顷，占虎豹公园总面积的 91.41%；集体土地面积 12.82 万公顷，占 8.59%。在国有土地中，重点国有林区土地面积 124.30 万公顷，占虎豹公园总面积的 83.28%。这就意味着，建设国家公园，必然要面对和解决我国自然资源管理、开发和保护中的困境，针对东北地区曾长期承担国家木材生产需求的历史情况，要妥善解决国有林场改革的中的遗存问题，同时为厘清自然资源开发的边界，承接好我国自然资源管理、保护制度的起承转合。

东北国有林区作为我国最大的国有林区，是重要的资源宝库和生态屏障。历史地看，东北国有林区为中国林业作出了重大贡献，创造了辉煌的历史。东北国有林区开发建设 60 多年来，形成了以木材生产为核心的森林工业体系，为国民经济建设和社会发展作出了重要贡献。东北国有林区长期承担着国家木材生产的任务，产出了大量木材，为国家的

经济建设作出了巨大的贡献。但是，同时也必须清楚地认识到由于长期大量地开采利用，林区可采森林资源减少、环境恶化越发明显，森工企业严重亏损，林区职工收入增长缓慢。以木材生产为主的、“靠山吃山”型的发展道路和发展方式，是非可持续的资源利用模式，难以维系森工企业和国有林场的发展。随着天然林保护工程的实施，职工的工资标准、森林管护费补助标准以及各种社会性支出补助有较大的提高，但由于林区历史遗留问题较多，社会经济发展长期滞后。国有林场面临着功能定位不清、经营机制不活、支持政策不全、林场可持续发展面临严峻挑战等问题，林区发展积重难返。

为此，2014 年，龙江森工全面停止天然林商业性采伐。2015 年，吉林森工、长白山森工全面停止天然林商业性采伐。2016 年，汪清县地方国有林业全面停止天然林商业性采伐，结束了一百多年来人类向森林过度索取的历史，东北重点国有林区进入全面保护的新阶段。2015 年，基于森林和生态是建设生态文明的根基，在深化生态文明体制改革的背景下，党中央、国务院印发《国有林场改革方案》，明确指出健全森林与生态保护是首要任务，其中国有林场是我国生态修复和建设的重要力量。改革总体目标为，“到 2020 年国有林场改革要实现三大目标，一是，生态功能显著提升。二是，生产生活条件明显改善。三是，管理体制全面创新。”通过将国有林场的主要功能定位于保护培育森林资源、维护国家生态安全，推动国有林场政事分开、政企分开，完善以购买服务为主的公益林管护机制，稳妥过渡林场职工等手段，实现国有林场的全面改革，真正使国有林场成为我国生态文明和美丽中国建设的战略资源。

国家公园的建立，可以称之为国有林场改革的“延伸”和“承继”，也是与国有林场改革的“碰撞”和“冲突”，是国有林场改革中针对森林资源的健全责任明确、分级管理的监管体制的新的、有益的尝试和探索。而东北地区在国有林场改革方面面临的问题，也就成为破解国家公园难题的拦路虎和绊脚石。目前，东北地区国有林场改革主要面临着以下几大问题。

1. 自然资源维护问题

2015 年全面停伐以后，全面禁止商业性采伐，原有的“靠山吃山”生计模式被打破，旧有的“人随资产走”道路也不再行得通，曾经以伐木而获得主要收入的森工单位和企业面临着严峻的资金问题，森林培育成了林区开发建设中最大的软肋。森林管护需要人力、物力和财力的综合支撑，在国有林区改革的局面中，从人力角度来看，大批原国有林场职工转岗或转业，现有职工年龄结构偏老，职工老龄化严重，更加缺乏相关专业人才；从财力的角度来看，仅靠国家财政扶持，难以支撑已经习惯了依靠伐木而获取资金收入的森工单位和企业来维系支撑庞大的各项综合支出。就森林资源来说，虽然已经全面停伐，但是仍然需要合理的抚育，需要定期清理维修林区林道，需要完善林区综合配套基础设施。现实中，由于资金不足，对于林区道路的维护存在着维护不足，甚至久失维护、无法通行、破坏严重等问题；涉及到虎豹的保护，需要全面清山清套，合理清退职工、林农、社区居民，合理清退黄牛养殖、经济作物种植、能源矿产企业等综合性保护事项。国有林区已经从木材资源的采伐利用者，转变为自然资源的管理保护者，这个转变不仅是定位的转变，更是整体的体制规划、资金利用、人力安排、农民社区等各个方面的综合任务，需要当地相关部门的大量投入。现有的情况，当地的人力、物力、财力能否匹配、承接自然资源的维护和保护，如何合理规划更好地承接自然资源维护保护工作是林场面临的亟待迫切解决的问题。

2. 职能调整与转型问题

国有林场改革，最突出的是转变其核心功能定位：从索要向保护的转变，从由木材采伐生产者转变为生态修复和建设的主力军，由森林资源的经济利益获得者转变为森林资源提供的生态服务的保护者。这不仅是国有林场、林业单位、林业企业的职能调整和转变，更是我国林业未来发展道路的重要转轨。林业资源，乃至自然资源及其提供的生态服务，不再是为经济建设而不得不被牺牲的砖瓦，而变成了具有社会性、森林文明承载性、森林文化传承性的生态主体。就现实情况而言，这种转变其实是对林业提出了更高的要求，需要林场、林业企业在国有林场改革中逐渐肩负起重要的社会责任。但是在历史过程中，社会对木材的经济需求在很长时间都很大甚至在某种程度上超过了资源承载能力，这种需求曾为林场带来了可观的经济收入；加之森林培育主体的经营权缺位，处于被动、从属地位，很难真正树立主体意识；还有林场职工的生计问题，他们见证了林场的发展和沉浮，也面临着转岗或退出等现实的问题。在现实和历史两个方面的压力下，林场、林业企业和林场职工似乎“绑架”了森林资源。现实的转型需求，和历史的长期积淀，导致这两个方面的压力交织。也导致这两个方面的问题很难在短时间内消化，面对这些压力，林场转型之路，其实是十分艰难的。

3. 自然资源开发问题

（1）森林资源开发。东北国有林区是我国东北乃至华北地区的天然屏障，为我国生态保护和生态建设起到不可替代的作用。大小兴安岭、长白山脉的森林，绵延数千公里，呈月牙形护卫着松辽平原、三江平原和呼伦贝尔大草原，是保障松辽平原、松嫩平原、三江平原工农牧业生产的天然绿色屏障，维系着东北地区的生态平衡，影响着华北平原的生态安全。广袤的林区是松花江、嫩江等众多江河发源地，是城市生产生活的生命线。东北林区对维护区域生态平衡和国家生态安全发挥着重要作用。东北国有林区的森林资源作为重要的生态屏障，其意义、功能也决不能低估。作为我国面积最大、天然林资源分布最集中的重点国有林区，保护着我国主要的粮食生产基地。没有东北的大森林，东北乃至国家的可持续发展就难以想象。对东北地区而言，一旦东北森林质量下降和森林状态改变，生态屏障发生问题，与之相关的生态后果就会相继产生，风蚀、水蚀会使肥沃的黑土地受到严重侵害，随着黑土层的流失，土地的生产能力必将丧失殆尽。今日的大粮仓，明天将会重新变成昔日的北大荒。

基于东北地区重要的自然资源地位，其林区的战略定位不是自身确定的，而是在全国林业一盘棋中确定的。在国有林场改革中，要以坚决守住生态红线为底线，要遵守生态功能区规划，需要妥善处理好资源利用和保护的边界。这就需要针对一些再利用的自然资源，进行有针对性的妥善退出和补偿工作，这项工作不仅涉及林农生计、林场发展的具体问题，更关系到国有林场改革和国家公园试点建设的战略难点。

就现实情况而言，当地主要的发包资源分为采集、种植和养殖三大块。具体来说，采集主要有红松果林、松茸和蓝莓；种植主要指木耳的栽培；养殖主要包括黄牛和林蛙养殖。这三大块发包资源中又以红松果林、木耳栽培、林蛙养殖和黄牛养殖为主要创收项目。针对红松果林发包项目，该项目是林场职工最主要的收入来源。红松果林的种植和红松果的采集，需要一年的生长和成熟周期，在实际经营中确有出现过无序采摘、破坏果树的情况；而针对黄牛养殖项目来说，黄牛不仅是重要收入来源，更被当地人视为民族文化的象征和体现。黄牛散养，进山啃苗、啃树、踩踏树苗林木的现象更是常有。这些问题的出现，表面原因是监管的缺位，背后深层的原因是体制的缺失。在国有林场改革和国家公园建设的大背景下，这些资源发包项目需要喊停、退出，那么这些资源发包项目如何喊停，抑或是部分喊停，以何种顺序退出；是否需要转变生计模式和自然资源利用模式，如何厘清自然资源的利用边界。而针对这些相关林场职工，如何妥善安置其生计问题、如何妥善区划其生存空间等，这些现实问题都是摆在政策制定者面前的问题。如何解放林区的活力，妥善处理好人与资源的关系，将是国有林区改革和国家公园体制改革能够走上科学之路的关键。

（2）矿产资源开发。试点区域有着丰富的煤炭、铁矿、黄金、油页岩等矿产资源。新中国成立之后，国家开始逐步对该地区的资源进行开发。在改革开放之后，部分私营企业也开始进入该地区采挖矿石。在这样的历史背景下，试点区聚集了较多的厂矿企业，仅吉林片区便有96户，占地4 175.1公顷，严重影响了试点区的生态环境。

但是该地的矿石质量较差，使得企业效率并不高。在近些年煤、铁等矿石价格走低的态势下，大部分矿点都处于歇业、停产状态，吉林片区正在生产的企业仅有17家。

这些厂矿企业都具备合法的手续，对开采区域都有着探矿权、采矿权和临时林地占地权。如何使得当地厂矿企业有序退出，这不仅关系着厂矿企业和职工的合法权益和生计安全，同样也关乎着国家公园建设程序的合理性。

三、多元参与：改革所要寻找的同盟军

首先，非政府组织、志愿组织等非政府行动者的参与对于国家公园建设有重要作用，能够在资金、技术和公众参与等方面献策助力。当前我国国家公园建设资金来源主要以国家财政补助为主。政府财政补助远不能支持国家公园建设。《建立国家公园体制总体方案》指出，在确保国家公园生态保护和公益属性的前提下，探索多渠道多元化的投融资模式。非政府部门给予的资金支持能够缓解国家公园建设所面临的资金不足的压力。国家公园建立以前，非政府组织就多次捐款协助东北虎豹保护事业。2000年，受美国鱼和野生动植物署“犀牛与虎保护基金”的资助，黑龙江林业厅与WCS在哈尔滨联合召开“中国野生东北虎种群

恢复计划国际研讨会”。会议制定《中国野生东北虎种群恢复行动计划（建议书）》，要在虎分布重点位置建立保护区和生态走廊。2002 年，在 WCS 的资助下，刚成立不久的珲春自然保护区管理局在核心区域开展第一次清山行动。2004 年，荷兰老虎基金会通过 WCS 提供 7 365 美元进行野生动物冲突补偿。

其次，非政府行动者还能提供硬件设备和技能培训。2002 年，WCS 向管理局捐赠 3 部手持 GPS，2 部远红外感应自拍照相机。2006 年，WWF 捐赠 8 部远红外自动照相机。在国际非政府组织的帮助下，逐步引入 SAMRT 巡护体系，是保护区管理局日常巡护更加系统化和数字化。尽管东北虎豹国家公园已经建立先进的监测系统，在技术设备方面不再依赖国际非政府组织，但是先进的保护理念依然值得学习借鉴。

最后，吸引广泛的公众参与。公众参与对于国家公园建设有重要的作用，利于国家公园政策的科学决策与执行，缓解国家公园与当地居民之间的矛盾，同时培养和提高公民的环境保护意识。

但是多元参与还面临诸多困境。多元参与的原则性强，操作性弱，可借鉴的经验少。虽然《建立国家公园体制总体方案》中明确国家公园建设遵循“政府主导，共同参与”的原则，“国家公园由国家确立并主导管理。建立健全政府、企业、社会组织和公众共同参与国家公园保护管理的长效机制，探索社会力量参与自然资源管理和生态保护的新模式”，但是缺少相关的机制保障和操作指南，无法落实到实际工作中。而且目前的国家公园试点工作缺少成熟的案例以供参考，在试点区存在大量历史遗留问题的情况下很容易酿成更大的矛盾。

多元化资金投入渠道尚未建立。各试点区开展集体土地赎买和租赁、企业退出、生态移民等需要大量资金，远超地方财政承受能力。但应该与多方共治结构伴随的多元化资金投入机制也没有真正建立起来，目前各级财政对各试点区的投入还十分有限。尽管民间资本和社会公益资金有较强的介入意愿，由于尚未建立相应的机制，也缺乏相关的法律保障，加之2017年后中央对自然保护区管理的问责力度很大，地方政府不敢贸然探索社会投入和保护机制（苏杨，2019）。

第五节　东北虎豹国家公园治理的建议

本节根据第四节提出的虎豹公园治理中存在的难点，多角度地提出了相应建议，具体包括：坚持县级管理；建立跨部门跨区域协调机制；分阶段、分区域地消化原有改革成本；探索社区为主体的发展模式；引导多方参与治理；适度发展生态旅游等。

一、坚持县级管理

国家公园治理体制的建设旨在解决自然保护区、风景名胜区、世界文化遗产等自然保护体系交叉重叠、“九龙治水”的治理破碎化问题，同时也为了解决国家公园跨区域治理的问题。因此，《建立国家公园体制总体方案》提出了国家公园建设需要建立统一事权、分级管理的体制，分级行使所有权。国家公园内全民所有自然资源资产所有权由中央政府和省级政府分级行使。其中，跨省份的国家公园的所有权由中央政府直接行使，目前由国家林草局代行，其他的委托省级政府代理行使。条件成熟时，逐步过渡到国家公园内全民所有自然资源资产所有权由中央政府直接行使。

但在东北虎豹国家公园的试点过程中，地方政府与国家公园管理部门在地方治理体制的从属关系、权责划分等问题上尚存在模糊思想，地方治理也因此陷入了僵局。在现有方案中，划入国家公园范围的行政区域将交由拟成立的国家公园管理局来管理，地方政府根据需要配合国家公园管理机构做好生态保护工作。故此，地方政府希望把大凡纳入国家公园内的社区群众和单位职工一并交由国家公园管理局管理，其中涉及相关的社会服务、行政管理等事务。而国家公园管理部门则仅希望接受公园内自然资源资产的管理权和执法权，而其中人的问题仍由地方政府解决。

为实现生产发展、生活富裕、生态良好的文明发展目标，笔者认为国家公园治理体制的建设仍需坚持以县为基础的基层政权架构，在此基础上整合自然资源资产的所有权。

第一，明确县（市）人民政府是落实生态文明建设的主体身份，尤其是国家公园试点具体工作的责任主体和实施主体。在以县级人民政府作为完整治理单元的基础上，国家公园管理机构再寻求合理的机构设置方案。县乃国之基，自秦以来绵延 2 500 余年的县级政权，是我国历朝历代国家治理的基本单元，是最低一级的统治政权机构。居于庞大官僚体系的最底层，县级政府起到了不可替代的支撑作用，中国历来的古训就是“郡县治，天下安”。它承上启下，连城接乡，是宏观经济与微观经济的接合部，是今天工业化、城镇化、信息化建设与乡村振兴战略的连接点。同时，县级政权承担着一个县（市）综合发展的职责。县的发展是以县级行政区为主体，以县城为中心、乡（镇）为纽带、农村为腹地的政治、经济、社会、人口、资源、环境等方面的系统发展，涵盖了经济、政治、文化、社会、环境等“五位一体”的进展和变化，通过经济结构与经济增长水平、公共服务水平、居民生活水平、人口资源环境发展水平、社会建设水平以及文化建设水平等发展态势来综合体现。所以，县域不仅是国家组成的重要实体，而且是一个发展的能动主体，是国家治理的基本单位。县级政府也因此具备着国家公园体制治理主体所需的“权、责、能”。

（1）县级政权有着完整的政治地位。县级政权有着完备的决策、行政、司法等权力，同时具备着党委、人民政府、人大常委会、政协、监察机构等完整的领导班子和农业、林业、工商、环保、国土等完整的职能部门。县级政权也有着独立的财政，可负担一定的治理成本和改革成本。

（2）县级政权承担着综合的政治责任。不同于其他地方政府，县级政府直面县域内的人民，又接受上级政府的领导。一方面，县级政府需要百姓应对公共事务服务多样的需求，需要承担区域经济、社会、文化、政治、生态等多维度发展的职责；另一方面，县级政府需要承担各项改革和下派事务的实施和落地。

（3）县级政权具备着一定的治理能力。我国县级行政区域拥有县城、乡镇（中心镇）、农村“三位一体”的区划。在漫长的历史沿革中，县级政府经历了多次改革，负担着多维度的职能，掌握着承担综合的公共事务的治理能力，基本上可作为微型的、全能的治理主体。

第二，必须要求县级党委和政府承担起生态文明体制和机制改革的责任。在大气候不适应干部大胆作为的气氛中，县级党委和政府缺乏锐意创新的主动性和果敢精神，习惯于被动地等待中央、依赖中央。不仅“等、靠、要”着项目资金，而且“等、靠、要”着基层创新和实践的思路。仅靠中央政府的一股热情，国家公园的建设工作难以取得有效的成绩。想要破解地方治理的困局，就要明确县级党委和政府作为生态文明体制改革的主体地位和各项职能，需明确要求县级政府承担起生态文明体制和机制改革的责任。

第三，着力加强县级政府在生态文明体制机制建设中的探索能力。应当充分认识到在生态文明体制建设中县级党委和政府缺乏相应的能力。在过去三十年里，各级政府的领导干部积累了丰富的发展地方经济的行政经验。然而转向生态文明体制机制建设时，地方政府却苦于相应人才的匮乏。面对着其他地区多样化的实践成果，地方政府也难以寻找可以学习效仿的典型。在国家公园建设的初期阶段，各试点地区只能靠创靠试，这就要求他们必须具备敢闯敢试的能力。因此，试点地区的地方政府需要下大力气，加强干部和业务人员的培训，要让干部们“换脑袋”。

二、建立跨部门跨区域的协调机制

如前文所讲，笔者认为国有自然资源资产管理机构对职能进行整合可以有效减少自然资源治理的空间破碎化和治理破碎化问题。但是不能忽视的是，国有自然资源资产管理机构仍旧是一个行业性质的部门，在错综复杂的社会状况面前，管理部门很难完全统合所有的政府职能。第一，森林公安、消防等特殊性质的部门及地方政府的派出机构职能，管理部门很难统合；第二，职能转出部门并无法完全从自然资源治理体系中脱身，如农业局还保留着试点区域内国有农场的管辖职责；第三，林业局和森工局在转移职责的同时，也转型成为区域国家自然资源资产管理局，这意味着林业局和森工局将原有的职能一并带入了国家自然资源资产管理部门，林业局和森工局的历史背景加大了管理部门职责的复杂性。

因此，国有自然资源资产管理部门作为一个崭新的业务部门，应当积极与伙伴单位、伙伴组织沟通协作，建立协调机制，统筹政府治理资源，以应对复杂的治理客体。

（一）政府上下级间的合作

实现纵向合作，关键在上一级政府，而关注地方的不同政策需求是焦点。国家层次的机构需要特别重视地方的政策需求、反映基层的政策现实。一般来说，国家公园建设过程，不可能到全国每一个角落去征求相关利益群体的意见，也没有必要如此。尽可能充分利用好现有的信息资源，充分理解地方政策需求的多样性是开展这项工作的基础。关注地方多样化的政策需求，主要从两个方面入手：一是放权和支持地方政府国家公园建设，给予地方操作空间，支持地方政府充分挖掘地方性知识，因地制宜地开展国家公园建设。二是开展国家公园建设要组织召开一系列地方政策研讨会，尽可能让该地区的利益相关者参与国家公园政策制定的过程。国家公园建设可以要求各地提出公园建设方案，并分析所针对的问题、受益群体、目标和预期产出、政策实践含义、行动措施和政策实施面临的挑战和机会等。综合不同地区的政策偏好和分析报告，形成政策建议集，再反馈给地方，针对这些政策建议集进一步评估。公园建设工作组可以通过设立产权、公众伙伴关系、社区等交叉主题的方式，理解地方公园建设需求。这些交叉主题对不同地区的重要性相对不同，要求各地根据实际选择交叉主题开展政策研究。这样有可能照顾到各地实际的公园建设需求，客观反映各地的差异。

（二）跨部门合作

推动跨部门合作，可以在不同部门之间共享信息和资源，避免潜在的冲突，增强政策实施的协调性、统筹性。公共政策的实施往往需要多个部门之间的配合，跨部门合作至关重要。跨部门合作需要建立平台，如协调小组等，还需要仪式，如通过签署协议、签署备忘录等方式来确认，联席会议、专家顾问委员会等非正式方式也可以被用于跨部门合作。

（三）跨地区合作

跨地区合作事项应作为“中央—地方共同事权”，由中央统筹介入。推动跨区域合作是当今各国治理的又一道难题。如何推动跨区域合作，实现非零和博弈的均衡，能使双方受益，这还存在许多理论上和方法上的难题。我国推动长三角一体化、京津冀一体化、南水北调等重大跨区域合作总是存在这样或那样的困难，往往都需要中央政府的强力介入。若无强有力的地区合作机制保障，跨省国家公园的管理未来也会同样如此。中央政府部门在行使协调职能的过程中，还是要以区域政府间自主协商的充分性为前提，减少中央政府权力对区域性事务的过度干预，形成最终区域自主协商和中央介入协调的有机统一。

三、分阶段、分区域地消化原有改革成本

国家公园的建设并不是基于白纸一张，而是面临着复杂的历史背景和沉重的改革成本，其中比较重要的改革成本有国有林场改革的遗存问题和原有自然资源开发利用问题。这些改革成本或积重难返，或成本高昂，例如东北虎豹国家试点区域内的延边黄牛多达5万头。因此，如何处理解决消化原有改革成本成为一个重要的课题。

笔者认为应当分阶段、分区域地消化原有改革成本，一方面，可以减缓短期内的改革压力；另一方面，可以减少不必要的改革损耗。

第一，逐步推进国有林场改革和试点内厂矿退出。结合国有林场、林区改革，逐步推动国有林场、林区转型。

第二，综合区域规划，协同推进改革进程。一方面，要结合试点地区相应的战略规划，需要不同规划的结合点，寻找破题路径；另一方面，结合区域发展规划和空间布局，充分利用现有资源，如靠近居民点的厂矿遗址可以经过景观学设计改造成工业主题公园。

第三，提供技术指导，给予地区产业转型空间。要给予当地产业一定的转型期，有规划方案、有阶段划分地引导产业进行因地制宜、符合国家公园建设要求的生态化生产。课题组在调研过程中偶然访谈到一位黄牛养殖专家，其为黄牛舍饲圈养设计了一整套方案。可见原有产业并非只有退出一条道路，通过各方专家、学者、官员的通力合作，原有产

业也可以走向脱胎换骨的转型道路。

本段以“黄牛生态圈养”为产业转型案例进行探讨。在地区产业转型方面，笔者认为可以徐徐图之，逐步探索产业转型经验。以黄牛养殖为例，地区可以探索黄牛生态圈养的方式，兼顾生态保护和地区经济发展，减少不必要的改革成本。随着国家对环境保护力度加强，对自然生态的保护对于农民百年来形成的自然放牧养殖黄牛的方式形成了巨大的挑战，森林禁牧势在必行，而生态圈养就成为养殖产业良好的转型方向。

在生态保护方面，黄牛圈养可以减少放养带来的生态影响。黄牛对自然破坏主要体现在三个方面。第一，放养黄牛将影响当地的植被物种。原始森林的植物和动物之间都有相互生存的作用，但是当牛群进入原有生态系统后，会专门啃食愿意食用的植被，而黄牛不愿意吃的野生植物会加速生长繁殖。植被在自然中有它们自己的相互制约的生存方式，黄牛进入后打破了自然的原有均衡，牛不食用的植物大面积生长繁育，而被牛吃的植物得不到种子生长不起来，随着时间的推移这个系统将被破坏。当然野生草食类动物和牛一样，要想它们繁衍生息，就不能让家畜和它们抢夺这方面的资源，当野生草食资源多了，食物链顶端的东北虎也自然有了食物，有了良好的生存空间。

第二，聚集在一起的牛群和牧牛者对虎豹的生存也是一种威胁。东北虎、东北豹是警惕性很高的动物。周围环境过于嘈杂会使得虎豹感觉没有安全感，进而离开此地。因此，养殖黄牛会对虎豹产生驱赶效应。

第三，散养的黄牛可能成为虎豹感染的病源。如虎豹处于饥饿状态，会对黄牛进行捕食。如此，黄牛所携带的病源就会传播到虎豹体内，进而导致虎豹的感染，甚至死亡。

在地区经济发展方面，生态圈养可以提供四个方面的收益。

第一，营养加工工艺效益。营养占养牛业效益 50% 以上，在没有禁牧的时候农民把牛送到林场食用自然植被，能节省一些粗饲料费用，但是同时失去了最重要的营养监管环节。结合种植业改变传统的牧草加工工艺，把秸秆在最佳的时间用最有利的加工工艺和存贮方式保存起来，用玉米秸秆来养牛。这给农民带来很可观的效益同时对种植业也起到了关键作用。通过秸秆的过腹还田，不仅减少化肥的使用，转化后有机肥还有助于庄稼的生长和对农田的养护。

第二，肉牛繁育技术效益。当黄牛在山林放牧的时候，专业人员是无法对牛群进行监管的，更无法采用先进的科技去提高黄牛的效益，一切生产只能靠随机交配。但是这样的繁殖技术使得杂交牛泛滥，延边黄牛的基因库受到了污染，黄牛物种也濒临崩溃。因此科学专业的繁育技术可以保证延边黄牛种群的纯正，提高产品价值。

第三，饲养环境现状。相对于放养，圈养可以大大节省生产空间，同时也可以提高延边黄牛现有的饲养环境。

第四，肉牛养殖业的医疗保健问题。放养牛群的交叉感染现象较严重，布氏杆菌在母牛群中阳性率高达 40%。因此，在专家指导下的专业化圈养、生态化养殖将有效解决肉牛养殖的医疗保健问题。

四、探索社区为主体的发展模式

各试点公园都能认识到社区是必须重视的问题，然而，几乎还没有任何创新的行动设法将社区融入国家公园体系中。现行的做法总是将当地社区排斥在自然资源管理之外。这不符合中国国情，也不应是国家公园建设的方向。为平衡发展与保护之间的关系，维护脆弱的社区生计，降低国家公园治理成本，东北虎豹国家公园应当积极探索以社区为主体、多元主体参与的发展模式。

社区为主体的发展模式一方面有助于创新地方的自然资源管理模

式；另一方面，可以为政府节省对社区无序资源利用行为监督、管制、处罚、疏导的治理成本；更重要的是继承和发扬人与自然和谐相处的传统文化，在生态文明建设的背景下，寻找美丽乡村的建设道路。

探索建设中国特色的国家公园，绝不意味着可以抛弃国际上对国家公园性质和内涵的普遍理解。在我国国家公园建设的初期，应当树立“尊重自然、顺应自然、热爱自然和保护自然”的理念，明确国家公园建设的首要目标是自然生态系统保护，而不是旅游。中国特色，应当充分反映中国是一个人口大国，拥有多样的传统文化、丰富的人文景观和复杂的“社会—生态系统”组合。在中国广袤的地域上，生物多样性和自然景观已经与当地人的生产、生活、文化实践紧密构成了一个整体。当地丰富的传统知识体系、风俗习惯、宗教信仰、组织体系、习惯法等均构成了“社会—生态系统”的组成部分。面对全球化、市场化和技术的快速发展，当地社区已经被裹挟进快速的社会经济变迁进程中，对当地社会系统、经济系统、知识体系和宗教文化习俗产生了巨大的冲击，可借国家公园建设加以保护。

次要目标是为国民的修身养性和环境教育提供场合。发挥其自然生态系统的多种功能，让国民近距离亲近、感受自然生态环境、接受自然洗礼、品味传统精神、传承文化内涵；增强国民热爱祖国大好山河和历史文化，唤起人们热爱生活、感悟生命真谛，增强民族认同感、自豪感和爱国情操；展示我国生态文明建设成果，成为世界认识中国生态文明建设的名片。

国家公园与社区的问题是国家公园体制建设的核心问题之一。我国作为人口大国，国家公园内部及周边存在大量社区。如何协调社区居民的发展权益和国家公园自然资源和生态环境原真性和完整性的保护将是国家公园体制建设成败的关键。依照保护方式不同，研究团队将社区机制分类为“严格保护”“引导保护”“主动保护”。

（1）“严格保护”类型。在国家公园范围内，为保护自然生态系统的原真性，对于有搬迁需求、对生态影响较大的社区可以采取民主协商的方式，进行易地搬迁，对于社区原址进行生态修复，维护原有生态系统本貌。搬迁工作需以“公平、公正、公开”的原则，尊重原住民习俗、文化、宗教，尊重并维护社区居民的发展权益，做好社区补偿工作。

（2）“引导保护”类型。对于国家公园内部及周边区域不具备搬迁条件或可行性的社区，政府应当主动激励、引导社区参与到自然保护、国家公园建设等工作中。政府应以生态岗位、生态产业为引导，以生态文明教育为重要手段，将社区培养为重要的生态文明建设的参与方。可以通过护林员、宣传员、讲解员等国家公园相关的岗位，选拔、培养社区群众，辅以政府主动的生态文明教育和生态产业（如生态种植业、生态养殖业）推广，逐渐将社区生计与生态保护结合起来，提高社区群众对生态保护的重视程度和适合本地的生态知识，充分发挥社区群众的能动性。

（3）“主动保护”类型。不同于前两种针对自然生态系统的保护类型，在“主动保护”类型中，原真性目标定位为“保护原有的人与自然和谐关系”。该类型的社区不仅作为自然保护的参与者，而且其原有的与自然和谐相处的生产生活方式和社区传统文化也作为国家公园的重要保护目标。为保护原有的人与自然关系，政府不仅要采用传统的自然保护模式，保护生态系统不受额外人类活动侵扰，并且要主动维护、帮助原住民传统的生产生活方式。一方面，政府需要保障社区居民的发展权益，通过生态标签（eco-label）、政府产业扶持等方式，提高原有生产模式的利润，并且要在不影响生态系统的前提下改善社区生产生活设施；另一方面，政府应当搭建科研平台，挖掘地方性知识，保留地方传统文化的资料，不仅要保障生态系统的原真性，也要保证生态文明和传统知识的“世代传承”。

五、引导多方参与治理

《总体方案》规定政府的主导模式。政府主导与政府包办的区别点是：政府可以授权，按照一定的方案由非政府组织来牵头，通过多方间的协议达成共治局面，即特许保护下的协议保护。《建立国家公园体制总体方案》中明确国家公园建设遵循“政府主导，共同参与”的原则，“国家公园由国家确立并主导管理。建立健全政府、企业、社会组织和公众共同参与国家公园保护管理的长效机制，探索社会力量参与自然资源管理和生态保护的新模式”……“在国家公园设立、建设、运行、管理、监督等各环节，以及生态保护、自然教育、科学研究等各领域，引导当地居民、专家学者、企业、社会组织等积极参与”。

如果没有原住民参与治理并分享到保护成果，没有全国其他力量介入以弥补治理能力短板，国家公园就难以形成有利于保护的利益共同体。应构建统筹协调机制、管理执行机制、科学评估机制“三位一体”的治理体系。在生态文明建设总体框架下，日常管理应由各级国家公园管理局来承担，形成统一高效的管理主体；统筹协调机制可以采用中央政府、地方政府、社区、行业协会、公益组织等各利益相关方参与的董事会或理事会制度，保障其决策权和监督权；科学咨询和评估机制应由独立的科学委员会来执行，为规划、保护和开发策略、绩效评估等提供科技支撑。（苏杨，2019）

六、适度发展生态旅游

《建立国家公园体制总体方案》明确国家公园“要为公众提供作

为国民福利的游憩机会”，以及国家公园可以在不损害生态系统的前提下开展旅游，“严格规划建设管控，除不损害生态系统的原住民生产生活设施改造和自然观光、科研、教育、旅游外，禁止其他开发建设活动”。

但是在国家公园试点工作过程中，凡涉及“旅游”的相关问题变得十分敏感，如各试点国家公园的规划中都特意回避“旅游”一词，甚至用“访客”一词来替代“游客”，用“生态教育”来描述实际发生的旅游活动。鉴于这样的背景，媒体出现“国家公园禁止商业、旅游开发”的观点，国家公园管理局相关负责人专门针对此事回应，并指出国家公园“纯粹保护”是一个误解，国家公园要“提供生态体验产品，满足公众对环境教育、游憩体验的需要”。

事实上，国家公园建设离不开“旅游”。一方面，部分国家公园试点区域本身已经成为较成熟的旅游地，如长城、武夷山、神农架等地，在未来的国家公园体制推广中，也不太可能脱离旅游地进行国家公园建设，旅游业已经实际扎根在许多“准国家公园”中，旅游基础设施和配套设施相对完善；大范围自然保护地往往拥有庞大的市场需求，面对游憩服务公益化和市场化的矛盾，杜绝保护地中的旅游活动并非易事。

另一方面，我国自然保护地人口众多，利益相关主体多样且关系复杂，生态补偿的资金缺口巨大，彻底封闭自然保护地，禁止开发建设的机会成本大，现实意义小；国家公园需要从旅游产业的角度，充分兼顾社区的协调发展（张朝枝，2019）。国家公园品牌则有可能发展成为国家公园旅游的顶级品牌，形成绿色产业体系，实现“绿水青山”向“金山银山”的转化（苏杨，2018）。

第六节 结 语

东北虎豹国家公园的建设对国家林草局和试点区域而言是一个重大机遇。对国家林草局而言，东北虎豹国家公园的设立，是中国生态文明建设一项标志性的重大工程。东北虎、东北豹位于森林生态系统食物链顶端，在我国东北地区的自然生态系统中起着不可或缺的作用。东北虎豹国家公园划定的园区是我国东北虎、东北豹种群数量最多、活动最频繁、最重要的定居和繁育区域，也是重要的野生动植物分布区和北半球温带区生物多样性最丰富的地区之一。设立东北虎豹国家公园，将有效保护和恢复东北虎豹野生种群，实现其在我国境内稳定繁衍生息；有效解决东北虎豹保护与人的发展之间的矛盾，实现人与自然和谐共生；有效推动生态保护和自然资源资产管理体制创新，实现统一规范高效管理。在这样的改革背景下，国家林业和草原局应当确立生态文明建设新世代中的部门定位，担负起改革的先锋角色，探索“国家所有、全民共享、世代传承”的新道路。

对黑龙江、吉林两省来说，加强生态建设，加快绿色转型发展，具有划时代的里程碑意义。在生态文明建设过程中，试点地区可乘着改革的东风，调整地区发展方向，重塑地区定位；引导民众走向绿色生产生活方式，营造生态文明良好风气。

一方面，试点地区应当调整经济产业结构，从资源依赖型经济转型到以服务业、生态农业为主的经济发展模式。在天然林禁伐之前，试点地区的经济发展主要依靠着林业、矿业等大量消耗自然资源的产业；试点当下的产业结构仍主要以矿业、养殖业、采集业和种植业等第一产业为主。对于林木、矿产资源、林下草场和生物的依赖，使得试点地区的经济发展与生态保护之间矛盾丛生。试点应当重新定位地区发展方向，加强人力资本建设，探索国家公园内休憩旅游、自然教育等为代表的服务业，引导国家公园内部及周边社区先行发展生态农业，努力完成经济发展的绿色转型。

另一方面，试点地区应当改变对于单一经济发展指标的追求，应当为人民美好生活的追求而服务，努力引导民众走向绿色生产、绿色生活，为生态文明建设构筑社会基础。在城市建设中，应当努力倡导低碳建筑、生态道路；在舆论宣传工作中，应当引导人们树立多元包容的、生态友好的价值取向，鼓励人们采取低碳出行、生态农业等环境友好的生产生活方式。

对林草局和试点地区而言，东北虎豹国家公园的建设也是巨大的挑战。国有自然资源资产管理体制改革将带来巨大的改革成本，也为试点治理体系梳理和发展模式转型抛出了重要的课题。在生态文明建设中，试点的挑战主要集中在以下三个方面。

第一，历史包袱沉重，改革成本较高。在国家公园建设中，试点面临着国有林场、国有林区改革，厂矿企业退出，林下经济退出等多方面的改革成本，历史遗留问题严重影响着现有改革的进程。以东北虎豹国家公园建设为例，依照现有规划，国家公园范围内共涉及森工企业 4 家，自然村屯 119 个，林场职工和社区居民对当地自然资源依赖程度较高；公园内共有采矿企业 27 户、制造业企业 20 户，电力供应企业 2 户，总资产合计 64. 7 亿元，涉及职工人数 7 058 人；当地居民对多种林下资源采取了经营开发，其中红松果林承包面积约 49. 88 万公顷，林蛙林下养殖承包面积约 45. 56 万公顷，黄牛养殖 10. 5 万头，牧业用地约 5. 04 万公顷。沉重的历史包袱已经成为试点生态文明建设的严重阻碍，中央和地方政府应当果断承担改革成本，经历阵痛后的试点才可以轻装前行。

第二，路径依赖强烈，仍待转变思想。试点的发展思想和产业结构仍较为粗放，对自然资源依赖程度较高。近几十年，试点的支柱型产业主要集中在矿产、林业、牧业等附加值较低的资源消耗型产业，路径依赖程度较高。政府对于地区发展的思考仍停留在资源的原始开发和利用。试点需要实现产业结构和发展思想的“双突围”。

第三，亟须人才培养，提高干部素质。面对着全新的课题和保护工作的压力，试点面临着人才数量和质量的双重短缺。综合部门的干部尚缺乏绿色发展的指导思想和“多规合一”的思考空间；业务部门的干部则需要经历从经济发展业务到自然保护业务的转型，尤其是林业部门的干部仍停留在营林、林下经济的业务范畴，而作为国家公园的主要管理者，他们需要尽快适应新工作岗位的需要。补充高学历对口人才，专项培训现有干部职工，反思并重新制订工作计划，将是下一阶段工作的重点。

东北虎豹国家公园将是我国生态文明建设的里程碑，是我国向世界展现“生态中国”的绿色名片。这张“名片”的打造过程将是艰辛的，需要无数能工巧匠的智慧和汗水。它需要中央政府的决心、地方政府的能动性、市场力量的推动、社会组织的奉献、科研单位的智慧、社区居民的参与。在新时代下，我国各方面的力量都在积蓄，在改革的关键节点，我们也应当充分凝聚各方力量，发挥各方所长。

第九章

浙江省安吉县余村两山转型发展

2005 年 8 月 15 日，时任浙江省委书记的习近平同志来到余村考察，在了解余村的转型发展历程后提出“绿水青山就是金山银山”这一科学论断。余村二十年来的发展历程就是“绿水青山就是金山银山”理论的现实样本，是全国美丽乡村建设的最早实践的样本之一。

余村是浙江省湖州市安吉县天荒坪镇的一个小村落，因境内天目山余脉余岭及余村坞而得名。余村溪自西向东绕村而过，“山石线”乡村公路贯穿全村。如今的余村，风景秀美，竹海青山，村庄宜业宜居宜游，村民富裕富足富有。然而，20 世纪八九十年代的余村却并不是这个模样。曾经的余村是安吉最大的石灰岩开采区，开矿采石、办水泥厂……粗放的“石头经济”虽然让村集体经济收入不菲，成为全县的“首富村”，但严重的环境污染和生态破坏却使得山体满目疮痍，长年烟尘漫天，溪水污浊不堪。二十年来，余村切实转变发展思路，关停污染十分严重的水泥厂、停止矿石开采，由最初的以牺牲环境为代价赚取收益转为集中精力开展生态文明建设、发展休闲旅游经济，变“靠山吃山”为“养山富山”，实现了经济发展与生态保护的双赢，并先后荣获“全国美丽宜居示范村”“全国乡村旅游重点村”“全国生态文化村”“国家 4A 级景区”等一系列荣誉称号。

第一节　余村的自然与历史

余村地处天目山北麓，海拔在 100～350 米，三面环山，竹海连绵，拥有十分丰富的竹林资源和矿石资源。村域面积 4.86 平方公里，山林面积 6 000 亩（其中毛竹林 5 200 亩）、水田面积 580 亩，人口 1 050 余人，属于典型的“八山一水一分田”。村域呈东西走向，北高南低，西起东伏，群山环抱，秀竹连绵，植被覆盖率高达 96%，具有极佳的山地小气候。

村口中心有一个水潭，潭中矗立着一块巨石，上面刻着的就是习近平总书记的科学论断——“绿水青山就是金山银山”。水潭四周长满丰美的水草和鲜花，地势开阔，一眼就能望见村子对面的群山和山间的茂林修竹。水潭的附近有一片银杏树林，夏天绿意盎然，秋天金黄似火，也是村中的一处美丽风景。余村有大小银杏树数百棵，其中有三棵古银杏的树龄都在 1 000 年以上，被称为“一王二妃”，这些千年古树也是余村悠久历史的见证者之一。余村还打造了五彩田园和生态旅游区。五彩田园由多彩稻田和花海组成，到了秋天姹紫嫣红，天气晴好时和蓝天白云、绿水青山组成一幅绝美的风景。除此之外，余村还有荷塘雅趣、隆庆问禅、两山会址、激流勇进、古树秋思、龙潭碧玉、矿山遗韵、余岭怀古等八景。村子里小桥流水相映、亭台楼阁相依、茂林修竹掩映，荷叶田田，荷池映日，干净雅致，一步一景。

得天独厚的自然环境孕育了余村悠久的历史文化，清光绪版《孝丰县志》记载，余村早在明清之前就已建村，清朝时期上由孝丰县管辖，曾名“俞村庄”，1949 年秋后称“余村”。自 20 世纪七八十年代起，余村因着山里分布着优质的石灰石资源，人们“靠山吃山”，视矿山为

“命根子”，大力发展矿山经济，采石矿、造水泥、烧石灰……一度成为安吉县上规模的石灰石开采区。全村200多户村民，一半以上家庭有人在矿区务工，矿山给余村集体每年带来300多万元净利润，是全县响当当的富裕村。经济高增长的背后，是灰色的天、污浊的水和黑雾笼罩的山，生态环境变得十分恶劣，钱多、水黑成为余村那个时代共同的灰色记忆。而如今的余村早已转变了发展方式，实现了从“卖资源”到“卖风景”的美丽蝶变，不但完全恢复了旧貌，而且变得更加秀丽优美，群山翡翠，成为恢复生态的典范，是“两山”重要思想在浙江大地的生动写照。那么余村是如何实现这一转变的呢?

第二节　余村的转型发展历程

20世纪70年代初，安吉的产业主要集中于传统的石灰岩资源开采，村民通过开采当地的三座矿石和一座水泥厂获得收益。虽然当时收入可观，但带来的恶劣环境使当地果树、山笋等无法正常生长，导致农业无法正常发展，生态环境受到严重破坏。因为矿山、水泥厂的污染，余村常年笼罩在烟尘中，溪水污流、土地裸露、满山“疤痕”、水土流失、扬尘四起、黑雾冲天、树叶蒙尘、粉尘蔽日，连生命力顽强的竹笋也连年减产。村民们不敢开窗、无处晾衣，甚至无法呼吸到一口干净的空气，还因生产事故致死致残。现在回忆起当时的满目疮痍，老乡们还依然历历在目“那时水泥厂烟囱的白烟，把整个村子弄得灰蒙蒙的，山上竹子叶全部被熏脏了。”“天经常是灰的，看不清太阳，屋里一抹一手灰”。在这个阶段，余村人是在用“绿水青山换金山银山”。

直到20世纪90年代末，余村已处于资源枯竭的衰退期，无法利用原有的产业支撑生产生活，开始逐渐用绿色产业替代原有开采业，走向绿色产业升级之路。2000 年，余村开始开展“五改一化”（改路、改房、改水、改厕、改线及环境美化）村庄环境治理。2001 年，安吉确立“生态立县”的战略，在那个年代，生态立县这条路，说起来好听，走起来却并不轻松，水泥厂和矿区关停，几乎断了余村的财路，很多村民一下子失业了，村集体年收入大幅减少，因此当时余村只有一小部分村民响应。直到 2003 ~ 2005 年，随着环境污染的日益严重和矿山安全事故的不断发生，村民真正意识到保护森林、发展生态、走可持续道路的重要性，下定决心关停全部矿山和水泥厂，实行封山育林，并尝试开办农家乐等需要基于生态环境的经济活动。这个阶段余村的发展可概括为“宁要绿水青山，不要金山银山”。

2005 年 8 月 15 日，时任浙江省委书记习近平到安吉县余村考察，得知余村为一片绿水青山而关停所有矿区时，习近平对余村的做法给予了高度评价，并发表著名的“两山”理论，这为余村继续发展生态经济树立信心（黄宇，2018）。随后，余村开始走“养山用山”之路，将全村划分为生态旅游区、美丽宜居区和田园观光区 3 个区块，将村民生活、生产与发展的空间作了合理布局，2008 年余村成为“中国美丽乡村”建设大军中的一员（高清佳等，2019）。2011 年，余村大力推广农家乐，建设高品质景区，利用村里历年的积累，投资建设荷花山景区等旅游生态区，带动第三产业发展，既保护了环境，又获得经济价值。由当初的被动产业转型升级逐渐主动构建新产业发展，即由传统的可耗竭资源开采为主的产业转向主动探索乡村旅游和农家乐的发展之路（见图 9 - 1），十年来经济收益一直上升，人民生活水平不断增加。这个阶段余村的发展完全印证了“绿水青山就是金山银山”。

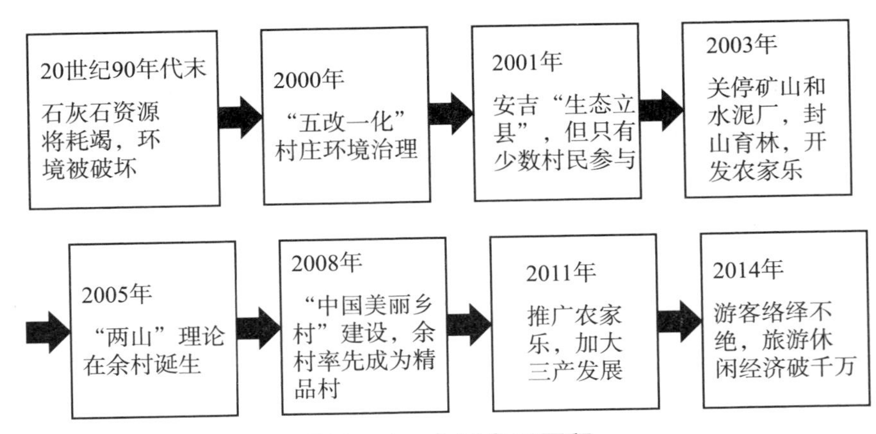

图9－1 余村发展历程

村民潘春林一家的经历就是余村这十几年来发展的缩影，从他的视角我们可以更具体地了解余村这些年的变化。据潘春林介绍，在2005年之前，天荒坪镇是以水泥、矿山为主的发展体系，所以从1992年开始潘春林一家人就围着矿山生活，他和父亲都在水泥厂上班，开货车拉石料，直到2000年都以此为生。但是，在矿山上工作风险比较高，短短几年内矿山上发生过数次安全事故，先后导致5个村民死亡，几十位村民不同程度受伤。余村在水泥厂、矿石发展付出了很大的代价，环境破坏十分严重，开矿的噪声及采矿安全隐患也让居民很难有安定的生活。所以从2000年开始，余村便逐个关停水泥厂，并鼓励农家乐发展。潘春林一家也开始了一边在矿山上班一边开酒店的生活。2005年，习近平总书记的视察使他们的信心倍增，并决定全身心投入农家乐的经营。到了2007年，随着水泥厂的全部关停，余村的环境开始好转起来，同时借助荷花山景区的带动作用，来余村参观的游客数量也开始增多。所以潘春林一家从2007年开始加大农家乐投资规模，从3万元增加到60万元，房间增加到20多个房间，到了2008年还收购了周边小的农家乐，统一经营管理，房间数量增加到50个，并在2011年成立天河旅行社，2013年加盟九龙峡度假村，营业规模不断扩大。到了2015年，潘春林成立了自己的旅游公司——安吉县村民旅游有限公司，年接待游客数量从2010年的8 000人增加到如今的50 000人。

潘春林还与时俱进地更新营销宣传方式。最开始农家乐面向的对象还只是老年人，为了打开市场，潘春林组织人背着宣传资料到上海老年人聚集的地方发放传单。2008～2010年，随着老年人和客源增加，潘春林开通了上海到安吉的直通车，每天按班次接送。后来，随着网络的普及，潘春林又加大了网络宣传力度，网络订单增加到50%以上。随着客源的不断增加，游客群体逐渐从老年人转变为年轻人，农家乐逐渐走向中高端，潘春林便开始拓展其他辅助的产业，从房间到酒店到景点一条龙服务，客人出去游玩派出专门的导游进行陪同，形成一个完整的服务链。

余村农家乐的发展也离不开政府的支持。据潘春林回忆，2005年，余村开始在政府的指导下进行全面小康示范村建设和美丽乡村建设，一步一步美化环境，完善配套设施。一方面，政府为余村提供了许多基础设施方面的支持，比如通电通网、道路建设、污水处理等；另一方面，县镇还出台相关的政策和管理办法规范旅游业发展，如农家乐管理办法和村民经济发展的若干政策，并拨款用于农家乐的精品改造。除此之外，还定期组织村民参加民宿经济的相关培训。“一个村的发展离不开政府的支持”，潘春林在总结余村发展经验时说道。

如今，余村已成为浙江省首批村庄规划编制与社会主义新农村建设的试点村、示范村，是浙江省全面小康示范村之一，“绿水青山”在期待中变为了“金山银山”。这是“两山”理论的伟大实践，生动讲述了“绿水青山就是金山银山”的故事。余村村支部书记在回忆余村发展历程时由衷地感慨“这十年余村一步一个脚印，持续性地搞好环境，采取很多措施来发展，我们由衷感受到了绿水青山就是金山银山。”

第三节　余村转型发展现状

经过二十年的转型发展，余村原本泥泞的村路被平坦开阔的“两山绿道”取代，坑坑洼洼的矿山摇身变为“遗址公园”，复垦后的水泥厂旧址被改建成了五彩田园……与此同时，村里的休闲产业链，从单纯的自然观光，发展到河道漂流、户外拓展、果蔬采摘等综合业态。如今的余村，现有民营企业 18 家，农家乐 14 家，观光、休闲、娱乐型旅游景区 3 个。2020 年，村民胡有乾创办了全国首个村级供销社——余村供销社，积极吸收、采购余村和周边乡村的优质农产品、特色产品、手工艺品等，通过电子商务、对外参加展会、旅游附带销售等多种形式产销对接，形成一条日益丰富的休闲观光产业链。

按下绿色变革的“快进键”让越来越多的余村村民享受到了生态旅游带来的红利。2014 年，村民人均收入达到 27 677 元，是 10 年前卖石头的 5 倍之多，旺季时，60 多位村民在漂流景区工作，每人每月工资就有 5 000 多元。280 户村民中有 60 余户拥有小洋房。实地调研中，不少村民反映生活水平与之前有明显提高，幸福指数明显增高。村里建起文化礼堂、电影院、灯光球场等，由对物质生活的需求转向对精神生活的追求，大大提高了村民生活质量。2021 年，余村全年的游客量有近 90 万人次，旅游收入近 4 500 万元，村集体收入超过 800 万元，村民人均收入达 61 000 元，村民幸福感节节攀升。

2020 年 3 月，时隔 15 年后，习近平总书记再次来到余村。他说，余村现在取得的成绩证明，绿色发展的路子是正确的，路子选对了就要坚持走下去。总书记的叮嘱，让余村人更加坚定了自己的选择。立足大好局面，村里各家各户拆除高墙、打开庭院，按照“一户一品”“一院一景”布局乡村经营。目前，余村以首批开放庭院的15户示范户为核心，形成了一条“味道特色街”。“小胡的咖啡老胡的酒，春林的山庄老表的油，鲍家的学堂荷塘的藕。”成了家家户户都知道的顺口溜。余村还开展了新一轮生态旅游产业布局，与安吉县文旅集团签订战略投资协议，将全村打造成为集山地运动、健康养生等于一体的文旅融合综合体，村民从事旅游讲解、民宿管理等职业，成为乡村旅游发展的主人翁。

第四节 余村生态经济协调发展动因

一、因地制宜制定发展规划，坚持推进绿色发展理念

从地理区位来看，余村位于长江三角洲区域，离杭州、上海距离较近，具有吸引城市居民参与乡村旅游的地理优势，当地旅行社每天安排多班次“农家乐直通车”往返于余村与上海、杭州、苏州之间，打通“吃住游行”一条龙服务。从生态环境来看，余村境内山水资源丰富，既有三面环山的山区特色，也有清澈见底的水库、溪流。自舍弃矿山经济、护山育林以来，其自然资源、生态环境优势更为明显，为余村日后兴办生态采摘园、垂钓园、采摘无公害水果等旅游项目与服务提供良好基础。因此，依托本村村域资源优势，因地制宜发展生态经济，成为余村生态经济协调发展的主要方向。

在立足本村优势的基础上，余村践行“两山”理念推进绿色发展，各项治理工作都潜移默化地将绿色理念融会贯通。从源头看，余村的发展定位与思路，更加注重预防环境污染与生态破坏，将生态保护工作做在经济发展的前面，避免了农村经济发展对农村资源环境的过度消耗

（洪潇敏等，2019）；从过程看，余村将预防与保护相结合，将修复与发展相结合，将惩治与鼓励相结合，让村民享受到绿色发展的成果，从而身体力行投身于“生态村”的建设中去，形成了良性循环。

余村的发展实践表明，将“绿水青山”转化为“金山银山”要做到因地制宜，立足于当地的发展状况采用最合适的经营策略，应坚持绿色发展道路，将生态环境的优势不断转化为生态农业、生态工业和生态旅游业的发展优势，绿水青山就变成了金山银山。

二、政府引导产业发展方向，群众共同参与村庄治理

安吉县作为第一个生态县，安吉县政府积极响应号召，以“养山富民”的思想落实政策，在产业结构调整、生态环境治理、生态文明建设发挥了重要作用。县级领导及镇级领导明晰所在区域的发展方向，各司其职，不断创新，把生态休闲旅游作为安吉县经济支柱产业、现代服务主导产业和农民增收的致富产业，大力推进旅游业发展的同时对森林资源有效利用与保护。积极实行“五水共治”[①]、“三改一拆”[②] 等生态环境治理政策，深入实施“山青水净”三年行动[③]，将绿色 GDP 纳入考核指标，不断优化与生态文明建设相适应的管理体制。除了县级及镇级政府外，村集体的引导在余村经济与生态的蓬勃发展过程中发挥了更为关键的作用。2008 年，村里借助当时天荒坪风景名胜区编制总体规划

① “五水共治”是浙江省委十三届四次全会提出的，主要内容是“治污水、防洪水、排涝水、保供水、抓节水”。

② “三改一拆”是指浙江省政府决定，自 2013 年至 2015 年在全省深入开展旧住宅区、旧厂区、城中村改造和拆除违法建筑（简称“三改一拆”）三年行动。

③ “山青水净”是安吉县委政府 2013 年提出的三年行动计划，从“治水、治山、治气、治污、治堵、治乱”等环节入手，大力推进洁河净水、绿坡青山、清洁生产、城乡治污、城市畅通、连线成片六大行动，力争用三年时间把安吉建设成涉水可饮、青山可秀、清风可沐、寸土可生、城乡可媲的“水绿山青天蓝土净诚美”之地，成为长三角乃至全国最宜居之城。

的契机，启动美丽乡村建设，重新编制了村庄发展规划，把全村划分为生态旅游区、生态居住区和生态工业区 3 个区块，将村民生活、生产与发展的空间作了合理布局，保障经济建设和生态保护协同发展。其中，生态旅游区以荷花山风景区和隆庆禅院为主干，主要发展旅游产业，鼓励村民发展农家乐、景区进行提档升级，形成了春林山庄、荷花山漂流等一批有规模、上档次的休闲品牌。生态居住区以村庄集居区为主，实施美丽乡村规划（姜晓晓，2017）。对中心村主要节点进行“亮化、净化、美化”改造，拆除破旧违章建筑、完善厕所氧化沟污水处理系统、新建便民服务大楼、鼓励村民发展休闲产业、改善民生设施。生态工业区以村对面的地域作为发展基地，引进无污染、高效益的企业入驻，鼓励发展创意产业。

群众是乡村建设最重要的参与者，余村在制定的发展规划过程中，注重鼓励群众共同参与生态保护和村庄建设。余村实行“四民主三公开”制度——民主选举、民主决策、民主管理、民主监督，党务、村务、财务公开。此外，村支“两委”注重访民情、察民意，引导广大群众自觉参与乡村建设，最大限度地调动群众的积极性（杨志飞，2017）。由于见证了余村绿色发展的成功转变，家家户户都端起了“绿饭碗”，因此村民对待“生态”的认识从过去的“抵触”“不理解”“观望”，变为现在的“支持”“配合”“全民参与”，更加意识到生态保护对于经济发展的重要性。2017 年 7 月，余村出台新的《余村村规民约》，在这则新修改的条约中，增加了严禁向山塘投入废污水、山林野外严禁使用有害农药、限量使用化肥、严禁野外擅自狩猎捕鱼等环境保护的内容，并进行了细化。村里还建立多支群众性文体队伍和志愿者队伍，深入开展环保义务活动、美丽家庭创评等活动，用群众的双手扮美绿水青山，吸引八方游客（黄玉环等，2016）。

三、创业人士发挥带动作用，余村人民集聚智慧结晶

余村能够成功实现“卖石头”到“卖风景”的华丽转身，更离不开当地少数创业村民的带动作用。除了前文提到的兴办农家乐龙头人潘春林以外，还有村长潘文革、发展绿水经济的胡加兴以及回乡创业新农民俞春宝等。村长潘文革立足岗位多年，以“双带”[①] 为出发点，以自身成功实例带动全村村民从竹制品加工到农家乐休闲经济发展不断创新。胡加兴是余村“荷花山漂流”项目的发起人，在投资初期就取得很好的业绩，而且解决了几十个村民的就业问题。俞金宝在余村发展矿产经济走下坡路时出外打工但最后回乡创业，创建四季果蔬采摘农业园。他们勤于动脑，将村资源与时代发展相结合（如引进电子商务增加销售渠道），再利用全村劳动力，带动全村人民致富。不管是荷花山漂流还是果蔬采摘农业园，目前都是余村生态旅游特色项目，对余村经济发展和农民致富与就业问题起到一定的积极作用。在带头人的引领作用下，余村人民勤劳敢干不怕吃苦，群策群力，尝试各种创业新路子。

余村的生态开发位于习近平同志发表“两山”理论的之前，村民认识到继续进行矿山开采的危害，于是开动脑筋，转变思路，利用当地自然环境优势探索生态经济协同发展道路，从最开始对农家乐、漂流、观光农业等生态旅游方式的尝试，到形成了春林山庄、荷花山漂流等一批有规模、上档次的休闲品牌，无不凝结了全村人民的智慧结晶。在生态旅游发展前期，为了克服宣传上的种种困难，村民们尝试各种办法在上海、广州等地发传单推销余村旅游业，为余村农家乐项目带来了较高

---

① “双带工程”，即农村各级党组织要坚持把党员培养成致富能手，把致富能手培养成党员，把党员致富能手培养成村组干部，使广大农村党员在带头致富和带领群众共同致富这两个方面充分发挥先锋模范作用。

的知名度。在旅游业不断发展的同时，余村村民还紧跟时代步伐，积极根据游客的城市化生活方式改善服务措施，在宾馆及时增添无线网络、24 小时热水等贴近城市人民生活方式化的服务。余村的绿色转型离不开余村村民的集体智慧和勤劳肯干，没有村民的理解，就没有关矿停厂的举措；没有村民的支持，就没有生态村的建设；没有村民的付出，就没有余村华丽转变的今天。

第五节　余村“两山”理论实践的一些启示

安吉余村面临自然资源枯竭利用优势，把握机遇走上绿色产业转型升级之路，由最初被动的乡村产业转型逐渐演变到主动追求绿色生态的产业转型。但并不是资源枯竭型乡村才适合绿色产业转型升级，当乡村的生态资源较好、有鲜明的农业生产基础、距城市距离较近交通便利等情况时，就可以考虑主动发展绿色产业。以农业为中心的第一产业向第二产业延伸，发展生态工业园区；农业向第三产业延伸，大力发展休闲农业、观光农业、生态农业、农家乐、现代新村、民俗农庄等生态休闲旅游，形成第一产业与第三产业的融合，促进产业的升级，实现绿色产业转型。

余村的成功转型是小政府与大市场相互配合的结果，二者共同促成了当地产业绿色升级，生态经济社会融合发展，达到规模效益最大化。一方面，小政府如县政府内设置的农委办公起到了最大限度地整合要素资源的作用；另一方面，当地市场化程度的不断提高促进了生态产品与生产要素的流动，也提高了要素投入的回报率。余村的发展之路对其他乡村转型发展具有借鉴意义，余村的发展经验总结如下。

一、产业发展方面

坚持生态立县绿色发展方式；依靠特色农业，联动在农村内部发展第二产业、第三产业；坚持城乡统筹发展，从而缩小城镇差距。这比单纯引进植入性工业的发展方式，更具有可持续性。通过森林资源获得经济价值，实现由第一产业向第三产业的过渡，既保护环境又能提高农民生活质量。

二、市场方面

余村利用现代发展趋势通过引进电商的方式开拓销售渠道，扩大消费群体，吸引更多城镇游客，由刚开始集中于本市人民的消费群体逐步扩大到上海、江西、安徽，也吸引了北方部分游客。

三、产权方面

尽快确定农民的产权问题，提高农民劳动积极性，也有利于村民加快土地流转，实现劳动力资本土地生产要素之间的有效利用，对利用森林和增加农民收益都有积极作用。余村有将近 6 000 亩毛竹山，自 1984 年开始确定产权，现已承包到户并提倡土地流转，其中 4/5 都流转给当地的林业公司进行集体生产。

四、制度方面

以奖代补的形式激励村民致富，提高劳动积极性，也带动周边农家乐产能增长。据调研，县镇两级都有相关配套政策：一个是农家乐管理办法；另一个是村民经济发展的若干扶持政策。例如，2012 年县镇两级对农家乐验收，发放几十万元奖励资金用于农家乐的精品改造，提高了当地村民及周边村民致富的积极性。除此之外，县镇两级向外推荐本村农家乐建设，一直争取与省市联合，在湖州市农家乐大会推荐余村农家乐；定期组织村民带头人向外考察培训，这对振兴生态旅游起到不可替代的作用。

五、人才方面

本村带头人的号召力对余村发展起到关键性作用，同时余村良好的发展模式也吸引本村大学生等受过高等教育的人才回乡建设。所以不仅可以响应政府号召加大对当地村民的技能培训，力争增加专业人员的素质，也可以通过增加激励补贴等方式吸引更多外来专业人才投入建设。

第六节　余村深化“两山”理论实践的建议

为了践行“两山”论断，更好地实现产业绿色升级，实现“绿水青山”带来更多的“金山银山”的理想目标，结合余村的发展经验，对发展生态经济的乡村提出以下发展建议。

一、注重产业融合，加强联动发展

乡村一般以第一产业为基础，在第一产业方面注重产业融合，放大农业的生态低碳优势，提高农业深加工、保鲜、包装等科学技术，结合当代城市居民追求绿色健康的生活方式的需求，大力开发农业旅游产品，利用电商等积极拓宽农产品销售市场，完善商品配送渠道；同时挖掘丰富的观光旅游资源，加大绿色生态农庄的培育与建设，发展观光及参与型农业，形成第一产业、第二产业、第三产业的协调与联动发展，从而缩小城乡收入差距。

二、明晰土地产权，完善当地制度

尽快确定农民的产权问题，提高农民劳动积极性，也有利于村民加快土地流转，实现劳动力资本土地生产要素之间的有效利用，对利用森林和增加农民收益都有积极作用。另外，制度及政策落实的好坏常常与农民的利益相关联，在补贴方面可以采用以奖代补的形式激励村民致富，提高劳动积极性，也带动周边农家乐产能增长。

三、鼓励技术开发，加强人才培养

加大对田园种植的技术及资金投入，提高农业深加工、保鲜、包装等科学技术，结合当代城市居民追求绿色健康的生活方式的需求，大力开发农业旅游产品，同时挖掘丰富的观光旅游资源，加大绿色生态农庄的培育与建设，由观光型向参与型农业与旅游业发展，推出竹园观光、农事体验、农家餐饮、养殖垂钓等项目，强化农业休闲旅游战略，保留地方生活场景原真性，在不破坏原有农村生活情境下推进现代化农业与现代化服务业的有机结合。

加强对当地村民的技能培训，力争增强专业人员的素质；通过采取村官制度或提高薪资待遇吸引更多受过高等教育的人才回乡建设。

四、结合时代需求，开发模式创新

结合城市居民的休闲度假需求开发产品，改进旅游基础设施，如全天覆盖无线网络等。此外，通过引入电商等销售方式扩展销售渠道，引入携程网、美团网、淘宝网等网络平台销售当地特色农产品并扩大消费群体，同时完善产品配送渠道和保障机制。

与此同时，可以引入PPP等创新模式鼓励引导和吸引社会资本和专业旅游开发，使得政府和企业形成长期合作关系，保障政府、企业、游客、当地居民多方利益主体的利益。主动通过多方式多途径多层次引导当地农民全过程参与旅游开发，增加就业机会，改善传统的农业生产方式。

五、提升政府服务质量，实现服务精准与细化

安吉县于2007年10月依托县行政服务中心林业窗口建立森林资源交易平台，主要开展林权登记、信息发布、抵押服务、资产评估等职能，并将林权流转服务向镇村延伸，建成全县14个乡镇、179个行政村的流转服务平台。借鉴安吉县经验，在发展生态经济的过程中，当地政府应细化配套措施，优化服务环境，将信息服务纳入中心职能，简化农民办事手续，提供便民、高效、务实的一站式综合服务平台。

第十章

库布齐荒漠治理

本章以亿利资源集团为例介绍了私有企业作为治理主体如何修复荒漠生态系统的。亿利资源集团是一家致力于从沙漠到城市生态环境修复的私有企业，企业总资产1 000多亿元，企业的愿景是“引领沙漠绿色经济，开拓人类生存空间”，主要发展沙漠生态和清洁能源产业。1988～2017年，亿利资源集团在库布齐治理荒漠969万亩，固碳1 540万吨，创造生态财富估值在5 000亿元，带动当地10万牧民脱贫[①]。

库布齐已经成为全球荒漠化治理的典范。2012年6月，库布齐沙漠生态文明被列为联合国“里约+20”峰会重要成果向世界推广，亿利资源集团被联合国授予了“全球环境与发展奖”。2014年，库布齐沙漠亿利生态治理区被联合国环境署确定为“全球生态经济示范区”。中国亿利资源集团荣获联合国防治荒漠化公约秘书处颁发2015年度土地生命奖。亿利资源集团创办库布其国际沙漠论坛，亿利资源集团已经成为“全球治沙领导者”企业。以库布齐荒漠防治的成功经验为样本，将政府、企业和社区三方视为利益相关者，寻找一种满足激励相容原则的治理体系，以有效治理公地资源。

① 资料来源：田野调查。

第一节　库布齐沙漠形成与演变驱动力

位于内蒙古自治区杭锦旗境内库布齐沙漠，地处鄂尔多斯台地北部边缘、黄河南岸。奔腾的黄河水从沙漠西侧、北侧、东侧依次流过，形成一道“几字湾”，宛如悬挂在杭锦旗的一道神弓，而自东绵延向西的库布齐沙漠则如“神弓之弦”，“库布齐”为蒙语，其意蕴“弓上的弦”。据史料记载，鄂尔多斯曾经是一个水草丰美、森林茂密的森林草原区。到底是什么力量将“天苍苍，野茫茫，风吹草低见牛羊”的天然牧场变成了“沙进人退无躲藏”的“死亡之海”呢？纵观历史，库布齐沙漠的形成固然受自然因素影响，但又无不打上了人类活动这一烙印。自然因素和人类活动因素的交互作用造就了浩瀚的库布齐沙漠，而人为活动干扰最突出的表现是战争和垦殖。

一、远古自然生态系统

在地质时期第三纪末、第四纪初，受喜马拉雅造山运动和鄂尔多斯台地隆起的影响，鄂尔多斯南部和北部下陷为洼地，形成深厚河湖相沉积物，进入第四纪更新世，全球进入大冰期时代，并经历了一系列干、湿与冷暖交替的古地理环境变化，为库布齐沙漠的形成提供了丰富的物质基础，即丰富的沙源。

伴随着本区大气候环境的干湿交替、冷暖变换，库布齐沙漠的天然植被类型也适时切换，维持着自然生态系统脆弱的平衡。在早更新世早期，受冰期影响，本区气候逐渐变得干冷，植被覆盖较低，风蚀的粉沙、黏土与当地岩石风化产物混合，形成细砂岩。到了早更新世末期，气候回暖偏湿，形成了暖温带森林草原或森林环境。但早更新世末期的温暖偏湿环境并未持续多久，在中更新世又转向干冷。所以中更新时期，鄂尔多斯地区风成堆积物质普遍发育，强劲的冬季风使地表风蚀粗化，并形成了一系列的风成物质堆积，这样就基本形成了风成沙丘型堆积的库布齐沙漠沙物质雏形。随后在晚更新世，气候继续转冷，受盛冰期的影响，沙物质得以广泛发育，并在古风成沙的基础上，出现了流动沙丘，使库布齐沙漠的沙物质进一步发育加强。直到晚更新世末期，全球气候由寒冷变温暖、由干燥变湿润。进入全新世后，水热条件总体比晚更新世末期温湿，气候变暖，阴山山脉的积雪融化成河流和湖泊，此时，鄂尔多斯逐渐形成了水草丰美的草原和郁郁葱葱的森林，地区植被呈现湿润的草甸草原和灌丛草原，并发育成黑垆土，使流动沙丘逐渐固定，出现了植被繁茂的鄂尔多斯草原，古人类在鄂尔多斯地区定居生活①，同时形成了原始农业与游牧、狩猎文化共存繁荣景象（见表 10－1）。

表 10－1　　鄂尔多斯历史上农牧业文化交替情况

文化名称	时期	文化类型
仰韶文化	$0.7-0.5\times10^4$a，B. P.	初期农业文化，晚期农牧交错
仰韶－龙山过渡交错文化	$0.5-0.45\times10^4$a，B. P.	初期农牧交错
龙山文化	$0.45-0.35\times10^4$a，B. P.	初期农业文化，晚期农牧交错
青铜器文化	$0.35-0.22\times10^4$a，B. P.	初期牧业文化，晚期牧农交错
铁器文化	$0.2-0.17\times10^4$a，B. P.	秦汉农业文化，晚期农牧交错
魏晋南北朝时期	公元 220 年～公元 589 年	畜牧业文化
隋唐时期	公元 581 年～公元 907 年	农牧交错文化
西夏、元朝时期	公元 1038 年～公元 1368 年	晚期农牧交错文化
明清以来	公元 1368 年至今	农牧交错文化

资料来源：闫德仁．库布齐沙漠文化与土地沙漠化的演变探讨［J］．内蒙古林业科技，2004（2）：19.

① 法国地质及古生物学家桑志华（Emile Licent）于 20 世纪 20 年代在当时在今鄂尔多斯南部的萨拉乌苏河（无定河）流域发现了“河套人”化石。

二、早期的人类活动

在库布齐沙漠，古人类活动可考察到更新世时期（50 000～37 000年前）[①]，居住在鄂尔多斯南部的萨拉乌苏河的“河套人”形成了萨拉乌苏文化、水洞沟文化等旧石器时代的文明。随后考古学家相继发现了鄂尔多斯仰韶文化、白泥窑文化（6 000 年前左右）、庙子沟文化（5 000 年前左右）；阿善文化（4 000 年前）和以后的朱开沟文化（3 800 年前左右）、大口二期文化（3 000 年前左右）等，证明了鄂尔多斯地区出现了新石器时代的文化。大口二期文化、朱开沟文化出土的文物、遗址众多，推测人口有逐渐增多的可能。河套平原，地势平坦、土壤肥沃，素有“黄河百害，惟富一套”的流传。良好的自然环境又是人类居生活的基础。

秦汉时期（公元前 221～公元 220 年），鄂尔多斯是“沃野千里，土地宜牧”的天然牧场。[②] 南北朝（公元 420～598 年）诗歌“敕勒川，阴山下。天似穹庐，笼盖四野。天苍苍，野茫茫。风吹草低见牛羊”，其中“敕勒川”就是指阴山地区，而库布齐就位于阴山脚下，从诗歌中可感受到在南北朝时期，库布齐地区仍是生机盎然、水草肥美的绿色家园。

然而，到了 20 世纪 70 年代中期库布齐沙漠和毛乌素沙地两大沙漠（地）大面积“握手”，沙化面积一度占到鄂尔多斯市总面积的 80%，8 级以上大风日数年平均 40 天左右。水土流失面积占鄂尔多斯市总面积的 54%。荒漠化给鄂尔多斯这个纯农牧业经济区造成了极度的贫穷、

① 董光荣，靳鹤龄等. 中国北方半干旱和半湿润地区沙漠化的成因［J］. 第四纪研究，1992（5）：136－144.

② 参见鄂尔多斯林业志（序言）. 内蒙古出版集团，2012.

落后和灾难。该地区成为我国荒漠化最为严重的地区之一。

三、连年不断的战争

在库布齐的南面，黄河流域孕育了璀璨的中华农耕文明。而在她的北面，阴山、大青山是中华游牧文明的中心，是强悍的匈奴和成吉思汗积蓄能量的大漠。库布齐处于游牧文明和农耕文明交锋的前沿(frontline)，库布齐成了两大文明冷兵器时代交锋的主战场之一（见表10－2）。据史料记载，从公元前210年至公元128年的近340年间，汉匈和亲至少15次，大小战争数十次，库布齐汉匈易手至少6次。彪悍的匈奴不在了，却留下了库布齐沙漠。屯兵、筑城、建长城意味着大量的外来人口驻守，大规模的基建工程，消耗了大量木材和薪材，破坏自然生态系统。据《魏书·刁雍传》记载，刁雍于太平真君七年（公元446年）的表文说："奉诏高平、安定、统万及臣所守四镇，出车五千乘，运屯谷五十万斛付沃野镇，以供军需。臣镇去沃野①八百里，道多深沙，轻车为难，设令载谷，不过二十石，每涉深沙，必致滞陷。"可见，刁雍军需粮道的流沙已严重影响了交通，流沙已相当严重。

表10－2　　库布齐战场摘录

时期	描述
公元前8世纪	西周宣王曾在鄂尔多斯地区建镇，在黄河南岸（今杭锦旗范围）建立周南仲城，派大将南仲在朔方构筑城堡，主要是防止西周北部毗邻游牧民族险允（匈奴祖先）的侵犯
公元前2世纪	战国秦汉之际，匈奴崛起，阴山、河套（包括库布齐）是匈奴人重要活动的场所，是匈奴人的重要发祥地

① "沃野"，今杭锦旗西北巴拉亥一带。

续表

时期	描述
公元前 361 年	战国时期，魏国修筑西长城，位于库布齐沙漠北缘，以加强对北戎（即，匈奴）的防御
公元前 306 年	秦昭王即位，战胜韩、赵、魏、齐、楚诸国，统一中原
公元前 270 年	秦西灭义渠戎国（匈奴）后，为了防御匈奴* 南下侵扰，修筑长城，史称秦昭王长城
公元前 214 年	秦派大将蒙恬率 30 万大军，北击匈奴，并修筑了长城。蒙恬出兵，主要是为收复“河南地”（今鄂尔多斯地区）。将匈奴驱逐到阴山以北，修建了万里长城
公元前 127 年	汉武帝元朔二年，卫青统兵收复河南地，建朔方城，修缮秦长城
公元前 119 年	汉使大将卫青、霍去病击败匈奴
公元前 102 年	为加强对匈奴的防御，筑城障列亭
公元 386～557 年	北魏时期，史书有了流沙深厚的记载

注：* 匈奴是在约公元前 3 世纪时兴起的一个游牧部族，匈奴国的全盛时期从公元前 209 年至公元前 128 年。在与汉军历年征战中衰弱，远走中亚、欧洲，或被汉化，或分化为蒙古族、突厥族、契丹族等少数民族。匈奴作为一个民族在中国北方消失了，但其姓氏及其文化习俗仍部分保留了下来。

过去的 5 000 年中，农耕文明和游牧文明轮流占领这片土地，竞相为这片土地留下文明的基因，学者们称之为农牧交错文化。

四、垦殖

考古资料表明，早在汉代，额济纳绿洲就已进行了大面积的垦种。唐、西夏和元代废弃汉代的老垦区，而开发新的垦区。推测汉代垦区已无法继续耕种，土地严重退化。绿洲沙漠化应在汉武帝打败匈奴以后，逐渐形成的。与现在的库布齐沙漠形成的时间基本同步。同样，从乌兰布和沙漠的考古资料看，汉代和西夏时期的垦殖活动直接导致了库布齐沙漠化的发生和发展。在南北交融中，即在2 300年前，游牧民族学会了农耕。时至今日，北方游牧民族都已定居下来，饲养和种植牧草等成为牧区重要的生产方式（见表10－3）。

表10－3　库布齐垦殖大事记

时期	描述
公元前270年至南北朝	匈奴人兼营农耕
公元前206～前220年	汉朝通过大量的移民开发加强了对鄂尔多斯地区的管理。汉朝对鄂尔多斯经营是以抵御匈奴为目的，以移民和农业垦种为重点，戍卒为解决军粮，也就地垦荒耕种。鄂尔多斯流沙开始于东汉末年
公元前156～前87年	汉武帝对河套地区开发十分重视，采取屯田和移民政策，五年内先后进行了三次大规模的移民垦殖，每次10万～70万人不等。鄂尔多斯作为新垦区，凡开垦处一切树木都砍光伐尽
公元5～22年	王莽时期，由于政策失当引发匈奴不满，导致战乱，内地农民多数逃回原籍。东汉时鄂尔多斯地区人口只有10多万人，意味着原有耕地几乎全部荒芜、弃耕，在多沙的草原地区，必然引起土地沙漠化
581～907年	隋唐时期进一步实行屯兵垦田的戍边政策，大搞军垦、民垦，有时垦殖人数多达数10万
1662～1722年	清朝特别是康熙以后，更是变本加厉实行“开放蒙荒”“移民戍边”政策，大举垦殖
1950～1998年	三次垦殖时期：第一次是1958年片面强调“以粮为纲”，对草原进行大面积开垦；第二次，在“文化大革命”期间提出“牧民不吃亏心粮”，动员牧民开垦草场，同时组建建设兵团盲目开荒种地，又在牧区掀起第二次开荒热。第三次，到20世纪90年代出现破坏性更大的新一轮开垦热，1989～1998年的10年间，内蒙古耕地扩大231.2万公顷，这些新开垦的耕地多为优质牧场

五、人口增长和经济发展

因地处战争的前沿，历史上，库布齐所在的鄂尔多斯地区人口起伏很大。汉武帝时期，鄂尔多斯人口达 130 万人。而到了东汉，鄂尔多斯地区人口只有 10 多万人。在隋唐时期，垦殖移民就达 10 多万人。2010 年，鄂尔多斯户籍人口 140 万人，而常住人口达到了 194 万人。清朝初期，杭锦旗人口 2. 7 万人，而到了 1933 年，人口才增长到 2. 86 万人；1949 年，为躲避战火而逃难定居于此，人口增加到 4. 37 万人；1978 年，增加到 12. 2 万人；而在 1990 年，人口增加到 13. 2 万人。2010 年，又增加到 14. 1 万人。在和平时期，人口增长是库布齐荒漠化的重要因素。人多、畜多，超过了自然承载力，导致植被的破坏。

第二节　库布齐沙漠防治的政策制度和社会经济环境

1949 年以来，库布齐沙漠防治工作一直受到重视，从土地产权、政策供给、法律法规、技术方案和组织模式上探索荒漠化防治之策，寻求退化自然资源修复与可持续管理和人民生活持续改善双赢之路。亿利资源集团能够在荒漠化防治中取得了杰出的成就，与政府在政策、制度和技术上不断推陈出新分不开，为探索企业、政府合作为库布齐沙漠地区生态建设、经济发展、民生改善奠定了基本前提。

一、产权变迁

中华人民共和国成立以后，广袤库布齐沙漠被划归国有，而传统放牧地和农地被划入到集体土地，由嘎查（行政村）所有。由于沙漠广阔，人烟稀少，国有土地和集体土地的边界模糊，社区与社区的四界也往往不清。集体化以后，农牧户的生产、分配由集体统一管理，在一定程度上避免了因产权不清而导致冲突。在集体化时期，若集体土地严重退化，或处于荒芜的状态，在国有荒漠化土地上，地方政府则可主导了大规模组织人力植树造林，恢复植被。

1959年初成立杭锦旗什拉召中心治沙站，负责库布齐沙漠西段的治理工程。后相继成立了杭锦旗浩绕柴达木治沙站、杭锦旗阿鲁柴登治沙站、杭锦旗甘珠庙柠条林场。1979年成立伊克昭盟机械化造林总场，负责库布齐沙漠中段治理工程，管护范围为126万亩。直到1983年，国有单位拥有土地使用权的土地比重一直处于上升状态。这为库布齐荒漠化防治积累了技术条件和技术队伍。

内蒙古自治区是中国比较早实施家庭联产承包责任制的省区，开始于1979年。而在库布齐，1980年就开始将农地划分为口粮田和责任田，将集体土地承包给农牧户家庭。1982～1983年又将集体拥有的牛羊等牲畜作价按人口分到了农户。1984年实施林业“三定”，即将集体林地经营权、林木所有权分配给家庭农户。1989年，实施草场“双权一制”，即落实草原所有权、使用权和承包到户责任制。1994年，实施荒山荒地拍卖，以市场化的形式将荒山荒地的使用权和经营权落实到农牧户和私有经营者主体。基于集体土地建设的部分国有林场和治沙站逐渐将林地的使用权归还给集体所有，采用集体经营或由集体划分给农户。形成了土地属于国有或集体所有，而土地的用益物权归农牧户和国有林场（治沙站），而土地使用权归农牧户或国有林业单位，或通过拍卖、租赁、合股、合作等多种市场化手段，将土地使用权转移到企业、社会团体和承包大户手中。这为企业—社区合作、企业介入荒漠化治理提供了基本产权结构基础。

二、政策措施

1958年，中央政府制定了中国西北和内蒙古治沙规划。在这个规划中认识到沙漠的成因除了自然原因外，乱砍树、乱砍柴、乱开垦、过度放牧等人为的因素促进了沙漠的扩展。规划提出把种草种树、保护现有的植被、综合利用三者结合起来。在改造沙漠上，在流沙和固定沙丘上种草种树，引水拉沙，把沙漠改造为林牧基地。在防沙上，强调保护沙漠地区现有的植被，不使其遭受破坏。在农牧民生计改善和防沙措施的协调上，则强调退耕育林育草，实现基本农田制，实行划区放牧，轮封轮放，由政府制定优惠政策解决生活用燃料，杜绝砍柴砍树，破坏生态。规划确立了荒漠化治理“防”“治”“用”三者综合协调的基本指导思想，至今仍然在中国荒漠化防治中发挥积极的作用。

响应中央政府关于防沙治沙的政策和规划，地方政府制定并实施了实施《1960～1969年库布齐沙漠治理方案》和20世纪70年代的《伊盟以治沙为重点的农牧林水综合治理规划》。动员沙区群众在沙漠种树、种草、种菜，开启了颇具中国特色的四旁绿化。在集体化的时代，在四旁植树，社区及其群众可以获得完全的林木所有权。在库布齐的每一个村庄，基本上覆盖在一小片森林之中。库布齐位于黄河的南岸，沿黄河河道的植树造林，当地称为“北锁”① 的工程主要在这段时间完成。

提出了“依靠社队力量为主，积极开展国营治沙”的造林绿化方针和“护林者奖、毁林者罚”的林木保土治沙政策。通过制定政策文件，限制或禁止垦殖。早在20世纪50年代，政府就明文规定“禁止开荒”。1958～1960年，库布齐沙漠中建立了国营林场、治沙站，面积从数千亩到上万亩不等。

政府直接推动植树造林的社会运动。早在20世纪50年代，当地政府号召政府部门、社区群众和社会团体植树造林，各地出现了营造民兵林、青少年林等造林活动。早在1964年，库布齐所在的伊克昭盟政府划

① 库布齐北面即是黄河，不让流沙向北侵入黄河，故称“北锁”。

定基本农田。即有条件耕种的土地，而要求将广种薄收的土地都退出来，种树、种草，恢复植被，这是我国西部地区最早的“退耕还林还草”。

1979年以后，中央政府和自治区各级政府先后颁布了《关于大力种树种草的决议》《关于深化改革加强造林绿化步伐的决定》《关于农村牧区若干经济政策问题的布告》《关于大力种树种草加快绿化和草牧场建设的指示》等一系列政策文件。这些政策文件围绕推动种树种草、禁止开荒、保护牧场、治理沙化土地。充分体现出中央政府及自治区人民政府和各级领导非常重视防沙治沙建设工作。动员沙区政府机构、群众团体和私有企业、当地社区开展防风固沙群众运动。执行房前屋后、荒坡沙地造林，谁造、谁管、谁有、谁可以继承的政策，激发了广大农牧民零星植树造林的积极性。

在政策文件的指引下，在库布齐沙漠实施了1979年开始实施《伊克昭盟“三北”防护林体系建设一期工程规划》、《1981～1990年治沙造林10年规划》、《“三北”防护林体系建设二期工程规划》（1985～1986年）、《“三北”防护林体系建设三期工程规划》（1986～2000年）。这些规划有效整合了科学研究、试验示范、能力建设、财政激励、行政奖罚、监测与评估、社区建设、伙伴关系等综合措施。治沙规模愈来愈大，范围愈来愈广，取得了显著的生态效益、经济效益和社会效益。

2000年以后，库布齐荒漠化防治政策体系更加完备，主要政策方向体现在以下三个方面：（1）坚持保护生态优先的政策。以保护和改善生态环境为中心，坚持因地制宜、分区治理、重点突破、适地适树的原则，先后启动了“三北”防护林体系建设三期工程、治沙工程、黄河中下游水土保持林工程、生态环境建设工程、退耕还林还草试点示范工程。2001～2012年开始实施全面启动退耕还林、天然林保护、“三北”四期、野生动植物保护及自然保护区建设、日元贷款项目、防沙治沙示范区建设等林业重点工程。（2）推动禁牧、以草定畜限牧政策。

牲畜实行舍饲半舍饲，变革草原畜牧业经营管理方式。在落实“双权一制”将草牧场划拨到户的基础上，实行封闭禁牧、定期休牧、轮牧。这一政策的推动，大幅度降低了畜牧业对草场的压力，改变了数千年传统的游牧的土地利用方式。这为公司介入生态治理，发展沙产业腾出了土地空间。（3）防沙治沙与沙产业协同发展。在计划、投资、财税政策上支持企业发展沙产业。2005～2010年开始实施《鄂尔多斯市林沙产规划》。利用沙漠沙地阳光充足的优势和草原生产力优势，充分发挥库布齐沙漠土壤、植被、水分和阳光资源，进一步拓展和开发库布齐沙漠光能、空间、沙材料为重要的资源形态，坚持以“多采光、少用水、新技术、高效益”为技术创新方向，“产业化经营、企业化管理、市场化运作”为沙产业发展路径，推动库布齐沙产业的发展，从而实现了沙漠增绿、资源增值、企业增效、农牧民增收、政府增税的效果。涌现出以亿利资源集团为代表新型沙产业企业。由单纯的防沙治沙发展到了沙草产业、林产业的新阶段，使生态产业化、产业生态化。企业进入防沙治沙领域，利用沙漠植物资源可以加工增值、如沙柳、甘草、沙棘、梭梭林等植物发展沙产业。在有水利条件的地方打井种草，进行饲草加工等草产业，推动了防治荒漠化和生态建设的发展，调动了广大农牧民植树、种草、种药材治沙、管沙的积极性。

三、法律法规体系

法律法规体系主要是伴随着我国改革开放不断完善社会主义市场经济进程而逐步建立起来的。随着政府财政投入到生态环境保护与建设工程资金不断加大，当地政府意识到私有企业和个人介入到生态建设中重要性，以构建公共—私人伙伴关系，推动防沙治沙事业的发展。地方政府坚持凡是能承包到户的都承包到户，明确治理、管护责任和获取收益的权利，激发了群众保护与建设草原的积极性，确保工程建设取得预期的效益。把生态保护和建设与农牧业产业结构调整、生产经营方式转变、生产力布局、农牧民增收等有机结合起来，逆向拉动了生态保护和建设。

随着市场越来越成为中国经济成长的重要手段，中国越来越需要通过立法来保障社会经济发展和生态建设。中国立法机关先后制定的《森林法》《草原法》《水土保持法》《土地管理法》《环境保护法》等法律。中央各部门和地方政府出台了法律实施的细则，如《中华人民共和国草原法》修订出台后，内蒙古颁布实施了《内蒙古自治区草原管理条例》《内蒙古自治区基本草牧场保护条例》《内蒙古自治区草原承包经营权流转办法》等规范性法律文件。2001 年，对于我国这个人口众多、土地沙化极为严重、环境压力极大的国家来说，必须强化生态保护，严格环境管理，由此颁布了《中华人民共和国防沙治沙法》，这是世界上第一部防沙治沙的专门法律文件。初步构建起的荒漠化防治法律体系，为库布齐沙漠防治奠定了法律保障。

发动全民参与。1979 年，中国确定每年 3 月 12 日为植树节，以倡导植树造林，绿化祖国，改善环境，福荫子孙。杭锦旗坚持春秋两季植树造林的运动，领导带头，动员社区男女所有劳动力，以村、社建制为单位，住在现场、吃在现场，组织种树、种草“大会战”。政府部门、立法机关、民间团体分片承包组织群众造林、种草，形成强有力的组织和问责制度。

在库布齐沙漠，地方政府认识到沙漠防治、生态改善是地方社会经济发展基本前提，而人们则深受沙漠化之害，强烈期待消除沙患。在中国政府特殊的社会动员能力支持下，在库布齐形成了强大的社会氛围，人人争先贡献于防沙治沙事业。政府通过总结表彰、动员部署，不断组织流动会、现场会，互相考察学习，形成很浓、很强、很大的保护生态、建设生态、治沙造林、恢复植被的社会氛围。企业的社会责任体现在沙漠化治理的投入程度，个人的荣誉会因植树造林面积越大、荒漠治理面积越多而增色，而地方政府的政绩往往主要体现在荒漠化治理的成效上。亿利资源集团正是诞生在这样的社会氛围中，而她是所有参与荒漠化治理最杰出的代表，又是推动全社会共同治理沙漠的一颗最亮的明珠。

技术创新。基于集体化时代积累起防沙治沙、植树种草的技术研究和推广体系，这个阶段技术创新具有突出的两个特点：（1）技术创新更加关注技术的集成和综合措施，优先于增加农牧户收入、改善生计，进而实现防沙治沙的目的。针对水资源缺乏、生态系统脆弱、土壤肥力低劣等生态限制因素开发技术手段，用较少的水、土地资源消耗，采用集约种植的手段，发展小草库伦，减轻放牧压力；发展小片经济林、开展小流域综合治理、建设小水利等增加农民收入，减轻农牧户生计需求对沙区资源利用量上的扩张。（2）强调技术创新的公益性，而公益性突出表达为小农户是技术创新的基本用户。技术创新和推广的主体是政府所属的研究机构和计划经济时代建立起的从上至下的技术推广体系。具体体现在小农户节水技术体系，种养结合技术，畜牧改良技术，小型农机具的开发，种树种草种质资源改良、栽培技术措施和采集利用技术措施，以及这些技术的集成。

四、政策和制度推动企业成为荒漠治理的主体

在集体化时代，当地政府推行了一些积极的方针、政策，集体社区采取了一些积极措施，村庄绿化和黄河岸边绿化取得了很大的成效。人口增加，载畜量增加，不当农业垦荒，总体来讲，防沙治沙的效果甚微，荒漠化程度不断加重。荒漠化使生活在库布齐地区的农牧民深受其难。在实践过程中，大家认识到成功的荒漠化防治还需要恰当而长期有

效的制度保障、稳定的政策支持和技术的创新，仅仅有广大干群的热情和努力是不够的。

在集体化时代，技术的不足是推动荒漠化防治重要限制因素。防沙治沙技术创新注意到针对问题寻求荒漠化防治的方案，注意到发挥当地人的能动性和创新能力。初步建立起一支政府主导的，由科研部门、地方政府和当地社区合作的技术试验场所。在政府号召的治沙运动中积累了一些经验和教训，成就了一批拥有一定技术素养的治沙队伍。这些为以后的荒漠化治理积累了能力。

库布齐沙漠，与绝大多数农牧交错、退化严重、战争频发，生态脆弱带类似，广袤沙地上或散落着流动的牧户。自组织能力十分薄弱，沙地长期处于公地状态。从资本视角看，由于我国对集体土地产权主体界定不清晰、不明确，加之对集体土地流转限制过多，导致大量“四荒”用地闲置，阻碍了土地退化治理激励机制的建立。当地人民和生态环境在一定程度上均成为受害者。产权不清、产权不稳定，加速了土地沙化、退化、水土流失等自然生态系统的退化。

频繁的政策变化是推动土地退化的重要因素。尽管意识到垦殖是推动库布齐沙漠进一步荒漠化的重要推手，然而，面对粮食不足，在1957年、1960年和1970年发生过规模化的垦殖。由此伊克昭盟地区增加耕地40多万公顷，造成111万公顷的草牧场沙化、退化和碱化，沙化土地面积几乎比解放初期扩大了1倍。

中国农村改革解散了集体化的农庄和牧场，而牲口、农田和其他生产资料划分到农户，重新确立了家庭是农业经营的主体。政府主导了经济发展、民生改善和生态建设，但市场的作用越来越突出。当今中国很多大型的私营企业和混合型企业，包括亿利资源集团，扎根于当地丰沛的自然资源、劳动力资源，改造、兼并当地经营不佳的企业，萌芽、诞生和快速成长，积累了巨额的资产。这深刻影响到库布齐沙漠的治理。

中国政府将防沙治沙置于生态建设的优先问题，认识到生态环境改善是改进民生、促进区域经济发展的重要前提。改善生态成为政府、公司和社区群众的共识，而改善生态又必须基于满足库布齐沙区社区群众基本的生存条件为前提。

从20世纪80年代初，中国渐进推动解集体化和市场化的改革。中央政府逐渐把许多事权、财权下放到地方，使地方拥有相对自主的经济和行政决策权。县乡政府负责提供相应级别的地方公共物品，如义务教育、基础设施、社会治安、环境保护，而库布齐沙漠化防治总是置于公共服务优先的位置。库布齐所在的杭锦旗曾经济落后，在20世纪90年代中后期，地方政府财政收入尚不足以支付杭锦旗公务员和教师工资和福利。因而迫使政府增加预算外收入，就笔者1996年在鄂尔多斯市的调查，90年代中后期拍卖荒山运动，就是地方政府为了解决财政困境而采取的一个策略。然而，拍卖荒山的运动，客观上起到了推动地方能人和企业投资于生态环境建设，为私有机构介入沙漠化治理提供了空间和政策条件。

从20世纪90年代开始，政府一方面明确土地的使用权，把农田、草场和荒地承包到个人。而另一方面又采取“谁治理、谁受益”“谁造谁有”“合造共有”的方式，加速荒漠化治理的速度和效率。

地方政府使用有限的资源，以最小化的投入，最大化取得荒漠化治理等公共服务产出。在90年代，将库布齐防沙治沙纳入到国家规划中，包括“三北防护林”工程中。为纳入到规划中的造林提供每公顷75元的财政补贴。显然，这一点激励措施是不足以在经济上激励企业和地方精英从经济回报角度投入到防沙治沙事业中，因此给那些贡献于防沙治沙事业的人物给予精神上和就业上的关怀。如果造林面积能达到5 000亩，且能够保存下来的家庭或企业主，可指定一个家庭的子女（或年轻人）由旗人民政府安排到政府下属的事业单位就业，而成为国家公职人员。部分造林大户评选为县级、自治区级劳动模范。亿利资源集团董事长王文彪先生，1995 年 5 月获“内蒙古自治区劳动模范”称号；2001 年荣获“全国绿化工作劳动模范”称号，并获得全国“五一”劳动奖章；2012 年 1 月，再获“全国绿化工作劳动模范”。1995 年，王文彪是杭锦旗因防沙治沙获得省级劳动模范的第一人，而 21 世纪以来获得的荣誉则是最高级别的。在一定程度上讲，王文彪先生和他所带领的亿利资源集团是作为中国无数扎根于防沙治沙事业中人和团体最杰出的代表，是中国能够在防沙治沙领域取得成功的具有代表性的团队。2012 年 6 月 17 日在巴西里约热内卢召开的联合国可持续发展大会上，王文彪荣获联合国“环境与发展奖”。

2013 年 9 月 23 日，在纳米比亚首都温得和克召开的联合国防治荒漠化公约第十一次缔约方大会期间，王文彪荣获联合国颁发的首届“全球治沙领导者奖”。王先生和他的团队，及其在防沙治沙上的成就也得到了国际社会的高度认可。

90 年代中期建立的财政收入在中央和地方之间分享机制，激励了地方政府努力发展经济，经济发展越快，留存越多。基于库布齐所在的杭锦旗和鄂尔多斯是中国重要的贫困地区，可以获得中央和省级一定的财政补贴后，地方财政自求收支平衡。鄂尔多斯成了这一政策受惠的地区之一。

由于鄂尔多斯迅速成为中国的能源中心，从一个贫困落后的地区迅速成为中国人均 GDP 最高的地区。迅速膨胀的地方财政收入，改变了地方政府提供如防沙治沙、农村发展等发展公共的事务信心和期待。以精英农户为主体的治沙模式，在地方政府看来，存在防沙治沙分散、治理面积小、组织难、监测和评估成本高等一系列问题。2000 年以后，地方政府通过推动土地流转、技术指导，严格矿山开发、道路建设等基础设施建设和资源开发中生态保护，强化征收植被破坏的补偿资金，加上地方政府有了充分的财力投入到防沙治沙中，促使公司成为替代精英农户成为防沙治沙的主力军。而正是在相对特殊政治、经济和社会环境下，王文彪先生和他带领的亿利资源集团成长为库布齐沙漠治理的旗舰，成为中国防沙治沙事业私人企业最杰出的代表。

2000 年以来，生态建设作为中国西部大开发战略重点之一，中央政府采取了一系列政策措施，包括增加投资、促进私有企业发展等，库布齐沙漠的防沙治沙、生态建设事业步入了一个新的阶段。这个阶段一个最重要的特点是以亿利资源集团为代表的企业异军突起，成为库布齐沙漠治理的排头兵。而地方政府在政策、规划、制度建设上为私有企业介入荒漠化治理创造条件。

第三节　亿利资源集团参与库布齐荒漠治理历程

私有机构成为库布齐荒漠化防治的主角，是政策和制度推动的结果，更是企业在政策和制度环境中不断学习，寻求私有机构在库布齐荒漠化防治中恰当的角色。更为准确地说，这是私人企业与政府主导的荒漠化防治政策和制度建设不断对话而自然生成的。

一、被动治沙阶段（1988～1996 年）

亿利资源集团和以王文彪为代表的亿利人，都出生在沙漠里，成长在风沙中，见证过沙逼人退的残酷。亿利资源集团起步于库布齐沙漠腹地的小型晒盐企业，肆虐的库布齐沙漠曾严重制约了企业的发展。企业职工和当地社区生存在“无路、无电、无水、无讯”的环境中，体验着沙漠化给人们带来的苦难。

为了改变盐田作业环境，改善周边农牧民的生活质量，亿利资源集团王文彪董事长、企业员工和当地社区迫于改变生存条件的需要，搞起了防沙治沙工程。在这个阶段，亿利人在盐厂湖区周围建起了1 333公顷林草基地，有效地防止了风沙危害。

二、防沙治沙阶段（1997～2007年）

1997年，亿利资源集团与杭锦旗政府和当地社区联手，经过3年的艰苦奋战，打通了第一条纵贯库布齐沙漠南北、全长65公里的“穿沙公路”，开始了企业介入防沙治沙又一个阶段。在这个阶段，亿利集团主要的成就反映在防沙治沙技术创新和实践探索上。

（一）以路划区分割治理的防沙治沙策略

在防沙治沙绿化沙漠实践中，亿利人探索并确立了“锁住四周、渗透腹部、以路划区、分割治理、科技支撑、产业拉动”的防沙用沙战略。按照这个战略，修建了5条全长234公里的纵向穿沙公路，实现了“分而治之”，而且路修到哪里，水电就通到哪里，绿化就跟到哪里，并逐步延伸。创造性地建成了一道全长242多公里的“北方绿色生态屏障”，使昔日赤地千里、黄沙遍野的死亡之海变成了无垠绿洲。

（二）沙漠植被恢复技术

综合防护林体系。“黄河锁边林”是亿利资源集团在治理实践中发明的治理模式，即在库布齐沙漠南缘和北缘营造乔、灌、草结合的锁边林带，防止沙漠南侵北扩。以因地制宜、因害设防的原则，按照不同类型区，分别建设防风固沙林、滩地防护林、黄河锁边林，并要形成完整的防护村体系。在库布齐沙漠北部边缘“锁边林带”治理流沙过程中，逐步摸索出“乔灌并举、封沙育草”的技术措施，并在库布齐沙漠北部边缘治理中发挥了重要作用，收到了良好的效果。

封沙育林。主要选择半固定沙丘且具有一定数量的天然母树或萌孽能力强的植物种类，采取封禁措施，保证天然下种成苗和根孽萌发，辅以人工补植、补播、抚育和管护等，达到恢复植被的一种育林方式。包括全封、半封和轮封 3 种类型。

飞播造林种草。通过飞播造林种草治沙已完成万亩范围的绿化工程。成功探索出飞播造林技术：一是丰富了飞播植物种；二是推广应用了飞播造林三大配套技术；三是采取了分种装机、交叉作业、GPS 导航飞行轨迹电脑评价等飞播技术措施。

（三）种植材料选择和种植技术

试验和推广豆科植物，注意采用地方植物材料。选择适宜地区种植适应沙漠中生长的豆科植物，如甘草、柠条等。豆科植物是改良土壤，增加土壤的肥力及氮含量，防沙治沙整个过程，始终围绕土壤肥力的增加，改善农牧业生产条件。

采用近自然林业的造林方法。在绿化沙漠过程中，采用近自然林业的造林方法，利用大自然的风力，“削峰填谷”削平沙丘之后，种植乡土植物种，改善自然环境。在造林技术中发明了“水冲植柳造林技术”专利，该项技术易于掌握、速度快、成活率高、省时省力、降低造林成本；该方法属于给水造林，效率高，可达人工造林效率的 14 倍。

（四）农用林业技术

立体林业。立体林业种植是一种复合农林生态系统，即在某一农业区域或单位面积土地内，按照经济规模和农业生态循环规律，最大限度地利用光、热、水、土自然资源，通过农林牧多产业、多层次、立体结合提高农业经营效益和提高环境质量。加速物质循环和能量转化，提高土地生产力。

沙生灌木饲料产业化。在生态建设中，大力营造柠条、沙柳等乡土灌木树种，形成丰富的饲草料资源，创建灌木资源饲草饲料加工产业化，促进禁牧休牧划区轮牧和标准化舍饲养殖政策得以顺利推行，成功解决了林牧矛盾，促进了农牧民增收。

通过防沙治沙工程防风固沙林及围栏封育等建设措施，提高了防风固沙、植被恢复、土壤改良、固碳制氧等方面的生态效益，与此同时，经济效益和社会效益也得到广泛提高。

三、产业化阶段（2008 年至今）

亿利资源集团在库布齐防沙治沙过程成功经验中得到启示：沙漠是一种宝贵资源，沙漠不仅是可以治理的，而且是可以开发利用的，必须重新认识沙漠。亿利资源集团将沙漠变成绿洲的同时，生长出一批产业，亿利集团迅速膨胀，成为中国民营企业的一个代表。这些产业主要包括：

（1）种养加产业。生态修复过程中，始终坚持选择耐寒、耐旱的乡土植物种，如沙柳、柠条、杨柴、花棒、甘草等；这些植物种适合在沙漠中生长，既是防沙固沙的优良植物种，而且又具有可持续利用的饲草料价值。通过生态种植→饲料加工→生态养殖→有机肥制造等延伸产业链。灌木林平茬复壮，可以恢复生态促进灌木健康生长，并为饲料加工提供原材料，采取公司 + 合作社 + 农牧民进行合作养殖，由公司提供复合饲料、养殖技术，并由公司负责统一收购、市场化销售，以产业带动农牧民脱贫致富。

（2）天然药业。杭锦旗地区非常适合甘草生长。大面积的甘草种植，形成了得天独厚的甘草产业体系。“梁外甘草”在日本、韩国和东南亚国家享有很高的声誉，在食品和食品添加上占据了很高的市场份额。黄芪、麻黄、肉苁蓉、锁阳、沙参、防风等药用植物适合在本地区生长。沙旱生条件下生产的天然药用植物，符合欧盟的药用植物标准。

（3）沙材料的产业。沙漠中风积沙的综合利用，它不但可以用于建筑，改良碱土和黏土，制造玻璃和提取硅制品，而且也蕴藏着种植经济作物的潜力。利用风积沙制作建筑材料，生态环保、不消耗资源，是变废为宝的产业链。现已先后开发出以沙为原料的系列产品：如亿利新沙、亿利油沙、亿利泡沙等；通过技术创新、机制创新和模式创新，亿利集团规划在现有的基础上将自然“沙”转变为工业原料沙，形成一整套完善的技术体系。

（4）生态修复产业。在恶劣环境中实践生态修复工程，不仅掌握了抗性植物知识，而且熟悉了不同植物的种植技术和方法，积淀的丰富经验，已形成巨大的财富。已建的规划设计研究院，与北京林业大学合作，将取得国家一级设计院和国家一级施工资质。生态修复产业已在河北坝上、科尔沁沙地等地开展生态修复工程项目，生态修复产业已突破20个亿产值。产业已从沙漠化发展到城市的生态修复。现已突破单一的荒漠化生态修复内容，例如已把垃圾山、污水沟修复变成了生态小城镇。正在实施福建宁德、北京门头沟、甘肃兰州垃圾沟的生态修复工程。正在向中亚、非洲等荒漠化国家输出种苗、技术并将实施荒漠化治理工程项目。

（5）沙漠生态农业产业。库布齐具有靠近黄河，临近京津冀区位优势，发展有机农业、建设生态农庄、生态牧场，享有得天独厚的自然优势。可以通过设计、建设农庄和经营农庄、牧场，统一运营，以不同形式建设沙漠生态农牧业产业项目。

（6）有机肥加工产业。开发当地的泥炭、2号土、秸秆及灌木平茬废料、牛羊粪便、劣质煤炭资源精选废物，计划建成一个500万吨的碳基肥料厂。260万吨有机肥已经投产。加工生产有机肥料，主要用于荒漠化和盐碱化土地的改良工程，这是土壤改良的物质基础，也是促进作物生长的保障条件。

（7）库布齐水务公司。通过水务公司建立蓄水库，将黄河凌汛期间的多余之水纳入滞洪区，把水留下来，调控节水灌溉。黄河灌区的水盐碱化严重，把凌汛期滞洪区的水混起来，处理后可作为生态建设用水。通过水务公司把工业污水进行无害化处理后，也可用于生态建设。水务公司职责是尽可能充分利用水资源，无论是地下水及地表水，都要予以充分合理利用。

（8）沙漠生态旅游业。亿利资源集团在全力发展沙漠绿色经济的同时，依托沙漠自然景观和 20 多年创造的绿色空间，发展了沙漠生态旅游产业。旅游区充分利用库布齐沙漠及七星湖的自然资源，生态资源及旅游资源等，最大限度地为游客展示库布齐沙漠雄浑的自然景观和粗犷、豪爽、多姿多彩的沙漠风情与民族风情，同时提供独特沙漠体验，观赏以及满足游客与自然交流的需求。现在每年七星湖旅游接待中外高端游客达到 30 万人次。

亿利集团正在走向绿色经济发展阶段，以技术创新、组织创新、文化塑造等手段，推动沙产业向绿色环保、新能源、新医药、绿色食品、健康产业、休闲旅游产业、生态工程产业、生态金融产业等绿色经济方向转型，引领着中国荒漠化治理事业的新潮流。

第四节　公司主导的伙伴关系

经过三十年的努力，亿利集团逐步建立了与相关利益者全方位、多层次的伙伴协助关系。

一、企业和政府的伙伴关系

中国资源管理和环境保护越来越成为公众关注的焦点问题，政府认识到资源和环境的可持续管理成为实现中国梦优先任务之一。将自然资源和环境管理置于公共服务的组成部分，投资与资源和环境可持续管理的财政资源越来越多。然而，将由政府主导荒漠化防治的公益事业，会带来技术要求越来越复杂，投资成本越来越高，并伴随着寻租的问题，而这些问题正是政府科层制治理体系通常会产生的弊端。

亿利集团与地方政府构建了良好的伙伴关系，为政府克服科层制的弊端，发挥企业作为市场机制元素的作用，使企业获得利益表达机会以及与政府合作投身到防沙治沙事业中。企业通过技术创新和管理创新，创造新的竞争优势，获得额外经济收益；依托声誉机制，提高知名度和美誉度。政府通过加强舆论宣传导向，强化企业的社会责任，采取激励性政策设计，推动企业自愿投身到库布齐防沙治沙事业中来。亿利集团与政府已经构建了全方位的合作伙伴关系，主要体现在以下几个方面：

（1）在融资上，中央和地方政府提供必要的政策工具，协调国家开发银行、中国农业银行、中国工商银行、中国建设银行等政策性和商业性银行，建立起亿利资源与金融企业的银企合作框架。为亿利集团发展和投身防沙治沙事业提供了金融保障。

（2）在投资安排上，中央政府和地方政府用公共资源支持的防沙治沙项目和生态修复工程项目、植被恢复项目向私有企业开放，为亿利集团创造了新的利润来源。如北京冬奥会申请场地生态修复项目，亿利资源集团中标修建。

（3）在技术创新和服务上，在20世纪90年代是政府为企业提供技术服务。而到了2005年以后，企业成为防沙治沙技术研发的主要参与者，积极引进国际先进灌溉水资源利用和管理等方面的技术，积极联合高校研发防沙治沙技术。2014年，企业成立了沙漠研究院，则标志着企业已经成为防沙治沙、开发沙产业技术研发的主力。而政府则是提供必要的资金和协调服务，推动防沙治沙和沙产业技术的研发。

（4）在政策和项目上，亿利集团成为最重要的利益方，参与到各级政府，包括中央政府防沙治沙政策创新、制度创新和治理体系的改革。

（5）在资源管理上，亿利集团利用已经建立起护林体系，与政府部门合作成立了森林公安派出所，由企业和森林公安共同管理，企业对在偏远沙漠地区工作的森林公安们会有一定补助。这无疑是一种政务上的创新，对于稳固政府与企业关系也是有益的。

（6）在沙漠生态治理上，政府能够提供公权力；社区能够提供劳动力发挥社会化功能，引导社区集体行动将沙漠治理变为现实；而企业作为市场经济主体则能将市场力量引入沙漠治理中调动活力，但企业在其中的权益包括经济收益权都需要政府来保障。

二、企业与社区的伙伴关系

（一）企业就是社区的一部分

亿利资源集团是从库布齐沙漠中成长起来。亿利集团将企业价值、企业文化深深扎入到库布齐沙漠中，从中汲取物质和精神能量。尽管企业的核心业务已经不只是沙产业一项，企业总部也搬迁到北京，义务范围覆盖全国，其产品和服务走向世界。然而亿利集团依然是大漠企业，因为大漠赋予了这个企业和他的领导人以大漠的特质。

企业的创始人和早期的创业者均来自库布齐沙漠中的社区。在某种意义上讲，亿利资源集团就是当地社区的一个组成部分。在社区公共基础设施建设上，亿利投入巨大，如果不从企业就是当地社区的组成部分来理解，则难以理解亿利集团投资社区基础设施的目标。如在教育设施方面，亿利捐资建设“亿利东方学校”“亿利东方幼儿园”，现有幼儿园学生400余人，小学生800多人。亿利东方学校是亿利资源集团于2009年捐资1.1亿元人民币专门为沙漠牧民子弟建设的一所集幼儿园、小学、初中、高级技师学校和农牧民党校为一体的现代化学校。

2008年黄河决堤后，亿利将原来自有的板蓝根种植地拿出来建设独贵塔拉新镇。原来居住在黄河边的农牧民们集中安置在独贵塔拉镇上。亿利在政府的支持下投资2 000多万元统一规划建设了宜居宜业占地500亩的沙漠牧民新村，把生活在沙漠腹地的36户牧民整体搬出沙漠，为每户牧民配备了106平方米的住房，村里通电、通水、通路，安装了卫星接收器，看上电视、装上电话，彻底改变了生产难、生活难、行路难、求学难的落后局面。在项目开展初期，生态项目部积极参与到对当地农牧民的动员中。集中搬迁集中居住后，更是为他们提供生产技术以及生态修复方面（产生经济收入）的技术支持，帮助他们由传统生活方式向现代生活方式转变。对仍保有草场，实行放牧方式的牧民进行生态教育（生态项目部/种质资源公司会派人下到基层为牧民做“围封禁牧”教育工作）。另外还建成了一些重要的基础设施如黄河大桥、穿沙公路等。

（二）带动农户就业

“生态、民生、经济”平衡驱动的亿利沙漠经济事业使得10万农牧民成为最大的受益者。他们有的出租沙漠给企业成为股东；有的跟上企业种树、种草、种药材成为小老板或工人；有的发展沙漠民族特色旅游成为旅游业主；有的种瓜种菜、养牛养羊为企业、旅游业提供肉、蛋、禽、奶及绿色有机食品成为新式农牧民。

公司投入巨额资源于荒漠化防治和生态建设，雇用了大量的劳动力，培训或培养生态建设的熟练工超过了10万人。自发组织了200多个联队，跟随亿利集团，走出了库布齐，参与到亿利集团在全国各地从事生态修复的产业。民工联队是沙漠治理中一个非常重要的微观主体。民工联队队长们发挥着类似“包工头”的作用，每年组织季节性农民工开展植树植草。亿利和民工联队队长们保持着相当密切的关系，每年都会有招投标。既有商业上的委托承包关系，也有生态治理中的合作关系。亿利聘请的林业局治沙站专家们会为民工联队提供详细的技术指导。

（三）为当地能人和企业参与库布齐沙漠治理提供典范

鄂尔多斯90%的造林是由私人公司完成。内蒙古有2 000多家从事林业的私人企业。亿利资源治理沙漠只占私人企业营造林面积的一部分，但带动了当地农牧民和私有企业共同参与，这才是亿利的价值。为国家、为社会和自己创造了生态治理的成就。把亿利的精神传播给这些企业，传播给农牧民，共同治理沙漠化。公司也通过建立全球性的伙伴关系，通过联合国机构，把亿利企业精神传播到全世界，为人类荒漠化防治事业贡献力量。

三、企业与其他团体的伙伴关系

（一）与国际组织建立合作伙伴关系

2016年开始举办的《全球环境展望5》青少年生态夏令营是由亿利公益基金会与UNEP合作举办的。营期为8天，以GEO5环境主题的讲座和拓展以及探索内蒙古库布齐沙漠之旅组成。夏令营接受10～15岁的青少年入营，其宗旨是使青少年意识到，全球环境在多个方面已经面临底线被击穿的挑战，唯有把承诺付诸行动，才有可能使得环境不至于陷入不可逆转的恶化。

（二）与科研机构的合作伙伴关系

构筑了由全世界57个国家生态领域科学家组成的“国际生态科学家联盟”，包括以色列农业科学院（ARO）、本古里安大学、中国农业大学、北京林业大学、中科院沙漠研究所、中科院新疆生态地理所、内蒙古农业大学、内蒙古林科院等专家学者，搭建了“全球沙漠科学技术网”。

在继续自己培育适宜沙漠生长的植物种质资源库的同时，亿利

2016年自己成立了沙漠研究院，人员引进偏向本土化、应用化，与内蒙古本地一些院校一些扎根沙漠数十年的老专家有合作，沙漠治理技术已经到了以企业自主研发为主的新阶段。

（三）建立致力于荒漠化防治的企业联盟

在商业上与其他的企业，先后引进神华、华谊、山能、冀东等大中型国营企业；汇源、泛海、万达、传化、蒙草等大中型民营企业开展合作治理沙漠。亿利位处西部地区，人才、技术都十分匮乏的，为吸引投资采用了创新产业投资模式——以多个非绝控股项目串联的开放式产权模式，借鉴互联网思维，本着“资金众筹、项目众包、经营众担”的理念创新经营模式，把库布齐沙漠打造成一个广阔的沙漠生态平台企业。联手国内相关行业龙头，实行“多元化投资，专业化管理”的开放式引资方针。

第五节　库布齐沙漠防治的成效

20多年前，库布齐没有植被、没有公路、没有医疗、没有通信、没有教育。七八万农牧民们散居在1万多平方公里的沙漠里，过着与沙为伴的游牧生活，苦不堪言。亿利资源的前身是这座沙漠的一个小盐厂，常年被风沙所困，交通不便，几十万吨产品无法运出，企业距离火车站直线距离仅有60公里，但因为没有道路，只能绕道300公里，产品利润都消耗在了路上，企业面临破产。为使企业能够存活下去，万般无奈之下，亿利决定投巨资修建穿沙公路，被迫走上了一条治沙绿化、发展沙漠生态经济的特殊之路。

在各级政府的支持下，亿利资源通过培育耐寒、耐旱、耐盐碱的种质资源和“林、草、药材”复合生态种植模式，采取科技措施、工程措施和产业措施绿化沙漠面积6 000多平方公里，控制沙化面积11 000平方公里。利用沙漠土地、阳光、甘草、沙柳等沙漠特色资源，发展了沙漠甘草苁蓉健康产业、沙漠有机肥料、有机饲料、环保材料、太阳能发电、现代节水农牧业、沙漠生态旅游等产业，构建了一个沙漠新型生态循环经济产业链条。沙漠绿洲事业让10多万沙区农牧民成为最大受益者。他们有的出租沙漠给企业成为股东；有的跟上企业种树、种草、种药材成为小老板或工人；有的发展沙漠民族特色旅游成为旅游业主，有的种瓜种菜、养牛养羊为企业、旅游业提供肉、蛋、禽、奶及绿色有机食品成为新式农牧民。20多年的发展，让这座昔日的死亡之海焕发了生机，整个库布齐大漠民族团结，绿富同兴，切实走上了一条“生态、民生、经济”平衡驱动，兴沙之利、避沙之害的可持续发展道路。

一、将沙漠变为绿洲，生态环境显著改善

根据国家林业局遥感测绘数据显示，截至2013年底库布齐沙漠已绿化5 153平方公里。库布齐沙漠治理区示范区内植被覆盖率可达到65%～70%，有效控制库布齐流沙面积。近三十年的防沙绿化，让库布齐沙漠由原来的“不毛之地”变成如今6 000多平方公里的沙漠绿洲，控制沙漠1.1万平方公里。特别是长期种植甘草等豆科类植物，通过生物固氮菌改良土壤，让1 000多平方公里的沙漠出现了表面结皮和黑色土壤，具备了农业耕作的条件，被专家称为“沙漠奇迹”。整个库布齐沙漠的高度较20多年前整体下降了30%。

20世纪七八十年代，是库布齐沙漠生态环境最为恶劣的时期。一年发生沙尘70～80次，年降雨量只有80毫米。2013年，库布齐只发生沙尘2～3次，降雨量达到300多毫米。据北大环境与科学学院的监测数据显示，通过种植甘草技术固氮，形成厘米级土壤，土壤质量得到明

显的改善。此外，生物多样性显著增加。环境最恶劣时期，库布齐只有5~8种动物，现在已经有150多种，是最恶劣时期的几十倍，其中包括候鸟、沙鼠、兔子、狐狸、鹰隼等，逐渐形成更加稳固的食物链。2015年库布齐来了七八十只灰鹤，2016年又出现了成群的红顶鹤。仙鹤应该生活在水草丰美的江南地区，如今来到沙漠，这也是吉祥的象征。动物的选择是对生态环境显著改善最好的例证。

二、将荒漠变为资源，产业得以拓展，效率得以改善

20多年来，企业变沙漠劣势为优势，利用沙漠土地、阳光、生物质、沙材料及周边劣质煤炭资源，沙里淘金，发展了以沙柳、甘草经济林种植为代表的第一产业；以沙漠天然药业、清洁能源为代表的第二产业；以沙漠生态旅游、文化艺术为代表的第三产业，实现了绿色循环、集约发展。在保证生态效益的基础上，实现了经济效益。

亿利集团联合内蒙古林科院等科研单位，系统总结库布齐沙漠防护林体系建设的成果，按分布区域划分为流沙覆盖区防护林、丘间地防护林及黄河锁边林三个典型体系。选择在库布齐沙漠治理区域内选择了比较典型的防护林类型，对各防护林体系的防风阻沙效果、体系内小气候和土壤理化性质进行测定和评价，通过比较，筛选出适合库布齐各类地区的若干防护林建设模式，为今后的沙漠治理提供科学依据。流沙覆盖区防护林5种：沙柳沙障—旱柳—沙蒿防护林、沙柳沙障—樟子松—沙柳防护林、沙柳沙障—樟子松—沙枣防护林、芦苇沙障—樟子松—花棒防护林、芦苇沙障—樟子松—沙柳沙障防护林。丘间低地防护林5种：旱柳—花棒防护林、沙柳—花棒防护林、旱柳防护林、沙枣防护林、柽柳防护林。设置沙障造林植被恢复效果很好。通过实施各种防风固沙措施，有效降低风速防治沙丘移动。有利于在固定、半固定沙丘上一年生

的先锋植物的生长。其中有藜科沙蓬属的沙米，虫实属的虫实，雾冰藜属的雾冰藜，猪毛菜属的一年生植物。这样为后续植物定居起着开路先锋作用。在沙障中起到了保护作用，使其他沙生植物能够逐步生长。通过在沙障内进行造林发现，花棒、沙柳、旱柳及柠条成活率比较高，均在80%以上，只有三角叶杨成活率较低为74%。

亿利资源集团在项目区内完成各项造林面积达20万公顷。据实地调查，试验示范区的林地属于风沙区林地，参考鄂尔多斯市森林资源价值核算风沙林地的价格为1 500元/公顷，项目区有林地价值30 000万元。试验示范区现有飞播柠条、沙柳林共7.5万公顷，灌木林在风沙区价值2 278.39元/公顷，灌木林总价值17 087.93万元防护林的防风减风、减少水分蒸发、调节区域小气候等作用，能有效地增加甘草产量，增加收入，提高经济效益。据测算，试验示范区内防护林带可增加甘草产量16%，2009年可产甘草21万千克，单价为26元/千克则增加甘草价值87.36万元。

三、人民生活水平不断提高

企业把几千平方公里的沙漠不毛之地从农牧民手中返租回来，为农牧民投资建设了宜居宜业的沙漠新村，把农牧民彻底搬出了沙漠，引导他们参与生态建设、参与沙漠产业等方式就业创业，增收致富。这样也让沙漠得到了休养生息和自然修复以外，亿利集团7 000员工基本以当地牧民为主，为当地牧民创造了多样化的就业机会。现在，牧民生产经营多样化，收入水平不断提高，家庭年收入可达20万~30万元。饱受自然环境破坏之苦的牧民，随着物质生活水平的提高，更加注重精神文化追求。2008年，“古如歌”被录入全国第二批非物质文化遗产名录，2013年底杭锦旗被中国民间文艺家协会正式授予“中古古如歌之乡”

的称号。在访谈过程中也可以感受到，随着牧民经营的多样化，对时事政治的关注度也逐步提高。

这是沙漠生态事业最大的收获，沙漠农牧民成为治理沙漠的最大受益者。一是思想观念变了，经过20多年的治理，沙漠里的人重新认识了沙漠，他们不再害怕沙漠，沙漠不仅可以治理而且可以致富。二是生产生活方式变了，他们由过去的散居游牧、靠天吃饭转变为现在拥有多重新身份。他们有的把自己闲置的“荒沙废地”转租给企业或以沙漠入股企业成为股东；有的跟上企业种树、种草、种药材；有的发展沙漠蒙古族特色的“农家乐”“牧家乐”旅游餐饮服务；有的种瓜种菜、养牛养羊；有的进入企业当上了产业工人，通过多种渠道创业就业，增收致富。富起来的农牧民对这片土地更有信心了，更加热爱自己的家乡，更加珍惜来之不易的沙漠生态建设成果和幸福生活。三是沙漠里来的人多了。2007年创办的库布齐国际沙漠论坛已成功举办八届，影响力越来越大。2014年4月，联合国环境规划署把库布齐确立为全球首个沙漠“生态经济示范区”，向全世界推广中国库布齐防沙治沙实践经验；全国工商联、国家林业局、中国光彩事业促进会将库布齐沙漠确定为生态文明实践教育基地，2014年9月将组织首批100位民营企业家开展生态文明教育培训；联合国环境规划署也将库布齐沙漠确立为世界沙漠生态文明儿童夏令营基地，并组织夏令营赴沙漠进行实践。同时，北京四中、北京交通大学、人大附中、内蒙古自治区多个科学院所已将库布齐作为生态文明实践教育基地。

第十一章

生态保护与社区发展平衡之道

——来自登龙云合森林学校的探索

2015年，藏地第一座未来学校——登龙云合森林学校[①]（以下简称“森林学校”）在中国西南部四川省墨尔多山省级自然保护区实验区内的甘孜州丹巴县中路乡成立。这所由登龙云合企业创立、师法自然社区可持续发展专项基金[②]支持的创新学校，其定位是一家以“生态服务型经济”为主的社会企业，希望通过生态教育与生态经济，探索保护区内生态保护和经济发展的平衡之道。森林学校作为以社区为主的环境教育与社区发展中心，致力于以商业的手段来解决社区生态平衡发展的问题。在近五年的实践中，森林学校逐步成长为当地政府和社区的重要合作伙伴，共同促进保护区内的生态保护和社区发展，以期实现生态、经

---

① “登龙云合森林学校”，位于四川省甘孜州丹巴县中路藏寨最高处，海拔2600米，面朝藏区四大神山之一墨尔多神山。学校所在的中路乡位于墨尔多神山自然保护区内，是一座保留千年古石砌碉楼的农耕藏寨。学校创始于2015年。来自规划建筑设计、生态旅行、社区发展等领域的专业人士受当地政府邀请在丹巴县中路乡做规划调研，并因此萌生组建“森林学校”的想法。基于多元的学习方式，森林学校在传统的藏房中营造了不同的公共学习空间。每一个空间都能在学习者的主导下秒变观察、探究、会议、协作、展示的空间。

② “师法自然社区可持续发展专项基金”项目是北京市朝阳区永续全球环境研究所全球环境创意基金项目下的一个公益专项基金项目，由上海登龙云合建筑设计有限公司捐赠第一笔种子资金成立，旨在通过支持在社区开展生态保护、社区发展、文化传承等工作，提高社区的综合可持续发展能力。项目目前通过资金及专家智力支持等方式，助力“四川省甘孜州丹巴县中路乡森林学校社区可持续发展项目”和“青海省三江源社区可持续发展项目”。

济和社会效益的统一。本章主要介绍森林学校成立以来的尝试、经验和反思，分析其理论价值和实践含义，探索社会企业在生态保护方面的发展之道。

第一节　四川省丹巴县中路乡简要

中路，在藏语中意为“向往的好地方”，位于中国西部四川省甘孜藏族自治州丹巴县，地处青藏高原东麓，属于嘉绒藏族[①]区域。全乡辖10个行政村，乡政府驻克格依村，距县城7千米，距成都368千米。

一、自然和生态条件

丹巴县域属于“川滇森林及生物多样性生态功能区”，是川滇生态屏障的重要组成部分。丹巴县属岷山邛崃山脉之高山区，境内重峦叠嶂，山体高大，地势陡峻，区内地势由东向西南倾斜，最高点墨尔多山主峰海拔4 820米，最低点丹巴县城（两河口）海拔1 850米，相对高差约3 000米。境内水系发达，大渡河自北向南纵贯全境，河流纵横，溪沟密布，共131条，大金川河、小金川、革什扎河、东谷河在县城附近汇入大渡河，流域面积4 721平方千米。气候属青藏高原季风气候，气候带谱齐全，从河谷到山顶垂直差异明显，有“十里不同天、一山四季天”之称。年降水量偏少，一般为500～1 000毫

① 嘉绒藏族是居住在甘孜州丹巴、康定部分地区，阿坝州金川、小金、马尔康、理县、黑水、红原和汶川部分地区，以及雅安市、凉山州等地，居住着讲嘉绒语，并以农业生产为主的嘉绒人。

米，平均相对湿度为52% ~54%。特殊的地形地貌、显著的气候垂直差异，使丹巴县生态系统类型丰富，主要包括草地生态系统（23%）、森林生态系统（63%）、灌丛—草地生态系统（13%）、湿地生态系统（1%）。

丹巴县境内的四川省墨尔多山自然保护区，面积62 103公顷，保护对象为亚高山针叶林、珍稀动物、自然风景、人文景观和文物古迹。保护区内高低悬殊，自然条件复杂，野生动物和植物资源丰富，生态系统类型多样，170余座古碉群、古遗址保存完好，具有极高的科研和利用价值。

正对着墨尔多山的中路乡，自然风景秀美。春季梨花如雪，夏季谷果飘香，秋季红叶如丹，冬季银装素裹、山下田园葱绿，藏寨、古碉依山而建，错落有致，融于自然，天地合一。中路乡三面环山，中部平坦，地势东南高、西面低，海拔1 839 ~3 552米，年平均气温13.6℃，最冷月（1月）均温3.8℃，最热月（7月）均温21.8℃，年降水量约为700毫米，无霜期207 ~217天。全乡面积47.36平方公里，耕地面积190.12公顷，林地面积3 190.06公顷。森林面积占总面积的25%，草地面积占总面积的50.46%。2014年11月20日，因生态环境优良，且拥有特色民居、乡村田园风光、生态农林牧等特色的乡村旅游资源，中路乡获“中国最美乡村旅游目的地”称号。

然而，由于地处高寒、地形地貌十分复杂、坡降很大、降水季节性变换大且比较集中、气候属于干旱河谷地带，导致保护区整体生态系统十分脆弱，对人类干预、气候变化等较为敏感，主要表现为草地生态系统退化、泥石流等自然灾害隐患较多，道路交通等大规模基础设施建设困难。同时，保护区内山高坡陡，生态承载力有限，不能承受大规模旅游开发所带来的生态和环境压力。

二、社会经济发展情况

据2017年末统计，中路乡总户数660户，总人口3 005人，非农业人口97人。总人口中，男1 493人、女1 512人，藏族2 505人、汉族472人、羌族19人、彝族9人。农林牧渔业总产值3 579万元，其中：农业总产值1 849万元，林业总产值444万元，牧业总产值1 286万元，旅游收入423万元。农民人均纯收入12 523元，比2016年增长11.2%。全乡有中心小学1所。教师18人，在校学生88人，其中学前教育19人；学龄儿童入学率100%（来源：田野调查）。

由于地处偏远，交通不便，经济不发达，中路乡政府一直都将工作重点放在脱贫攻坚、道路建设、改善基础设施和乡村面貌以及灾害防治上面，取得了不错的成效。中路乡已经实现了村村响、户户通，并极大地改善了道路交通状况，现在游客可以很方便地自驾或乘坐大巴再换小巴抵达中路乡。在改善乡村面貌方面，中路乡已经完成了垃圾处理配套设施建设，和以公共安全视频监控联网应用为重点的“雪亮工程”，有效整治了各种脏乱差和违法违纪现象，使村容村貌得到了明显改善。2017年，中路乡启动了呷仁依村高效节水灌溉工程，优化了农田水利设施，并对当地72个地质灾害隐患点开展了全面排查，完善了监测点应急预案。这一切，尽管还远未达到城市标准，但都为当地民生、经济发展、旅游发展作出了良好铺垫。2019年4月28日，丹巴县整体退出贫困县序列。

三、旅游资源

中路乡地处民族走廊的核心区域，当地文化体现出明显的藏、羌、汉文化交流、融合的痕迹和特点，属于藏地汉化程度较高的地区。但当地传统习俗历史悠久，保留较好。每当节日时，村民们相聚一起跳锅庄、对山歌。少女成人礼①、顶毪衫②等习俗也一直延续着，具有浓厚的嘉绒藏族文化底蕴。中路乡还是“东女国故都”③ 遗址，有属于新石器时代、春秋战国时代的古遗址及石棺墓群，面积约 2 万平方米。乡境内分布着国内独有、世界罕见的古石碉群落，现存古碉楼 193 座。1999 年 6 月，中路碉群、古遗址、石棺群被甘孜州列为第一批重点文物保护单位。

中路藏寨的聚落形态是单家独户的庭院、院落式结构，建筑有着浓烈嘉绒藏族民居风格，更有碉房一体的独特民居，以当地的天然泥土、木材、石块为建筑材料，就地取材，且具有独特的石砌技艺。藏房宗教色彩浓厚，民居的外形犹如一个虔诚的佛教徒盘腿正襟危坐着颂经，还

---

① 丹巴成人仪式，四川省非物质文化遗产。“丹巴成人仪式”是嘉绒藏族女性的成年仪式。当地藏语称为“几萨”，意为“穿成年新装”，汉语则叫“戴角角”。该仪式主要分布于丹巴县中路、梭坡、岳扎纳顶境内。仪式一般以自然村落为单位，在没有农事的时候请喇嘛或者共巴择吉日确定举行仪式的时间。“成人仪式”的当日。参加成年礼的女子清早梳洗打扮。头发的梳辫十分讲究，两辫交盘的发尾须缠绕在脑后一根长约 1125px、粗约 50px 的发簪上，此为女子成年礼的标志性饰物。成年礼由村里德高望重的长辈主持，主持人将参加成年礼仪的女子叫上前来，进行“墨朗”（祝福和祈祷）。主持人、成年女子的父母或亲属分别向成年女子献哈达，成年女子也分别向主持人和父母回敬哈达，同时，分别向主持人、父母、亲朋好友敬酒。最后，男女排开对歌，跳起锅庄，尽情欢愉。“成人仪式”有着悠久的历史，对研究丹巴嘉绒藏区民俗风情有着重要的价值。

② “顶毪衫”是产生并流传于甘孜藏族自治州丹巴县中路乡、梭坡乡、岳扎乡及纳顶乡境内的一种集娱乐对歌为一体的古老求爱习俗。在求爱过程中，因头顶一件宽大、厚重的毪衫为特征，故被俗称为“顶毪衫”。

③ 据藏学专家任新建所著《西域黄金》中观点，茂州即今四川茂县、汶川一带，雅州即今四川雅安，白狼夷即今四川理塘一带，罗女蛮则是今四川西昌一带。以当时马道行程计算，东女国中心应在丹巴一带。丹巴县的中路乡为“东女国故都”遗址。

有藏传佛教中黄教①、红教②、苯教③共存共生的宗教奇观和保存众多的宗教典籍、千年古壁画等。建筑与周边的自然有机地融为一体，呈现出非常和谐的景观。

当地传统民间手工艺众多，主要有制陶、麻布、手工刺绣、编织（背篼、酥油盒、簸箕、筛子、草鞋等农用家具和生活用品）、木器制作、竹器制作、竹制口琴制作、金银器制作、酿酒（咂酒、藏白酒）、火烧馍馍等，但全部属于家庭手工业，没有规模化生产，没有发展出任何可以稳定供应给游客的文创产品、旅游纪念品。

近年来，依托以上优质旅游资源，中路乡大力发展旅游业，已经变成了旅游示范乡村。以生态文化为载体的各类民间活动成为旅游热点，比如春季梨花盛开时的“梨花节”，和秋季的嘉绒藏族风情节等。中路乡在生态经济发展的道路上在不断摸索，形成了初具规模的水果基地，苹果、梨、核桃、花椒等果园众多，观光农业正在兴起。农户庄园经济与农家乐、风情节、生态观光等旅游产业正在逐步实现有机结合、互促共进。

第二节　中路乡的困境

1999 年，墨尔多山区域正式被确立为四川省省级自然生态综合型

---

①　黄教指格鲁派，是藏传佛教宗派之一，该派强调严守戒律，故名。且该派僧人戴黄色僧帽，汉语中俗称黄教。

②　红教指宁玛派，是藏传佛教主要宗派之一，其教派传承于“前弘期”（8 世纪），后人称“旧派”，以区别于“后弘期”形成的“新派”。宁玛派比较全面地继承了吐蕃时期传播下来的教法仪轨，并且将这一教法仪轨得以不断充实和完善，最终形成一个极其庞杂而又分门别类的教派体系，在藏传佛教诸多教派中独具一格。

③　苯教（Bon Religion）（有时也译为本教、苯波教）在古藏文的记载中，苯教的苯（Bon）是“颂咒”“祈祷”“咏赞”之义，这在原始信仰的各种仪式中是个极其重要的部分。以念颂各种咒文为主要仪式的各种原始的苯教被传统被称为“原始苯教”（或“世续苯教”），另外有由辛绕弥沃所创立的“雍仲苯教”。

保护区，中路乡被划定为保护区的实验区。《中华人民共和国自然保护区条例》第二十六条规定，“禁止在自然保护区内进行砍伐、放牧、狩猎、捕捞、采药、开垦、烧荒、开矿、采石、挖沙等活动”，第三十二条规定，“在自然保护区的实验区内，不得建设污染环境、破坏资源或者景观的生产设施”。这意味着，自然保护区虽然保护了当地生态，却也直接为保护区内社区的发展套上了枷锁，制约了其社会经济的发展。为了保护生态环境，自然保护区中的社区不能像非保护区内社区那样按照市场原则来利用和开发自然资源，而必须转换资源利用结构，彻底抛弃以前的“资源消耗型经济”。

受诸多条件和政策限制，中路能够发展的产业不多。当地政府近年来大力推动旅游业的发展，丹巴县县委主要领导才在《努力把丹巴建设成为实施乡村振兴战略示范区》[①] 中提出，让旅游业成为丹巴乡村振兴和脱贫攻坚的支撑产业，以旅游业带动和促进乡村经济社会协调发展，把丹巴建成甘孜州甚至全四川省乡村振兴示范区：“推进丹巴乡村振兴战略，必须把一二三产业融合发展作为振兴农村经济的一条重要路径，依托丹巴得天独厚的自然环境和人文风光，大力培育乡村旅游业和特色农牧业，促进农旅深度融合发展。”基于丹巴前十年旅游开发的经验和教训，政府发现原来在中路附近的甲居藏寨开展的“政府＋景区开发公司＋旅游个体户”的开发模式[②]遭遇了可持续的发展困境，因为景区开发公司与当地个体户之间因为利益分配的问题，造成了投资公司、景区管理公司和当地社区的矛盾。在这种传统的“景区游览”式旅游开发模式中，大众游客在景区停留的时间仅为1～2天，除了住宿和餐饮，就没有

① 《甘孜日报》2017年12月12日报道：《努力把丹巴建设成为实施乡村振兴战略示范区》，中共丹巴县委书记何文才作报告。

② 引自2021年11月11日甘孜州人民政府网新闻《丹巴县三举措激活甲居景区旅游发展“动力源”》，其中提到“大力发展政府＋景区开发公司＋旅游个体户”的经营模式。

在地产生更多消费。这种平流程的旅游模式，还易受到交通、旅游淡旺季的影响，并不适合乡村的可持续发展。因此，丹巴县政府希望能够通过森林学校在中路乡的尝试，探索出一个乡村可持续旅游的经营模式出来。

在对中路乡的旅游资源进行了整体梳理和评估后，我们发现中路乡的旅游资源极为丰富，有独特的藏寨景观和人文风情、世界绝无仅有的古碉楼群、丰富的嘉绒藏族文化和悠久的东女国[①]历史传承等旅游资源优势。但旅游业发展主要面临着以下五个方面的问题：第一，基础设施薄弱。道路、排污、垃圾处理等基础设施不完善，生活品质不高，对环境危害大，也无法接待高品质客群。第二，民宿无序开发。民宿开发一味追求大体量、假现代的改建方式，对当地传统建筑带来极大破坏，并导致游客住宿体验度低。第三，缺乏深度旅游线路及特色旅行体验活动，致使游客过境不过夜。第四，缺乏文创旅游商品。文创旅游商品开发意识淡薄，当地土特产、工艺品、名小吃等未能体现其价值最大化。第五，餐饮单一无特色。中路乡现有餐饮结构普遍为80～100元包餐包住，三餐菜品以川菜为主，每日菜品基本固定，无藏家特色，餐饮档次较低，不具备中高档客群的餐饮需求。

现行的旅游发展方式不仅不能为居民带来稳定可观的收益，还会对当地原本就脆弱的生态环境造成破坏，降低当地旅游资源的价值，形成恶性循环。我们认为，这些表象问题的背后有三个深层次原因，这也是森林学校希望去解决的问题。

一、环境意识薄弱

虽处于自然保护区实验区，但中路居民普遍环境意识薄弱。村民为

① 据藏学专家任新建所著《西域黄金》中的观点，茂州即今四川茂县、汶川一带，雅州即今四川雅安，白狼夷即今四川理塘一带，罗女蛮则是今四川西昌一带。以当时马道行程计算，东女国中心应在丹巴一带。

了做民宿，大量新建、扩建民居，为此大量采石伐木，不仅破坏生态环境，还改变了传统民居风貌，产生了更高的能耗。迅速的现代化进程及逐渐增多的游客产生了大量垃圾、污水，而当地基础设施尚不足以对其进行适当处理。动植物因日渐增多的游客和环境的破坏受到侵扰。由于大量劳动力外流，当地劳动力不足，当地农民严重依赖地膜、化肥、除草剂等绿色革命技术，土地结构及肥力也遭到了破坏。

作为一个有着上千年历史的古老村寨，中路的传统文化中蕴含着丰富的传统生态知识。然而，随着青壮年们离开家乡打工，儿童们进城求学，这些珍贵的生态知识和传统文化正面临失传的窘境。

二、旅游人才及内容缺乏

任何产业都必须要有配套的人才。中路乡由于地处偏远，人均收入低，难以吸引到外来人才，本地优秀年轻人大多在城市工作，不愿也不能回乡发展，因为家乡没有适合他们的工作岗位。当地年轻人的奋斗目标就是考上好学校，然后在城里找个好工作，或者考公务员，很少有年轻人留在村里自主创业。这进而又在村子里形成了一种偏见，认为有出息的年轻人就应该考公务员或在外面找工作，留在村里的都是“没本事”的“待业青年”，给原本就不多的、愿意留在家乡的年轻人造成了社会压力。例如中路的年轻女孩斯郎德吉，从遂宁师范院校毕业后，出于对家乡的热爱，她自己非常希望留在村内工作。但村子并不能为她提供合适的工作，她家因为条件所限也没有开民宿，回乡很久都只能在家赋闲，村里的闲言闲语给了她很大压力，离开还是留下，她的内心非常挣扎。这也是大部分村中年轻人的写照，随着越来越多年轻人的离开，中路乡面临着老龄化、空心化的问题。

政府和相关部门尚未在社区开展旅游方面的系统性能力建设和培

训，缺乏长期的人才培养计划。村民眼中的旅游服务基本等同于“民宿接待”，不做民宿的村民大多从事农活儿或运输。森林学校进驻之前，中路乡的旅游服务人才十分缺乏，无专业村寨导赏员，无专业餐饮客栈从业人员，无相应的旅游人才培训机构。旅游人才的缺乏导致旅游内容的缺乏，进而导致游客无法在此做更多的停留和消费，村民也难以获得更多收入。因此，中路乡如果要发展可持续旅游，不仅需要在环境上可持续，旅游业发展的可持续也非常重要。

三、社区能力不足

受工业文明冲击，中路原有的社会结构逐步解体，社区自治能力减弱，传统文化和人才流失严重。新改造民居中已难觅锅庄[①]的踪影，伴随而来的是嘉绒传统农耕文化的逐渐消逝，居民引以为傲的古碉群也在没落。中路乡作为丹巴县古碉群重点保护区域之一，现存 88 座古碉中仅有 4 座可供游客登高远眺游览参观，其余均为破损或等待修复的状态，难以产生旅游价值，碉楼建造技艺也面临失传的窘境。

由于老龄化、空心化，中路乡留存的居民们缺乏应对外界变化和趋势的能力。尽管政府近年来在村内完善了交通和网络等基础设施，一直在推动农村电商发展，但人才的缺乏导致后继乏力。没有一个整体的社区力量，中路丰富的自然、文化和旅游资源很难走出去。

面对这么多的问题，社区没有能力解决，政府爱莫能助。这样的问题并非中路乡特有，中国大部分保护区内的社区都存在类似问题。如何发展出一个行之有效的模式以供这些社区探索保护与发展之间的平衡，这就是森林学校希望探索的模式。

① 锅庄舞，又称为“果卓”“歌庄”“卓”等，藏语意为圆圈歌舞，是藏族三大民间舞蹈之一。2006 年 5 月 20 日，经中华人民共和国国务院批准列入第一批国家级非物质文化遗产名录。

第三节 登龙云合森林学校的尝试

2015年，登龙云合受政府邀请为中路乡做旅游规划。项目结束后，得知中路乡呷仁依村最高处的一户人家将要搬到山下，他们的老房子结构完整，周边景观秀丽，我们认为弃之非常可惜，于是决定租下这栋房子，将其改建为藏地第一所未来学校，以实践从业多年以来的理念，摸索自然保护区可持续发展之道。

森林学校从一开始就确立了“自然生长”而非“强势建立”的策略。在这座有着千年历史的古老村落里，蕴藏着人与自然和谐相处的智慧，一群外来者有什么资格来这里教当地人怎么做呢？森林学校希望可以和村民平等交流，促进当地传统文化和现代科学的融合。因此，森林学校希望搭建起一个平台，整合各地、各领域资源，和当地人一起努力探索可持续发展之道。

从2015年起，登龙云合建筑规划团队多次带领设计师志愿者进入中路乡，和当地匠人一起，对这栋民居进行了维修和改建。在此过程中，技艺和理念的融合也在逐步发生。2018年，森林学校的建筑改造完成后，终于把在村民眼里“从北京来的老板”转变为了村民认可的合作社的一员。

在“硬件”改造过程中，森林学校开展了多样的“软件”方面的工作。

一、生态教育

从2015年至今，森林学校一直将工作重心放在生态教育的课程系统设计上。在52位专家和21位当地人的参与支持下，共开发了4个课程模块12余门课程（见图11－1），直接落地到森林学校的主题活动20余次。森林学校开展的研学旅行活动深度挖掘当地的文化自然特点，创意独特，活动体验性强，并邀请当地非遗传承人及社区长老做研学导师，与当地社区有良好互动。

NATURE STUDY 自然研习	SELF-EXPLORATION 自我探索	CHANGEMAKER 自在创变	RURAL EDUCATION 乡土教育
世界公民行动 跨学科实践 保护地研修	艺术美学 生命感知 户外精神	创变课堂 森林间隔年 全球创变者	在地智慧 新农人 返乡青年

图11－1　森林学校的生态教育课程

截至2019年12月，森林学校的课程共吸引了来自成都、重庆、北京、上海、杭州、英国、法国、加拿大、澳大利亚等20个国家和地区700多位研学者。研学者在中路的平均停留时间也从以前的2天增加至7天，平均花费从200元提升至5 600元，直接为当地村民创造了可观的收益。

森林学校的课程对研学者收费、对当地人免费，在维持正常运营的前提下，降低了当地人接触环境教育的门槛。通过一次次的环境教育，村民们逐渐认识到伐木、采石、垃圾、废水、地膜、肥料等的危害性，对生态系统和环境保护也有了更多的认识。同时，共同参与的课程设置大大增加了当地人与研学者的接触，促进了他们之间的交流和理解。研学者了解了当地文化和民情，当地居民大大提升了文化自信，从而更有能力、有意愿、有意识地去保护家乡的环境和文化。

当地青少年是森林学校最重要的关注对象，森林学校积极邀请当地学生参与组织和设计环境教育、生态体验的课程和活动。在几年的筹备过后，我们于2019年12月将森林学校的课程带进了丹巴高中和中路乡小学，首期为311名学生开展了生态教育课程，并获得了师生们热烈的反响。森林学校还在积极筹措与教育部门共同研发校本课程，让生态环境教育成为义务教育体系的一部分。

2020年2月，森林学校协同丹巴教育局一起，举办了“大自然在说话”配音比赛，通过为环境纪录片和环境绘本配音的形式，对中小学生进行环境保护的宣导。丹巴县各个小学和初中、高中积极参与了这个活动，共有368位学生递交了配音比赛的报名。当地学生的积极参与，也鼓励森林学校将来组织更多的、服务于当地社区的环境保护教育活动。

二、生态建筑

依托登龙云合企业的规划和建筑背景，生态建筑成为森林学校的一个重要项目。森林学校校舍主体“自然”的设计和改造致力于达成两个目标：（1）在保持藏式民居风貌的前提下，改善室内空间的舒适性，解决好采光、通风、节能、采暖、排污的问题；（2）充分利用自然资源，并减少对环境的污染，让传统民居成为低碳环保的绿色建筑，从而改善村落整体的生态环境。

为了与当地人共同探究什么是最适合当地的生态建筑，森林学校尽量采用当地技艺，聘请当地匠人，还邀请了一些优秀的当代设计师参与森林学校的改建，以期促成传统技艺与当代设计的相互交流和学习。截至2018年10月，森林学校共邀请了45位当地工匠和40余位优秀设计师参与森林学校的设计，并进行了12项创新科技的实验，获得11个高校及机构的智力支持，解决了7个藏房问题。

在森林学校的空间设计上，设计师们结合当地匠人的宝贵经验，研究了嘉绒藏房建筑空间的布局、建筑符号和文化象征，在保留其“天、人、地”的空间秩序以及同宇宙环境的互动和联系的前提下，根据学校的需求进行了改造。藏房原来的地下层为给牲畜的生活空间，代表着建筑与“地”的联系，现在被改造为“生物化石博物馆”；一楼为原来的居家空间，代表着建筑与“人”的联系，被改造成了森林学校的动植物教学空间；第三层代表了建筑与“天”的联系，现在成为“星空观察教室”。这样，既保留了藏房传统上与“天、地、人”之间关系的空间秩序，又根据学校的需求进行了适度改造。在这个过程中，在地传统文化的内涵得到了保留，未来的学习空间得到了发展。

在设计理念和实施原则上，森林学校坚持保留藏式民居建筑的风貌和文化符号，保留藏房的基本框架，保留藏式建筑的传统风貌和建造的基本技术。在此基础上，增加内部空间的合理利用和改造，注重环境友好的生态技术和节能技术的运用，使其适应旅游接待的基本要求。这些环境友好的设备、技术、设计和理念，都是我们在藏区开展的全新尝试，目的是探索、展示和推广在青藏高原上真正实用的、环境友好的建筑设计，使生态脆弱的藏区环境得到更好的保护（见图 11 –2）。

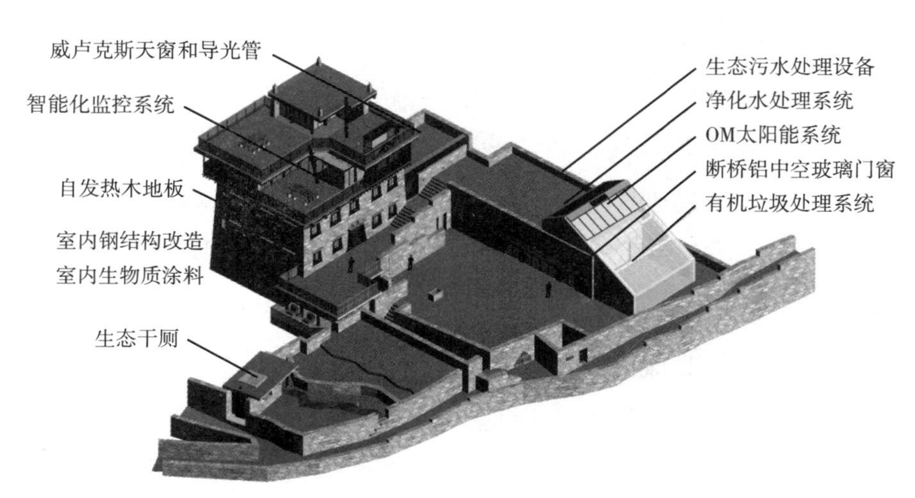

图 11 –2　森林学校采用的环境友好新技术

森林学校的改建获得了村民们的瞩目。改建完成后，不时有村民甚至政府官员前来参观学习。森林学校毫无保留地与大家分享经验和教训，希望能够引导当地村民合理地进行房屋改建和新建。事实上，已经有一些村民和政府在借鉴森林学校的一些可行性做法。一些民宿主采纳了学校的污水集中处理系统和设计，通过几户共用的污水处理系统来摊薄成本。太阳能保暖设备也已在甘孜州的乡城、格聂神山保护区进行推广和运用。

三、生态厕所

中路的大多数藏房都还沿用传统的旱厕，一般在藏房二楼的楼体外围建一个支出来的“吊脚楼”，粪尿直接落到一楼的粪槽。积满后，主人会填上土，堆肥后回田。但是这种方式不太方便和卫生，外来研学者很容易产生如厕障碍。所以，森林学校萌生了建立一个既能满足当地旱厕习惯，又能保证卫生和肥料回田需求的生态旱厕的想法，希望能在藏地、特别是缺水的河谷地带的景区公共厕所作出一个示范。

通过与村民和志愿者共建的方式，森林学校在中路乡修建了第一个生态公共旱厕。森林学校专门从芬兰引进了生态旱厕的收集和处理系统，并邀请建筑师志愿者，根据当地石砌房的特点和传统，设计了生态旱厕的建筑。建造过程中共邀请了来自英国的 16 位国际学生志愿者和 7 位国内志愿者，在 6 位当地工匠的带领和指导下，用 7 天时间，搭建了中路第一个生态旱厕的示范厕所。在此过程中，实现了外来者与乡村传统石匠的学习和交流过程：本地工匠学到了生态旱厕的基本原理，了解到了污水处理、生态堆肥等现代知识和技术，而外地建筑设计师和志愿者们也学到了当地传统而古老的石砌技术。外界知识和乡土知识实现了平等交换和有效结合，在不破坏当地文化和传统的基础上推动了当地的现代化进程。

四、生态产业

为了配合政府共同促进当地的生态经济发展，森林学校不仅鼓励村民参与上述生态教育、生态建筑活动获得收入，还努力推广对土地更友好的种植方式，带领村民们在生态农业、景观农业、手工业、文创产品等方面做积极探索。

中路传统的农作物相对单一，土豆、玉米、青稞、芫根，既是口粮也喂养牲畜，蔬菜瓜果等经济作物受环境所限不成体系。为改善和提升社区农产品收益，森林学校在自有土地范围内尝试种植马鞭草、薰衣草、萝卜等可深加工农作物，发展农业景观，生产既可观赏又能产生经济价值的作物。森林学校的示范潜移默化地影响了当地政府及村民。2019 年，森林学校协助当地合作社获得了 100 万元的政府扶贫示范项目资金，用于在中路乡种植薰衣草。第一批薰衣草目前已经采收完毕，并已开发基于当地文化的、可代表中路形象的文创产品“等爱”薰衣草旅行套装进入市场。

五、社区能力建设

森林学校自建立以来，汇集各方资源和专家团队，为当地 5 个村的近 700 位村民定期提供生态旅游、民宿管理、游客接待、餐饮技能、垃圾处理、自然导赏等旅游技能培训，促成了当地车队的成立，提升了社区竞争力，激发了村民的活力。森林学校积极培养社区的新生代力量，为大学毕业后愿意为家乡做贡献的年轻人创造条件。

社区的能力需要多加锻炼，社区成员需要经济收入来支撑他们进步的热情。森林学校定期为社区输入研学旅行团，为村民提供餐饮服务、住宿服务、车辆服务、社区导赏等工作岗位，既让大家在实践中学习，又为社区的可持续发展带来了稳定和实际的经济效益。

森林学校推动当地成立了“丹巴呷仁依乡村旅游专业合作社”，以发展当地农产品和乡村特色旅游。通过合作社，森林学校逐步与村民达成环境保护协议，以为合作社提供生态旅游和经济发展为前提，与合作社成员家庭签订了“中路乡好邻居公约”“保护与发展协议”等基础性条款，让村民做出了不盗猎、不砍伐树木、不采挖石头等环境承诺。

森林学校还积极探索垃圾与污水的处理和新能源的利用，启动在地垃圾问题调研，倡导中路乡游客及村民环境友善行为公约，挖掘当地传统文化中的生态知识……整体而言，森林学校希望能够将前沿的环保理念和技术都引入中路，结合当地条件，全方位地提高社区的能力。

第四节　森林学校介入社区保护面临的挑战和困惑

森林学校在介入当地社区发展和保护中面临了一系列的挑战和困惑，其中有森林学校自己经验不足的原因，也有社会和制度上的限制原因。

一、大众对社会企业的认识不足

森林学校是个全新的形态，当地政府和农牧民对社会企业不熟悉不理解。森林学校在进入社区的初始阶段，当地农牧民和社区精英曾对森林学校的目的性、角色产生了误解和怀疑。当地民宿主担心森林学校是另一个外来的高端民宿，会和他们抢生意，有的人则质疑森林学校打着公益的旗号做赚钱的事情，目的不纯粹，给森林学校带来了不少困扰。

森林学校采取了一些措施来提高与地方政府和村民的互动，邀请其他志同道合的社会企业和相关机构，推广社会企业这一新型模式。森林学校被新华社在内的媒体报道、与友成基金会、北京市朝阳区全球环境研究所建立合作关系。被复旦大学《研究与发展管理》、联合国教科文组织国际创意与可持续发展中心、上海财经大学中国社会创业中心等机构收录进案例库。获得了中路乡政府颁布的“乡村生态环境贡献奖”、社会企业影响力投资论坛颁发的“2019 年高原社会创业致敬奖”，这些权威机构的背书大幅提升森林学校较强的公信力。但让大众接受社会企业这个概念，还需要大家共同努力，扎根到农牧民的生产生活，融入日常生活世界中还有漫长的旅程。

二、民非注册还是工商注册?

由于中国暂时还没有社会企业这一注册项，森林学校在注册运营主体时碰了很多壁。在开始进入保护区时，森林学校的自我定位是区别于政府和非政府机构的第三方管理机构，相对于政府管理，这样的主体更能将政策和规划思路落地，并做好细致的社区工作。而相较于非营利组织和公益组织，它又有商业和市场的触角和优势，能够在市场层面给社区带来经济利益。理想是美好的，但在注册过程中碰到了许多困难。

2015 年，森林学校先后尝试过在甘孜州民政和丹巴县民政进行民非注册，却在寻找上级主管单位的时候频频碰壁。从经营范围来讲，“生态教育”“环境教育”难以找到对应的主管单位；从业务范围上看，森林学校并非一个义务制教育的学校，教育局无法给予这方面的监督与管理。加上保护区社区内还没有“自然学校”的先例，因此当地民政机关建议做工商注册而非民非注册。

2017 年初，森林学校无奈尝试在丹巴县进行工商注册。2017 年 10

月，在政府分管旅游的副县长的协调下，当地政府表示会对森林学校给予积极的配合与支持。2018 年 11 月，虽然同意森林学校注册为“四川省丹巴登龙云合旅游管理有限责任公司”，却因办公地在村子的民居而被驳回申请。2018 年，森林学校再次提出工商注册申请，办理丹巴县登龙云合教育咨询有限公司，但是因为业务范围没有“生态教育”“环境教育”“研学旅行”的选项，因业务范围不符而被驳回。2018 年，森林学校再次尝试注册“四川省丹巴县云合旅游开发有限公司”，又因为业务范围涉及餐饮、住宿接待的内容不符合营业范围而被驳回。

在申请过程中，虽然森林学校获得了当地政府的积极支持，但在具体操作层面，却因为涉及旅游和教育两个领域，工商注册现行的法律法规制度无法支持森林这一创造型的机构获得注册。

2019 年底，因为政策变动，森林学校成功在丹巴县工商局注册了“丹巴登龙云合教育咨询有限公司”，包括研学活动、教育咨询等相关业务范围。我们将探讨是否进一步增加“培训”功能，以使森林学校成为进行教育培训的民办学校。民办学校的申请虽然也很复杂，但这个属性可能是目前最靠近当地工商管理部门和其他政府机构对于“社会企业”属性的认知，也具有一些可操作性。

三、对政府的政策及机制不够熟悉

不熟悉政府的政策与运行机制，就意味着无法与各政府部门共同发力。由于森林学校是一个全新的概念和模式，在当地合作实践的过程中，存在需要与教育、发改委、环保、旅游等多部门对接的情况。我们对这些部门政策缺乏了解，当地政府与社区合作的经验比较不足，若找到与政府相关部门合作的方面，则有可解的方式，不懂得也没有设计好与当地政府高效对接、沟通，以达成社区、政府、企业多赢的局面。

在保护区内建立的森林学校，尤为希望能跟林业与环保部门多方联动，得到更多一手消息，把科学性做强。森林学校其实是非常好的环境宣导窗口，希望能更多地跟政府结合来推动在地的工作，回顾过去这方面的联结不够。从乡村振兴的角度而言，森林学校的目标和工作角色，可以为政府提供非常好的政策倡导、社区培训、环境保护的宣教工作。由于跨部门之间对彼此的需求和工作目标缺乏了解，也导致森林学校的角色比较孤单，学校的场地和资源并没有做到最大化的利用。

四、模糊的产权

森林学校进入社区时，同当地村民签订了30年的房屋和土地租赁协议。但随着当地旅游的发展，公司与个人签订协议存在着风险隐患，森林学校的可持续投入得不到保证。2018年，由于当地乡村旅游合作社的成立，对森林学校签约的个体民户做了土地流转，这样森林学校的房租协议转为和集体签署，土地租赁有了保障，发展风险减少。

但实际操作中，由于当地村民还没有完全适应契约合同，即使森林学校已经和房东及合作社签署了详细的协议，房东及部分村民仍旧会不顾协议干涉诸如房屋改造之类的工程。在甘孜州其他地方也曾发生过有公司投资于当地民宿，开始盈利后房东单方面撕毁协议要求将民宿收回的前车之鉴。土地、房屋租赁、投资评估等没有保障，森林学校在推动社区发展的过程中隐含着较大的风险，希望能有方法解决森林学校这种类型的机构对未来发展的忧虑。

五、森林学校与社区关系的处理

学校的建设是一个漫长的与社区共建的过程，在处理社区关系上需要非常谨慎。除了前文提过的对于社会企业的认知差异问题，森林学校还需要在与当地人的协作中控制好工期和预算，平衡各方利益。由于天气、当地文化和交通的限制，当地工作习惯与外界的不同，森林学校的工程施工、监督和管理都面临着巨大挑战，特别是在同外部设计师的合作中，需要不断试错，导致拖延工期甚至返工。合作社的建立带来了统一的管理，但这只是社区动员的第一步，目前从社区培训和与合作社的关系来看，合作社还需要有明确自身的管理制度、利益分配体制，才能利益共享，推动全村发展。

六、森林学校内部“人类学”与“商业”逻辑的冲突

森林学校在社区开展研学旅行的过程中，因为学科背景不一样而带来的“内部争议”不少，最有代表性的是关于敬山仪式中邀请当地智慧老人主持仪式的费用核算问题。当时在团队中负责社区协调工作的同事的学科背景是“旅游人类学”，她非常重视保护当地的文化传统，并强调外来者不能干扰当地的传统习俗。按照当地习俗，邀请智慧老人进行传统仪式，村里人都会封一个“红包”。于是森林学校每次在邀请他做完敬山仪式后，她就按照习俗，给老人封一个200元的红包作为主持仪式的酬谢。而森林学校负责团队和市场联络的负责人是学经济学背景的，她很自然地将“红包”的酬谢费用纳入了活动成本。有一次，经济学背景的同事在核算成本时，询问是否可以降低活动成本，将给智慧老人的红包以小礼物的方式体现。同时，同样具有“文化敏感”的学校负责人也质疑社区协调人为什么给传统仪式“定价”。社区协调人则解释说没有定价，是按照村中习俗给的红包。大家为这个事情争论不休，最后，做预算时，将给智慧老人的“礼物”费用，挪到“杂费”栏，而不是原来的“当地人工报酬”。虽然成本总额并没有变化，但是

在态度和用词方面，也巧妙地回避了因为“经济逻辑”和森林学校的角色，主导或干扰当地的传统。而这一点“文化敏感”不是团队的每个成员都能理解和认同的。

七、社区协调员的流动性大

因森林学校的角色是“陪伴和协作”者，因此更需要一位能在社区长期驻站的社区协调员，与社区建立良好的关系，逐步获得社区的信任和认同。但是在2015～2020年五年的工作中，森林学校在前四年共换了5位社区协调员，他们中有“90后”的热血青年，也有“70后”环境教育领域的导师、有“旅游人类学”的海归硕士，也有从藏区村庄长大的“文化青年”。然而，无论是什么样的背景、当初抱有多大的理想，在村中能驻站的时间最长都不会超过6个月，就会因各种原因退出驻地工作。或因自己的抱负和理想并不能在村中实现，或质疑森林学校的商业逻辑和企业性质的“社区陪伴”，或因追随者外来的环境教育体系无法在村中落地实现，或是个人发展的需要……社区协调员需要对社区的工作方法熟悉和了解，同时又能坚守村落的专业人才，而这类人还要理解社会企业的逻辑，这样的人才非常稀少，因此，森林学校一直没有固定的社区协调员，这为达成与社区建立良好的信任关系的目标制造了不少障碍。

八、专家及志愿者资源的管理

森林学校的管理团队不可能面面俱到，要保证森林学校的科学性、专业性、活跃度，邀请各界专家和志愿者加入共建是一个不错的方法。专家和志愿者都不是森林学校的全职工作人员，大家的水平也有差异，要将这么一群人集合到一起共同完成一件事，对森林学校的管理制度是一个极大的挑战。专家和志愿者对森林学校运营模式的理解和认同也不一样，这同样会影响学校在社区的角色及影响力。森林学校已经逐步摸索出一套适合自己的管理方法，但需要协调者投入大量时间精力去维护，未来希望还能继续优化这套管理方法。

九、获取学术界的支持和认同

森林学校做的是面对社区场景中真实问题的挑战和解决问题的实践行动。这个实体和平台，可为高等院校的科研、社会调查、社会实践提供研究、学习、实践的条件，高等院校的研究成果也可以反馈给社区发展。但是目前，因为缺乏渠道和高等院校的关注，导致森林学校的许多研究课题都是自行开发，在影响力和学术研究的高度上，缺乏专业院校的支持及资源，发展路径和内容形成不了体系，很难进行复制与推广。如何更好地与高校、科研机构对接，指导森林学校的工作，并量化和理论化森林学校的经济影响和社会影响，让森林学校的模式可以造福更多的保护区，仍是森林学校有待探索和突破的方向。

第五节　经验和启示

登龙云合森林学校的建立初衷是希望通过自然体验和环境教育的手段提高大众对自然保护的意识，承担起对地球环境的责任，以此开展生态服务型经济，让保护地内的居民能够有尊严、有能力地留在家乡，做家乡的守护者。在这初始的五年时间里，森林学校在挫败中不断摸索着经验：市场内的竞争、与社区的磨合、与政府的博弈……

登龙云合森林学校不是一个单独的实践，而是在探索一种全新的发展模式。这样的一个模式，必须是集合政府、企业、学界和当地社区之力才有可能实现的，也只有这样才能兼顾各方利益，实现环境、经济和社会意义上的可持续。

1. 原住民对于生态保护的能动性需要被积极调动起来

全球至少有 1/4 的土地传统上由原住民拥有或管理，原住民文化中蕴含着丰富的传统生态知识（彭奎，2020）。越来越多的证据表明，由社区管理的生态系统显示了更积极的生物多样性保护成效。尽管《爱知目标》已经意识到地方性群体及传统知识的重要性，并试图通过公平地分享遗传资源促进减贫和可持续发展，但原住民和当地社区保护生物多样性的主体权利和治理贡献并未得到足够承认，也缺乏来自政府和社会的制度性保障支持。生物多样性保护更加呼唤的是受影响最直接的当地居民发挥作用，而不能只是政府和社会精英的保护。森林学校秉持上述的认知，并将激发原住民在生态保护方面的主动性，激活原住民文化在生态保护方面的作用作为我们重要的目标。

2. 生态教育与生态经济对推动社区层面的生态保护缺一不可

中国西部自然保护区内的社区通常都与贫困相连，但保护地内的保护政策又限制了他们对于自然资源的使用，靠山不能吃山，祖祖辈辈传下来的生态知识并不能帮他们解决现实的经济困难。为了寻求生计，很多原住民不得不离乡背井进城务工，这又进一步导致传统文化的断代，降低了原住民与家乡生态环境的连接。长此以往，保护区会陷入无人保护的尴尬境地。若想让社区原住民留在家乡、自觉主动地开始生态保护行动，生态教育和生态经济缺一不可。通过生态教育，调动政府、社区层面将传统生态知识传承下去的积极性，而发展生态经济是确保社区参与生态保护行动的动力，以生态服务型经济为主的社会企业将在此过程中发挥重要作用。

3. 创新型企业需要更加开放的政策和社会环境

社会企业和生态服务型经济作为近年来兴起的新概念，在得到大众的理解、认可、支持，争取政策上的优惠，获得法律上的地位等方面都还存在非常多的问题。这些问题导致森林学校和其他积极践行这些概念的机构面临着巨大的困难。要想推进社会企业和生态服务型经济在中国的发展，从政策上和制度上予以认可和支持是关键性的一步。政府、企业、非政府组织（NGO）在解决社会问题方面有着不同的侧重点和不同的优势，三方应尽可能地共享资源、通力合作、实现共赢。而在森林学校的实践中，我们看到这方面仍旧非常脱节，三方似乎都有合作愿望，但实现路径受阻。期待学术界能够从专业角度提出解决方案，促进三方合作，共同解决社会难题。

第十二章

何斯路：绿色和谐共享发展之路

本章介绍了曾经具有浓郁徽文化特色的普通山村在通向全球化和市场化的大潮中，如何变成一个不普通村庄的故事。

第一节　何斯路村的简要发展史

何斯路位于浙中丘陵山地义乌市，有3.7平方公里，总人口为1166人。相传秦灭韩国，韩氏子民改何姓祖先从北方隐姓埋名南下逃生，躲避战乱，迁徙从师的路上歇息之地，见山形奇特，恰似燕子窝，故留下居住，古称师路何村。因缺水，故以“斯”替“师”，称斯路何村，寓意期盼着有山有水。

何斯路就是一个普通传统村庄，就是中国徽派传统山村之一。第一，村民大多姓何，家族、宗族依然是重要而有效的基层治理组织和力量。第二，数典但不忘祖。有一何氏宗祠，供村民祭奠祖先，承办宗族活动所用。家族中名人轶事会展示在祠堂中，激励后人学习。村中何家大院为中国汽车制造第一人何乃民的故居。中国现代革命思想家、社会活动家革命家、《共产党宣言》的翻译者陈望道先生故居与何斯路只有数村之隔，这里常被用来教育孩子立志、成人。何斯路村遗留明代故居，虽闲置很多年，仍遗存旧貌。何斯路人善制黄酒，村内有罗井泉一口，以此泉水酿黄酒，酒香扑鼻，酒味浓郁，深受喜爱。第三，崇洋但不媚外。何斯路是曾经交通不便的内陆丘陵山地义乌市的一个村。义乌市是一个县级市，但在改革开放以来，成就了一个传奇，义乌从最贫困落后的地区之一成长为中国最富裕的地区之一，全球最大的小商品集散中心，被联合国、世界银行等国际权威机构确定为世界第一大市场，常被称为“中国义乌”。义乌人，是全球最会做生意的一群人，把生意做到全球的每一个角落。何斯路人和其他义乌人一样，拥有对美好生活追求的坚强信念，追寻并超越欧美现代化的强烈愿望，具备愈挫愈坚、遇强更强、永不服输强大自信。现任村书记何允辉是这个村义乌人特征的一个代表，被公认为村中最会做生意的人之一。第四，改革开放以来，它和其他村一样，是一个日出而作、日落而息、人丁兴旺、勉强果腹的传统山区，经历过村庄杂乱、劳力外流、农业萎缩、环境恶化、世风日下、道德滑坡等凋敝时期。而这是认定何斯路是一个普通村庄最主要的特征。

2008 年前何斯路与义乌其他村庄并无不同，由于地处偏远山区，其发展远远落后于靠近城区的村庄。当时村民的主要收入靠打工，义乌是世界小商品集散地，本地人找到一份工作并不难。只有少数老人在村里，青壮年劳动力都在外打工、办厂、做生意。当时村里最大的产业是养猪产业，何里养猪场曾是江浙地区最大的养猪场之一，导致村里养殖粪水污水横流，当年村里弥散着难闻的气味，人居住环境非常恶劣。2008 年，何斯路村人年均收入仅为 4 580 元。2008 年，在外经商近 20 年的成功企业家何允辉回村二次创业，担任村主任，后又任村党总支书记，带领何斯路进入新的发展阶段。彻底改变了这个普通小山村的面貌，2021 年村民人均收入达到 58 200 元。正如何允辉为该村撰写的村记中所写的：

“今何斯路村仍以何姓族人居多，兴建水库，育林封山，保持生态，不断实现着何氏祖先创造优美环境之梦想。眼前芳草鲜美，落英缤纷，来人皆甚异之。沿村道往北复前行，欲穷其林，乃圣寿禅寺、德胜岩国家森林公园，虽无亭台楼阁，却也郁郁葱葱，是繁华义乌市的世外桃源。如今，新任村领导更以新的规划实现着新的追求。筹划齐全村功能，居住餐饮娱乐一应俱全，养老、休假不假外出焉，遂与外界间隔，渡入清凉世界。希以印象何斯路村扩大关注度，邀朋约友共度乡村之佳节。既来，得其获，便扶归家，处处志之。无论大江南北、欧洲美国来访，举何氏美肴作食，村长为之一一具言，获叹美语云："此乃佳村也。"（来源：田野调查）

从 2008 年开始，时任村主任的何允辉带领村民清退村内养猪场，以薰衣草观光旅游产业为突破口，经过三产融合的方式，在十余年的时间内迅速将何斯路村的集体经济从负债转变为估值超亿，实现了山区乡村发展的华丽转型。村庄布局如北斗七星，分别为拙朴的燕子坳古村落、庄严的何家祠堂、钩云钓月的农家餐饮、历史悠久的明代古宅、卓有贡献的何家大院、风景秀丽的卧牛山岗、碧波荡漾的水库，具有特有的丘陵地带农业旅游资源。走进何斯路村，街道整洁、池塘志成湖碧水荡漾，湖畔便是斯路何庄中式雅舍和新式徽派民居立于湖畔，见证了何斯路村小康新农村的变迁。2021 年和 2022 年，分别入选首批"浙江省气候康养乡村"，被命名为"2021 年全国示范性老年友好型社区"，入选 2018 年浙江省 3A 级景区村庄名单，被评为"中国十大乡村振兴示范村"。何斯路是如何走出一条绿色和谐共享发展之路的呢？

第二节　一个人改变了一个村庄

何斯路的变革之路得从一个人讲起，这个人叫何允辉。何允辉是何斯路村人，高中毕业后先在义乌、后转到湖州经商，事业有成。2008年突发奇想，竞选村委会主任，回村二次创业。村民半信半疑，何允辉动用宗族力量，且遍访村民，费九牛二虎之力方赢得村主任选举。此后，何斯路村不只是继承了近两千年历史文化沉淀，存留了百余年来从翻译和传播马克思主义思想，吸收并经历工业文明科技、生产、营销、组织体系等现代化改造，也打上了以何允辉为代表的一代村民对故土现代化的理解和情怀。下面通过几个片段展示何允辉和这个时代赋予何斯路不寻常的发展镜像。

一、清理猪场—环境整治—美丽村庄—中国式的巴菲特小镇

2008年以前，通往义乌城的公路需翻过一座山，交通十分不便，是一个名副其实的山村。2008年，通往城里的隧道建成通车，交通条件大为改善。当时村里最大的产业是养猪产业，何斯路村拥有浙江省最大的养猪场之一——何里养猪场。养猪场能够带来的经济效益是明显的，村内60岁以上的老人可以从养猪场获得每年60元的补贴，但是所带来的环境污染非常严重。养猪场方圆几公里内臭气熏天，排污设施经常出现问题，污水经常外溢，严重影响村内的居住环境。

浙江省出台了治理养殖业污染政策，但村民在养殖场关和留的问题上存意见分歧。有部分村民不能接受这样的生态情况，虽然村里一部分村民要靠养猪挣钱，还给全村60岁以上的老人发放生活补贴。如何处理养猪场成为何允辉最棘手的问题，关键是要伤害一部分村民的利益，而他们又是同宗同族的亲人。更重要的是，养猪场涉及本村主要内部势力的博弈，既伤感情又涉及复杂的村内权力斗争。由于何允辉具有敢碰硬的决心和毅力，经过多次召开村内会议，终于下定决心勇敢坚定地清

理养猪场。

2008 年，义乌市将雨污分流管网主网建设起来，而各村当自建雨污分流的细网与主网对接。起初，多数村民不愿掏钱建细网，大多数村民在义乌或其他城市购买了住房，只有假日、节日、老人生日等回家小住。何允辉发动村中的党员干部，挨家挨户向村民解释，宣传雨污分流的好处，以身作则，带头将自家的分流管网建好。村民纷纷效仿，彻底解决山村污水横流的问题。实行雨污分流管路改造后，清理村内水塘，放养观赏鱼，确保村内水环境清洁。

村中杂乱，主要是闲置或废弃的石材、木材等各种材料到处堆积。何允辉带领党员干部号召大家将石料等收集起来，做成石景、盆景、风景等。门前屋后或砌筑花坛，或悬挂花篮，全面升级绿化美化，形成“一户一景”特色，农户门前卫生三包，提升村民环境卫生意识，营造出村庄公园化、人居生态化的整体风貌。

将村北两头塘打通、挖深、清淤，开展塘体养护和植被覆盖工作，在两头塘上建木质板桥和生态回廊，更名为“志成湖”。充分利用了水库周围的山体、树林，点缀上水面景观工程，水边建造具有现代徽派风格的房屋，整座志成湖显得风光秀丽、水光潋滟。乡间田野、闲适静谧、悠然诗意，在湖边茶舍阳光下泡一壶好茶，慢慢品，咖啡小店一杯咖啡一本书，细细读。放下手中手机、放下人生烦恼、放下商海恩怨，让人生旅程“留白”，让身心怡静、通透旷达。

完善村庄基础设施，完成村内主干道石板路改造，修缮停车场，建设村口主题景观、牛食塘公园。保护和开发燕子坳传统古村落，将充满历史记忆的古朴村落原汁原味呈现、复原，突出历史名人故居景观、燕子坳山水田园景观资源和生态人居环境，使古建筑风格上保持历史旧貌，形成既有古韵又能满足现代人居住的生活环境。打造村庄主干道文化墙、名人塑像。在主干道两侧墙立面上绘就何斯路过往历史、传统习俗文化，为从村里走出去的名人塑像立德立言。

何允辉理想中的何斯路是如奥马哈一般小而美的村镇。奥马哈是美国内布拉斯加州一座其貌不扬的小镇，是“股神”巴菲特的家。巴菲特没有像大多数人在财力雄厚之际搬到大城市居住，而是一辈子从未离开过奥马哈。他的家也很普通，一栋普通的灰色小楼，没有围墙，也没有铁门，巴菲特就在这个和与小镇同样其貌不扬的房子里生儿育女，一住就是60多年。因为巴菲特的存在，奥巴哈每年会迎来数以万计的商业人士前来参加巴菲特股东大会。

为此，2018年后，何允辉积极推动提高村民整体英语水平，何斯路的村民要学习50个常用英语单词和30句英语会话，每月在村里的“公德讲堂”开设英语讲座。何允辉梦想将何斯路建成国际著名山村。

何允辉说：“从生意场上我学到了很多运营的思维，我把这套方式运用到了对何斯路村的管理和运营上，按照一个旅游小镇的方式打造这个村。但其实，与表象上的物质繁荣相比，村里形成人人行善的风气是更加重要的。”

二、种植薰衣草—文旅融合—休闲产业—建浙江普罗旺斯

中国义乌远比法国普罗旺斯有名，尤其在商界。但何允辉还是喜欢别人为何斯路冠以“东方普罗旺斯”之名。一个非常偶然的机会，何允辉接触了我国台湾地区的一位教授，了解到台湾有一对姊妹花将薰衣草做成了大产业，该教授说，如果在义乌的高速公路两旁种上满满的薰衣草，将会是什么样子？何允辉听进去了，便去查阅资料，发现薰衣草具有很好的观赏价值，全球有很多薰衣草迷，每到花开的时候，就会到法国的普罗旺斯、日本的北海道以及我们新疆的伊犁去游玩。薰衣草产

业链条非常长，制作化妆品、香精、精油一类的产品。恰巧，老何遇到了一位浙江农科院的老师，他提出可以提供一定的技术支持。何斯路便开始了薰衣草的种植之路。

可能否将薰衣草种活一直困扰着何允辉。在咨询了一位专家后，何允辉从英国引进了 1 万株薰衣草种子，但种下之后全死了。有人推荐了一款经“神九”上天后带回的薰衣草种子，也死了。“因为薰衣草生长在北纬 41.2 度的地方，何斯路的纬度偏低，不适合；薰衣草适宜生长在弱碱性土壤中，而何斯路土壤偏酸。”2010 年，何允辉从新疆伊犁引进一批幼苗，移栽到了何斯路村口外的花田上，一波三折，总算将薰衣草种活了。这却引起了部分村民的不满，何允辉也被不少村民称为“不务正业、爱瞎折腾”的村长。

薰衣草种植成功后，以合作社的形式筹集资金，自建了村庄的接待中心——斯路何庄酒店，为游客提供吃、住、游、娱、购等一条龙旅游服务，何斯路村的旅游发展之路起航。开发了薰衣草一代和二代产品，主要包括薰衣草香包、薰衣草香皂、薰衣草爽肤水等产品在内。由于何斯路的产能有限，所以何斯路村并没有按照一般的产品加工的思路进行发展，而是采用贴牌的方式，与西域集团签订协议，由他们代加工相关的产品，贴上何斯路的标签即可。为此，何斯路注册了六个大类、199 个小项的薰衣草产品商标。看到了实实在在的利益，部分村民的不满慢慢得以平息。

在有了良好的生态环境后，借助当时广阔的乡村旅游市场，何斯路的旅游产业发展得轰轰烈烈。伴随着全国众多乡村加入发展旅游的热潮中，何斯路的村书记何允辉意识到不能单独依靠旅游产业。必须深挖文化产业，打造文旅融合的一体化小型综合体。在确定该目标后，何允辉首先从本村的黄酒文化入手。作为一个有着悠久酿造黄酒历史的村庄，何斯路的黄酒在当地小有名气。经过村里开会协商讨论，把每年的12月18日定为“何氏家酿曲酒节”。在举办第一届的时候，为了吸引人气，还需要给每位参赛者一定的费用，想尽办法才吸引了很多选手。为了让更多的人参与到这个活动中来，开始对外的宣传中并不是所谓的黄酒节，而是请大家吃牛肉、喝牛汤。当天村里就涌入了上万人，成功地起到了宣传作用，将何氏家酿的品牌推广出去。以后，黄酒节就变成了每年的固定项目，为村民带来了比较可观的收益。经由黄酒节评定大会组委会评选出来的优质黄酒，可以以何斯路的品牌售卖出去。

黄酒节只是何斯路村文旅融合的小试牛刀。紧扣当地食材和发展需求，面向村民开办了五期厨师技能培训班，提高了广大村民烹调技能，既改善了生活品质，又提供了美食人才保障，对促进乡村旅游发展功不可没。何斯路村历史悠久，村庄内的燕子坳古建筑基本保持完好。基于村庄的实际情况，何斯路村适时提出了古村落修缮计划，聘请知名景观设计公司对古建筑群进行合理规划、保护和开发，突出历史名人故居景观、燕子坳山水田园景观资源和生态人居环境。何斯路村还将邀请多名国家级非物质文化遗产继承人在村内建设展厅，开展文化交流活动。除了打造燕子坳的古村落文化产业，何斯路村还建设了文化产业一条街，邀请各类文化创意创业者来此进行文化创意活动，形成具有浓厚文化氛围的何斯路乡村旅游，并将文化作为何斯路旅游的核心竞争力。

何斯路村还植入了外来文创和影视产业，目前有印染、手工等多种工作室入驻，并且积极提供影视拍摄场地，和多家影视公司进行合作。以此为例，何斯路村着眼于多方位的产业开发，其休闲农业发展将自然风景、风俗文化、农业生产与旅游、休闲、娱乐、教育、文化等产业深度融合，实现农业农村的功能拓展，带动何斯路村民增收致富，形成农业产业多功能发展的格局。

三、打开眼界—功德银行—斯路晨读—浙江特色现代乡村文明样本

何斯路特色的现代文明构建是从打开眼界开始的。何允辉带头捐助让村中老人和孩子以合唱比赛、游学等名义周游全国和出国学习。设立老年大学，年过60岁的老人在村里上课。老年大学有课本，发毕业证书，也有正常的寒暑假。聘请退休老教师担任学校校长和教师。老人们在学校里学习了解党和国家新的方针政策，学习诸如《三字经》《弟子规》等传统文化。实施了“百万育才计划”，以夏令营、冬令营等方式，让更多何斯路村的孩子到杭州、上海、北京等地区交流，开阔视野。

2008年，借鉴瑞士时间银行的做法，发挥宗族家族优势，何斯路建立“功德银行”，将村里涌现的好人好事记录下来，如助人为乐、义务保洁、无偿服务村集体活动等，根据评分标准进行积分累计，一个季度公布一次排名情况，并与个人信用贷款、贫困户认定等挂钩，每年评选年度“杰出贡献者”，促成村民移风易俗、培育文明新风。“功德银行”存款最高的户主叫何樟根，是一位83岁的老人。他说：“我作为一名老党员，要带头践行好文明行为，并发动身边的亲友一起加入，将这个文明习惯一直保持下去。”在何斯路村，18～60周岁的村民，只要在“功德银行”积分超过50分，村里就会对个人信用进行担保，不用任何其他抵押，可贷到最高60万元额度的低息贷款。

“斯路晨读”自2018年开班以来，坚持每月农历“二、五、八”的黎明时分，何斯路村“斯路晨读”班的“学生”准时开学，风雨无阻。围绕“一讲政策、二学礼仪、三做好事、四练太极、五唱村歌”开展活动，村民可以在晨读班学习了解最新政策、村情事务和文明礼仪。

这些久久为功的现代乡村文明探索，在传统中植入现代，在实践中扬弃，何斯路村民的精神面貌焕然一新，互相帮助、乐于奉献的文明新风蔚然成风。

四、乡村振兴样板—学习型经济—中国故事

何允辉应当是中国五级单位最低一级书记中最能讲的一位。何允辉在全国各地进行授课，不遗余力地推广包括何斯路村在内的义乌乡村振兴经验。据不完全统计，本人已经给全国50 000名以上科级领导做过分享，并且根据不同的授课对象推荐区域内不同的村庄，并有意将区域内如小六石村等向外推介。这就立体地构成了义乌乡村振兴生动故事集。2019年，何允辉以个人名义成立了“何允辉乡村振兴工作室”，其宗旨确立为“讲好中国故事，输出义乌经验”，着力于推动义乌乡村振兴经验走向全国。

何允辉还在众多国际重要会议中推介以何斯路为代表的义乌经验，比如江南大学举办的“2018东亚民间社会论坛”以及“第八届东盟+3村官论坛”等，何斯路还通过《欧洲时报》《新加坡联合早报》等国际知名媒体对何斯路的故事进行宣传，尽力讲好中国故事。

何斯路逐渐知名，成为各地乡村振兴参观学习的典范。为了丰富外来乡村振兴考察学习团队的内容，何允辉有意与邻近乡村振兴特色村庄合作，开发学习型经济。何允辉利用个人的人脉资源以及优秀的推销能力，与有意向的单位进行合作。按照学习的需要将各考察点分门别类，做出不同的个性化方案。何斯路负责所有参观点的安排接洽，负责所有人员的交通食宿。逐渐将周边的分水塘村、七一村、缸窑村、登高村、新光村等村庄纳入到参观学习名单中，为乡村振兴的调查学习提供了一个十分重要的平台。

学习型经济不只是为外地团队提供考察参观学习服务，更重要的是将义乌的经验与其他地方的经验进行交流，互补长短。通过何斯路学习型经济的平台，更多的乡村实践者共同学习，探索中国乡村现代化道路和本质内涵。

何允辉曾是一位事业有成的商人，回乡担任村官后，陆续捐资2 000万元用于家乡发展，通过实施道路整治、兴建牛食塘公园、创办龙溪香谷熏衣花园、打造志成湖景区、修建斯路何庄、开办文化礼堂和功德银行等，聚集城乡资源要素，发展特色产业，重塑乡风文明，重建了何斯路特点的现代乡村。

第三节　何斯路之路的经验

一、强烈的市场意识和经济逻辑

何允辉是一个商人，他当上了村书记兼主任后，还是一个商人。中国农村落后，就是市场意识落后，经济逻辑有时不得不让位于亲情、乡情和脸面。一个人坐在村公职的位置，往往经济逻辑就往后退了，把大道理、小道理推到了前面。这过去是，现在依然是中国乡村振兴面对的最大拦路虎。何允辉当了15年的村领导，商人本质没有变。他在带领村干部和村民一边闯、一边干的过程中，以商人的嗅觉不断捕捉市场机会，在变幻莫测的市场中，调整经济发展方式，寻求盈利模式的创新。全村就300多亩耕地，靠地靠山富不起来。他把地用来种花，种本地没有人种过的花，看重的是花背后的流量，流量带来的商机，开发薰衣草系列产品，搞起了品酒节。何允辉说："薰衣草的作用就是引流，把人们从别的地方带过来，让他们知道何斯路，知道何斯路山清水秀、风景宜人，这样一来我们品牌就打响了。”何斯路美名远扬，而出了一个能讲的书记，又带来了另一种流量，何斯路就生长出了学习经济，又进一步扩大了流量。

何斯路处于我国市场经济最为发达的地区之一——义乌，改革开放以来，经历了市场经济残酷的洗礼，在一定程度上，能否挣钱成为衡量一个人是否成功的标准。除了价值观发生了深刻的变化外，何斯路村民的思维方式其实没有根本改变，普遍存在小私自我、小富即安、爱看热闹、爱讲闲话、不讲规则、规避风险、逃避责任等思想观念和行为做法，这些与市场精神是难以相容的。何允辉在当政的 15 年，最大的成就是彻底告别了何斯路封闭自守的时代，将何斯路带入市场经济的洪流之中，加强了与外界广泛的人员往来，让村外的人能为何斯路带来实实在在的收入。

何斯路的市场意识和经济逻辑不只是融入经济活动中，也深入嵌入到村庄的德治、法治和文化建设之中。在功德银行积分实名制，积分高的有奖励。组织村民打太极拳，每参加一次奖励 1.6 元。外地人要想成为何斯路村民，先到功德银行积德，够条件了方可申请。想来本村投资兴业，何斯路优美的生态环境需先折股份 25%。而这个股份属于全体村民，来助推村庄优美环境的建设和维护，进一步提升包括外来者在内的全体何斯路人的公德品行。

二、对内提高组织化程度

相较于先工业化国家，中国社会具有强大的组织化水平，中国共产党领导下的各级政府显示出超强组织能力的优势。何斯路就是中国社会体现出优秀组织化水平的杰出代表。具体的组织化形式参见表 12－1。

表 12－1　　　　何斯路村组织化类型和具体形式

组织类型	正式组织形式	非正式组织形式
社区组织	宗祠、族谱、何家大院、功德银行*、文化礼堂*、老年大学*、斯路大讲堂*、斯路晨读*、义乌市草根休闲农业合作社*	池塘、文化长廊*、名人堂*、历史遗迹*、棋牌室*
政府支持下的组织	党支部和村委会	清洁队*、绿化队*、老人餐桌*
市场组织	各式企业；引进“百工百坊”项目，各类传统工艺的工坊如竹制品工坊、何氏廉诚布鞋、豆腐工坊、汉宫堂中药坊等	

注：“＊”为2008年后新增的组织。

何斯路将分别源于中国乡村传统、西方市场和中国特色社会主义的实践组合到一起、融合到一起。中国乡村振兴，根除中国农村传统上的“小、散、私、愚”依然在途中，这需要谨慎扬弃数千年来扎根于中国传统的宗族、家族、乡情、礼仪、秩序等。何斯路很好地发挥了家族名人、宗族祠堂的教化功能，并有效地进行了现代性的改善。功德银行就是一个很好的案例，这源于宗族族人好人好事、积德旺族的优良传统。将之延伸到整个村庄共同体，并形成了规则对村外开放。何斯路建设了村文化长廊，发挥退休干部、教师、乡贤作用，设计制作传播先进适用、不断更新、易懂好学可做的生活、生态、生产知识，营造积极健康的文化氛围。将祖宗祠堂打造为文化礼堂，安排专人管理并讲解，挖掘、继承、创新传统文化。成立老年大学，通过开展丰富多彩的活动，让老年人精神有所寄托。开展历史遗迹保护和名人事迹展示，增强村民的自豪感和凝聚力，用文化自信求得服务自信。

在筹建景区的过程中，为了更好地筹集资金，也为了保障全体村民的利益，何斯路村建立了草根休闲农业专业合作社，作为带领何斯路经济发展的经济集体，统管乡村发展的所有经济事项。何斯路的股份合作与其他地方合作社最大的不同在于，自成立之初就是从公平出发，而不是单纯从效率出发。何斯路的股份合作，首创了生态资源股，将何斯路的山水都折价算入股权安排中，最终以百分之二十五的生态股和百分之七十五的资源股形成最终的股份配比。经过一段时间的发展，何斯路需要进行新的增扩股，以 10：3 的比例确定二次增扩股，既吸收了新的股本，又维护了之前原始股东的权益。

三、对外提升何斯路在社会网络中的水平

市场机制的“引流”引来了大批消费者，针对不断扩大的消费群体，不同地去升级的消费群体，开发消费产品，诸如薰衣草系列、农家酒酿、乡村振兴知识系列、特色和绿色农产品平台等。

伴随着知名度的提升，何斯路迎来了大批各地慕名而来的学习者，擅长讲述的何允辉把何斯路故事开发成为新时代乡村振兴故事，联络本地其他乡村振兴走在前列的典型村，一同为外地学习者提供更为周到、更为全面的学习服务，将之转化为知识经济。而何斯路处于学习网络中心节点的位置，联结着本地众多乡村振兴典型。何允辉积极发起每年度的浙江乡村振兴村书记论坛，交流乡村振兴好典型、好经验。而来此学习的各地代表团事实上也为义乌提供了极为宝贵的乡村振兴知识。这就形成了以何斯路为中心的中国乡村振兴村级最佳实践的学习平台。

何允辉和何斯路村获得了越来越多的政府荣誉，浙江省主要领导和中央部委的不少领导来此指导工作，这又进一步延伸了何斯路在政府体系中社会网络的特别地位。

四、始终直面并响应党和国家的号召

十五年来，何斯路确实走过不少岔路，但基本没有走过弯路，更从未走在歪路和邪路上，始终响应各级党委和政府的号召。这一切，发生在何斯路身上，其实极其不易。这同时考验了义乌地方党委政府和何允辉带领的村委对党和国家现行政策的理解和前瞻性洞察力。地方党委和政府赋予何允辉所带领班子许多宽容和支持，十分恰当地不去伤害何允辉及其班子成员的主动性、创造性、探索性，将中央意图转化为村庄发展实践的努力精神。因此，何斯路的成功，不应只给何允辉和所有何斯路村民点赞，更应当给义乌市党委政府点赞。没有他们的高瞻远瞩、虚心倾听、敢于承担的精神，何斯路出不来。放在当前这个时代大背景下，可以说，何斯路创造性地转化了中央积极探索以人民为中心的发展战略意图。具体来讲，包括以下几个方面：

首先，积极探索共同富裕的道路。何斯路发展之路就是共同富裕的道路。社区股份合作社、老年大学、功德银行等制度性安排确保了所有何斯路人走进共同富裕的社区中。而这个社区内不只是人人都拥有较高的收入，更重要的是共同均等地享有美丽、健康、快乐、和谐、团结和背后支持的巨额公共财产。何斯路的发展之路也是一个特色共享发展之路，它不是单纯地以市场优胜劣汰为原则，将社区内的老人/弱者排除在发展之外。何斯路发展之路是以人民幸福为指针的发展之路，优美的环境、健康的生活、老有所乐、幼有所教，何斯路人呈现出积极向上的精神和文化就是人民幸福的具体表达。

其次，积极探索乡村绿色发展之路。何斯路是绿色发展村庄的一个样本，将自然环境与人文习俗共融具体化，让人民群众共享自然之美、乡村之美、文化之美。探索出如何将“绿水青山”变成“金山银山”

制度化转换机制，寻找生态产品和服务价值实现的市场机制。义乌市草根休闲农业合作社，创新农村专业合作经济组织模式，首创了义乌市生态资源资本化的乡村建设先河，全村村民按现有的山水林田、一草一木等村庄生态资源投入到合作社里面，实现了全民入股，村民不花一分钱，即拥有合作社25%的股权，将村集体利益与村民利益紧紧绑在一起，形成一个乡村命运共同体，以此来推动何斯路乡村旅游产业的发展。

最后，积极探索乡村开放发展之路。何斯路探索了一条比较另类的村庄开放发展路子。其一，想方设法增强村民的整体远见和市场意识。何斯路没有怕过任何外来资本，从不担心外来资本会侵蚀甚至完全主导村庄的发展自主性，其结果是可能赚了钱，但丢失了何家祖业，何家大院、何家祠堂会失去何家的照料。其二，想方设法引流。把人气迎进来，迎来更多更优的客人，人气就是财富，客人的质量就是何斯路的品质和富裕表达。其三，想方设法输入更先进的知识、理念，并愿意和所有人分享自己的产业、知识和理念。大到村发展概念设计、产业发展模式和技术选择、村庄设计，小到花篮设计、道路美化、咖啡屋的布局，何斯路不惜成本，尽可能广泛地聘用全球或全国知名机构来参与。何允辉利用自己的人脉广泛听取“各路神仙”的意见，精益求精，找到最好。其实只要是创新，一定会有失败，会有水土不服，会有无法理解，一定会招人非议。何允辉展示了中国这一代创业者独有的品质，就一个字——“干”。不管怎么说，何斯路现在成为讲述乡村振兴中国故事，传播知识的节点社区之一。

第四节　何斯路之路的启示

从乡村振兴实践视角看，何斯路有其值得学习的地方。积极创新，扬长避短，以环境治理为切口，进行乡村改造和社会改造，融入市场化理念，提升组织化水平，利用农业景观和农村空间，把田园山水旅游、休闲疗养、民俗风情体验、历史文化熏陶、新农村建设样板展示与经验交流等主题有机结合，形成游览观赏型、节庆体验型、购物品尝型、生态养生型、文化修学型、会议考察型等为主体的体验型休闲农业发展模式，走出了一条特色的共享绿色发展之路。中国乡村要完成食物生产、生态保护和中华文明传承三大基本使命，实现农业和农村现代化，在中华民族伟大复兴的征程中不拖后腿，何斯路为我们提供了一个很好的样本，何斯路之路留给了我们许多值得深思的问题。

一、如何找到村干部管理宽严相济、激励相容的平衡之术

不少学者们在吐槽“三农”的学术，新自由主义者的理论逻辑很难真正运用到在乡村发展实践中。简单的市场逻辑不是市场主义者可以提供的，在中国乡村，即使在市场已经十分发达的义乌市何斯路村，市场的逻辑和效率的逻辑也并没有完全建立起来。而乡村承载的食物、生态和文化功能更符合安全的逻辑，需要市场逻辑来提升效率，但不允许市场逻辑危害到“实质性安全”。社会微观层面和国家宏观层面，都不完全支持新古典经济学说来主导我国的乡村振兴。这决定了中国乡村振兴事业，政府一定要有所为，且相比于其他领域，政府要大有作为。那么政府一定要干预乡村的发展进程。

然而，中国乡村千差万别，自然社会经济文化各有特色，万紫千红，丰富多彩。每个村庄都有自己的运行逻辑和所处的运行阶段，依靠行政性的力量强制推动是无效的。农业和农村现代化本身就是特色的集合，而政府干预只能使乡村失去其特色魅力，做成千篇一律的土建工程。

因此，我国农业和农村现代化进程需要千千万万个何允辉，把自己对乡村的理解和对美好生活的向往融入自己家乡的发展实践中。这需要一代人甚至数代人的热情、学习、执着，把通向现代化的知识和理解变成中国乡村现代化的实践。这需要很好的社会氛围，允许他们犯错误，甚至是重大错误，以保护他们的热情和执着。需要地方党委和政府的主要领导拥有把握时代和超前判断的能力、对我国农业农村现代化责任的政治觉悟，当好操盘手、管理和支持乡村振兴一线实践者。地方政府主要领导需要把握“度”，做好自己该做的支持，适当降低对村庄的干预。需要党的一线干部和基层村书记一起在学习中共同成长，找到对村干部监督和充分发挥他们能动性之间的平衡方法。

地方政府主要领导一定要坚持信念，一个基层的书记只要想干事，只要做了事，一定会有种种闲言碎语。如果地方主要领导不挺住，那何允辉式的村书记会越来越少。需要培养出一大批村一级的书记和村长，能够正确面对以个人收入来衡量自身价值完全世俗化的评价准则，把村庄的发展进步、社区的祥和互助和村民的幸福满足作为事业追求。地方党委和政府需要努力消除科层制思维定式，承认村干部的经济权力和个人利益诉求，形成有效的经济利益机制，与村干部勤勉努力和绩效有效挂钩。乡村是一个集合体，乡贤、村集体、上级政府以及新村民都应该在其中发挥适当的作用。要采用一定的利益机制，将乡贤、村集体和新村民进行适度捆绑，形成利益共享的局面，只有这样才能够形成合力。

二、世俗化改造和弘扬传统美德之间的关系

相较于中国城市，中国农村现代化面向正走向清晰。中国城市，本身就是在融入全球化和现代化过程中成长起来的，并在持续融入科技进步、创新研发、现代组织、工业化、商业化。当今的低碳化、生态化过

程中城市在不断膨胀和发展，我们在探索东方大国特色的城市底色和现代文化、艺术、哲学等文明建构上尚需努力，但现代性总是相对清晰的。中国农村现代化需要扎根到中华民族悠久而多样的乡村文化传统基因中，需要吸收融入西方工业革命以来所发展起来的乡村文明成果，更需要在中国共产党领导下积极探索中国特色社会主义农业和农村现代化的现代性特征。其实这个任务远比中国城市现代化旅程复杂。正如中央一再强调的，中国要复兴，乡村必振兴。中国农业和农村现代化实践更需要中国共产党带领中国人民自己去创造。

正因为此，我们往往很难取舍，传统乡村哪些元素是不适应现代社会的？哪些需要现代性转化？哪些又是应当继承发扬光大的？十五年来，何斯路村着力用市场化的思维经济逻辑进行改造，其中主要是开阔全体村民的眼界，用市场意识来教化村民并融入治理体系中。总体来讲，方向是对的，但其中不免会有许多过头的地方。任何实践和探索，都没有简单的对和错之分，只是身在其中的所有人，都必须保持开放的心态，敢于分享，敢于认错，敢于矫正。

我们需要找到战术和战略的平衡，要有耐心地坚持。增加休闲时间中体育锻炼的比重，是乡村现代化建设中的重要指标。在何斯路村，会把村民组织起来打太极拳，起初参加练习的村民每人每天奖励 1.6 元。后来停止给钱了，一些村民就不再参与练习，甚至有村民发出“我们练太极拳练好了，出去领奖的是村长，是为村长练习的”等闲言碎语。对村民的改造需要耐心，需要克服村干部的小我，才能最终战胜村民长期以来沉淀下来的小我。

要允许多元意见的存在，并在过程中得到统一。将村民做的每一件好事记下来，存入“公德银行”，使其能够定期按照积分获取一定的奖励。此想法一出，立即招致一些村干部的反对：“自古以来我们提倡的都是做好事不留名，如果提倡做好事要留名，那岂不成了大家都怀有目的去做好事了？”然而到 2012 年，有了第一次“积分兑换”，村民用自己的积分兑换了米、面、洗衣粉等日常生活用品。时至今日，过去的手工账本记录已经被淘汰，取而代之的是手机 App 记录积分。现在村民通过手机 App 能随时查找到自己在村里所作的贡献值、做了多少好事、家里几代人几口人一共做了多少好事，这样一来，大家相互比着做好事，做好事就成为社会风尚。

三、村民主体性和个人魅力之间的关系

十五年来，何斯路之路烙上何允辉的印记。然而更准确地说，何斯路之路是在中国伟大现代化急速发展的时代大背景下，在义乌党委和政府坚强领导下，由何允辉带领全体何斯路人共同走出的一条路。

正如前文已经强调的，中国乡村振兴事业、中国特色社会主义农业和农村现代化道路需要千千万万个何允辉，需要他们具备把握时代脉动的能力和智慧，全身心投入到伟大的乡村振兴事业中来，为实现中华民族伟大复兴补齐当下比较短的一块板子。因此，需要千千万万个村书记发挥想象力、创造精神，形成那种万箭齐发、百花齐放、只争朝夕的生动乡村振兴实践局面，最终汇聚成中国乡村振兴的洪流。

我们同样需要认识到，伟大的乡村振兴实践是由亿万人民创造出来的。人民是真正的英雄，需要培养人民的自主意识和能动性。何斯路做了初步尝试，将生态资源资本化，合作社股份制经济的实施，很好地体现了乡村价值，盘活了集体资产，使全体村民体验到村庄一草一木的价值，感受到自己家庭以及个人与乡村整体的关系，确立了村民主体地位。挖掘本村特色文化，依靠文化的力量，用道德规范、美德感召、情感认同来加强村民归属感、集体荣誉感和社会责任感，让全村村民拧成一股绳，使全民参与建设。去感召更多村民返乡，让村民们在生活中发

掘与创造更多的文化创意作品，这样，当消费者到来时才能更深刻地体验乡村的文化与情境。以主体意识强化激发群众的创造性和活力，增强和提升村民的参与能力，充分发挥他们的主体作用，真正让他们当家作主，让农民群众共同参与，让农民自己创造自己的美好生活。

第十三章

四川省平武县社区保护地实践

第一节　桃花源基金会和老河沟保护区

桃花源生态保护基金会是一家致力于生态保护的公益机构，探索示范社会资源投入保护地建设的新模式。桃花源生态保护基金会与当地政府和社区合作，由公益组织来创建新型的保护地，扩大保护面积，或托管已建立的保护区，探索新的保护方法，提高保护成效。2011 年以来，桃花源生态保护基金会已与四川、安徽、湖北、浙江、吉林等省地方政府合作，建立或托管了 6 块社会公益型保护地。老河沟保护区是桃花源生态保护基金会建立的第一块社会公益型保护地。

2011 年，桃花源基金会在获得平武县政府的委托管理权后，组建了老河沟自然保护中心，把老河沟区域建成了严格保护的保护区。传统的保护区都进行分区管理，把保护区划分为核心区、缓冲区和实验区。桃花源基金会认为要做保护就干干净净地做保护，很多时候保护区内有生产行为本身就会带来很大麻烦。因此老河沟保护区内都是完整的严格保护，没有区分核心区、缓冲区、实验区。为了解决保护和发展的矛盾，桃花源基金会创造性地提出了保护扩展区的概念，即在保护区内严格保护，发展项目都放到社区，帮助社区生计改善。为此还组建了一个社会企业，帮助老河沟大门比邻的民主村开展生计帮扶项目。

支持保护区周边的社区发展以缓解保护区内的压力，是保护区通常的做法。很多保护区特别设置了社会工作科或者社区共管科来承担这一使命。然而，在中国，真正通过社区发展解决保护生物多样性所面临的社区压力成功的案例很少。怎么做社区工作才能真正有效，一直是保护工作者、公益组织等面临的难题。老河沟保护区在实践中同样遇到了平衡社区发展和生物多样性保护问题。

老河沟保护区在建立之始就本能地把其大门前的民主村作为保护区的扩展区进行整体规划，集桃花源基金会的能力集中投入大量资金的同时还帮助引入各种资源，试图通过扶持农村产业发展来探索一条保护环境与社区发展和谐的道路。其逻辑很简单，即村民都能够从产业发展中获益了，谁还会进山去盗猎去搞破坏呢？成立之初，基金会没有考虑位于老河沟保护区山后的新驿村，新驿村没有得到保护区在社区发展上的投入。2016 年，基金会决定在新驿村社区保护地，该保护地与唐家河国家级自然保护区①与甘肃白水江国家级自然保护区②、老河沟社会公益型保护地毗邻，面积约 40 平方公里，是大熊猫岷山北部种群一条重要的迁徙通道。

四川省平武县位于《中国生物多样性保护战略与行动计划（2011～

---

① 唐家河国家级自然保护区位于四川省青川县境内，面积 4 万公顷，1978 年建立省级自然保护区，1986 年晋升为国家级，主要保护对象为大熊猫及森林生态系统。2015 年 1 月，入选首批世界自然保护联盟（IUCN）绿色名录。

② 甘肃白水江国家级自然保护区 1978 年经国务院批准建立，位于甘肃省最南端，行政区划上隶属陇南市武都区、文县的 9 个乡镇。总面积为 1 837.99 平方公里，森林覆盖率为 87.3%，主要保护对象是大熊猫、珙桐等多种珍稀濒危野生动植物及其赖以生存的自然生态环境和生物多样性。

2030年)》划定的中国32个陆地生物多样性保护优先区域[1]之一——岷山—横断山北段生物多样性保护优先区内。根据第四次全国大熊猫调查，平武县野生大熊猫数量335只，占全国24%，有“天下熊猫第一县”之称。42%的县域面积为大熊猫栖息地，王朗、雪宝顶、小河沟和余家山四个自然保护区覆盖了其中的约35%，其余65%的大熊猫栖息地散布在国有林区和乡镇、村、社集体林区，零散分布在国有林区和集体林区栖息地。

平武县在生态保护上是我国较早与国际组织和生态保护组织进行合作的地区，从20世纪80年代始，跟世界自然基金会、美国大自然保护协会、保护国际基金会、山水自然保护中心、桃花源生态保护基金会、中欧保护项目等在平武县长期开展生态保护项目。平武县政府和当地社区在生态保护方面思想超前，勇于创新，保护形式多样。除了保护区这一正式保护组织外，还有社会力量参与推动的多种形态的保护地。余家山保护区是私人承包林区建立的保护区。老河沟保护区是由美国大自然保护协会和桃花源基金会发起建立的社会公益型保护地，采用的方式是政府监督、委托民间建设和管理。关坝自然保护小区则是民间支持、政府批准、社区自我建设自我管理。

老河沟保护区、关坝保护小区、新驿村三者地理相连，地形类似，是大熊猫岷山北部种群一条重要的迁徙通道，除了大熊猫以外，天然分布着川金丝猴、羚牛、红豆杉、珙桐等多种珍稀动植物。林权结构具有中国森林保护地普遍的特征，老河沟保护区、关坝保护小区林地属国有或集体，而集体林地上森林多为家庭所有。三个单位面临的保护生物多样性威胁很相似，偷猎下套、电鱼毒鱼、林下采集等人类干扰活动频发。1998年，国家开始实施“天然林保护工程”，叫停了平武县所有的

① 关于发布《中国生物多样性保护优先区域范围》的公告，http://www.mep.gov.cn/gkml/hbb/bgg/201601/t20160105_321061.htm。

采伐活动。

第二节　民主村保护区扩展区的实践

老河沟保护区建立之初只关注进入保护区公路沿线的社区。其中民主村位于进入保护区的主要道路上，其社区的生产生活与保护区更为紧密。因此，为了缓解社区经济发展对保护区生物多样性保护的压力，让当地村民在保护区外就能获得比过去在保护区内进行自然资源利用更高的收益，在保护区设立时就将民主村 19 平方公里的范围划定为保护区的“扩展区”。

在老河沟保护区筹建之初，基金会就成立了专门的社区工作团队，对社区进行了前期调查。基于对社区的参与式调查结果以及民主村社区的地理特点、资源禀赋等基础信息，从 2013 年开始，老河沟保护区在社区生计发展和环境改善上开展了大量的发展干预尝试，包括引入公司协助发展绿色产业、设立社区产业发展基金、开展社区绿色聚落改造示范、设立垃圾分类及废物回收示范点等。经过一系列社区发展干预活动，和社区建立起良好的互动关系。随着对社区情况更加了解，社区工作目标凝练为打造保护区的社区“好邻居”，明确了“社区共管—村民议事会”“公共服务—教育基金”“可持续产业—定制农业”三个关键模块。

村民议事会在原有民主村党支部和村委会推动下成立，是村民自我决策的议事机构，为社区与保护区提供了一个稳定、有效的交流和决策平台。定制农业基于社区传统产业如核桃、黄豆、柿饼、魔芋、禽畜养殖等，以家庭为单位，在农户承诺不到保护区内进行破坏性活动的前提下，通过保护区制定的高于欧盟食物品控标准，根据订单进行农产品生产，再由保护区对接桃花源生态保护基金会理事等，协助农户将产品以原价格的3倍“销售”① 到高收入人群中。而针对定制农业不能覆盖到的部分困难社区人群（无农地、无林地、无劳动力），从2014年起，从民主村定制农业产业发展收益中拿出一部分设立社区教育基金，通过村民议事会确立了《民主村教育基金管理办法》，划定了“奖学金”“助学金”“营养费”等不同类型的帮扶项目。

民主村受益农户和生态定制农业给订单金额连年增长，2013年只有9户人参与，订单量9万元，2017年发展到105户，订单金额达到120万元（见图13-1），老河沟保护区给民主村带来的收益非常明显，保护区扩展区的实践在民主村取得了一定的成果，但一些负面效果逐渐暴露出来。到2018年，桃花源生态保护基金会的生态定制农业遇到了很大的瓶颈，不得不进行大的调整。从产品上看，首先是小农生产的产品质量难以控制。其次是生产规模小导致其整个定制营销链条的成本超高。最后由于产品质量控制困难、成本超高，导致产品价格奇高，除动员理事单位的“爱心订购”外进入市场的难度非常大。因此生态定制产品模式要进入良性循环需要有更长的探索和摸索。基金会实际上为维持定制农业的运行，努力协助参与农户提高产品质量以满足检测标准，

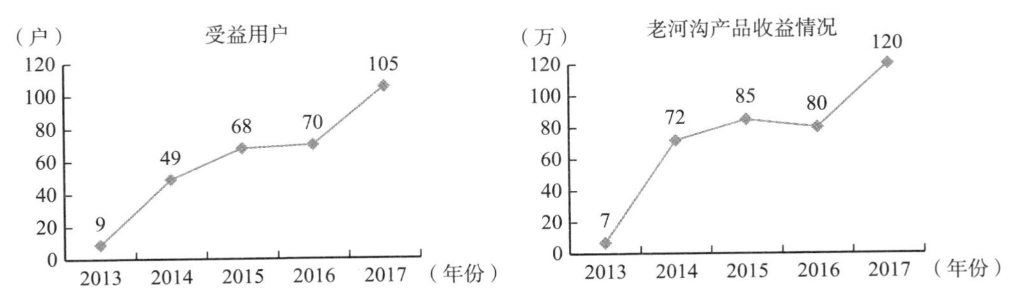

图13-1　2013~2017年民主村受益农户数量和老河沟产品受益情况

---

① 准确地说，这不是市场意义上的销售行为，而是桃花源基金会理事公益购买行为。定价不是市场行为，而是针对理事及中国社会中特别高收入群体而设定的。

投入了海量的精力和资金开拓市场，但效果明显不及预期。尽管农户实实在在获益了，显著改善了基金会与当地政府和社区的关系，建立了信任，然而，也发生了一些让桃花源基金会未曾预料到的问题。

我们在提出建设扩展区构想的时候，直接把进入老河沟大门的民主村作为扩展区纳入到保护区规划中，当时，我们认为建立保护区和拓展区会影响当地老百姓从山里采集资源获取收入，应当通过社区发展项目来改善村民的生计水平，以补偿因保护而带来的损失。但没有开展细致的资源利用调查。到底哪些村民在这片区域利用资源？利用什么资源？怎么利用的？获取的收益有多少？哪些利用是对生物多样性保护构成了威胁？这些问题没有回答，就凭着我们似乎道理上正确，但实际不一定准确的认知，想当然地采取帮扶社区发展来补偿当地村民的损失。村民很乐意地接受了这个逻辑，“对的，你们影响了我，你们就该来帮我。”“社区发展不够，村民收入不高，你们就该来帮。”社区和村民没有意识到这种帮扶实质是希望他们主动地对为生物多样性保护作贡献。因而失去了以帮扶促进村民参与保护的作用，陷入越帮越不够的恶性循环中。更让基金会意想不到的是，社区和村民的条件越来越高，要求被帮扶的力度越来越大。

在设计定制农业项目的时候，项目设计团队和基金会理事会充满了期待和信心。每个理事多少买一点，民主村那点体量的农产品还不很快就“出售”了？“有这么好的理事资源，如果桃花源基金会都走不通，定制农业在中国就没有人能走通了。”为此基金会还专门成立了一个社会企业来做这件事。

但在实际运作中，出现一系列问题。比如定制香肠腊肉，按照当地传统，村民会在春节前，按自身经验和口味偏好大量制作香肠腊肉，以供来年自食。显然，各家各户的手艺、工艺差别巨大。而当把它们做成商品卖给理事的时候，就必须要以统一的标准制作。这就需要对制作香肠腊肉的原料和辅料、加工过程采取质量控制措施。以猪肉原料为例，不允许村民自宰自杀猪肉，而由社会企业统一从民主村民养猪户中采购后，为村民提供猪肉原料，然后按照标准进行熏制。然而，接着又冒出来了新的问题，农户养猪的时候按什么标准做？不遵守怎么办？得在村里发展品控员帮助并监督村民要按标准养猪。要按照高标准做定制农业，品质控制就会非常严苛，农户单家独户的养猪条件就很难匹配；去做大规模的圈舍改造不合适，农民也嫌麻烦不一定接受得了。民主村猪肉产量很少，不管是各个环节的品质控制，还是质量检测、生产都会非常复杂且代价昂贵。由于没有规模，这些成本一摊到商品中，显然就会价格超高，缺乏效益。要应对高端市场，定制产品的生产过程和产品检测必然严格，但农户觉得太烦琐。成立社会企业原意是帮助村民发展定制农业生产，但结果是社会企业与村民的关系演化成监管和被监管的关系，猫和老鼠式的矛盾不可避免。而社会企业收购定制农产品时的质量检测变成了村民眼中的“压质压价”，原料收购和成本收购变成了利润在不同生产环节如何划分的矛盾。农户完全认识不到从产品收购到检测、存储、销售等一系列环节需要的高额成本，这加剧了社区村民对基金会的不信任。

尤其是在收购时，哪些满足条件可以收？哪些不满足条件不能收？价钱该怎么定？这就陷入到了公司与农户的结构性矛盾中。农户是卖家，社会企业是买家，农户永远嫌你收购价给低了，而企业那边的收购价早就已经被扭曲了。市面上猪肉价才 10 多元，收购价已经到了 30 元，村民还在说：“你们给那个价钱太低了，好肉都被你们收走了，剩下些骨头给哪个吃？”

在扩展区规划中，把民主村跟老河沟保护区画在一起，成为“天然的联盟”。村集体对社会力量的帮助产生了更高的期待，甚至于不允许把农产品订单扩展到相邻的社区去。一些乡镇干部更是说：“你们说的是来帮我们，怎么变成是自己在做生意呢?”“凭什么价格由你们定，我们也要有定价权啊!”农户和村集体产生了严重的依赖心理，甚至陷入“杯米养恩斗米养仇”的怪圈中。但不管市场是否有变化，在社区眼里基金会都必须要承担起“市场营销”的义务。典型的话语是：“凭什么去年定了的，今年就不定了?”甚至于一些人直接放话：“你们跑到这里来做保护要从我们村上过，不在这里投个两千万别想过路。”经过5年的产业帮扶以后，保护区跟社区关系没有得到显著改善，反而在社区里形成了一些难解的矛盾。

第三节　重构扩展区社区工作思路

桃花源基金会对民主村社区实践开展定期的评估和检测，聘请了外部机构监测和评估民主村社区拓展区工作的成效和经验。加之保护区管理出现新的威胁和问题，基金会对保护区和社区了解得不断深入，基金会重构了生物多样性保护的社区工作思路。桃花源基金会认为：一是帮扶没有跟社区对保护的贡献产生直接关联；二是定制农业等相对比较复杂的操作逻辑不易为农户理解，导致产业帮扶变成了公司加农户的结构性矛盾。

2017年桃花源基金会调整了老河沟保护区的领导班子和主管领导，新队伍一上任就直面保护区与民主村的紧张关系，农户、村集体、县镇干部都对保护区有所不满，觉得帮扶不够，期待很大但失望也大。社会企业则感觉跟集体和村民很难合作。基金会的大量精力花在处理过去积累的矛盾上。为了解决保护区与社区之间出现的这种问题，桃花源基金会重构了工作思路：

（1）扩大老河沟保护扩展区。把保护区周边社区都应纳入扩展区

(见图 13－2)。纳入保护扩展区村数量增多，可促进村与村之间比较对生物多样性保护的贡献，谁贡献大，来自基金会帮扶力度就大。这样可以促进村与村之间的良性竞争。

(2) 外部对社区的帮扶应该基于当地社区的愿望和需求，应当将其限制在社区能理解、能掌握的知识体系和能力范围内。

(3) 引入协议保护的理念，外部帮扶投入的程度应与社区对保护作出的贡献挂钩。

(4) 社区帮扶措施应该与生物多样性保护面临的威胁接触直接联系起来。社区中农户因调整自身生产生活方式可减少对生态环境的威胁，但遭受利益损失，应该从帮扶中受益，得到相应补偿。把平衡保护和发展的矛盾具体化，而不是空泛地谈。

图 13－2　保护区与周边社区的扩展区构想图

资料来源：田野调查。

(5) 可选择一个社区把生态保护工作做好，然后进行产业帮扶，做成扩展区的样板。再逐渐推广到其他扩展区，在保护区的外围形成一个扩展区的缓冲带。这样既能促进社区发展，减缓保护区来自社区的生态环境保护威胁，又可扩大保护面积。

据此，2017 年桃花源基金会和老河沟保护中心对保护管理作出了一系列的调整。

（1）从保护策略上，在继续稳固保护区内的监测和巡护的同时，从内线作战跳出去到外线作战。过去老河沟保护中心的巡护员都跟体制内保护区一样，只管在保护区内巡山，不会深入社区去做工作。现在则把开展社区访问作为每个保护区巡护员的基本工作内容，并纳入月度考评，以及时回应在社区里发现的跟保护相关的问题。

（2）对扩展区的工作进行切割。类似民主村的定制农产品产业这样涉及商品关系的，作为公司加农户的甲乙方关系就完全按照市场逻辑，由社会企业对接。完全是公益帮扶的，由老河沟保护区对接。老河沟保护区设立社区工作小组，负责在社区开展公益性的保护和发展项目。

（3）公益性的保护和发展项目又分两种：一种是基于社区发展层面的公益帮扶；另一种是发展由社区治理的保护小区（地）。社区帮扶主要是根据社区的需求，组织社区成员的考察和学习，举办农民田间学校，进行一些探索性的产业扶持实验。发展社区保护地即是在新的社区中去开发社区保护地，把社区组织起来发展出社区保护地，作为保护区的外围缓冲带。这部分后文将作为重点另行表述。

（4）组织联合巡护。保护区有边界，但野生动物栖息地没有边界，威胁没有边界。为了消除保护死角，保护区还与相关部门协商，建立起了多部门多个社区共同参与的联合巡护机制。2017 年、2018 年、2019 年分别组织了老河沟保护区、森林公安、林业发展公司、关坝村、新驿村、福寿村等共同参与的联合巡护，在秋冬狩猎季来临前对保护区与其他地区的边界地带进行巡护，对防止偷盗猎起到了很好的震慑和宣传效果。

第四节　建立新驿村社区保护地

2017 年，通过保护区的监测数据分析，在保护区后山的高山区域人迹罕至，但野生动物遇见率明显低于预期，说明后山的盗猎威胁严重，老河沟保护区才把目光重点放到了新驿村开展社区工作。新驿没有被纳入已建的自然保护区体系内，在 2018 年被划入大熊猫国家公园（试点）范围内。历史上这里是森林采伐区，新驿村居民具有浓厚的打猎传统，家家户户都打猎。实行大熊猫严格保护政策以后，近 30 年间，该村 200 多户有 60 多户人家的男性劳动力因为猎杀野生动物或贩卖熊猫皮被判刑。近 10 年，被判刑的老猎人陆续出狱回家，增加了禁猎压力。通过近三年的努力，逐渐把新驿沟转变成为一个社区保护地，把一群老猎人转变成了巡护员。此转变是一个渐进的过程，主要表现为通过调查去识别出村民自身的关切和需要，以村民的关切为切入点从村民能理解能执行的事情开始着手推动村民组织起来采取行动，在行动中逐步把外界希望的生态保护内化为村民自身的诉求。这些经验和做法对于自然保护区以及社会力量如何动员社区参与到保护、如何促进社区共管具有一定的借鉴意义。

新驿村在老河沟保护区的山背后，没有设立保护站点，是受到打猎等人为干扰很严重的区域。新驿村村民历史上有打猎的传统，且长于捕猎。实施《野生动植物保护法》后，当地政府加大了非法捕猎的打击力度。因参与偷猎，全村不到 157 户中有 60 多户的户主被判刑，成为了远近闻名的寡妇村。[①]

---

① 因户主均为家庭中丈夫。即使家中妻子和孩子、老人参与非法捕猎，刑责也会转嫁到家中户主身上。

新驿村属于木皮藏族乡，历史上位于交通要道，或因经商逃难来此定居。新驿村汉族居民占多，藏族次之。村里有两条重要的溪流——薅子坪沟和木瓜溪沟，在新驿这个地方汇入火溪河。新驿村有木瓜溪、新驿、地洞山、上基坪、薅子坪五个村民小组，共 157 户 486 人。面积有 142 平方公里。其中薅子坪沟包含三个村民小组，占 40 平方公里，约一半是国有林，一半是集体林。

2017 年，在老河沟红外相机拍摄的野生动物照片基础上，桃花源基金会作了一个简单分析，可以非常明显地看到老河沟的野生动物出现频率比较高的区域是老河沟区域靠近唐家河保护区部分。老河沟的北面是 3 000 多米的麻山和擂鼓顶一线，是人难以进入的高山区域，按理说应该是野生动物出现频率很高的区域，但从图 13 -3 上看反而是一块洼地。说明那个区域的人为干扰应该是比较严重的。而那个区域正好是老河沟跟新驿村的薅子坪沟交界地方。由此判断，威胁来自新驿村的薅子坪沟方向。

1. 错误的起点

2017 年，桃花源基金会谋求在社区工作上能有所突破，在民主村成立一个教育基金，给民主村所有村民家里有孩子上学的家庭提供补贴。基金会的 CEO 支持这种做法：教育基金多简单，又简单又容易复制，每个村给 10 万元，老百姓肯定心向着我们，向着我们肯定就配合我们保护。于是基金会决定支持老河沟保护区在周边其他社区推广建立教育基金的做法，选择一些社区开始了相应的前期调查。

从社区的角度看，有外来资源自然是欢迎的。但如果基金会没有开展充分社区动员就按照基金会去建教育基金，又会走到民主村开展订制农业的老路上去。经过与老河沟保护中心的内部沟通，社区工作团队对重走民主村社区工作老路的危害有了一个共同认识。大家觉得不适合再去推广教育基金，而要根据社区实际情况来设计项目，并且应该跟生态保护直接挂钩。教育基金推广被踩了急刹车。

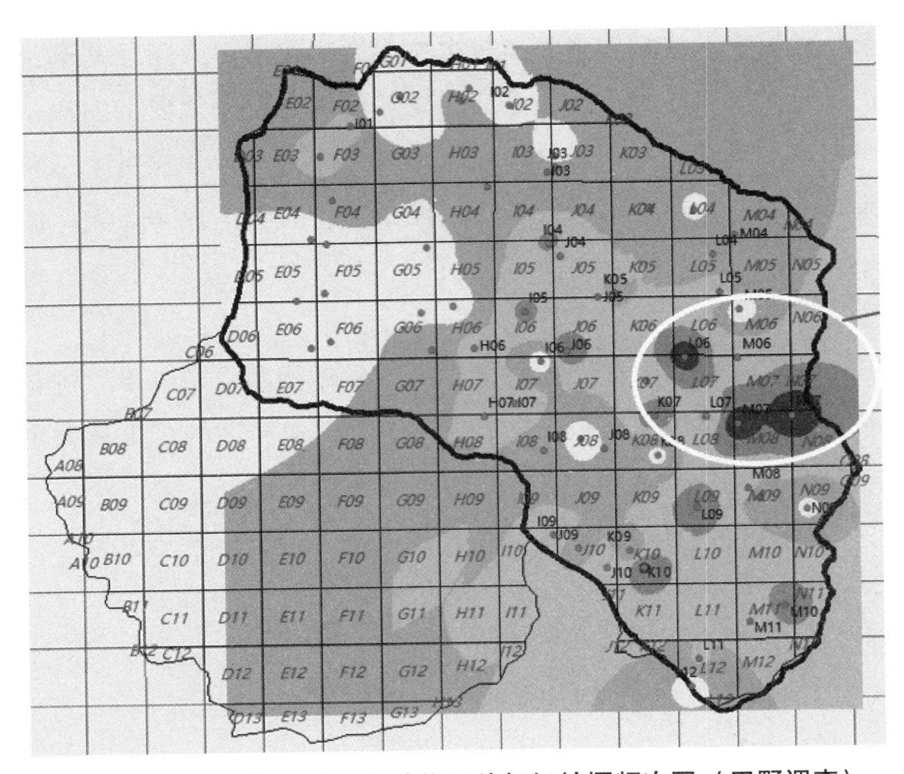

图 13－3　老河沟区域野生动物红外相机拍摄频次图（田野调查）

注：图中颜色越深野生动物遇见频次越高，浅色区域就是跟新驿村相邻的区域。

2. 转向协议保护

新驿村已经进行了一轮建立教育基金的协商，在叫停推广村教育基金项目后社区工作团队跟新驿村的支部书记杜林进行了再次沟通，达成不要死抱着成立村教育基金的想法，而把重点放在社区希望跟老河沟保护中心开展整体合作的共识。大家拿新驿村临近的关坝村作对标。关坝村社区保护走在前面，已经建立了村保护小区，各种保护工作做起来了，名气也出来了，各种外部资源跟着就来了，成了远近闻名的生物多样性保护模范村。村支部书记杜林说："我们愿意做保护，只要能给我们支持，我保证在两年时间内，我们新驿肯定比关坝村做得好！"

与新驿村社区精英达成共识之后，2017 年夏，老河沟保护中心与新驿村联合开了一个社区代表会，村两委、村民组组长、一些社区精英以及乡政府代表参加。大家就在新驿村用协议保护的方式做生物多样性社区保护小区进行讨论，并达成共识，初步确定：（1）社区保护地先易后难，集中力量从薅子坪沟开始做起；（2）先支持开展保护，如果保护工作能做起来再支持社区做一些生计发展项目；（3）组织村民代表去关坝村参观学习；（4）组织村民代表去老河沟参观生态定制农业；（5）老河沟保护中心开始在薅子坪沟进行前期调查。

要在一个老猎人聚居的传统上以捕猎为生的村子开展社区保护，变捕猎者为野生动物的朋友和守护者，难度可想而知。其中最难的是如何走出第一步。

怎么进行社区动员始终是开展生物多样性社区保护工作的难点。如果外部组织强行推广生态保护，肯定会受到来自社区的巨大阻力。单纯花钱发补助请社区的人做巡护，会演变成花钱请人巡山，巡山的出工未必出力。保护工作还可能被社区精英劫持，或类似民主村那样的结果，多方美好的愿望不能实现，结成相互不信任的苦果。

3. 社区动员的突破点

在组织村民赴外考察学习的同时，老河沟保护中心和桃花源基金会进行了薅子坪沟生物多样性现状、面临的威胁等前期调查。通过调查发现薅子坪沟的自然资源利用强度很高，甚至遭到破坏性开发利用，很多村民深入沟内伐木开辟新的养蜂场，偷偷捕猎的痕迹仍然存在。老河沟保护中心的工作人员在做村民在家访时发现了一个农户家周围的动物毛发，于是深夜杀个回马枪，再次造访，把主人堵在家里，耐心宣传法律法规，做说服工作。第二天，主人终于自己进山把安装的两个兽夹取回来交给了他。这件事对当地老猎人是一个振动。

在前期野外调查时，薅子坪沟的组长钟俊德作向导陪同。他是被判刑 7 年刑满释放才回家的，这些年一直为未来作打算，想找到一个能长久的挣钱方式，但苦于没有找到好路子。在考察途中，他的一句感叹引起了老河沟保护中心同事们注意，他说："以前打猎跑山啥都能干，现在慢慢老了，本想着以后就算老了爬不动山了，在周围采点药也能把生活过起。但现在这个挖法，过不了两年药都要挖绝了，以后咋个办啊？"

顺着这个线索理下去，终于找到了社区动员的切入点。新驿村的薅子坪沟是当地著名的药材山，这里药材种类多、品相好、量也大，每年都有大量的人到这里采药。村里并没有相应的管理制度，每家都有来自外村的亲戚朋友在采药季节前来采药。随着这些年野生药材价格快速提升，外来挖药的更是越来越多，大家比着挖，很快山上的药材资源就开始呈现枯竭之相了。

老河沟保护中心和基金会抓住这个机会，与村里精英商量能否在村里也搞一个类似关坝那样的资源管理的办法出来，把药材资源保护起来。

这期间，中国人民大学的博士生赵佳程到老河沟做志愿者，被派驻到新驿村，一边做调研，一边帮助村里组织对药材资源管理的讨论。他平时帮助村里做点文档方面的工作，开会时就变成了第三方的社区会议协调人。在他的帮助和推动下，新驿村召开了村民代表会，讨论药材资源该如何保护。虽然对具体管理方案村民们有不同的意见，但村民代表们都同意确实该把药材资源保护起来了。多数人同意设卡，不让外人进来挖野生药材。钟俊德提议："既然都不让外人来挖了，我们自己还挖啥？就应该封起来几年不准挖，让药材恢复起来。"由于他的强势推动，最终大家竟然采纳了这个意见。

新的自然资源管理制度得到了大家的认可，新驿村的协议保护向前迈出了决定性的一步。新驿村的保护不是从外部机构看重的大熊猫和野生动物保护开始，而是从当地社区关注的药材管理开始的。

在定好药材管理制度后，老河沟保护中心会同村委就商量如何设卡。前任村委老书记家住薅子坪沟，处在咽喉要道上，大家商定就依托老书记家设立了哨卡，建立了进山登记制度。村里还树立了栏杆、宣传牌等，让村民马上就能看到。有了特别的动作，新的事情真的发生了。

4. 巡护队的建立

在药材管理上制定社区管理规则并将规则落地的同时，老河沟保护中心跟新驿沟村支委紧锣密鼓地组建巡护队，把巡护工作做起来，把野生动物保护起来。

在老河沟保护中心跟新驿村的协商中，最重要的资金支持部分是对保护的投入。新驿村在经过几个村干部讨论后，给保护中心提供了一份巡护队名单，做了一个预算（主要是人力成本）。这个名单包括了几位村干部和村小组组长，村干部做支持工作，是固定的月补贴，巡护队员则是按巡护天数记报酬。在协商过程中，保护中心始终坚持是“补贴”，而不是“工资”，保护工作是双方都愿意做的，而不是保护中心花钱来买大家做事，新驿村也不能采取“你们花多少钱，我们干多少事”或者“你们让我们做事，给我们做事的报酬”的态度。但在实际协商过程中，巡护队员实际心中想法往往是：“你们愿意出多少钱？给多少工资？要我们来做什么？我觉得报酬合适就做，不合适就不做了。”问题一谈到这里，就会变成保护中心“花钱点菜”。这个说法应是在讨论中极力避免的。其始终强调：“保护是我们大家都愿意做的事情，你们也有意愿去做，肯定要有成本，村上又没有对应的开支，我们来帮忙出这笔钱。但它不是工资，是一个补贴。”

关于这个巡护队名单，保护中心是不认同的。为此专门拜访了新驿村，跟村干部有一个深入的交流。这种巡护队组建的方式会让村干部脱离群众，并且让大家觉得村干部拿了外部的好处来限制大家，而不会觉得这是一支自己村里的巡护队。因此我们建议，能否稍微做得复杂一些：首先开村民会，大家来讨论巡护队怎么组建，巡护队员应该满足哪些要求，如此，变成社区集体讨论制定规则；其次公开征集报名者，根据规则和条件来挑选；最后将巡护队名单进行公示，无异议后才进行巡护队组建。

新驿村接受了我们的建议，召开社区会议讨论出了巡护员的产生办法和标准，再公开征集报名和选拔，最终形成了巡护员的名单，组建起了巡护队。这个巡护队组建的过程，也变成了社区动员的一个重要部分。最终形成的巡护队员名单跟原来村干部提交的名单相对照，只有2个人是不一样的，保护中心看好的村中能人和猎人多数在里面，这可以看出村干部在提交名单时是公正的，对村上情况是了解的，做事选人分配利益是公正的。然后，村干部按要求以复杂的社区动员程序挑选人员，花了钱、操了心、费了时，结果基本是一样的。

为此笔者还专门询问了村里的干部杜林，有没有觉得我们太强势，这个过程太麻烦。他回应说："这样更好！村民都参与了这个过程，规矩是大家定的，人是按大家的规矩选的，也就不会再有谁来村里闹，问为啥没有他，这对村干部来说是减轻了压力，村干部说话也感觉硬气了。"

5. 保护计划与内部建设

关于巡护的资金支持，保护中心工作人员也作了讨论，大家觉得村干部作为巡护队的组织者和负责人不错，但具体承担什么工作要经过巡护队讨论来确认。在预算中划出一部分固定资金作为日常工作的支出是必要的，但也需要巡护队来讨论确认，并且所占比例不应太高。巡护队每次进山补贴多少，需要参照当地零工的标准，并且需要大家来讨论。巡护队做什么事、怎么做事，需要有一个巡护计划。这些都是烦琐的社区工作过程，需要大家频繁地碰头和开会。

2017年8月，村上组织了第一次巡护队会议，宣布成立新驿村薅子坪沟社区保护地，正式成立巡护队。会议选举了巡护队长，讨论了资金的分配问题。钟俊德在酝酿社区参与保护的过程中表现得很突出，被大家选为巡护队长。最后经大家讨论确认，进山巡护一天的补贴为 150 元，自带干粮。村上三个干部参与对社区保护的日常协调工作，每月可以有 600 元的管理费。老河沟保护中心给村上的资金支持，第一年总盘子是 10 万元，都交由大家自己来讨论具体的花销和用途。

我们曾经设计将赠款完全划入到村里，由大家自主管理，从而进一步提升大家的拥有感和管理能力，但由于“村财乡管”的资金管理制度，村里又不能设立新账号，资金进入村账号以后，开支程序很烦琐。因此讨论决定资金仍然留在保护中心账号上，但预算由大家讨论决定，具体的使用也由大家决定，最后到保护中心进行报账。

同时，老河沟保护区的技术骨干到新驿村给巡护员做技术培训，一起商量监测计划。根据监测计划在薅子坪沟的山上设立了两个红外相机。一个月以后，喜讯传来，从红外相机拍摄的结果看，所有老河沟存在的大型哺乳动物在薅子坪沟区域内都有分布，包含大熊猫、羚牛、林麝等国家一级保护动物。这让巡护队员感觉非常兴奋。以后的巡护和监测工作就按照老河沟主导推动的保护计划开展。

在新驿村的薅子坪沟范围内还存在 16.7 平方公里的国有林。为了理顺保护关系，老河沟保护中心出面，找负责国有林管理的平武县林业发展公司协调，商定三方共同推动薅子坪沟内的生态保护工作，林业发展公司同意与新驿村一起对国有林进行共同管理。国有林的主管单位林业局同意就这项内容与新驿村签订协议。

2017 年 10 月，在前期充分交流和协商的基础上，老河沟保护中心跟新驿村和林业平武县林业局签署了第一期保护协议。协议有效期 1 年，新驿村承诺将薅子坪沟区域的 40 平方公里的范围保护好。老河沟保护中心对新驿村的保护工作提供资金和技术支持，并承诺在新驿村做好保护的基础上帮助新驿村进行新的生计项目的探索实验。林业局作为监管单位，支持新驿村对国有林进行保护管理。

6. 保护成果和变化

新驿村开展社区保护以后，很快就取得了成果。

从2017年10月至2018年9月，新驿村巡护队共巡护14次，参与老河沟保护区、关坝保护小区、新驿村等共同组织的联合大巡护2次。巡护队在薅子坪沟区围内设置红外相机进行监测，并把工作重点放在清除猎套上。一年时间内，共清除猎套150多副，缴获猎枪1支，阻止外来挖药人员4批，阻止外来钓鱼人员2批，取得了显著的保护成果。新驿村社区保护地的出现，相当于堵住了保护区的后门，并在外围建立起了一个40平方公里的保护缓冲区。

老河沟保护中心共投入支持资金10万元，另外投入GPS、红外相机、宿营装备等以及运行费用等约5万元。在2018年，牛羚、黑熊和金丝猴就下到了薅子坪沟底，黑熊和金丝猴甚至到达了薅子坪村民组的民居附近。新驿村杜林书记评价说："野生动物也有灵性，晓得这里人不伤害它了，马上就跑到这下面来了。这说明我们这里保护有效果了。我听外头挖药的都在说我们这个地头来不得了，我们这里已经有人管起来了。"

2018年10月，老河沟保护区与新驿村签署第二轮的保护协议，共投入资金约24万元，除了原有的巡护补贴外，还包含6万元的产业发展资金和6万元的保护奖金。保护区组织社区外出参观学习，社区自己投票选择他们自己希望获得支持的产业方向，自主选择产业实验的带头人。产业帮扶不再是外部希望社区做的事，而是社区的自主选择。目前社区已经选择了良种核桃嫁接和民宿两个方向进行尝试。尝试的方式是农户自己报名，然后选拔示范户。示范户需要自己出一半资金，村里再从产业发展资金中投入一半，大家互相配合共担风险。如果失败了，大家都承担损失；如果成功了，收益归农户，其他农户可以跟进学习，社区可以进行推广，相当于做了新生计的试验开拓。

新驿村薅子坪沟社区保护地发展的过程，也是一个保护逐步内化的过程。刚开始，是老河沟保护中心占主导，推着社区往保护方向走。在走的过程中，社区逐步发现了自己土地上发生的一系列变化，这些变化又转而激发了社区的自豪感，保护逐步变成了社区自己想要做和喜欢做的事。2018 年冬天，巡护队员在薅子坪沟的河道里发现了鱼卵，大家开始议论是不是已经绝迹的当地鱼种又要回来了。本来我们准备设计看是否要进行人工投放鱼苗，使水生生态系统恢复，如今也就暂缓，等待进一步观察，看看它能否自行恢复。2019 年 3 月，钟俊德在回收红外相机数据时发现红外相机拍摄到了大熊猫带着幼崽活动的照片，并且多个点位相机都拍摄到了大熊猫的活动影像，这是非常难得的，让整个巡护队都感到兴奋和自豪。2019 年 6 月，村文书家的鸡被野生动物咬死了，经红外相机布控，发现居然是水獭所为。水獭在新驿村所在的流域已经绝迹多年，虽然家禽受害让主人伤心，但水獭的再次出现又让大家欣喜不已。

以前村里要开会、要巡逻，都是保护中心陈祥辉主任给杜林书记提出，大家商量计划，陈祥辉主任帮忙组织。但从 2019 年初开始，新驿村的保护行动基本上不再需要陈主任的介入了。每次活动都是钟队长根据计划，安排时间，然后在微信群里发通知。2019 年村里的优秀巡护员表彰以及下半年社区巡护计划，也都是村上自己组织开会，没有了老河沟保护中心的参与。通过这次会议，新驿村决定要在薅子坪内修一条巡护环线，以便于今后保护工作的开展。钟俊德就自己组织了几个有经验的老人先去勘测线路，等确定了环线的走法以后，再召集大家一起投工投劳去把环线开辟出来。

由此可见，新驿村已经开始自主组织巡护活动，自主制定保护计划，提出新的保护构想，社区自我组织和管理能力也得到了很大提高。

第五节　新驿村社区保护地的启示

新驿村社区保护地的变化超出了老河沟保护中心和桃花源基金会的预期。为什么新驿沟的变化会这么大、这么快，保护的进展会这么顺利呢？

根据保护国际基金会提出的协议保护（Conservation Steward Program）的基本理念，当地社区是当地自然环境变化最直接的受影响者，如果当地社区能够从保护中受益，则当地社区会选择保护。在适当的外部激励下，当地社区能够成为自然环境的守护者，发展出社区为主体的自然保护，从而实现社区经济发展、社区治理和自然保护三赢。新驿村虽然从社区动员开始只经过了3年时间，但却很好地印证了协议保护的论述。除此之外，我们觉得有如下经验值得总结，同时可供其他保护区和保护组织借鉴。

（1）保护区的社区工作从解决具体切实的保护问题出发。新驿村的实践是基于过去扩展区的教训之上的，即社区保护要直接从保护的问题出发，而不是泛泛而谈的社区干扰。新驿村是老河沟保护区的后门，要堵住后门，要消除盗猎的影响，工作针对的问题是非常明确的。

（2）采用协议保护的基本思路和逻辑。协议保护的思路符合中国社区最朴素的伦理逻辑：你先把保护做好了，我再来帮助你做发展的事。这是一个公平交换逻辑，而不是保护区天然地就该去帮扶谁。帮扶是对保护投入的一种奖励，并不是人人都伸手可要的福利。

（3）从解决社区自己关注的问题开始，进行社区动员。在社区动员环节，抓住了当地社区关心的问题，从帮助解决社区自己关心的问题着手，而不是从外部机构关心的事情着手。新驿村的老猎人对药材资源的未来感到担忧，而保护药材资源恰好也是保护生态环境的一部分，从这里着手，生态保护就成为当地社区自己的事，而不是为了外部机构而去做的保护。抓住药材资源的保护成为撬动新驿村社区保护的重要机会。

（4）推动社区自治。整个社区保护从宏观的构架到具体工作的细节中，始终注意保护和激发社区的自主精神，推动社区自己提出问题，自己提出解决问题的办法，自己来建立规则，自己来执行，从而提升了社区的自我管理能力，推动了社区发展。

（5）外部机构的角色是协调人和陪伴者。老河沟保护中心在推动新驿村社区保护地发展的过程中作用巨大，它是资助者和项目的推动者，但在操作过程中，它首先是做好协调者，帮助社区在最开始阶段能够在精英和普通农户之间达成共识，能够帮助大家提出问题，组织大家进行相对深入的讨论，寻找解决办法。其次，老河沟保护中心是好邻居和陪伴者，隔三岔五地就会到新驿村去看看，尤其在新驿村开始工作的第一阶段，提供了很好的指导、帮助和陪伴。这种定位，一开始就把社区放在保护主体的位置上，通过工作的开展，不断地强化社区自我的主体意识和地位，最终让外部机构跟社区成为合作伙伴，而不是把社区当作保护机构的附庸。

第十四章

行业龙头的社会参与推动草原发展与保护的可持续管理

如果说森林是“地球之肺”，湿地是“地球之肾”，那草原可以称为“地球之肤”。在我国，草原与森林、农田共同构筑起内陆绿色生态空间。人们常常向往内蒙古大草原，想象着这里的茵茵碧草、悠悠白云、湛蓝如洗的天空，还有奔驰的骏马和成群的牛羊。然而近100多年来，气候变化、水资源短缺和生物多样性丧失，已经成为全球最为严重的环境问题。正所谓“祸不单行”，严重的环境问题加上盲目开垦、采伐、过牧等毫无约束的人类活动，使得植被被破坏，内蒙古草原生态系统退化。内蒙古自治区作为保障我国北方生态安全的重要屏障，深受这些环境问题的影响，屏障功能日渐削弱，脆弱的生态急需修复，严重威胁到了我国的可持续发展。

2010年8月，大自然保护协会（TNC）与老牛基金会等合作伙伴共同启动了内蒙古生态修复和保护项目，致力于探索适应内蒙古干旱及半干旱地区关键生态系统的可持续修复方案。时隔9年，这些修复项目已经取得了很大的成效，为当地的生态系统恢复作出了重要的贡献。内蒙古自治区的草原可持续管理案例为我们展示了草原区域，甚至中国广大生态退化区域未来可以借鉴的因地制宜的建设、恢复和规划思路，推动形成人与自然和谐发展的现代化建设新格局。

第一节 老牛基金会

内蒙古草原相当辽阔，总面积约占全国国土的十分之一。位于内蒙古自治区内的大草原主面积 8 666.7 万公顷，有效天然牧场 6 818 万公顷，占全国草场面积的 27%，是我国最大的草场和最佳的天然牧场之一、国家重要的畜牧业生产基地，驰名中外。内蒙古草原由六大草原组成，自东向西分别是：呼伦贝尔、科尔沁、锡林郭勒、乌兰察布、鄂尔多斯、阿拉善盟大草原。

内蒙古地区土地肥沃、生态适宜，历史上许多北方游牧民族都曾在这里游牧，繁衍生息。草原的风景曾经就像南北朝时期敕勒族的一首民歌里所描述的一样——“天苍苍、野茫茫、风吹草低见牛羊”。草原是牧民的家乡、牛羊的世界，以前牧草丰茂，牛群羊群统统隐没在那一片绿色的草原海洋里。只有当一阵清风吹过，草浪动荡起伏，在牧草低伏下去的地方，才有牛羊闪现出来。我国北方的草原资源曾经富饶，曾经壮丽。

然而随着人口急速增长，长期盲目开垦、采伐、过度放牧等不适当的生产模式及不合理利用等原因，使草原绿色植物的生物量减少，饲用品质恶化，草原生态退化，生态环境的承载能力大大削减，最终物极必反，变成荒漠。根据全国沙漠、戈壁和沙化土地普查及荒漠化调研结果表明，中国荒漠化土地面积为 262.2 万平方公里，占国土面积的 27.4%，近 4 亿人口受到荒漠化的影响。生态修复工程成为维持农民生计和产业持续发展的必要手段。通过生态修复工程，可使退化的草原生态系统重新恢复生机，确保生态安全，并执行畜牧业可持续发展战略，加强草原建设保护，逐步改善生态环境，从各方面提高草原综合能力，为内蒙古提供稳定的牲畜资源。

政府在生态系统保护和修复方面有着重要示范和引领作用，建设生态文明，实现可持续发展，不仅是国家、政府的时代使命，也是企业及社会各界共同的责任。比起政府部门，基于商业动机、经济动力等可观利益原因，企业更容易通过创新和行动推动改革、带来改变。提到内蒙古的畜牧业，不得不提到其牛奶品牌，如伊利、蒙牛、金典、特仑苏等。内蒙古奶业的龙头企业除了促进经济发展、保证产品质量安全以外，也积极履行社会责任。内蒙古老牛慈善基金会就是一个很好的例子。

内蒙古老牛慈善基金会（以下简称“老牛基金会”）2004 年由牛根生先生创立。2018 年，老牛基金会更被评为“家族慈善基金会十强”。老牛基金会致力于探索一条“中国式现代慈善家族基金会”发展之路，为人类的健康生活和平等发展作出贡献，以“渡人渡己，心怀感恩；树人树木，责任天下”为宗旨，以“教育立民族之本、环境立生存之本、公益立社会之本”践行公益慈善理念，以环境保护、文化教育及行业推动为主要公益方向。基金会坚持着“传承百年，守护未来”的精神，践行着“绿水青山就是金山银山”等习近平新时代生态文明建设思想，关注民生、重视环保，为“建设生态文明”这一中华民族永续发展的千年大计贡献力量，推动形成人与自然和谐发展现代化建设新格局，在生态环境领域作出卓越贡献。

截至 2018 年底，基金会累计与 170 家机构与组织合作，开展了 236 个公益慈善项目，遍及中国 31 个省（自治区/直辖市/特别行政区）和美国、加拿大、法国、丹麦、尼泊尔等地，公益支出总额 14.3 亿元。2010 年 8 月，老牛基金会联合大自然保护协会（The Nature Conservancy，以下简称 TNC）、中国绿色碳汇基金会及内蒙古林业厅，在内蒙古和林格尔县共同启动了内蒙古生态修复和保护项目，致力于探索适应内蒙古干旱及半干旱地区关键生态系统的生态修复与保护规划方法、可持续管理和经营模式：从“制定生态修复规划”和“因地制宜的实地示范”两方面寻求解决之道，在内蒙古地区选取不同类型的关键生态修复区域作为示范点，打造“生态修复与经济发展相平衡”的可持续发展模式。

在内蒙古地区众多生态修复示范点中，“内蒙古盛乐国际生态示范区”属于其中最早的并取得了很大成效的项目，是对“北方生态安全屏障建设”的有效实践，获国家民政部中华慈善奖“最具影响力项目”，为当地的生态系统恢复作出了重要的贡献。

第二节　内蒙古古盛乐国际生态示范区

项目地位于内蒙古和林格尔县盛乐经济开发区，“和林格尔”是蒙古语，意思是20户人家。和林格尔县位于内蒙古自治区中部呼和浩特市以南，气候属于干旱、半干旱大陆性季风气候区，多年平均降水量为392.8毫米。地形地貌多样，山、丘、川兼备，属于生态系统类型较为复杂的农牧交错带，是内蒙古高原向黄土高原的过渡地带，也是森林和草原的过渡带，属于国家的生态脆弱区。而中国北方的农牧交错带，正是近50年来中国荒漠化进程最为严重的区域。现有水土流失面积1 053平方公里，占全县总土地面积的30.7%，水土流失程度5 000~10 000吨/平方公里；沙化土地面积396平方公里，占全县总面积的11.5%；风沙土面积290平方公里，占全县总面积的8.4%。另外，人们生产生活对水资源的需求不断扩大，而地下水位不断下降，水资源短缺愈加突出。在不断加剧的开发压力下，这些生态问题仍然有继续恶化的趋势。

在气候变化的背景下，这里将是南北两个陆地生物多样性保护优先区之间物种迁移最重要的潜在廊道，对于生物多样性保护有深远的意义。示范区以区域气候变化趋势为背景，以解决当地面临的重要生态问题、实现对区域发展的可持续支持为目标，识别出县域内重要的生态系统服务功能区域及其关键生态系统，通过种植乔木、管理灌木、恢复草地、恢复生态系统服务功能等措施，成功恢复了近4万亩植被严重退化的黄土丘陵，并在项目中实施了生态监测、沟壑治理和合理放牧。

（1）设定科学的生态修复目标。2012年，项目在和林格尔全县范围探索出适宜于干旱半干旱区适应气候变化的生态修复与保护规划方法。该方法引进生态区评估方法，考虑未来气候变化情景，通过对重要生态系统服务功能和重要生态系统、物种进行评估，确定评估区生态修复与保护优先区域，并根据重要生态功能关键生态系统以及生态系统现状叠加分析，识别出规划区域内需要修复的区域和目标生态系统。该方法可以落地指导生态修复与保护工作，得到专家和临近盟市的认可，2015年与赤峰市政府联合完成了赤峰市生态修复与保护规划。

（2）实践近自然的生态修复模式。根据科学的生态修复规划，在和林格尔的优先修复区中识别出2585公顷退化土地，开展实施了“乔、灌、草”相结合的生态修复工程，并将其中的乔木种植打造成符合清洁发展机制标准（clean development mechanism，简称CDM）的林业碳汇项目。在此基础上，该项目在项目开展初期便加入多重效应设计，希望在考虑碳汇的同时兼顾当地社区发展以及本地物种多样性的协同发展需求。成功在《联合国气候变化框架公约》（*United Nations Framework Convention on Climate Change*，UNFCCC）申请注册，成功获得了气候、社区和生物多样性标准（*Climate*，*Community and Biodiversity Standards*，CCB标准）金牌认证，预计在未来30年的计入期内，固定22万吨二氧化碳，其中的16万吨已经获得华纳迪士尼公司的认购。“内蒙古盛乐国际生态示范区”被国家民政部评为中华慈善奖（第八届）“最具影响力项目”，入选联合国开发计划署（United Nations Development Programme，

UNDP）“解决方案数据库”优秀案例。

由于项目区地处和林格尔县北部，属于山地丘陵区地貌，坡陡沟深，植被盖度低，岩石裸露，地势险要，地貌类型属于土默川平原向黄土高原的过渡地带，黄土土质松软的特性易受到流水侵蚀而形成沟壑，面临着严重的水土流失问题。项目点内有多条沟壑，为了避免进一步扩大沟壑面积，提高保持水土的生态功能，需要进行综合治理。项目将生态垫与生态袋相结合的植物修复措施与工程修复措施相结合，逐步控制坡面径流冲刷和沟道土壤侵蚀，恢复沟道的水文形态和生态功能，保障下游生态安全和生态修复成果。和林格尔的沟壑治理区和侵蚀沟治理示范区展示了水平沟、鱼鳞坑、谷坊、植物混交等多种生态恢复和水土治理技术的恢复成果及 10 条沟壑治理成果，成功修复了 2 700 公顷的荒漠。

同时，修复地建立了长期的生态监测机制，及时发现植被恢复中的问题，从而不断调整和完善修复措施，使植被逐渐恢复成近自然的状态。随着植被的恢复，当地居民目击野生动物（如赤狐、环颈雉、斑翅山鹑等）的频率明显增加。

百年老杏树的故事——曾经，这里是寸草不生的荒山。唯有眼前的这棵老杏树始终坚守在这里，它的坚强让后人坚信：既然老杏树能在这里存活并扎根，我们就一定能让这片山重新绿起来！老杏树见证了这片土地如沧海桑田般的变化，见证了 4 万亩植被严重退化的黄土丘陵一点一点地再次绿起来。如今，它已经成为和林格尔人心中的信念支持，它那坚强的、顽强的生命力受到后人敬畏。现在，山坡上老杏树不再独守丘陵，这里也不再寸草不生，反而绿草如茵。

（3）修复地的持续管理和利用。除了实现草原生态系统的恢复与保护外，项目还旨在改善民生与生态修复的矛盾，解决民生问题，把生态修复的成果转化为社区盈利。基金会、TNC 及其项目研发适合当地气候的农业模式，在该地区的技术指导和科普教育工作发挥了很大的作用。

灌木林地的可持续管理——和林格尔县在前期的生态修复工程中，营造了120万亩柠条灌木林地，发挥着防风固沙、保持土壤等重要的生态功能。但人类的过度干扰使部分灌木林地很难天然更新，而是逐渐退化死亡。若每4～5年对灌木做一次平茬复壮，就能有效延长生长期，巩固柠条灌木林地的生态功能。

可是因为柠条没有足够的经济价值，平茬无人实施，而人类干扰却从未停止。这里，TNC发现了一个新的思路，将平茬掉的柠条枝叶通过高温裂解烧制为生物炭，可以进一步加工为高品质的活性炭。同时，蔬菜大棚和农田应用生物炭实验表明，这种生物炭还具有改良土壤结构、保肥、保水的作用。我们希望，将柠条平茬、生物炭生产和应用联系起来，用以自然为基础的解决方案（nature-based solutions，NBS），提高经济收益的同时实现柠条灌木林地的可持续管理。

生态旱作农业——如何将生态修复的成果转化为社区盈利的工具是项目的一个重要工作。项目区处于典型的农牧交错带，过去由于过垦、滥挖、滥采等原因使项目地土地沙漠化和水土流失严重，每年坡下的耕地由于严重的风蚀和水蚀，大量肥沃的表层土流失，土壤肥力下降，为此农民不得不增加化肥的投入量，维持生活，造成土壤污染、资源浪费，更迫使农民不断扩大农业耕作面积以获得足够的收益，还增加了农业生产成本。项目区经过几年的恢复，其生产力已经有大幅提升，如果任由社区按照原来传统的模式进行生产活动，土地二次退化将无法避免，也会造成资金、资源的浪费。因此改变当地传统生产方式，提高单位土地面积产出是解决此问题的主要途径。

基于此项目开发了生态旱作农业、林下养殖、整体可持续放牧管理等可持续管理模式，并向社区推广，实现修复地的可持续管理。以生态旱作农业为例，生态修复项目实施后，恢复山上植被，乔、灌、草相结合形成绿色屏障，庇护山下耕地；在耕地上进行土壤改良，提高土壤的团粒结构含量，提高土壤肥力及土壤的保水能力，通过进行合理的农作物种植及旱作管理技术。即严格按照有机的耕种方式，仅依靠天然降水，彻底停用化肥、农药、除草剂、添加剂和转基因技术，生产出安全的、高品质的农产品。生态旱作农业采用全膜覆盖双垄沟播技术以达到节水、增产的目的，使耕地投入比原来降低，不进行任何灌溉的情况下，实现产值高于原产值25%以上，实现利用小面积土地获得比原来大面积土地更高的经济利益，让农业生产得益于并依赖于生态修复。农民看到了生态修复为其带来的收益，迫切要求掌握农业种植技术的同时希望加强对修复地管理。如此生态修复的生态价值可以直接转化为社区实际的经济效益，达到调动农民参与保护及恢复草原资源的积极性的目的。

草地恢复及可持续管理——草地在和林格尔是更能适应当地条件且稳定发挥生态系统服务功能的植被类型，同时也是当地居民利用的重要资源。但长期以来的过度放牧已造成草地严重退化，使得草地的可持续利用难以为继。为了促进草地的恢复和修复地的可持续管理，项目引进“整体管理”的合理放牧方式，在发挥修复地的生态效益的同时，也能为当地社区带来直接的经济效益。整体管理（holistic management）是一套有策略的规划框架，利用合理放牧管理来修复退化草原：以牲畜作为草地恢复和管理的工具，通过模仿野生动物食草的行为来管理家畜，在合适的时间引入牲畜在退化的草地上进行放牧，通过动物适当的踩踏和啃食，以及留下的粪便作为土壤养分，可以使草原迅速恢复，重塑生态过程。修复地为居民提供放牧场地，但居民需按牲畜数量、放牧时间等要求进行，从而普及可持续畜牧，保护已修复的草原，避免过度放牧。

笔者曾经到和林格尔县进行实地考察，与当地农户交流区域环境变迁和农牧业方式转变的过程。与老百姓交谈中，笔者了解到，农民们其实非常希望拥有有序且可持续的生产模式，但缺乏正确方法和科学知识，看到那片黄土如今再次绿起来，他们都非常欣慰，仿佛看到了和林格尔县的希望，纷纷表示会珍惜项目与大自然给的第二次机会，把环境放在第一位，不再取易不取难。

（4）水资源的可持续管理。生态系统的破坏源于对自然资源的不合理利用，和林格尔县地处于干旱半干旱区，多年平均年降水量只有392毫米左右。项目通过前期分析发现，和林格尔80%的水资源用于农业灌溉，而农业灌溉大部分还是应用大水漫灌的传统模式，水资源浪费严重。从当地的项目监测数据可知，十四个监测点的地下水位埋深从1977年的平均地下5.2米增加到了2012年的平均地下39.7米，这意味着35年前在监测点只需打5米左右的井就能出水而现在则需向下挖近40米才能获得水源。虽然以现时技术能轻易挖深水井，但是深水井在解决水源的同时，也带来了负面影响，主要是水资源的枯竭和地下水的缺少。取水越多，周边的水位越低，地面越容易干旱，以后取水就更加困难，形成恶性循环。虽然从水循环角度而言，水资源为可再生资源，但由于地下水是大自然以数百万年的时间尺度在有限的空间形成的，区域的水资源总量是有限的。水是影响生态与社会生活的最重要的资源，我们必须保护水资源。

TNC与科研院所、当地政府部门合作，已完成对和林格尔县地表水和地下水资源进行总体评价及供需分析。在此基础上，项目会制定出和林格尔县水资源可持续管理方案，阻止新的生态破坏的发生，为最终实现和林格尔生态功能全面恢复奠定基础。

第三节　项目所取得的效果

和林格尔的生态修复项目，通过对关键地区生态系统的修复，逐渐建立地方的生态安全格局，联合社会各方，包括前线的农民、基金会的资金支持、TNC 的技术指导、企业蒙树的品种研发、政府的认可等，同时实现了多方共赢。项目带来的效益有目共睹。

一、生态效益：增加生物多样性、加强生态系统服务功能

（1）生物多样性增加。项目开始时项目地植被种类不足 30 种，截止到 2014 年各样地植被种类已达到 77 种。而以前项目地逐渐消失的狐狸、獾等兽类，以及斑翅山鹑、环颈雉、阿穆尔隼、凤头百灵等鸟类随着植被的恢复又慢慢地出现在项目地中，当地居民目击野生动物的频率也明显增加。

（2）生态系统服务功能不断加强。通过人工造林、围封等措施，再加上以生态监测结果为依据的管护手段，提高植被覆盖度、控制土地退化趋势、保护生物多样性。

（3）为减缓气候变化作出了贡献。项目依据适应气候变化的规划在和林格尔的优先修复区中识别出 2 585 公顷退化土地，开展樟子松、油松、柠条、山杏、沙棘等苗木的混交种植。

二、社会效益：带动社区发展、吸引社会资源

（1）对社区发展的带动效益。除了生态效益，项目在设计与实施过程中对当地社区发展所提供的帮助及带动作用始终是我们所追求的目标。据统计，项目区内约 74% 的人口属于国家贫困人口（中国政府最新公布的贫困标准为 2 300 元人民币），其中部分地区年人均收入仅达到 800 元左右。因此，项目在设计之初以及实施过程中充分考虑了当地社区的发展需求。项目采取“自主、自愿”的原则吸引当地社区参与到生态修复保护中。单就碳汇造林项目而言，项目预计将使当地社区居

民人均年净收入较2011年相比平均增加160.7美元，创造出114.1万余个工日的临时就业机会，以及18个长期工作岗位。目前为止，本项目使4个乡镇、13个行政村的2 690个农户受益，受益人口达到一万余人。而管护期通过林下养殖、旱作农业、可持续放牧管理及合作社等形式与社区共同探索可持续的“生态扶贫”模式，一年来已使合作社部分农户户均增收8 890元。

（2）对社会资源的吸引效益。随着项目的推进及开展，越来越多的社会力量也通过不同的方式积极参与到项目地的生态修复与发展过程中。除了政府的大力支持以外，不同的社会资源，如科研院所、NGO、企业还有项目地的社区居民都以不同形式，共同参与到生态修复过程中，共同维护和巩固生态修复成果。

三、经济效益：潜在经济效益每年约1 500万元

通过多年的工作和努力，该项目已在探索如何有效并可持续地将修复地所产生的生态价值向经济价值转化方面取得初步成果。据估算，项目开展至今，通过修复所恢复项目地生态服务功能及生态价值所产生的潜在经济效益每年可达约1 500万元以上。其中主要来自四大方面：通过遏制土壤风蚀和水蚀所减少的经济损失、通过草地恢复所获得的经济效益、通过林业发展所带来的经济效益，以及通过修复地所提升和改善的生态服务功能向周边土地辐射所产生的经济效益。

第四节　关于企业在生态修复上起重要角色方面的反思

老牛基金会在生态修复中担任重要角色。生态恢复不只是科学家的

事，也是大家的事，是企业、政府、社会组织、学校、村民的事。就算有良好的科学理论基础，要落实到实际也需要跨越当地经济发展水平、工程技术、当地居民接受程度等多方面的限制。科研不能只是纸上谈兵，最重要的是要把科研和社会、民生结合起来，带来经济效益和文明的改善。绿色生态原理嵌入国民经济发展的各个方面，还任重道远。在这里，基金会的带动作用不逊色于政府的政策推动，基金会坚持践行保护环境和可持续发展的社会责任，联合社会各界共同为美丽中国建设贡献绿色力量。

在和林格尔县，内蒙古盛乐国际生态示范区项目驱动了企业的参与。虽然项目是由老牛基金会、TNC 等联合发起，实际由内蒙古和盛生态育林有限公司来负责施工。内蒙古和盛生态育林有限公司旗下建设了蒙树生态科技园。蒙树于 2011 在和林格尔成立，科技园位于内蒙古和林格尔盛乐经济园区，是内蒙古首家以树木科技生态为主题开发建设的生态科技园区，具有自主技术、品种优势和优质生态工程服务的“蒙树”品牌。蒙树以绿色发展为理念，以创新研发为基础，从事生态修复和碳汇造林，为生态建设和环境治理提供全程化一体化系统性解决方案，相继获得“科普示范基地、自治区林业产业化龙头企业、自治区良种苗木示范基地、内蒙古和盛国家种苗基地、国家林业标准化示范企业、国家林业重点龙头企业”等多项殊荣。以生态修复、林木种苗培育、荒山工程造林、城市园林绿化、森林碳汇交易、绿色生态农业、生物质能源研究为核心产业。蒙树的绿色事业本身就是在践行保护环境和可持续发展的社会责任，掀起全民义务植树和国土绿化建设的新高潮，以实际行动引领社会各界人士像对待生命一样对待生态环境。

以苗木基地为载体，蒙树建立“政府 + 公司 + 科研机构 + 金融机构 + 农户”的“5 +”运营模式，实行政府引导、创新主体带动、科研机构成果转化、金融机构服务、农户参与的模式，让各方获益。蒙树不断探索更为自然的生态用地管理模式，依凭着苗木基地的发展优势，探索更为自然的生态用地管理模式，积极发展林下经济。在自有苗木基地内，发展生态养殖业，采用生态低碳的森林散养方式，让动物充分融入大自然，形成生态链。通过林间散养鹿和鸡，将森林杂草充分转化为土壤有机肥，同时生产出健康、绿色、有机的生态产品，并且取得了良好的经济效益和社会效益。以公司带动农户，采用环境友好的土地利用模式，让农户获得更多收益。蒙树在服务生态建设的同时，兼顾科普教育与生态旅游观光，实现了生态功能与社会效益协调发展的双赢战略。

在处理环境问题时，环环紧扣，单方面的努力不足以改变局面，唯有把社会各方力量聚集起来，包括前线的农民、老牛基金会这样的慈善组织、TNC 这样的环境组织、蒙树这样的绿色企业……方可找到解决办法。

老牛基金会做环保，不是单兵突进，而是多管齐下。基金会除了重视生态效益及对我国环境有战略意义的规划项目外，也重视撬动国际资源到中国落地，如与大自然保护协会合作，在公益慈善、环境保护领域引进国际资源。老牛基金会不但实行环境保护的社会工作，而且非常支持教育工作的建设和发展、培养环境领域的人才。基金会与清华大学环境学院合作，于 2011 年捐资 500 万元，与清华大学教育基金会合作设立“老牛环境学国际交流基金”，现更名为“清华大学老牛环境基金”项目，采用“保本用息”的运作模式，持续资助环境学专业杰出人才进行国际上的学习交流活动，培养国际前沿的环境人才。2016 年，老牛基金会又与环境学院签署了战略合作协议，并追加捐赠 500 万元，借此进一步支持国际班发展，并推动清华—耶鲁双硕士学位及环境学院教师开展前沿课题研究。截至目前，清华大学老牛环境基金已累计资助 36 名全球国际班学子进行国际上的交流。该基金还连续两年在生态保护和恢复方面支持“恢复生态学”课程的野外考察项目，课程学生

（国内国际）已于2018年及2019年两年对内蒙古草原的生态修复进行了考察。

当笔者实地看到生态修复的成果时，觉得生态修复是一件很有意义的事。项目展现了神奇的大自然自我修复能力，把已退化的荒地再次利用起来。金钱不是万能的，但没钱就是万万不能的。长远来说，我国有加大环境保护项目的支出的需要，成立更多合作项目，修复更多退化或被破坏的生态系统。加大支出也不是说无限量地投资到项目上，适当地投入资金可以提高修复效率，亦符合经济效益，不易造成任何金钱或资源上的浪费。

除了加大环境保护项目的支出外，我们必须从源头降低环境被破坏的压力，使已退化的草原恢复的首要条件是排除施加给草原的超负荷利用压力，使之达到草地恢复功能的阈限，包括提高群众对保护生态系统的意识和发展多元化产业以减低对草原生态构成的压力。

针对草原资源有限的问题，我们必须加大力度向群众宣传生态系统知识。俗话说的“靠山吃山，靠水吃水，靠地吃地，靠林吃林”已经不合时宜了，一个“靠”字包括了对自然资源的依靠依赖而未加以珍惜、保养。结果，物极必反，自然资源被过度开发，森林被砍光了，鱼被捞光了，草地被过度放牧而荒漠化了。为了实现可持续发展，我们必须把这个“靠”字改为“养”字，倡导“养山吃山，养水吃水，养地吃地，养林吃林”，合理使用自然资源的同时，确保保养珍贵的资源，给足够的时间让大自然恢复，这样自然资源才可再生，也只有这样子孙后代才能同样享受到优质的自然资源。

针对由于人口增长而产生的对资源需求上升的问题，我们要发展多元化产业以降低对草原生态资源构成的压力。在未来继续增温、气候变化和持续的人类活动的背景下，种种因素会持续为生态修复带来许多挑战，草原生态系统所面对的压力不会有所减少。依赖草原资源的畜牧业是内蒙古的主要产业，该产业也自然会受到一定的影响，甚至未来的奶制品都会受到潜在威胁。笔者认为，未来为了实现减排目标，控制二氧化碳排放，除了工业性改革以外，饮食也是一种减排途径，例如转为素食者或者减少红肉类的摄入。所以，在未来有可能面对畜牧的需求降低，为了降低产业风险，尽早投资及分散发展不同产业，不失为另一个兼顾环境保护与经济发展两者的好办法。

另外，应该大力度推动草原绿色产业开发，协调草原保护与经济发展。例如，当地的蒙树生态科技园区规划遵循自然规律和科学理念，因地制宜，以“蒙树苗木、生态修复和生态园林”为主线，展现一年四季的自然变化。科技园区内设立生态科技办公区、树语植物展示区和林下动物互动区等，形成一个集休闲度假、氧吧疗养、树种认知、树种认养、垂钓鱼塘、人文观光，科技体验、生态农业等为一体的综合型生态科技度假区，让游客在充分愉悦身心、了解林业知识的同时提升生态保护意识，学习碳汇理念，从自身做起，在改善生态环境的同时，走出一条生态效益、经济效益与社会效益全面平衡的发展与降碳“双赢”之路。

同时，必须扩展牧区产业结构，加速恢复草原生态以确保饲草的供给，并实行夏牧冬饲，北繁南育，与农牧交错带紧密联系，面向国内外市场，交流学习畜牧经验，创造新型畜牧业经营模式。

当前，我们对草原生态和牧场退化基础研究强化了，治理技术更科学了，但草场退化依然在加速，恢复赶不上退化的速度。因此，我们更加需要继续推进造林良种化，加强半干旱地区植物保护和修复基础的研究，追赶大自然的步伐。再者，退化的速度要比适应力演替快得多，所以我们必须尽最大努力降低退化的速度。

生态修复不单是对退化的生态系统进行修复，也是一个改善人地关系的重要过程。科学家并不是与草原生态系统打交道的最前线人员，最前线的人是农民们、牧民们。他们担心生计的问题，很少考虑生态的问题，欠缺长远的资源利用规划，但如今他们也开始意识到环境问题会为他们的生计带来许多挑战和困难。因此，更重要的工作在于如何将高端的科学转变成民间做法，让没有专业知识的农民们首先摆脱传统的生产模式，在实际操作中达到可持续效果。社区居民由于缺乏管理和可持续管理的经验，很难建立可持续的生产模式，传统的生产模式容易令好不容易修复的土地再一次退化。虽然项目已经开展了快 10 年，复修成效显著，也带来了很多效益。但是想一想未来的路，这 10 年只是一碟前菜而已，项目需要坚持、继续优化、与时俱进，如此才能继续烹调下一盘美味佳肴。基金会、大自然保护协会等合作伙伴，甚至其他相关公益性组织，可以协调组织、带动社区居民组建生态农业合作社，采取国家、集体、农户合作性组建模式，在种植技术上进行指导，把“人”在生态系统中放在一个适当的位置，让人们自行实现可持续的农业和畜牧业。

同时，修复区不堪重负的单向建设与管理投入，可以通过与社区合作发展可持续农业筹集的资金来共同分担，修复区周边社区通过入股分红而得到他们的土地补偿，从而调动他们参与保护及恢复草原资源的积极性。牧民保护草原不仅保护了自己的生产生活条件，同时具有经济驱动力，可使周边地区的环境得到改善。对围封休牧维护自家草原效果良好的牧民给予奖励以抵偿其少养牲畜而减少的经济收益，或把恢复草原植被的工程任务交由牧民完成，达到预定标准后给付报酬。

过去，草原退化、土地荒漠化和当地居民的贫困问题互相制约对方，成了恶性循环。借助社会组织如基金会、企业和政府的力量，通过实行生态修复工作、生态干旱农业、退耕还草补助等方式，参与和支持草原生态系统的可持续管理及居民扶贫开发，让有劳动能力的贫困人口就地转为护草员、护林员、巡护员等生态保护人员，直接增加参与草原建设的贫困人口收入，实现当地贫困家庭劳动脱贫、人与自然和谐相处的可持续发展目标。进一步增加全社会对生态文明、环境保护以及扶贫减困等行为成为更多公民的自觉行动。

人类所面临的环境危机已经迫在眉睫了，需要积极进行生态修复。

和林格尔县作为内蒙古草原退化区的一个缩影，由过去过度放牧导致沙尘漫天的景象，到现在的一步步恢复植被、合理放牧、提高农业技术，区域环境和居民整体生活水平都有了翻天覆地的变化，这也为我们展示了中国广大生态退化区域未来可以借鉴的一种因地制宜的建设、恢复和规划思路。读万卷书不如行万里路，即便看了多少书、文献、研究报告，也没有亲身体验来得有力，直到笔者亲眼见了，才感受到生态恢复工作的艰难和其意义所在。

经济发展与生态保护相辅相成，要实现经济发展和生态保护与恢复双赢，就要先牢固树立社会主义生态文明观，推动形成人与自然和谐发展现代化建设的新格局，从而进一步传承游牧民族精神文化，谱写、重现“风吹草低见牛羊”的新篇章。

第十五章

内蒙古乌力吉图沙化草原治理措施的探索与实践

内蒙古大草原是我国主要的畜牧业生产基地，有呼伦贝尔、锡林郭勒、科尔沁、乌兰察布、鄂尔多斯和乌拉特6大著名草原，可利用草场占内蒙古自治区土地面积的60%，占全国草场总面积的27%。因多年来气候干旱及放牧活动的影响，草原不断地沙化和退化。2004年，永续全球环境研究所（GEI）自秘鲁引进环境保护措施——协议保护机制，该协议是资源管理者和资源使用者签署资源使用权转让协议，管理者将资源保护权和使用权转让给使用者，使用者依据管理者的规定，既拥有资源的保护权利，也能合理利用资源。在四川森林保护区内开展协议机制的研究与实践，形成了一套适用于我国生态保护的机制——社区协议保护机制（conservation concession agreement，CCA）。故2011年，GEI尝试将社区协议保护机制引入到草原保护中，鼓励政府和牧民签订草原管护协议，利用生物—物理综合治沙和围栏封育相结合的措施，不断地治理沙化草原，恢复草原植被，增强社区发展生态养殖的弹性。在草原协议保护实践中，我们推动以合作社为载体，以草地和牛羊为基础，将牧民以家庭牧场形式联合起来，发展规模化养殖及饲草料技术，实现保护草原和牧民收入双赢。本章将以内蒙古乌力吉图草原的沙化治理项目，来说明草原协议保护项目的成功经验。

第一节　草原保护协议引入乌力吉图嘎查

一、乌力吉图嘎查现状

乌力吉图嘎查位于内蒙古锡林郭勒盟阿巴嘎旗伊和高勒苏木。阿巴嘎旗地处东经113°28′～116°11′，北纬43°05′～45°26′，北与蒙古国接壤，国境线长达175千米。乌力吉图嘎查距旗府所在地别力古台镇120千米，距锡林浩特市北130千米，西邻东乌珠穆沁旗，南与锡林浩特市相接。嘎查总面积83.1万亩，总户数84户，总人口348人。嘎查位于我国著名的浑善达克沙地北部，属半荒漠草原，是无污染天然草地，亩产可食性饲草25.26公斤，盛产乌冉克羊。乌冉克羊体长个大、抗寒能力强、出肉率高、肉质鲜嫩无膻味，是享誉区内外的羊肉佳品。2011年牧业年度牲畜总数43 771头（只），年出栏乌冉克羊2.5万只。乌力吉图嘎查水资源主要以地下水为主，年降水量250多毫米。

由于20世纪后期以来干旱频繁，地下水位逐年下降，80年代初地下水位下降了5%，90年代初下降了10%，2000年初下降了20%，到2010年初已经下降到只有80年代的30%，基本上属水资源缺乏地区。加上过度放牧的影响，乌力吉图草原退化[①]面积达18万亩，沙化[②]面积达20万亩，占嘎查总面积的45%左右（见图15－1）。

---

① 乌力吉图草原的退化，主要指草原受干旱气候、过度放牧等因素影响植被被破坏后，由于土壤的种类不同，土壤板结严重，不利于植被恢复。

② 乌力吉图草原的沙化，主要是指草原植被被破坏后，由于土壤基质沙性的特点，受风蚀、水蚀、内涝等因素影响，形成点状、块状或集中连片的沙地。

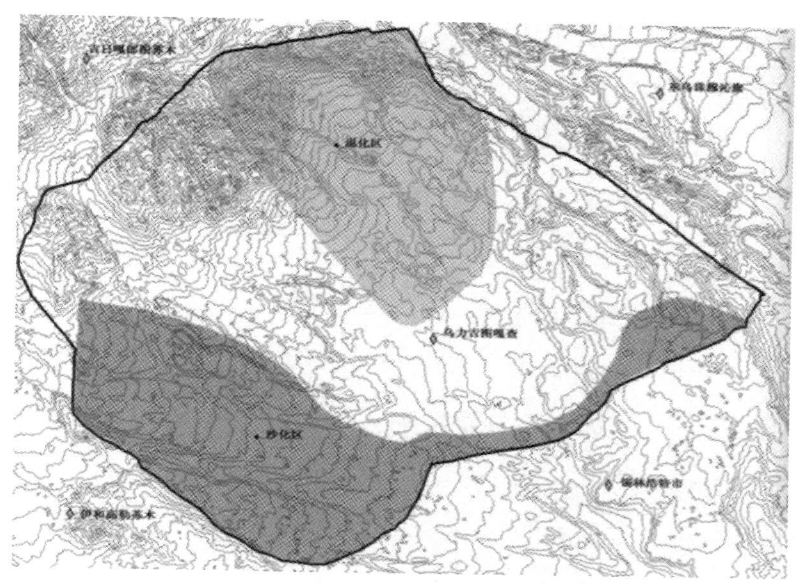

图 15－1　乌力吉图草原沙化区和退化区位置图（作者自制）

项目之初，GEI 走访了旗政府相关主管部门，在主管领导的认知里，乌力吉图嘎查一直以来都是优良的草牧场，在嘎查书记和村长给出沙化和退化面积数字面前，旗政府主管部门的工作人员都非常震惊，但也表示近几年政府的工作重点是严重沙化退化区的治理与修复，乌力吉图的沙化、退化暂不会有资金的投入，但可从人员和技术上给予指导和支持。

虽然，近年来内蒙古全区推行禁牧、休牧和划区轮牧制度，以及“生态移民工程”“退牧还草工程”“生态恢复禁牧区”等政策性战略部署，部分区域得到改善。但一些出现早期沙化和退化现象的乡村，沙化现象并未得到重视，也并未采取有效的治理措施，因此沙化区域在不断扩大，这引起了牧民的忧虑。例如乌力吉图嘎查的草场约有 50% 的草原出现了沙化和退化现象，嘎查的领导也极少反馈问题，政府没有资金的倾斜，牧民也不知如何去治理。虽说在自家草场，但想要治理，却缺乏技术、缺乏措施、缺乏资金。有牧民说：“如果我们的草原再不治理，3～5 年后就会变成沙漠。我们需要技术、需要专家、需要资金。”

二、乌力吉图嘎查草原存在的问题

（一）沙化面积的不断扩大

2011 年 GEI 考察时发现，嘎查从北到南有一条长 27 千米、宽约 1 千米的沙化带，一直向北通向蒙古国，每年以 1 千米的速度从西北向东南延伸。每一户承包的草场里，都会有“斑块状”的沙化区，有的最大面积已经达到 1 亩地左右，这些沙化区每年以不同速度在增加，有的牧民置之不理，有的牧民种树自行治理，有的则种草。他们不知道更有效的治理措施，也没有人指导他们来管理和保护草原。牧民说，最怕这些斑块状的沙区连在一起，导致大面积的沙化，这样就不容易治理了。

（二）保护和放牧的矛盾一直存在

乌力吉图嘎查自然条件较差，冬季寒冷漫长、多雪，春季和夏季风沙大，干旱少雨，自然灾害频繁，加之牧区经济基础薄弱，畜牧业生产经营方式落后，抵御自然灾害能力低。当前，乌力吉图嘎查畜牧业存在的突出问题是草畜矛盾尖锐，严重影响草地生态环境和牧民收入的增加。目前草地畜牧业仍以一家一户家庭放牧为主，原始的放牧方式，规模化、专业化、集约化水平低，且存在掠夺性经营等诸多问题。

（三）牧民缺乏较专业的治理技术

乌力吉图草原还处于草原沙化（退化）初期，通常投入极少的人力和资金就可阻止草原的退化和沙化，恢复草原植被。政府由于资金和人力有限，往往会忽视早期草原退化和沙化的治理。有家庭草场出现沙化和退化现象的牧民，也想通过种草和种树恢复草原。他们种过紫花苜蓿，但基本发不了芽；也种过杨树，但春季风沙一过，极易死亡。牧民们迫切地渴求有效的治理措施。

三、引进协议保护机制，开展保护活动，增强养殖弹性

为保护草原生态，促进牧民的经济发展，2011年6月GEI在福特基金会的资助下将协议保护机制（conservation concession agreement，CCA）引入到草原保护工作中。充分整合政府、NGO和社区等多方资源，发挥不同利益相关方的作用，集中优势资源和专业技术修复沙化草原；在专家的指导下，种植柠条、黄柳、杨柴等固沙植物，周围设置防沙障减缓风沙侵蚀，再结合围栏封育的禁牧措施，在3～5年内逐渐恢复草原植被；通过本项目的设计与实施，探索适合草原保护和经济发展的协议保护机制，充分调动牧民积极性，打破单户经营草场的模式，建立以牧民合作为主导的规模化管理模式；增加牧民养殖、种植、管理和保护草原的技能，促进牧民间彼此交流与合作，提高其经济收入。

GEI在乌力吉图嘎查草原沙化区域实施了社区协议保护机制的推广与示范，此区域属沙化初期阶段，治理时将事半功倍，不仅投入的资金、人力和物力将减少，也将为其他乡村的沙化治理提供参考依据和样板。项目主要目标：

（1）引进协议保护机制。有效整合政府、NGO、社区和企业等利益相关方资源，充分发挥利益相关方的不同角色作用。集中政策支持、资金、技术等资源为社区提供支持。

（2）种植固沙植物、设置防沙障、围栏封育多措施，治理草原沙化，恢复草原植被。

（3）组织牧草种植、管理和草原保护培训，提升牧民的专业技术能力。

（4）支持合作社开展生态保护和经济发展，提升合作社的管理能力和领导能力。

第二节　乌力吉图沙化治理措施

通过引进社区协议保护机制，建立乌力吉图的沙化治理模式，培养社区牧民的草原沙化治理技术和管理能力，恢复沙化草原，提高牧民的经济收入。本项目主要通过利益相关方的参与、草原沙化治理措施、社区参与的研究与实践，建立一套系统的适合在内蒙古草原区推广的保护模式。

一、引进社区协议保护机制，设立社区保护地

协议保护是资源所有者与资源利用者以协议的方式，把保护权和有限开发权赋权给不同的利益相关方，缓解人对森林和植被的破坏、草原的沙化退化等，以及解决保护者与居民从自然中取得经济利益冲突问题，缓解企业开发与环境保护和居民利益间的矛盾。2011 年，GEI 把这种保护模式引进草原保护中，希望能减缓草原的沙化和退化，促进牧民经济收入提高。

鼓励村政府和牧民签订草原协议保护机制，村政府拥有草原的所有权，牧民在承包草原后，在草原上发展放牧经济。签订草原管护协议后，将把草原沙化区划为社区协议保护地，围封起来，防止人和牲畜进入破坏；制定沙化治理措施，社区在 GEI 和政府的指导下尽最大力量参

与草原沙化治理，提高草原管护能力。

依据保护措施与村民协商，划定协议保护地，嘎查委员会指导牧民共同开展保护。保护地的建立不仅是为了恢复草地生态，也是为了保护文化传统，嘎查将敖包周围近2 000亩草地划定为社区保护地，围栏封育，禁止牲畜进入，也禁止人为影响。社区保护地由嘎查管理，管理上比较粗放，没有采取任何的人为措施，完全靠其自然恢复。

本项目中，GEI鼓励和帮助嘎查与示范户签订了草原管护协议，把沙化治理区域设立为协议保护地，围栏封育，禁止放牧，促进植被的天然更新。签订协议后，示范户对协议保护地进行围栏封育，进行管理和维护，严格禁止放牧；GEI根据示范户实际情况制订经济发展计划，帮助发展经济，依据当地情况考虑建立保护和发展小额信贷基金，支持社区发展多种经济方式；组织多种形式的培训，提高居民的技术能力和环境保护意识，促进区域与区域间经济发展方式的交流，扩大居民的知识面和对社会的认识程度。

二、利益相关方的参与

本项目主要目的首先是探索协议保护机制在草原的应用，调动牧民保护草原的积极性，以及打破单户经营草原的模式；其次还要培养当地嘎查保护草原和发展牧民经济的技术和管理能力，带动牧区经济的发展。故项目中，GEI将与嘎查委员会、牧户或社区合作社合作，也要得到盟、旗级政府和当地NGO的资金和技术的支持与帮助。嘎查将起到监督、管理作用，组织牧户积极开展保护活动；在GEI的指导下，牧户种植牧草、设立沙障、对治理区域进行维护和管理。项目各方承担的责任与义务见图15－2。

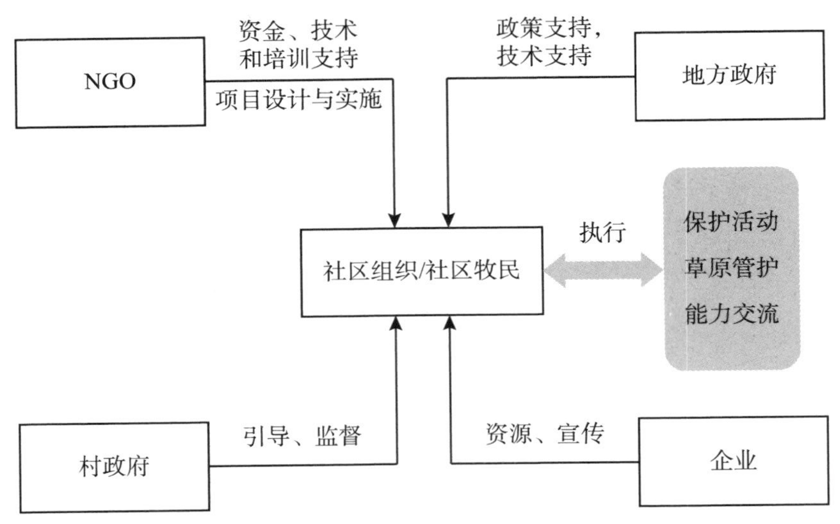

图 15－2　乌力吉图草原沙化治理项目利益相关方责任分配

（1）GEI 负责整个项目的管理运作和协调工作，指导乌力吉图嘎查如何促进项目的平稳有序发展，与专家一起选购柠条、红柳等苗木，并负责运送到当地；组织相关的培训，提高社区的环保意识，提高和培养社区的沙化治理技术。支付整个项目运作的相关费用（见图 15－3）。

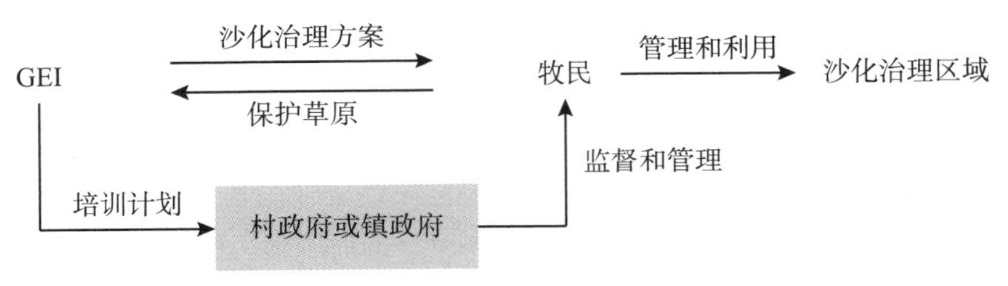

图 15－3　项目中 GEI 与村政府、社区牧民的关系

（2）盟政府、旗政府可为社区提供政策支持，对项目的实施给予技术指导。GEI 和乌力吉图嘎查争取政府的配套资金，扩大沙化治理面积，以保证基本遏制沙化蔓延。

（3）乌力吉图嘎查组织和管理项目在当地的运作，监督项目的进展，后期管护的监督与指导。示范牧户则需要提供种植柠条所需要雇用的劳力，自己购买必要的网围栏设施，围封和管理草场沙化治理区域；柠条成熟期后，还需要定期平茬收割，维持柠条良好生长。

（4）社区合作社的作用。乌力吉图嘎查的交通、水资源和通信等有着优越的条件，紧邻公路，具有一定的区位优势。嘎查牧民多年养殖特色乌冉克羊，有一定的专业技术，牧户的基础设施和设备、草场管理、水源等条件较为完善，也拥有畜牧、兽医等专业技术人员，在治沙防沙、草地建设、品种改良、饲草料调剂、疫病防治以及实用技术推广方面有一定基础。2012 年 3 月，在嘎查书记特木勒的带领下，几户牧户联合成立了“阿巴嘎旗乌力吉图肉羊育肥养殖专业合作社”，以牲畜入股，联合进行乌冉克羊的育肥和销售。

聘请专家根据乌冉克羊的体质配置优质饲料，补充乌冉克羊体内缺乏的营养物质，减少成羊的出栏时间，增加其肉质的鲜美，扩大其销售市场。

同时，为促进项目的可持续性，建立社区保护与发展基金，既可以支持乌力吉图草原的生态保护活动，也可以支持合作社成员发展经济，提高其经济收入。基金的来源及管理模式见图 15－4。

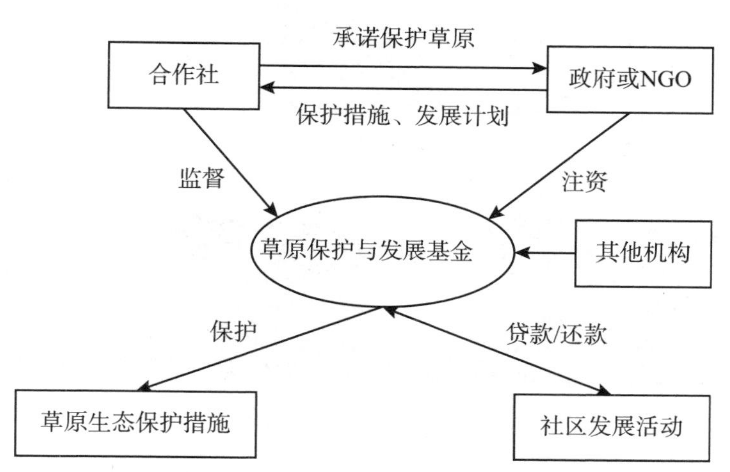

图 15－4　草原保护和发展基金的运作模式

三、乌力吉图草原保护措施

（一）项目示范户和示范地选择

2012 年 5 月，GEI 与乌力吉图嘎查联合选择和确定了示范户。考虑到苗木后期管理的复杂与繁重性，本着牧户自愿为原则，综合考虑其责任心、技术能力、可支配劳动力等方面，确定了项目示范户及沙地面积。最终确定了 5 户牧户，沙化治理总面积 710 亩，每户的沙化区选择从 5 亩到 255 亩不等，其中 1 户位于夏季洪水冲击区，治理难度加大。详细分布请见图 15－5。

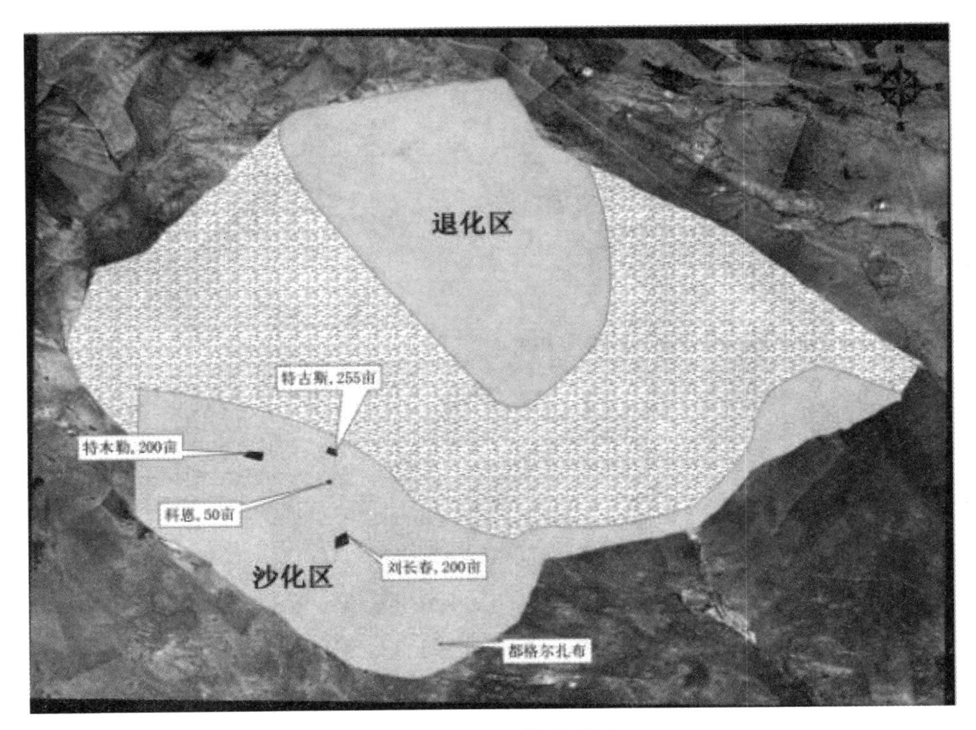

图 15－5　示范户分布

GEI 鼓励和协助嘎查与示范户签订了草原管护协议，把沙化治理区域设立为协议保护地，围栏封育，禁止放牧，促进植被的天然更新。签订协议后，示范户对协议保护地进行围栏封育，进行管理和维护，严格禁止放牧；GEI 根据示范户实际情况制定沙化治理措施和经济发展计划，帮助其保护草原，制定修复后草原养殖牛羊的方式，提高其经济收入。为示范户组织草原沙化治理技术和管护技术培训，提高居民的环境保护意识和管理能力，促进区域与区域间经济发展方式的交流，扩大居民的知识面和对生态保护的认识程度。

（二）草原沙化治理方案

1. 草原固沙植物选择

CEI 聘请了内蒙古农业大学马玉明教授和内蒙古师范大学徐杰教授为乌力吉图治沙项目专家组成员，指导草原的沙化治理项目；治沙项目还得到中国林业科学院齐力旺研究员、内蒙古林业科学院林业研究所季蒙所长的大力支持和帮助。2012 年 4 月中旬，GEI 组织赴乌力吉图再次考察，沿路考察了多处草原沙化区域和退化区域，沙地上零星生长着天然小叶锦鸡儿（*Caragana microphylla Lam.*）。经多年的研究与实践证明，柠条、黄柳在内蒙古地区是最好的治沙树种，不仅能防风固沙，还是优质的牧草。固沙后，草原将以自然恢复为主。乌力吉图属于典型草原，植被一直很好，由于近年来气候干旱和过度放牧等原因，沙化日趋严重，乌力吉图草原还处于沙化初期阶段，适当地加以干预，会取得良好的治沙效果。

GEI 与专家和嘎查代表商讨后，制定了治沙的基本方案，选取了沙化严重的牧户作为示范户，种植柠条容器苗治理沙化。项目初期，将治理 600 ~ 700 亩沙地，预计选择 3 ~ 4 户作为示范，便于管理与指导，治理后也会产生明显成效。

就此沙化治理方案，GEI 拜访了阿巴嘎旗林业局专家，征求其意见，希望以他们在牧区多年草原保护和沙化治理的经验上给予指导。林业局专家认为柠条是阿旗的乡土树种，容易成活，易于管理，治沙效果显著，他们每年也会购买柠条裸根苗治沙，如果是容器苗成活率更高。最适宜的种植方式是条状带，株行距1米×3米（见图15－6），便于机械或人工平茬。而且管护也尤为重要，幼苗期一定要禁止牲畜进入啃食幼苗，3年后可在春季收割促进其分蘖与生长。

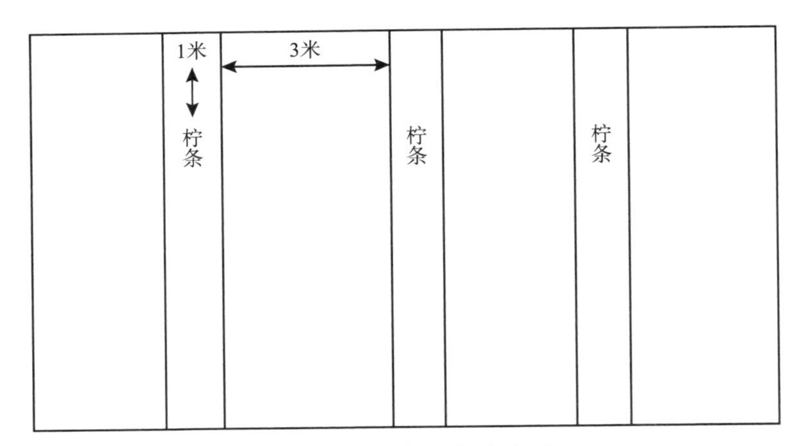

图15－6　柠条栽植方式

根据专家建议及当地的实际情况，乌力吉图嘎查沙化草原可采取工程措施加自然封育方式来治理，柠条（拉丁名 *Caragana Korshinskii Kom.* 英文名 *Korshinsk Peashrub*）和杨柴都是首选治沙植物。柠条和杨柴均适宜生长在海拔900～1 300米的阳坡、半阳坡，耐旱、耐寒、耐高温，是干旱草原、荒漠草原地带的旱生灌丛，属于优良固沙和绿化荒山植物，也是治理水土流失和退化沙化草场的先锋植物。一年四季均可放牧利用，是良好的饲用植物，它枝叶繁茂，枝梢和叶片可作饲草，种子经加工后可作精饲料。

2. 物理—生物综合治沙措施

物理治沙方式是利用防沙障阻挡，达到防风固沙目的。沙障是用柴草、秸秆、黏土、树枝、板条、卵石等物料在沙面上做成的障蔽物，是减风速、固沙表的有效工程固沙措施。沙障分为平铺式和直立式两种类型。平铺式沙障是固沙型沙障，减少风蚀作用，达到风虽过而沙不起、就地固定流沙的作用。直立式沙障大多是积沙型沙障，用于降低风速，把风中挟带的沙子沉积在障碍物的周围，以此来减少风中的含沙量，从而起到防风固沙作用。

生物固沙又称为植物固沙，是通过封育和栽种植物等手段，达到防治沙化，改善生态环境，提高草原生产潜力的一种技术措施。不仅能提高植被覆盖率，防止土地的风蚀；还能可改善植被覆盖区域的生境条件，促进沙地植物群落向良性方向发展，形成稳定的生态系统，有利于增加生物多样性。在乌力吉图适合种植的固沙植物有柠条、沙棘、黄柳、羊柴、沙打旺等。

物理生物综合治沙技术是把机械固沙和生物固沙相结合，互相取长补短，有效降低风蚀作用，截流种子和流沙，逐步恢复草原植被。初期（3～5 年）沙障起主要作用，阻挡大风侵蚀，截流风中流沙和少部分种子，在裸露沙化区慢慢出现绿色植被；后期（3 年后）固沙植物达到成熟期，起到主要作用，随着植株的不断扩大，地表植被不断恢复，慢慢形成完整生态系统。

（1）种植防风固沙植物。

在中国林科院和内蒙古林科院专家的帮助下，购买了 100 000 株柠条容器苗和 10 000 株杨柴苗，根据牧民种植进度，分批运送到乌力吉图嘎查。2012 年 7 月，柠条苗被分配到 5 户示范户，被牧户种植到了沙地里。种植时，邀请了阿旗林业局的技术专家亲赴现场指导栽植技术，专家建议固沙植物栽植株行距宜 1 米 ×3 米，以方便收割机进入平茬。

沙化区域西北方向宜适当密植，防止风沙掩埋破坏。在示范户、嘎查委员会和 GEI 的共同努力下，经过 20 多天完成了栽植任务，为防止牛羊等牲畜破坏幼苗，牧民根据自身情况和经济能力将沙化治理示范区用围栏围封，在 3 年内禁止人和牲畜进入，以促进固沙苗的茁壮成长。

在示范区内除了栽植柠条幼苗外，还进行了播种示范，购买了 100 公斤柠条种子，分配给 8 户牧民，播种近 40 亩沙地，每亩播种约 5 斤种子，长出后可令其自然恢复。由于牧民缺乏种子预处理和播种经验或缺乏责任心等原因，使得种子发芽率很低。只有两户人家出苗，且幼苗比较壮实，只要在冬天给予简单的御寒，来年一定会返青。

同年 9 月，GEI 赴乌力吉图嘎查检查，柠条成活率达 90% 以上，其中 1 户，因受夏季暴雨引起的洪水冲击影响，柠条损失约 8 000 株，成果率约 90%。如果排除这种意外情况，成活率可达 98% ~99%。这一示范户的沙化区，低洼处地下水位较高，一锹的深度就能出水，每年都会受洪水冲击影响，带走大量沙土，致使此地治理起来难度也较大。故在专家建议下，吸取内蒙古其他地区的经验教训，适当设置防沙障。

（2）设置防沙障。

在内蒙古，秋冬和春天的西北风对土壤侵蚀严重，经常将裸露于外的细沙随风带走，沙粒较粗的也会移动位置，掩埋住周围的草，裸露出草根，逐渐侵蚀草原，使沙化逐渐扩大。沙障能降低风速，减少风对沙的侵蚀。不同沙障设置方式起到不同的作用，分为平铺式和直立式。平铺式沙障起到固沙作用，不易起沙；直立式沙障能降低风速，起到积沙作用。

在乌力吉图，采取的是直立式沙障，利用黄柳条来设置沙障，使其降低风速，积聚沙粒，保护种植的柠条和杨柴等固沙植物。每隔 1 米设置一条沙障，横纵交错结合（见图 15 -7），沙障高度约 20 厘米。经过 3 年时间在沙障间已经生长出一年和多年生草本，再经过几年的自然更新，就能恢复成一片自然草原。

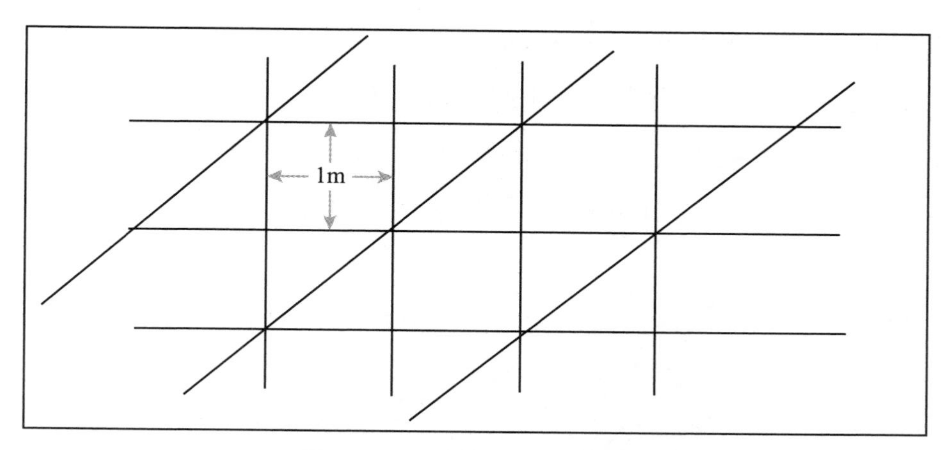

图 15－7　防沙障的设置模式

（3）围栏封育。

围栏封育是指通过建立围栏等保护设施，限制或禁止利用草地，起到保护植被作用，使土地得到休养生息、自然恢复作用的一种保护措施。近年来，政府鼓励在沙化和退化地区采取围栏封育和禁牧政策，以改善植物的生长环境，促进植被自然恢复。

GEI 鼓励示范户在沙化治理区域设置围栏进行封育，禁牧至少 3 年，牧民可视实际情况适当延长，但不能缩短。3 年后，可放牧或人工打草，作为冬季饲草料的储备基地。

自项目开始后第 5 年，牧民们已经在治理区域内打草，为更好地养护，也没有开放放牧，只计划每年秋季时打草，减少牲畜对草的破坏。

第三节　项目所取得的效果

一、项目的生态效益

项目中选用的柠条、杨柴、黄柳等固沙植物，均是防风固沙、水土保持，荒漠绿化的重要物种。成长起来后，可以减少大风对土壤的侵蚀，减缓沙子对周围草地的掩埋。截留种子，使其自然恢复。3 年后进入成熟期，其根系发达具根瘤菌，可改善土质，植株下还可自然生长各类牧草，3～5 年后即可形成灌丛草原生态系统，改善草原生态。

柠条为深根性植物，根系非常发达，不怕沙埋，可起到固土作用，3 年左右一株柠条就会发展为一丛，一丛柠条可以固土 23 立方米，截留雨水 34%，减少地面径流 78%，减少地表冲刷 66%。据计算，10 万株柠条可固土 230 万立方米，随季节的变化，影响着土壤的温度和湿度的变化，促进了植被的生长。

柠条林不仅可以防风固沙，还能截留种子，促进植被恢复。据观察和研究表明，科学合理的柠条林管理和利用措施，能促进地表的草本植物种类、数量、密度和高度有显著增加。

二、项目的经济效益

柠条枝叶繁茂，营养价值很高，含粗蛋白质 22.9%、粗脂肪 4.9%、粗纤维 27.8%，粉碎后可添加其他营养成分作饲料；种子中含粗蛋白质 27.4%、粗脂肪 12.8%、无氮浸出物 31.6%，经加工后可作精饲料。成熟期柠条一年四季均可放牧利用，尤其在冬春枯草季节或发生旱灾和雪灾即“黑白灾”时，柠条更是一种主要的牧草饲料，被称为“救命草”。生长 5 年以上的柠条草场，其可食的枝叶部分折合成干草为 200 公斤/亩。放牧是利用柠条的主要方式，骆驼四季均喜食；羊在春季采食嫩枝叶，夏秋仅采食花，霜后喜食嫩枝；马、牛则采食较少。

乌力吉图嘎查主要养殖乌冉克羊，一亩柠条就可以养殖 1 头羊，可作为冬季主要牧草来源。据统计，如果冬季有500头羊存栏，需花费10万元购买牧草。如果种植200亩柠条，每年就可喂养200头羊。如果只作为冬春季饲料，再添加其他一些辅料，则可喂养约500头羊，每年至少为牧民节省10万元。

项目治理了750亩沙化草原，据统计预测，当前每年能为1 875头羊提供草料，可为牧民节省饲草料费用37.5万元。

三、为当地政府和NGO提供了参考样板

项目的成功，为当地的NGO和政府提供了参考样板。在牧民特古斯家的洪水冲击区，阿巴嘎旗水利局委托当地的治沙协会投资50万元采用了生物—物理治沙措施治理了1 000多亩的沙地，扦插了黄柳条和播种了扬柴种子，此治理区域正好与GEI项目区结合，形成约2 000亩的围封区域。

项目的实施，带动了当地政府和NGO对沙化初期草原的关注与支持，起到了桥梁作用，为当地NGO提供可参考的工作模式，提升了NGO治沙能力。

四、当地旗电视台等相关新闻对其的报道

项目得到了新闻媒体的关注，不仅有新闻记者编写文章进行宣传报道，还有阿巴嘎旗电视台以牧民参与沙化治理的视角拍摄的纪录片，作为治沙的成功经验向全国人民介绍了在NGO的资金和技术支持下，牧民们通过辛苦的管护，沙化草地成功恢复为绿色，不断发挥着他的经济价值。也有来过乌力吉图的人，见证了变化，写成文章发布在网上，被公众搜索引用。

第四节　项目实施中的启示

一、支持当地社区企业，通过项目的实施提高经济收入

政府项目通常资金充足，委托给一个公司，公司雇用人力和机械，种植和设置沙障，牧民不用出任何的资金和劳力，对牧民来说是非常简单的事情，一是他们不用金钱投入，二是不用花钱请劳力，三是沙化治理项目完成。但是，这种做法也存在一个弊端，即养成了牧民什么事都不做就希望能拿到国家项目。使其存在占便宜的心理，即使自己可以做的事情，也不会积极主动地去做。类似于 GEI 这种模式的项目，需要牧民出钱出力去改善自己草场的事情，他们就不愿做了。因其已经不想出人出力了，这就导致了他们治理沙化的消极心理。这种状况打消了牧民参与项目的积极性，虽然政府有钱有项目来支持，但是涉及的沙化治理区域、牧民数量有限，对于沙化初期的草原还没有精力关注，故这些区域应鼓励牧民积极主动地解决自家草场的问题。

二、当地人对保护地劳力和资金投入，增强其责任感

草原的使用权是牧民的，他们有责任有义务治理和管理草场，牧民对草场的责任感，不仅来源于草原为牧民带来的巨大经济效益，也来源于牧民对草原的投资。一些不出资不出力的项目，不能为牧民提供充足的责任感，甚至这种项目多了后，会养成他们懒惰的心理，既不想投资也不想出力，就想着无偿获取。

三、社区是保护主体，提高社区的环保意识和能力

社区是草原的主人，更是草原保护的主体，通过项目的实施和社区的参与，在技术培训和交流培训中，不仅能提高社区环保意识，还能提高社区的保护能力，增强社区对保护的认识，即使在没有政府和 NGO 的引导下，也能注重对环境的保护。在 GEI 项目的带动下，将促进社区保护的方向和保护积极性。

四、以社区为主体的保护发展模式，便于整合多方优势资源

不仅政府、研究机构在关注沙化草原的保护，还有国内外的 NGO 和相关企业也在关注草原的治理、草原的社区生态经济发展方式。政府有政策和资金的支持、NGO 资金和技术的支持以及专家从理论及数据分析上的支持，社区是保护的主体，可作为保护项目的参与者和支持者，甚至是实施者。建议整合多方资源，建立政府—NGO（或企业）—当地社区（或社区组织）联合保护模式（见图 15 – 8），也称为以社区为主体的保护与发展模式，将充分发挥各方优势，弥补保护空缺，促进社区的经济发展。

社区既是发展生态经济的主体，又是生态保护的参与主体，要保证生态保护的实施效果，就要对社区及其居民保护行为进行有效监督。监督体系应当包括多方面的监督。首先，要明晰社区的保护目标、标准和指南，为具体的监测和执行保护协议提供坚实的基础。其次，社区应当成立生态环境保护委员会，监督和督促居民参与生态保护活动，并对在生态保护中表现优秀的居民进行奖励，以引导社区其他居民积极参与生

态保护。再次，非政府组织作为主要监督方，要定期对社区生态保护和社区经济发展的成效进行监督和评估，重点考察生态保护活动在当地水质、生物多样性及生态环境质量等方面的效果。最后，组织第三方专家包括生物多样性专家和社会经济专家，对生态保护和社区经济发展的成效进行综合评估。

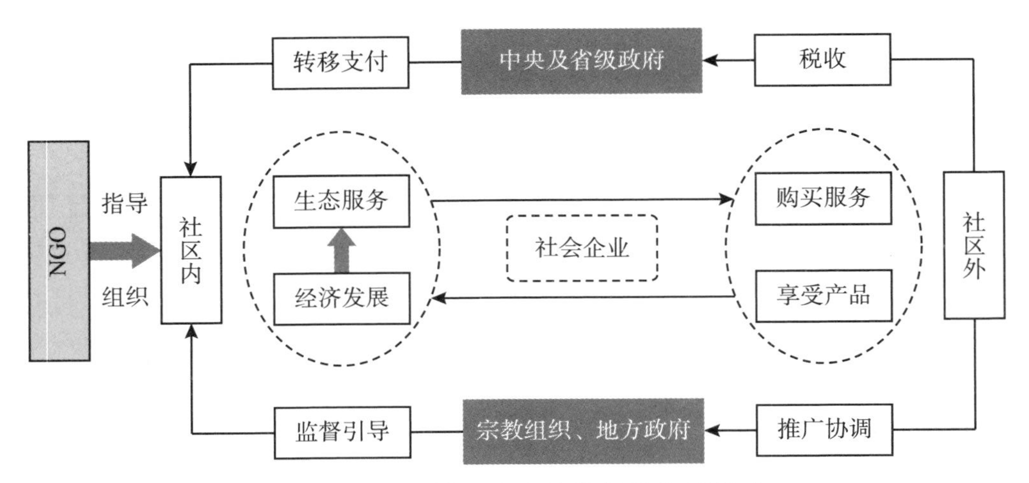

图 15 - 8　以社区为主体的保护发展模式

第十六章

社区参与型保护方式的地方呈现

——三江源社区协议保护机制探索

本章基于青海省囊谦县毛庄乡社区保护地的案例，介绍社区协议保护机制（community conservation concession agreement，CCCA）在中国本土化实践，补充和阐释社区参与型保护方式在中国的开展形式，进以探索生态保护和地方社区协同发展的可持续之路，为全球生物多样性保护及可持续发展提供了新的思路和视角。

第一节　社区协议保护机制

社区协议保护机制（community conservation concession agreement，CCCA），是北京市朝阳区永续全球环境研究所（Global Environmental Institute，以下简称 GEI）在 2005 年，与 Conservation China（中国）的同行共赴秘鲁学习，而后从秘鲁引进，在国内示范并进行本土化改进和创新的一种保护模式。社区协议保护是指在某个具有重要生物多样性和其他自然保护价值需要保护但未被纳入法定正式保护体系或者已经纳入却未开展有效保护的区域，在政府及保护地主管部门许可的情况下，通过协调利益相关双方或多方，比如政府、企业、当地社区或个人等，以签署保护协议的形式，把保护权和有限资源开发权赋权给不同的利益相关方，通过对其进行保护行动培训、社区能力建设，改善和发展替代生计等方式，来缓解人类活动对生物多样性和野生动植物栖息地的破坏、防止生态系统的退化等，进而解决保护方和地方居民以破坏的方式从自然中获取经济利益的问题，同时也缓解了企业开发与环境保护、居民利益间的矛盾。在地方社区参与保护的过程中，原住民对自己土地的热爱和关注，也促使社区及原住民成为保护环节中的重要组成部分，解决了政府作为单一保护方的角色困境，而这种以社区为主导、多方参与的保护形式催生形成了一套新的生物多样性保护模式（见图 16－1），也就是本书提到的社区协议保护。

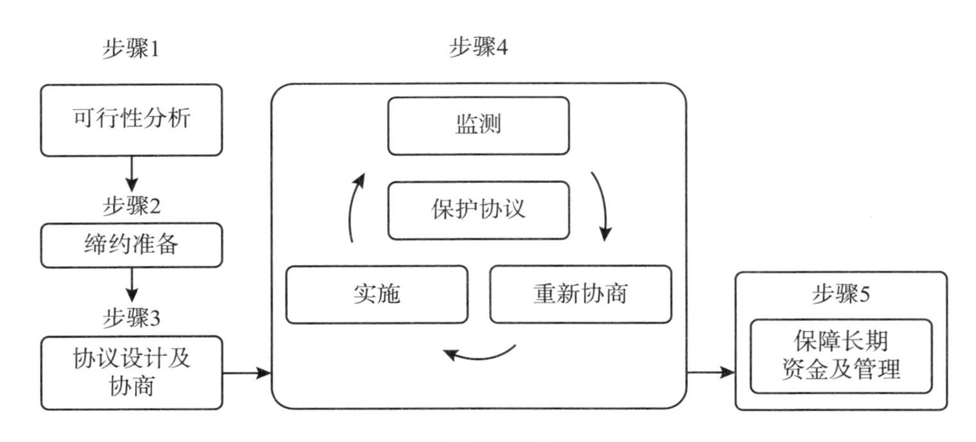

图 16－1　社区协议保护工作开展流程

需要指出的是，社区参与保护的方式有很多种，目前我国的自然保护地体系中社区参与保护的有效路径主要表现为社区共管、社区参与管理、协议保护、保护地友好体系、社区保护地、自然保护小区六种。由民间机构、社区或个人治理或管理的保护地，我们统称为“社会公益保护地”；与之对应的便是有明确地理界限、通过法律等有效方式认可、承诺和管理的自然保护地。事实上，目前中国自然保护地体系中存在保护空缺、管理有效性、资金可持续性等诸多问题。时值我国生态文明建设和国家公园体制改革的时代背景下，充分发挥原住民和社区的力量促进自然保护和地区可持续发展，是当前生物多样性保护进程中一直热议的话题，而如何协调保护地周边生态保护和区域发展的关系既是协调人与自然可持续发展的重要议题，也是调动民间力量参与保护的契机和动力来源。而社区协议保护作为一种地方政府认可体系、第三方机构扶持监管，社区主导治理的保护机制，而在其保护下建立的社区保护地也是基于中国自然保护地体系的现状充分发挥多利益相关方等民间力量建立的社会公益保护地的一种类型，将成为国家公园和自然保护地体系的有效补充。

南美洲是全球最早开展协议保护探索的地区，这套模式大致分为五个步骤：

第一，选点。社区协议保护区域大多选在具有重要生物多样性保护价值、目前未被纳入法定正式保护地体系的区域进行保护工作，选点的工作包括确定保护地空缺区域、利益相关方沟通、保护地可行性研究三个环节。

第二，与利益相关方沟通协商，获取关键利益相关方的认可，包括地方政府、保护地行业主管部门、土地权属所有人、土地及自然资源合法经营人等，在充分交流的基础上形成协议保护的合作意向。

第三，在行业主管部门或关键利益相关方的认可和监督下，与地方社区共同设计并签署社区协议保护合作意向书，内容包括：保护边界、资源权属、保护行动计划、管理制度等，明确不同利益方的责、权、利等。

第四，依据形成的保护协议指导和开展保护行动，并对社区的保护工作进行定期科学监测和保护成效评估，及时修正补充协议保护的内容。

第五，发展替代生计，对社区及原住民进行能力建设，提高社区生态保护与经济改善的韧性和可持续发展能力。比如：协调利益相关方，帮助社区建立小额社区发展基金作为种子启动基金，制定基金权利义务和生态获益再回馈的机制，确保社区协议保护地在社区主导下获得充足的可持续发展资金保障。

基于以上的发展步骤，永续全球环境研究所（GEI）自2005年开始就在中国四川、宁夏、内蒙古和青海等8个西部省区及缅甸等多个国家成果开展了CCCA的落地示范，并根据地方特色和环境进行优化推广，为中国自身及中国“走出去”到其他发展中国家解决生物多样性保护和生计发展提供了新的模式探索和借鉴。本书选取青海省囊谦县毛庄乡为分析案例，主要围绕社区协议保护的开展过程，探讨社区参与保护背景下生态服务型经济的在地实践。

第二节　青海省囊谦县毛庄乡及其面临的保护威胁

一、案例介绍

综合考虑地理位置、保护资源、社区参与保护的代表性和成效性，本研究选取青海囊谦县毛庄乡作为研究对象，案例的基本信息如下：

囊谦县位于青海省境南部，玉树州境东南部，东南和西南部与西藏自治区接壤。地处青藏高原东部，南接横断山脉，北邻高原主体，地势高耸，境内大小山脉纵横交错，峰峦重叠；西北部高而平缓，东部河谷切割较深，海拔3 521～5 200米。全县总人口10万人，主要民族有藏族、汉族、回族、土族等，其中藏族人口占总人口的97%以上。囊谦县位于三江源地区，而三江源地处青藏高原腹地，是长江、黄河、澜沧江的发源地，也是我国众多江河中下游地区和东南亚国家生态环境安全和区域可持续发展的生态屏障。三江源地区自然地理环境独特，地形复杂多样，属于典型的高原大陆性气候，在中国的生物多样性保护、水资源安全等方面具有重要的生态地位。但是当地生态系统敏感，生计发展方式单一，微小的外界环境变化都有可能对当地的草原生态系统造成极为严重的影响，与此同时三江源的生态退化与气候变化相互耦合，也使得草原生态保护与气候变化适应密不可分。而该地区又是典型的少数民族聚居区，藏民文化和藏传佛教盛行，因此充分利用地方经验和传统文化制定“基于自然的解决方案”去开展生态保护工作就显得尤为重要。伴随着世界自然保护理念的转变，中国的生态保护机制也开始从传统的排斥社区的消极保护模式逐渐向社区参与的积极保护模式转变。

毛庄乡位于囊谦县城东南部，下辖塞吾、麻永、孜荣、孜麦、孜多5个村23个社。毛庄乡位于澜沧江源头汇水区，是典型的高原森林、湿地和草原生态系统，有着丰富的生物多样性和自然资源，主要一二级保护动物有雪豹、马麝、棕熊、马鹿、白唇鹿、岩羊、水獭、马鸡、雪鸡等。境内有着广阔的高山草甸草场和13条大小不一的融雪水沟水源，毛庄河以及汇入河的13条融雪水沟的高山森林、草原及其湿地生态系统，共约800平方千米。这些融雪溪流汇聚到毛庄河，最后汇入杂曲河，是澜沧江的重要的源头之一（见图16－2）。

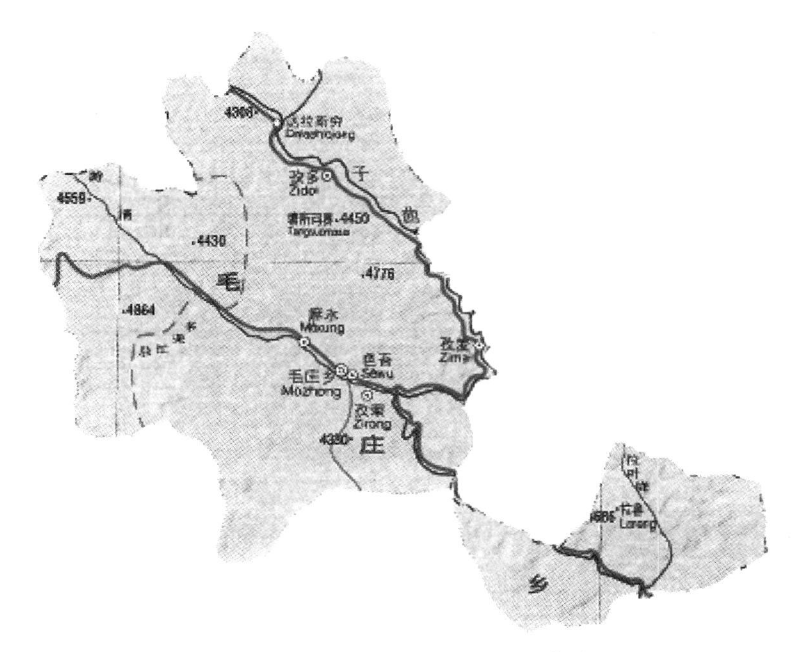

图 16－2　青海省囊谦县毛庄乡

二、面临的保护威胁

近年来气候变化对澜沧江源头的环境造成很大的影响，三江源地区生态环境退化明显。人类活动的范围扩大，使得野生动植物栖息、生长环境不断恶化，给三江源地区的生物多样性保护带来极大威胁。永续全球环境研究所（GEI）与毛庄乡签署协议之前，双方首先对管护范围内的生态资源状况进行了相互确认，建立了主要生态指标的本底档案。基于生物多样性本底调查中获取的保护地人为活动和资源利用信息，以及社区本底调查中获取的社区自然资源利用方式信息，进行科学分析，并结合关键人物参与式讨论的方式进行保护地威胁因子识别，发现当前影响毛庄乡保护地的四个主要问题：

首先，是呈现水源水量萎缩和河流干涸的迹象。近年来随着气候变暖三江源地区平均气温也呈现上升趋势，同时降水量逐年减少，冰川、雪山、冻土逐年萎缩，直接影响了该地区河流的水源补给，出现了草场退化、河流流量减少、土壤沙化等生态环境问题。毛庄乡的水源水量和水质也受到了影响，部分河道干涸。

其次，是野生动物盗猎时有发生。外来人的增加使这一现象屡禁不止，不仅破坏了当地的生态平衡，也导致生物多样性的减少。

再次，河湖湿地和草场的垃圾问题日渐严重。主要是周边居民和外来游客带来的生活垃圾，包括食品塑料袋、宝特瓶、废弃衣物等。保护地周边一年产生的生活和旅游垃圾大约 4 800 斤。很多塑料制品被随意丢弃在草场、水沟里，给野生动物和人的用水安全带来了极大的环境危害。

最后，滥挖药材现象普遍。当地居民有挖虫草和贝母的习惯，特别是近年来随着市场对野生虫草等药材的需求增大，当地居民乱采滥挖药材造成了植被破坏和草场退化等问题，给当地生态系统造成了严重影响。

在毛庄乡案例中，协议保护地为整个毛庄乡的保护地，即社区保护地面积为 80 000 公顷，保护地内主要涉及的保护对象有雪豹、林麝、麋鹿、棕熊，同时也涵盖了毛庄河以及汇入河的 13 条融雪水沟的高山森林、草原及其湿地生态系统。毛庄乡政府通过协议的方式，将整个保护地的资源权属授权给毛庄乡奔康利民合作社，由其负责日常的生态管护工作。

第三节　社区参与保护方式的呈现

2014 年，GEI 开始与毛庄乡社区负责人建立联系，开始初步的社区本底调查和生物多样性本底调查工作。2016 年，开始在毛庄乡实施项目。结合当地的生态环境及资源，项目将整个毛庄乡约 80 000 公顷作为社区保护地，在对保护地保护对象和存在威胁的摸底调查后，结合社区现有生态资源和村民的参与意愿，协调各个利益相关方共同行动，开展社区的可持续生计能力建设培训，并相应制定了具体的保护行动策略和方案。GEI 在与青海省囊谦县毛庄乡政府、毛庄乡奔康利民合作社开展协议保护工作 2 年之后，再次与其续签了 3 年的共同保护计划，制定和补充了新的保护计划和范围，完善了保护能力培训和替代生计能力建设，推动三江源毛庄社区成为社区协议保护的能力培训点，发挥协议保护的示范作用。具体的项目活动如下：

一、与多利益相关方沟通合作，开展社区基础研究

在青海省地方政府及林草部门的支持下，GEI 联合西南大学资环学院开展了“三江源地区农牧民草场经营模式及可持续的替代生计调查”基础研究项目。对三江源地区 197 户牧民生产生活、生计策略和草场管理等进行了深入调研，在充分了解三江源地区牧民的草场经营、生态保护、经济发展等方面的现状、问题、原因和意愿的基本情况下，为三江源气候变化适应、开展生态服务型经济项目的科学设计和布局提供了参考。

二、形成合意，规范社区保护活动，开展替代生计培训

在充分的基础研究和调查讨论后，GEI 与社区和当地政府达成一致意见，确立了开展社区协议保护的行动策略，并签订了《三江源生态管护协议》。协议中规定了社区的具体保护内容和责任，具体以奔康利民合作社为主体，联合了毛庄乡其他 5 个合作社，成为“合作社集合

体”。保护活动包括：

（1）开展保护地的环境清查，包括垃圾调查和水源监测，监测生态环境变化状况，建立数据库。GEI 帮助社区获取专业水质检测设备，并组织学习了水质监测方法，培养水质监测人员。与社区协商确定每季度定期两次在附近 4 条水沟中监测水质，并记录数据。监测范围包括大枪阳尕（上游、下游）、多荣达（上游、下游）、交强给（上游、下游）和赛任果（上游、中游、下游）、毛庄河（上游、中游、下游）共 12 个监测点。现在社区保护地的监测范围已经从原来的 4 条水沟扩展到区域内全部 13 条水沟，覆盖了毛庄所有的草场和湿地。目前毛庄乡是唯一在三江源地区定期监测水质的社区。另外，除了定期的水质监测之外，社区还将协助河长巡河工作：积极配合支持毛庄乡各村河长巡河工作；在必要情况下，参与巡河工作孜曲河、尤曲河河道垃圾清理工作。

（2）制订规范系统的巡护方案，将监测活动规范化，利用巡护 APP 建立巡护数据库。GEI 组织合作社人员进行生态巡护，特别是流入毛庄河的 13 条河沟附近，制止牧民随意丢弃垃圾，监测水沟环境和周围野生动植物生存状况。根据保护协议，还与毛庄乡政府和合作社协商确定在每年的 5 月、8 月和 11 月由奔康利民合作社带领，联合毛庄乡其他合作社一起定期开展生态巡护。

（3）合作社集合体共同开展行动，清理草原垃圾和城镇生活垃圾，并在寺院、学校和村上开展垃圾减量的教育、分类、处理等。每年开展 3 次集体垃圾清理活动，清理时间分别为 4 月、7 月和 10 月。范围包括 4 条水沟流域范围、乡政府所在地（麻永存、赛吾村）周边、毛庄乡政府所在地至叶阿拉山口公路周围。

（4）支持社区合作社集合体的替代生计发展，形成一个合作社带动其他合作社共同支持开展保护的新模式。GEI 帮助毛庄乡妇女半边天合作社发展手工艺制品，初步形成产品和规模，提高家庭收入。合作社承诺将收入的5%投入到环保资金中。2018年8月，GEI邀请北京咪娜工作室的设计师赴毛庄乡，进行产品升级培训。进一步提升妇女合作社手工艺人的制作水平，使合作社的产品更具知名度。

（5）在毛庄社区建立三江源能力建设中心和社区保护培训基地，培训三江源及其他地方的社区保护队伍和人才。2017年初，GEI与毛庄乡合作，以奔康利民合作社为基础挂牌建立了“三江源协议保护培训基地”“三江源社区能力建设中心”（见图16－3）。

图16－3　三江源社区能力建设中心和协议保护培训基地挂牌

三、保护成效及影响

（一）保护地威胁降低或消除，保护对象状态提升

社区的生态环境得到明显改善，在定期规律的水质巡护和生态巡护

下，草原、水质质量得到明显提升，垃圾问题也得到极大改善。在项目开展过程中，管护范围内4条河沟：大枪阳尕、多荣达、交强给和赛任果，流域范围内定居点上游区域在项目实施一年后基本实现零垃圾；4条河沟水体内在项目实施三年后基本实现零垃圾。在条件允许的情况下，所有收集的垃圾完成分类并集中堆放；所有监测水体没有集中生活污水排放、化学污染物倾倒、采砂开矿以及其他人为污染水体事件。配合落实毛庄乡河长制管理制度，维护全乡河湖体系健康发展。管护范围内非法砍伐树木、灌木等现象，盗猎、偷猎、打鱼等破坏行为明显降低。

（二）社会和经济效益影响

2016年，GEI和毛庄乡奔康利民合作社一起，制订开展协议保护地保护计划，并与其他5个合作社共同组成环保志愿者巡护队。他们定期开展生态循环和垃圾清理，并对13条河流及其草原的社区保护地开展水质监测和保护。此外，GEI帮助囊谦县半边天妇女合作社发展传统手工艺产品，作为替代产业。同年，合作社收益10万多元，其中5%投入支持奔康利民合作社开展环保活动。目前，毛庄乡的手工产品走出青海甚至走出国门，在西宁几何书店、北京咪那工作室、上海云合铺子、北京798、那里花园、福建的公益营地、玉树机场店等地，都有专门的展出和销售。截至目前的统计，三江源合作社赢得了订单收入有21万元之多。

2017年，GEI在毛庄乡成立三江源“协议保护培训基地”和“社区能力建设中心”，面向三江源社区开展社区能力培训工作，保护草原和水源环境，发展传统手工艺，建立培训基地，协议保护地面积达到80 000公顷，受益人群达8 974人。

四、项目的示范性和可持续性

自2017年，三江源“协议保护培训基地”和“社区能力建设中心”成立以来，GEI 每年 7～8 月都会对三江源及周边地区的社区保护人员进行能力建设和培训。2018 年 7 月下旬，GEI 在三江源的社区协议保护中心开展“社区协议保护与生态服务型经济培训”，除了培训协议保护的巡护技术、水监测技术和红外相机使用技术，还专门针对社区的合作社等发展情况，培训了生态旅游接待、游客紧急救助、野生动物救助、自然教育等经济发展内容。来自云南、四川、新疆、青海的 16 个社区代表和 NGO 代表 20 多人参加了培训，三江源国家公园、祁连山国家公园派代表、清华大学等也参与了观摩学习。随着培训和能力建设活动的成熟化，培训内容更加注重实际操作，与社区需求紧密结合，起到了很好的实用效果。培训效果及影响也逐步扩大，社区参与的保护力度不断加大，成为国家公园及自然保护地体系下保护力度的重要补充。祁连山国家公园和青海省林业厅基于培训会的影响及效果也持续邀请 GEI 在赴祁连山开展相关的培训，社区协议保护机制从示范走向推广，从民间探索走入与地方政府合作视野。

到目前为止，在三江源社区能力建设中心和培训基地已经开展了 2 次妇女合作社手工培训、2 次社区协议保护培训，培训了三江源 6 个社区的环保带头人，以及贫困家庭及妇女残疾人生产手工艺。其中包括玉树州巴麦村、诺麻村、阿宝社区、团结村、果洛州哇塞乡、灯塔乡等，通过手工艺培训等能力建设为社区参与保护与地方发展奠定了互为动力的基础。

项目的深入实施起到了真正的示范作用，也带来了更多的投资，北京市玉树州援建办计划拨付 48 万元帮助毛庄合作社兴建厂房，扩大规模并培养更多妇女。县政府各部门捐资近 10 万元，帮助合作社的发展。毛庄乡政府将合作社作为精准扶贫的、环境扶贫的典范，签订协议并承诺继续参与保护及发展，在 GEI 的指导和带动下共同推广社区协议保护机制。此外，以毛庄乡奔康利民合作社和妇女半边天合作社为代表的三江源社区协议保护项目，引起了各级领导注意。囊谦县政府扶贫局、环保局、农牧局、政协、宗教局，玉树州政府、青海省妇联、扶贫局等领导都先后前来参观、调研。青海省省委常委、副省长亲自前来视察指导，高度赞扬和重视。

第四节　社区参与保护方式的特征

一、管理体系：民间机构主导协调，多利益相关方共识共管

从2005年起，GEI已在中国四川、宁夏、青海和内蒙古8个西部省区以及缅甸27个社区开展社区协议保护的示范和机制推广，积累了丰富的社区经验。在毛庄项目开始前，GEI已同青海省林业厅及三江源国家级自然保护区签署了5年的合作备忘录，三方同意共同推进三江源地区的生态保护相关工作，并提供相应的支持，三江源保护区管理局作为政府机构代表监督指导项目实施。在毛庄社区协议保护点，GEI作为项目启动方，促成毛庄乡人民政府与地方组织达成协议，授权地方组织在社区开展应对气候变化的生态保护活动。同时，GEI与社区达成项目协议，投入启动资金，联络其他在地环保NGO，通过共同设计活动或委托部分任务等形式开展社区合作，不仅为毛庄乡项目点提供知识和工具等，还积极邀请专家对社区开展能力建设培训。在毛庄乡社区项目中，GEI处于中心地位，连接协调社区与其他各个利益相关方，扮演最关键角色。

二、保护主体：社区主导，多方参与

在项目开始前，GEI 组建专家团队，对毛庄乡的生态环境、资源等进行了系统的本底调查，并结合调查结果，与地方政府和当地社区代表讨论社区生态保护与经济发展的模式，进而提出适应气候变化的社区协议保护机制。社区协议保护机制，即在某个需要保护的区域，通过利益相关方签署协议的形式，把保护权和有限开发权赋权给不同的利益相关方，通过制订保护计划和改善生计等方式缓解人类活动对生物多样性和栖息地的破坏。针对气候变化下的社区生态威胁，以及保护与发展的矛盾问题等，专家团队对毛庄乡开展社区协议保护中三个核心的利益相关者进行了识别，分析了不同利益相关者以及在社区气候变化适应过程中可能存在的问题。其中三个主要的利益相关者，也是协议保护的管理主体，包括：

（1）青海省玉树州囊谦县毛庄乡人民政府；

（2）青海省玉树州囊谦县毛庄乡奔康利民合作社；

（3）北京市朝阳区永续全球环境研究所（GEI）。

在社区参与保护的过程中，主要是由民间环保组织（GEI）作为协调机构，通过协议的方式协调社区、地方政府在自然资源保护管理方面的权利和责任，并通过技术培训、能力建设等方式培训当地牧民等，并推动其成为保护的主要力量。同时，GEI 在整个过程中也承担着监管机构的功能，负责监测和评估等工作。

三、管理保障：文本法与实践法结合

为守护澜沧江源头水，合理利用草原、森林和水源，改善生态环境，维护生物多样性，促进地区经济和社会的可持续发展，明确生态环境管护工作中保护与综合利用行为，明确管护责任、权利和义务，根据《中华人民共和国环境保护法》《青海省生态文明建设促进条例》《三江源国家公园条例（试行）》及相关法律法规，经过与利益相关者的协商，GEI于2016年与青海省玉树州囊谦县毛庄乡政府、毛庄乡奔康利民合作社制订开展协议保护地保护计划并签订社区生态管护协议，将毛庄乡全境划定为协议保护示范区，并与其他5个合作社共同组成环保志愿者巡护队。协议中明确了社区参与保护的内容、形式和权责利，授权由毛庄乡奔康利民合作社负责草原和水沟监测管护，并提供相应的资金和技术支持，社区从政府获得了特许保护权。协议期限为3年，并规定协议期满之后可以续约。

根据《联合国原住民权利宣言》和《生物多样性公约》，原住民和地方社区有权利参与到本地区发展工作中，他们关于生物多样性保护的知识和传统应加以尊重和保存。三江源区的当地居民99%都是藏民族，他们千百年来在这里游牧，历来有保护环境和管理资源的文化和传统，并融汇在藏传佛教中传承。此外，中国广大的农村是易受气候变化影响的脆弱地区，也是气候灾害多发地区。社区居民作为直接受影响的群体，理应被赋权参与到气候变化适应的行动中来。长期以来，生活在这里的藏族人民形成了敬畏自然、珍惜一切生命的生态伦理价值观，这与政府、NGO等利益相关方保护生态环境的目标不谋而合。毛庄乡案例中将文本法中纲领性、指导性地具体规定与社区和利益方的合约、协议、村规民约、传统文化、宗教信仰等实践法相结合，共同为社区参与保护提供法制和行动保障。

四、可持续制度：资金保障体系

完善协议保护地的生态补偿机制，建立社区生态补偿基金，推进设立社区保护和发展基金，为社区发展提供小额信贷基金，是推动社区稳定可持续性地参与保护的资金保障。毛庄乡社区协议计划和生态管护协议签订后，为开展合理高效的生态保护提供了具体方案和可持续发展的依据。其中，可持续的资金来源是长效开展保护工作的动力保障，在毛庄案例中主要实现了三种有效循环的资金原动力支持机制：

（1）社区内部资金与保护行动的良性循环。当地社区妇女合作社（青海省玉树州囊谦县半边天妇女合作社）将每年经济收益的5%作为环保投入支持社区开展管护工作，与此同时便赋予了每件社区手工艺品以一定的生态价值，作为原生态的生态产品销售，实现了经济与保护在地域内的共生共荣。

（2）社区内部小额资金信贷改善贫困问题为环保工作提供经济保障。在毛庄乡案例中，GEI联合毛庄乡奔康利民合作社共同成立了毛庄乡保护和发展小额信贷基金，用于帮助没有启动资金发展经济的贫困牧民，并将信贷基所获的收益全部用于开展当地社区的管护工作，并规定基金由奔康利民合作社来管理，实现了社区内部经济互助扶贫的目标，在全区经济提升的基础上也为开展各类保护工作持续的累积着经济基础，为其自主发展经济和推进环保工作提供了基础保障。

（3）积极地整合外部资金资源来推动本地的社区保护工作。毛庄乡奔康利民合作社通过扩大自身影响力，通过积极向政府申请扶持金，接受社会组织或者企业的专项资金捐赠等，将这些多样化的外部资源统筹到当地的生态管护活动中，不仅扩大了本地的生态效益和影响力，还实现了与多方利益相关者的良性互动。

第五节　关于社区保护协议的反思

青海省囊谦县毛庄乡的保护成效之所以成为示范点，且被外界认可并支持，究其原因，除了自然因素之外，更在于无论是公益组织还是政府部门都基于科学的、具体的、准确的数据支撑和“基于自然的解决方案”来开展具体的项目活动。在毛庄社区项目点的保护工作中，显现出了以下特点：

一、合理赋权：社区及原住民参与的积极作用

在自然保护领域，社区作为基层组织，发挥着举足轻重的作用。三江源保护区地广人稀，保护区管理局工作人员有限，加上高海拔的保护环境，在有限的时间内参与到整个保护区的保护行动中是不可能的，而当地原住民对家乡有着最高的熟悉度，对地理位置和生态环境的熟悉度远远要高于保护区的工作人员，应该充分发挥当地牧民的作用，调动他们参与环境行为的积极性，培养牧民成为最天然的生态环境守护者。毛庄乡项目点充分调动了地方社区和牧民的积极性，在生态巡护和水质监测上完全实现了牧民牵头主导，同时带领周边社区参与保护的目标，形成了“以一带多”的环境效益。由此可见，在开展保护的工作中，一定程度上合理的赋权将会提高保护的效能，将政府和保护区管理机构的保护权适当地赋予社区，让社区在划定的范围内自主负责保护工作，可以解决巡护队等自发型保护小组的合理性和合法性问题，对破坏环境的非法分子起到一定的威慑作用。正确看待和合理掌握赋权的自由度和范围，将会在环境保护活动中起到事半功倍的作用，这一点也需要在更多

的案例和项目试点中摸索，依据丰富的实地经验来校正和检视参与性和赋权的关系。

二、替代生计的可持续性激励机制

毛庄乡案例中，最为显著的一个特点是，当地牧民有不杀生的习惯，甚至是自家的牦牛都很少出售、宰杀，主要的经济收入来源是放养牦牛的农副产品和挖虫草等药材，经济收入较低。当地村民在利用自然资源和处理人与自然的关系方面积累了丰富的实践经验和乡土知识。因而在设计和开展项目时要充分尊重地方文化，并寻找适合地方发展的替代生计，以缓解环境保护和经济发展之间的矛盾。在毛庄案例中，GEI依据当地村民不杀生的文化习俗，没有想当然地发展畜牧业等产业，而是在充分调研和数据收集的基础上，选择地方传统手工业，通过技术工艺改良、产品设计等扶持当地手工业与市场接轨，并通过资金支持手工合作社发展，并约定将受益的5%投入到环保事业中，为开展保护行为提供了有效的激励机制，尊重和调动了村民参与积极性，探索形成了经济发展与环境保护的动力循环机制。

三、社区精英的积极作用

在毛庄案例中，半边天妇女合作社创始人兼主要负责人永强发挥了重要作用。无论是在社区内部的活动，还是与外部（包括公益组织、社区企业、地方政府、媒体等）的联络和关系维持上都需要永强的组织协调才能够顺利实施。尤其是在成立水质监测队、生态巡护队、组织社区能力培训等方面，工作规划、巡护活动的监督和实施都需要永强来领导，安排社区内的大小事务。社区精英在村内有威望，对社区信息清楚，同时可以协调整合各种内、外部资源来推动保护行动和计划的落实；不过，在充分发挥地方精英作用的过程中注意培养相对专业的管理团队，做到适度的分工、分权，协调社区内部利益与外部资源的关系，在调动社区参与积极性的同时保证社区参与者公平、公正的惠益原则也是在项目实施案例中需要公益组织思考的问题。

社区参与保护模式本身是很难用一个确定的框架来描述的，通过毛庄案例的研究和项目开展，永续全球环境研究所（GEI）希望依托三江源首个“协议保护培训中心/社区能力建设基地”，与当地政府及各个相关利益者合作，以毛庄案例为示范点搭建社区协议保护的社会关系和资源网络平台，通过定期的支持培训，以基地为中心辐射到三江源和西部的众多社区、保护区、国家公园，开展社区协议保护和生态服务型经济的能力建设，探索符合三江源地区社区参与保护的新模式。毛庄案例中，多元化的参与和引导方式是值得借鉴的，体系的管理保障和资金保障需要地方和社会各方力量的支持。毛庄案例仅是探索社区协议保护和生态服务型经济模式的阶段性成果，GEI 希望通过更多的项目案例来建立一个系统更加完整、高效、精准的三江源保护模式并推广至其他保护地，为我国的国家公园和自然保护地体制改革建言献策，为民间及非国家主体参与生物多样性保护助力生态文明建设提供中国经验。

第十七章

三江源社区共管示范村建设实践

第一节　三江源社区共管试点项目背景

三江源地区位于中国青海省南部，平均海拔 3 500 ~ 4 800 米，地处世界屋脊——青藏高原的腹地，是长江、黄河、澜沧江的发源地，影响着世界 40% 人口的生产和生活，被誉为“中华水塔”和“亚洲水塔”，是大江大河、冰川、雪山集中分布区。这里曾水草丰美、湖泊星罗棋布、野生动物种群繁多，因人为和自然因素的干扰，生态环境存在一定程度的退化。三江源地区地处高寒草原草甸区，生态环境复杂，生物多样性丰富但生态系统十分脆弱，是我国重要生态功能区。

2014 年，青海省被确定为中国生态文明先行示范区，探索国家公园体制。在“UNDP - GEF 青海生物多样性保护项目”[①] 支持下，北京富群环境研究院选取了三江源腹地黄河源头的扎陵湖—鄂陵湖片区的多涌村和卓让村作为社区共管示范村，针对当地社区面临的草场退化、湿地萎

① 该项目为期 5 年（2013 ~ 2017 年），由联合国开发计划署、全球环境基金及青海省人民政府共同支持，该项目旨在促进青海省保护区体系管理的有效性，保护全球重要生物多样性。开展社区共管实践是项目主要活动之一。

缩、生物多样性下降以及自然资源保护和社区发展的矛盾等挑战，推动和引导当地社区参与到自然资源可持续管理中来。推动示范村建立了社区共管领导小组，选举了社区共管委员会，制定了社区共管制度、自然资源管理制度等相关制度，开展了自然保护法规、生物多样性保护、垃圾分类和管理、生态巡护和监测等系列培训，完善了公益生态管护员制度，带动当地社区开展了防止盗猎捕鱼、有效巡护和监测、垃圾分类和管理等系列社区行动，使当地社区成为自然保护的重要力量。该社区共管实践不仅推动了当地社区共管机制的建立和完善，有效遏制了当地生态保护中面临的盗猎盗捕鱼、生物多样性下降等问题，而且其中的公益生态管护队机制还被当地政府采纳并推广，并在随后的三江源国家公园创建中逐步发展成为生态管护员制度，成为中国第一个国家公园——三江源国家公园体制建设的重大创新之一，为其他国家公园的体制创新提供了示范。

本章忠实记录了富群在黄河源头推动社区共管工作中，在与当地社区、地方政府一道工作的历程，以及项目开展过程中的所得所失、所想所悟，为中国生物多样性保护事业、自然资源可持续管理，乃至生态文明的建设添一块砖、加一片瓦。

北京富群环境研究院的使命是推动以社区为基础的自然保护和可持续发展，愿景是推动自然保护和社区发展的平衡，人与自然的和谐。富群关注的区域通常有着脆弱的生态系统、丰富的生物多样性以及贫困的生活环境。富群相信“当地人是有智慧的，他们是推动社区发展的核心力量。”富群坚持通过参与式学习和社区共管，增强当地人参与自然保护的能力，可持续地推动当地自然保护。

第二节 社区共管示范村及面临的保护威胁

共管示范村卓让村和多涌村位于扎陵湖湖畔，黄河的主要源头区。

扎陵湖湿地的总面积为526平方公里，鄂陵湖湿地为695平方公里，海拔均为4 300米左右。扎陵湖—鄂陵湖作为黄河上游的巨大天然水库，发挥着调节径流量、防洪蓄水、维持生态平衡和生态安全的重要功能，2005年2月，被列为国际重要湿地名录。两村隶属青海省果洛州玛多县扎陵湖乡，卓让村地广人稀，总户数95户，其中留居户15户，全村总人口325人，男女比例持平，并以藏族为主，只有1户迁入的蒙古族。多涌村共86户，其中留居户36户，留居户劳动力约60人，全村总人口336人，均为藏族。

社区共管项目组由来自青海省林业项目办公室工作人员、专家成员（包括社区共管专家、传统知识专家、生物多样性保护专家等）以及技术服务机构北京富群环境研究院的工作人员等组成。项目组深入多涌村和卓让村开展初步调研，分别组织县乡镇干部和村干部座谈会，考察两村的自然资源及管理、牧民生产和定居点，选择村干部和部分老牧民开展深度访谈，就自然资源管理和村庄社会经济文化发展历史等进行深入了解，组织村民代表座谈会就试点村面临的自然资源管理、生计改善、环境保护、保护政策落实、牧民需求和社区共管意愿等问题展开讨论，就牧民提出的问题，让牧民畅所欲言讨论分析，选择牧民代表进行无记名投票，经讨论、协商、投票、问题排序，形成问题清单和排序。概括起来，示范村在生物多样性保护中面临的威胁主要包括以下几个方面。

一、野生动物保护成效显著，但仍有村盗猎、路杀及围栏误伤现象

两个试点村藏野驴、藏原羚等野生动物容易遭受偷猎的威胁，另外鱼和鸟蛋也是遭受盗猎威胁比较大的。牧民认为最大的威胁是盗捕鱼，

其次是盗鸟蛋、盗猎野生动物以及草场退化等。从2012~2014年，卓让村发生了1起以上盗鸟蛋的事件，缴获了2车的鸟蛋；发现了2起及以上盗捕鱼的事件，配合执法人员成功制止了村民盗捕行为。2013~2014年，多涌村牧民发现并阻止了3次盗捕鱼事件。当地牧民认为边修路边挖路两旁的草场是对草场极大的破坏，尤其是修路时沿路挖的坑积水很深，动物很容易掉下去淹死。在巡护队员进行巡护时，也经常发现野生动物撞上围栏的情况，这种情况通常是狼追赶藏野驴时撞上去的，或是成群的藏野驴在奔跑中不小心撞上的。

二、社区保护面临交通工具、通信设备和保障条件不足的困难

牧民开展生态巡护主要交通工具是摩托车或步行，带点干粮就上路。巡护人员一般每月至少巡护一次，最长5天，如没有摩托车的牧户，只能靠步行则完成巡护任务时间会更长。卓让村生态公益巡护人员共60人，只有20人自有摩托车。巡护路线本无路，往往泥泞，一旦摩托陷入泥里就容易坏，遇到下雪就更难了。

巡护站点不足给社区保护行动带来了难度，巡护队没有执法的授权，影响到社区保护成效及积极性。野外手机无信号，通信不方便，遇到盗猎行为发生不能及时通报相关方采取措施，甚至有时跟盗猎分子起冲突时，会有生命危险。

三、垃圾问题对草原生态环境带来影响

垃圾清理及原居地残垣清理的问题，卓让村内草场上及景区附近存

在大量生活垃圾，不仅破坏环境、影响美观，还影响家畜。多涌村定居点村口堆放有大量生活垃圾，也对草原生态环境带来了影响。

四、生物多样性保护政策对牧民生计的影响

调研中发现牧民非常关心草补等国家补偿政策能否持续、减畜禁牧及生态移民政策等对牧民生计带来的影响。这客观上反映了生物多样性保护政策对牧民生活生产带来了直接影响。当地牧民了解的国家生态工程项目有草原生态奖补项目、草畜平衡项目和草原沙化治理项目等。在入户访谈中，牧民了解的政府开展的草场恢复措施主要有：人工种草、灭鼠、封育围栏以及草原奖补等。草原奖补项目使牧民的生活得到改善，牧民们从牧区下去打工不方便，在县城开铺子但相关手艺又跟不上，国家草原奖补给了他们生活的保障，牧民还觉得政府的游牧民定居工程的房子比以前好，过冬更舒适。所以，牧民感到比较有影响力且对他们比较重要的首先是草原生态奖补项目，其次是草畜平衡项目，最后是草原沙化治理项目。牧民希望草原奖补机制由5年延长至更长。对于那些禁牧后把牛羊卖掉到县城居住的牧民，希望学习一些技术，比如厨师、维修机械（汽车等）、驾驶技术等，同时能按自己的文化水平和喜好去学习一些适用的技术，尤其是那11户无畜户希望我们项目能提供这样的培训，帮助他们寻找一些替代生计，而不只是靠国家的补贴来维持生计。部分牧民认为国家生态工程项目可以通过评估后根据保护成效发放奖励的方式来进行补贴，但部分牧民还是希望直接获得现金。

针对以上问题和挑战，项目通过在这些社区开展共管，让当地社区主动参与野生动物保护和监测、环保意识提升、反盗猎巡逻、自然资源可持续利用等活动。

第三节　试点社区共管实施程序

本节描述了社区共管利益相关方识别的过程，合作伙伴关系建立的过程，社区共管机制在生物多样性保护和社区可持续发展过程中产生作用的过程以及当地社区在同意可持续利用自然资源的同时开展生物多样性保护的过程等。

一、参与式社区调研

参与式调查围绕行政村基本情况、牧户的社会经济信息、保护意愿和发展需求、经济合作组织、保护能力与成效、生物多样性、社区传统知识以及国家生态工程八个方面展开调查。整个调查过程以参与式农村评估方法为主，结合入户访谈、小组讨论等方法，调查工具包括：半结构式访谈、参与式制图、历史大事记、季节历、SWOT 分析以及利益相关者分析等。调研对象包括示范村八大组织（村支书、村长、团组书记、民兵班长、妇女主任等）以及卓让村和多涌村牧民等。两个示范村 30% 以上的牧户接受了本次访谈和调研，社区共管项目在调研的同时也逐渐扎进牧民的心里。根据参与式调查的结果，富群环境研究院分别撰写了卓让村和多涌村调查报告，并在随后的社区共管研讨会中以及村民大会中将此次参与式调查的结果反馈给村民，以便于示范村基于本底数据设计并开展相关生物多样性保护活动。

二、达成社区共管共识

（一）利益相关方分析

来自玛多县农牧林局、扎陵湖乡政府、多涌村和卓让村的代表以及我们技术服务机构在培训过程中围绕示范区的社区共管进行了利益相关方分析，对各利益相关方进行了识别、分析与排序，从相关性及影响力两方面来进行了二维分析和解读，为后续社区共管工作的开展打下了基础。

（二）SWOT 分析

示范村按照参与式方法，梳理村子开展社区共管工作的优势、劣势和面临的机遇、威胁，见表 17 – 1。

表 17 – 1　　示范村开展社区共管工作的 SWOT 分析

优势	有 1 支公益生态巡护队 地处保护区核心区 生物多样性丰富 牧民传统保护意识强	劣势	环境恶劣 经济收入单一，收入低 牧民文化程度普遍较低 缺乏巡护监测设备
机遇	国家生态政策（如公益巡护岗位的设置，草原奖补机制等） UNDP – GEF 项目落户该村	威胁	鼠害（造成草原破坏） 盗捕鱼及野生动物 人为破坏（如乱丢垃圾、修路、挖矿等）

卓让村和多涌村地处保护区的核心区，地广人稀，环境恶劣，牧民文化程度普遍较低，这为保护工作带来了很大难度，但当地牧民具有较强的保护意愿，这为社区共管工作打下了一定基础。当地牧民对社区共管的理念不太熟悉，社区共管工作设计不只是鼓励牧民的积极参与，更需为当地牧民传授一些新的知识、信息和技术，提升牧民自我的能力，

提升牧民的能力有助于推动社区共管委员会有效运行，按照发挥优势、抓住机遇、克服劣势、化解威胁的原则，在与卓让村牧民充分讨论的基础上，明确了保护目标，制订了共管策略及活动计划，设立了相应的成效保障机制。

三、社区共管机制建立

（一）组建社区共管领导小组

正式成立以玛多县县委常委、县人民政府常务副县长作为领导小组组长，县农牧林局局长、副局长，以及扎陵湖乡党委书记作为小组副组长的玛多县扎陵湖乡片区社区共管领导小组，小组成员包括多涌村和卓让村村支两委、湿地保护站、林业保护站等人员。富群环境研究院深入卓让村和多涌村开展参与式调查、并帮助两村组建社区共管委员会、签订社区共管协议、组织社区共管计划研讨会、制订社区共管计划、将社区共管计划提交评审、实施社区共管活动。

（二）社区共管委员会选举与成立

通过参与式调查中对社区共管项目的介绍，卓让村和多涌村对项目有了基本的印象，但是当地牧民还很难理解和接纳社区共管的理念。2014 年 7 ~ 8 月，富群环境研究院在 2 个示范村开展了社区宣传和发动工作，介绍社区共管项目的理念，帮助牧民理解项目的内涵和意义，协助两村建立社区共管委员会。

在召开社区共管委员会筹备会议，当地社区建议：在选举社区共管委员会成员之前需通过牧民大会、赛马会等集体活动再次充分宣传社区共管项目的宗旨、理念、目标及内涵，让牧民对社区共管项目基本了解之后，再通过推选和投票来选举出两村的社区共管委员会成员。这个建议得到了两村及其他参会成员的认可，因此卓让村和多涌村社区共管委员会经过了近2个月的宣传和酝酿，两村最终同意建立社区共管委员会。

2014年8月，在当地牧民充分理解社区共管项目及理念的基础上，经过村里小组讨论及牧民大会讨论，在县农牧林局、扎陵湖乡乡政府及卓让村和多涌村牧民等多方广泛参与的情况下，通过民主推荐、投票选举，卓让村和多涌村社区共管委员会正式成立。两村社区共管委员会由县农牧林局或保护站代表、乡政府代表、两村公益生态巡护队代表、村级领导代表、牧民代表等多方组成。两村委员会决定每季度召开1次社区共管常务会，商讨本季度的工作进度和下一季度的工作计划。每年召开社区共管委员会全体大会，评估上一年度开展的工作内容，讨论下一年度的工作计划。2014年8月，在富群的协助下，卓让村和多涌村共管委员会在讨论协商的基础上形成了2014年度社区共管计划。

（三）签订社区共管协议

社区共管委员会成立后，社区共管项目最直接的利益相关方——玛多县农牧林局、扎陵湖乡政府以及卓让村和多涌村分别与青海林业项目办签订了共管协议，签署协议的三方分别承诺根据协议所约定的内容就自然保护的社区共管履行各自的责任和义务。

四、开展社区共管行动

（一）社区共管委员会成立大会暨社区共管计划研讨会

2014年8月28~30日，富群环境研究院在玛多县组织了扎陵湖—鄂陵湖片区社区共管委员会成立大会暨社区共管计划研讨会。来自卓让村和多涌村的共管委员会成员、玛多县农牧林局成员、乡政府成员、保护站成员、项目办工作人员、专家组成员以及富群环境研究院工作人员等共计50多人参加了此次研讨会。在宣布卓让村和多涌村社区共管委员会正式成立之后，三天讨论激烈的研讨会正式开始。项目办介绍了本次社区共管研讨会的背景、目标及意义等，专家组为牧民分享了保护区社区共管的经典案例，富群环境研究院向牧民汇报了 6 ~ 7 月的参与式调查报告，随后牧民就“村里最关心的问题”展开分组讨论。整个讨论过程非常热烈，特别需要提出的是在以往的讨论中妇女总是不发表意见，此次讨论特地让所有妇女单独组成一个小组，在研讨会分组讨论环节妇女组总是以最快的速度完成，在要讨论的问题“牧民最关心的问题”中提出了最多的问题。小组讨论结束后，每个小组派代表上台阐述列出的理由。其间，保护站的工作人员会参与讨论，指出了哪些是保护站最关心的，若双方出现不同的意见则就此展开讨论。

多涌村识别出 10 个牧民最关心的问题，牧民都给予了有理有据的阐释。在确保大家充分理解之后，牧民对这 10 个问题进行了无记名投票，投票过程中有 1 位记票员进行计票，2 位监票员进行监督，每位投票者需选出 5 项自己最关心的问题。卓让村共识别出 16 个牧民最关心的问题。卓让村参加本次讨论的 15 名牧民中，有 7 位是妇女，她们在研讨会分组讨论前几乎不发言，研讨会主持人专门将这 7 位妇女分为一个组，其他牧民分为另一组，结果惊奇地发现妇女组识别出了 10 个她们最关心的问题，派了组员中相对年长的妇女上台阐释为什么她们认为这些问题是最关心的，她的阐释也非常清晰。最后两个小组汇总出 16 条实际困难，牧民都给予了有理有据的阐述，尤其提到了妇女巡护员的困难及话语权问题。

接下来，两村分别就最关心的问题讨论解决方案，并最终完善了 2014 年度社区共管计划。最后，自然资源管理专家和合作社专家与牧民一起讨论，分别帮助两村制定了《自然资源管理制度》和《共管资金管理制度》。三天研讨会是开放的，村民自愿参加，我们发现来参加研讨会的牧民一天比一天多，尤其是妇女和年轻人。在小组讨论中，妇女和年轻人更愿意发表意见。扎陵湖乡乡政府特别委派代表——共管委员会的成员全程参与此次研讨会，在会中他在牧民和外来人员沟通架起桥梁，身兼数职，不仅帮助翻译，还帮助引导小组讨论、协助小组记录等。湿地保护站工作人员全程参与研讨会，并深度参与了自然资源管理制度的制定。

（二）开展年度社区共管活动

根据项目评审会批准的《卓让村 2014 年度社区协议共管实施方案》以及《多涌村 2014 年度社区协议共管实施方案》，富群环境研究院协助卓让村和多涌村社区共管委员会于 2014 年 9 ~ 12 月在两村实施 2014 年度共管项目，实施方案针对在 8 月共管计划研讨会中识别出的问题，有针对性地开展有利于两村福祉的活动，主要包括以下内容：

一是针对草场上及景区附近垃圾污染的问题，两村共管委员会从源头控制、垃圾清理、宣传教育三个方面着手解决。第一，通过在景区附近及牧民集中生活区安放垃圾桶来避免垃圾随处倒在草场上，破坏生物多样性，造成垃圾污染。为村里配备农用车将垃圾运输出去。共管委员会还与留居草场的牧民协商定期捡拾垃圾、维护草场环境。第二，两村分别组织垃圾清理活动，将已有的成堆垃圾进行就地填埋，对散落草场和湿地的垃圾捡拾干净。此项工作得到了扎陵湖乡政府的大力支持，在 8 月该社区共管实施方案形成后，两村牧民就于 9 月自发地组织本村牧民捡拾垃圾并对定居点堆放的垃圾进行填埋，乡政府找来了挖土机，帮助定居点填埋长年累月堆积的垃圾。第三，技术服务机构与来自青海省环保厅的环境教育教师一起为两村进行了参与式的垃圾分类培训，除了通过影片播放、图纸、讲解示范等，还让牧民分组讨论、实地演练和边学边做。本次培训内容包括：垃圾分类技能、有害垃圾的管理方法、垃圾填埋方法和预防紫外线诱发白内障的知识。培训后，每家每户都领到了关于垃圾分类的日历海报。项目还在游客路线显著处以及聚居区内设置垃圾警示牌，提醒外来游客不随地扔垃圾，要求把垃圾带出草场。

二是针对外来人员挖矿、捕杀野生动物、捕鱼、破坏网围栏等行为，2014 年的共管计划中提出了加强宣传、巡护与执法培训，并制止破坏行为。首先，两村的公益生态巡护员定期进行巡护，从 9 ~ 12 月共开展巡护工作 4 次，并在分发的巡护记录本上记录巡护和监测信息，为鼓励巡护队的巡护工作，项目办为所有巡护员提供了油费补贴，减轻了巡护员开展巡护工作的负担；其次，项目在核心区入口处以及显著的地方设置保护区警示牌，警示牌上特别提示外来人员需爱护野生动物，禁止挖矿、捕杀野生动物、捕鱼、破坏网围栏等行为，并留下了监督和举报电话。

三是针对巡护队没有保护授权，保护成效及积极性受影响等问题，项目办与三江源自然保护区管理局协商为公益生态巡护队队员进行授权，其中卓让村民主选出 30 名巡护员，多涌村选出 36 名巡护员进行授权。技术服务机构还对两村巡护员开展了多轮“保护法规及环保执法的培训”，并在培训中注重案例介绍以及对真实案例分析。

四是针对巡护队存在的诸多困难，尤其是妇女巡护员面临的困难，项目办将为两村配备相应的巡护设备和工具。富群环境研究院组织了妇女巡护员小组交流活动，了解了妇女在自然保护行动中面临的困难及迫切的需求，比如移居县城妇女的替代生计问题、妇女巡护员交通工具和话语权缺乏等问题。在妇女巡护员小组交流中，我们发现妇女非常活跃，也有很多想法和建议，包括如何解决巡护中遇到的问题、替代生计的问题如何解决等。

五、社区共管定期监督和评估

每年社区共管计划会经过社区共管委员会提交并进行公开陈述，由社区共管计划评审团评估通过方可实施，评审团成员在听取各示范村的社区共管计划陈述后分别提出了建设性的建议，在各示范社区修改调整社区共管计划之后表决通过。外部第三方评估专家还会在项目中期及项目终期进行项目评估，为社区共管工作提出建议。

第四节　示范村社区共管取得的进展

一、顺利介入社区，成功开展社区动员

作为“社区共管”项目的外来技术服务机构，富群环境研究院如何介入社区并与当地政府和社区结成良好的合作关系，是决定社区共管项目的成败关键因素。在项目办的协调和帮助下，富群环境研究院在扎陵湖—鄂陵湖片区的社区介入非常成功，在项目启动阶段调动了由玛多县副县长领导的县农牧林局、县旅游局、县发改局，县扶贫开发局、县民政局、三江源办等各部门的广泛参与，还调动了扎陵湖乡政府以及卓让和多涌两村的积极性，为未来社区共管工作在两村的开展打下了扎实的基础。这种扎实的伙伴关系受到了一些外在因素的影响，但当地社区对社区共管的认识却在逐步提高，当地政府尤其是玛多县农牧林局从参与者及旁观者的视角一直在关注着社区牧民的融入、参与和改变，他们被吸引着，并在不断提出新的问题，他们提出问题的视角也为我们社区共管项目带来了新的启发，比如他们提到“相比较他们曾经所实施的更大规模资金的项目，为什么这社区共管项目中牧民参与的积极性如此之高?”“你们社区共管项目在做的工作，我们也在做，为什么你们介入进来效果很不一样?”等诸如此类的问题，这都为社区共管项目的开展

提供了一些新的思路。

二、形成三方合作伙伴关系，构建社区共管委员会制度

通过多方协作，社区共管项目基本形成良好的三方合作伙伴关系（见图17－1）。这主要体现在：一是包括技术服务机构（富群环境研究院）、专家组成员及项目办工作人员在内的外来专家（或机构）为自然资源的社区共管“自外而内”提供理念和指导。二是包括玛多县农牧林局、扎陵湖乡政府在内的当地政府为自然资源的社区共管提供“自上而下”的有利政策环境。在组织架构上，以玛多县副县长为组长的社区共管工作小组成立，增强了协调社区共管的能力；三江源国家级自然保护区管理局同意为当地的公益生态巡护员授权，开展可持续自然资源管理，增强了内生动力；青海林业项目办同意为巡护队配备相关巡护和监测设备，增强了社区巡护监测的技术装备能力。三是当地社区（多涌村和卓让村）进行的“自下而上”的社区行动，包括当地的公益生态巡护员从社区共管项目中获得直接的油费补贴，当地牧民自发组织起来清理草场、湿地和定居点的垃圾污染，巡护员定期开展巡护和监测工作，制止挖矿、捕杀野生动物、捕鱼、破坏网围栏等行为。在三方伙伴关系建立的基础上，由当地政府（玛多县农牧林局、保护站、乡政府）和当地社区共同组成了多涌村和卓让村社区共管委员会，技术服务机构（富群环境研究院）和专家组成员在三年项目期内持续陪伴社区共管委员会成长，提供技术支持和指导，带去外部资源。《自然资源管理制度》和《社区共管资金管理制度》等制度的建设确保了委员会机制趋于完善或健全。

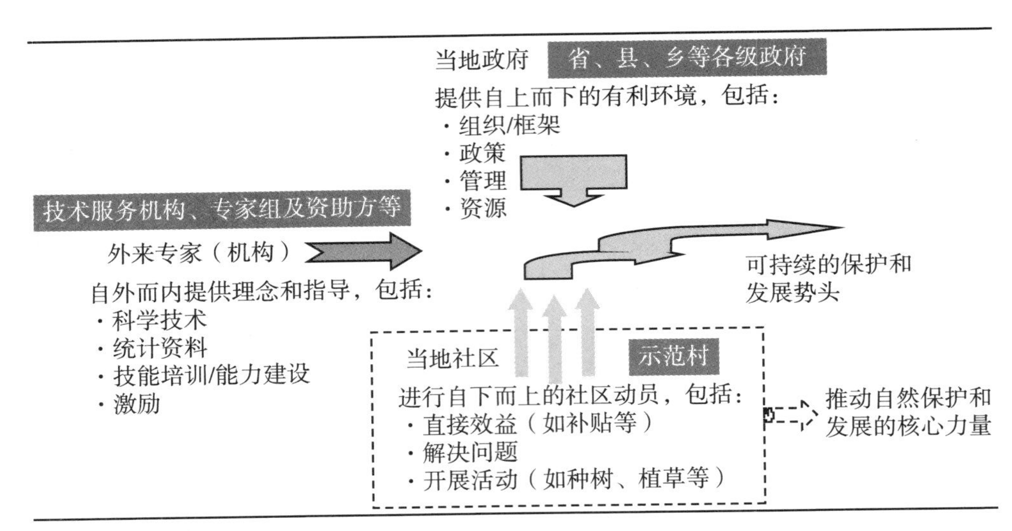

图 17－1　试点社区共管项目的三方合作伙伴关系

三、成功找到了社区工作的抓手——公益生态巡护队

进入社区后，社区共管工作如何入手，往往是个难题。我们发现了玛多县示范社区的成功之处——公益生态巡护队就是启动社区共管工作的“抓手”。卓让村和多涌村各自有一批由村民自己选出来的公益生态巡护队，他们通常是参与村子公共事务管理的主力，而且覆盖村子90%以上的牧户。卓让村的公益生态巡护队每月巡护一次，每次不同的巡护小分队会从不同的方向聚集到大家约定的地点，讨论每条巡护线路中遇到的问题，若巡护小分队不能解决的，在开会结束后大家会一起去帮忙解决，若碰到些非常棘手无法当场解决的问题，他们通常会将下次的开会地点约定在这个需要解决问题的地方。包括选举、福利发放、村子未来发展计划等在月度巡护会议上还会讨论。卓让村留居草场的牧户住得非常分散，且不易到达，从一户到另一户甚至需要用一天多的时间才能到达，所以卓让村自发形成了这样的公共事务讨论和解决机制。富群环境研究院工作人员曾随同卓让村巡护队开展巡护，该村社区共管委

员会成员就是在这样的会议中被选举出来的。

四、针对参与式调查中识别出保护威胁，帮助社区共管委员会有针对性地开展适合社区需求的共管活动

社区共管活动基于社区的实际情况和需求。针对牧民提出的最关心的问题，引导当地牧民讨论社区最迫切的需求是什么，如何解决。牧民意见可能不一致，可通过投票机制，选出了大家认可的几件迫切需解决的问题，并通过小组讨论提出了解决方案，形成了社区共管计划。这个社区共管计划是牧民自己提出的适合当地需求的共管计划，技术服务机构和专家组成员在帮助两村讨论社区共管计划的过程，也是帮助村子寻找解决之道的过程，这为牧民自发开展社区共管活动奠定了基础。比如，就多涌村定居点垃圾问题，牧民提出了不同的方案，包括定期捡拾草场上的垃圾、配备垃圾桶收集垃圾、配备垃圾车运走垃圾等。在共管计划制定不久，多涌村便自发行动起来，与所在乡的乡政府协调，请来了挖掘机将定居点村口长期残留的垃圾进行了就地填埋，组织了垃圾清理活动，将村子主路沿途的垃圾进行了清理。配合我们的垃圾分类和管理培训和宣传，他们邀请县环保局的垃圾车定期进村拉走垃圾进行专业的集中处理。

第五节　来自示范村社区共管的经验与反思

对于青海玛多县乡政府机关工作人员，对试点村“社区共管”完全是外来品，如何转化为国家公园内社区和其他相关利益者一道共同推动生物多样性和可持续生计活动，需要所有项目相关方共同的努力，坦

诚展示问题，寻求解决方案，更重要的是当地政府和社区形成良好的合作机制，官员放下架子，融入牧民中去，本节简要介绍我们在项目实施过程中的体会、经验、教训和一些反思。

一、让社区共管理念落地生根的要点

第一，找到关键利益相关方，勤沟通，善于沟通。让最直接的利益相关方充分参与到社区共管项目中，建立向政府部门定期工作汇报和交流机制，为各相关方提供各种机会融入社区共管工作。在协调和动员各利益相关方融入社区共管工作方面，技术服务机构或外来专家扮演着重要的角色，这包括通过简报、报告、总结会等形式定期向当地政府汇报社区共管工作，通过拜访潜在利益相关方为社区争取可能的支持等。项目最直接最紧密的利益相关方即为签署社区协议共管的各方，包括玛多县农牧林局、扎陵湖乡乡政府以及卓让村和多涌村。在2014年的社区共管工作中，除了两个示范村牧民的充分参与外，玛多县农牧林局至少有1人自始至终参与了社区共管的所有培训和活动，另外还有5名工作人员曾深度参与过社区共管工作。扎陵湖乡政府至少有8~10名工作人员曾参与过社区共管工作，其中3~4名是持续深度参与的。从共管委员会的组成，玛多县农牧林局（包括保护站）和扎陵湖乡政府各有3人是委员会的成员，这从机制上保证了直接利益相关方的参与。从各方发挥的作用来看，玛多县农牧林局在会议室提供、人员支持方面为共管委员会工作提供着强有力的保障，扎陵湖乡政府由于跟两村联系密切，在社区动员、人才支持上起着不可或缺的作用。

第二，关注性别平等和弱势群体。在早期的工作中，我们发现妇女和年轻人在公共会议或讨论中很少发言，在后续的工作中特别注意这两个群体，为他们融入社区共管工作之中提供机会。在前期调研中，我们发现定居点的孤寡病残老人比较多，他们大多信仰藏传佛教，将宗教视为精神寄托，对他们的生活需要提供更多扶助，比如医疗保健、日常照料等。特别要注意性别平等，以及妇女、儿童、贫困户、老人等社区弱势群体的参与，因为他们的意见和需求往往容易被忽视。在2014年的社区共管试点中，在开会讨论及共管活动中，妇女基本不发言，但在社区共管研讨会的小组讨论中，协调者专门将妇女单独分为一组，结果有了非常惊喜的发现，妇女组以最快的速度提出了最多社区共管需要解决的问题，而且她们特别提到巡护队中妇女缺乏权利的问题，为此，2014年的社区共管计划中设计了“妇女巡护小组”定期交流活动，以帮助妇女解决她们切实的困难。

社区共管目标是为了加强自然保护的社区参与，提高生物多样性保护工作的有效性。然而注重社区里的孤寡病残老人等弱势群体的关怀和扶助则可有效聚合社区，提升社区群众的保护意愿和组织力。

第三，注意提升社区能力，促进政府参与。当地牧民参与保护的意愿非常强烈，但是由于能力不足、技术不够等因素影响到自然保护的成效。政府相关部门做了大量工作，但在参与社区工作方面存在诸多困难，比如语言障碍、职责目标差异、关注点不同、抽不出时间跟社区沟通等。由政府自上而下协调，促进外部技术服务机构或专家持续为社区共管提供技术支持，持续为社区牧民提供技术培训、能力建设，并形成长效培训机制，这对社区共管工作的可持续性提供基本保障。

第四，专家对项目的培训、指导和参与。专家的指导对当地社区和政府视野的开阔、思路的启发起了非常重要的作用，专家在保护法规、保护分区、合作社培育及巡护监测技术等方面的指导和支持对推动社区参与十分重要。专家的参与也会让技术服务机构在社区的项目落实变得更有成效。牧民对能力提升、技能培训、生计发展等方面有着更强烈的需求，需要针对牧民设计和开展必要的专家指导。

二、发动和调动群众的力量是社区参与得以成功的关键

从社区共管实践中，我们发现群众的力量是核心，当地社区是社区共管的主体，只有将社区共管的主体力量充分调动起来，社区的改变才可能发生，社区共管工作才可能持续。当地人就生活在当地，他们有足够的智慧去发展当地。外来专家在调动当地人的力量、提供技术支持、整合多方力量的过程中发挥着重要的作用，但提升当地人的能力、促进社区参与、让社区自发解决社区事务是推动社区共管的核心工作。这个过程中，通过社区共管研讨会与当地牧民讨论社区要做的事；通过培训持续提升当地人甄别社区问题和需求、参与自然保护和社区共管的能力；通过外来专家的技术支持以及上级政府的政策支持持续培育社区发展机制或社区共管机制等举措都有利于调动群众的力量、发挥社区的主体能动性。

三、在三江源国家公园中推广价值

实践证明：社区共管一方面给当地社区村民提供了参与生物多样性保护工作的机会，开通了收入渠道，满足了保护区与周边社区的利益诉求，促进其发展；另一方面，整合保护力量，有利于生物多样性保护。[①] 社区共管的过程为我们开展社区共管工作提供了指导，抓住社区共管主体——“群众的力量”这个核心；发掘社区的成功之处并将此作为工作的抓手；以来自社区的事实为依据；注重各利益相关方的积极参与，尤其要发挥外部专家自外而内的技术支持以及上级政府自上而下

① 唐远雄，罗晓．中国自然资源社区共管的本土化［J］．贵州大学学报（社会科学版），2012，3.

的政策支持；发挥当地社区的主体作用，由当地社区提出自身面临的问题和迫切需求，并以此提出适合当地人的解决方案和共管计划。三江源地区的社区共管工作，更要注重建立对当地人的持续的培养机制，通过对当地人在巡护监测、生态保护、技能培训等方面能力的提升，加强当地人参与当地自然保护的能力，这是充分发挥当地社区主体能动性的关键。因此，笔者建议：依托生态巡护员的制度和机制建立，以生态巡护员的培养为核心，带动社区共管工作的开展。生态巡护员由各个社区选拔出来，他们是社区的主力，对社区公共事务决策起着重要作用。他们还担当起“生态巡护员”的职责，这样的双重身份，有利于他们回到社区带动社区共管工作的开展，也有利于自上而下机制以及自下而上机制的结合。这个过程中，自外而内的专家支持将有利于推动这一机制的建立和完善。

四、反思

（1）社区共管机制的持续性如何保障，如何将其作为长期机制运转起来并持续下去？这是一个习惯养成的过程，如何让委员会的各方定期开会，讨论自然保护及社区事务，并共同提出解决方案，这还需要一个比较漫长的过程。这个过程取决于当地人处理本社区事务能力的提升以及参与自然保护能力的提升。

（2）如何发动公益生态巡护队的积极性？我们虽然抓住了“公益生态巡护队”这个抓手，但在“领工资开展工作”的现状下，如何避免生态巡护员的依赖性，从而发挥他们的积极能动性，将生态巡护作为自己的事、作为自己村子的事？目前巡护队的巡护重点主要放在围栏是否被破坏及维修围栏上，但这对巡护和监测工作来说完全不够，甚至是偏离方向的，所以在将来的工作中，还需帮助巡护队明确巡护和监测的目标、任务、方法、流程、考评等。我们还需探索出更有效的激励机制，包括通过定期学习来开拓思路和视野，通过不同级别的设置为生态巡护员提供晋升渠道，通过社区威望的建立来促进巡护员持续为社区服务等。

（3）如何帮助当地牧民挖掘可持续性的替代生计？在前期调研中，我们发现当地社区的收入来源单一，最主要的收入来源是政府补贴和畜牧业收入，当地牧民非常担心政府补贴不再持续，所以如何帮助当地牧民挖掘可持续的替代生计，在开展自然保护的同时能促进社区发展，这是值得长期研究和探讨的课题。这个过程中，如何调动当地的主动性是带来可持续发展的关键。

（4）如何发挥当地群众的积极性和创造性，加强对当地人才资源的挖掘与培养？无论是项目办、专家还是技术服务机构，这都是外来资源，要保证社区共管项目的可持续性必须得有内部力量的支撑，所以对当地人才资源的挖掘和培养，发挥群众积极性和创造性有利于保持社区共管项目的可持续性。

第十八章

宁夏马鞍山和志辉废弃矿坑生态修复的生态系统服务和自然资本评估

生态修复对应对气候变化、保护生物多样性、提高生态系统服务水平等具有十分重要的作用，可为低收入人群、妇女等弱势群体提供就业机会，改善当地人民的生计水平、重建社区秩序和文化、培育公共精神等。受亚洲开发银行委托，采用基于地点的生态系统服务和自然资本评估方法（TESSA），本报告从生态系统服务的供给类、支持调节类和精神文化类三个方面全面评估宁夏马鞍山和志辉废弃矿坑生态修复后自然资本增长和生态系统服务提升，分析其经济投入和产出。主要结论是：（1）废弃矿区生态修复可提升生态系统服务和自然资本，有利于实现生态、经济和社会的共赢；（2）社会组织和企业可以是生态修复技术和制度创新的主体，应成为生态修复的重要力量；（3）生态系统服务和自然资本的价值实现需要包容明晰的产权制度安排、更强的绿色金融支持力度、更市场化的激励机制，以鼓励更多的社会组织和企业积极投身至生态修复事业之中。

第一节　引　　言

工业革命以来，因开矿、毁林、过牧、化学品的广泛使用，生态系统加速退化，大量土地因自然资本存量不足难以支撑有竞争力的经济活动而成为废弃土地。宁夏废弃矿坑土地表层土壤彻底遭到破坏，而低温干旱少雨的气候难以支持基于自然的生态恢复过程，生物多样性彻底丧失，生态系统碳储量趋于零，失去了“以自然之道，养万物之生”的可能性，成为土壤侵蚀、风沙、洪水等危害的重要来源地，威胁着生态系统的健康和人民生命财产安全。据2017年中国矿山资源开发环境遥感监测统计，矿产资源开发占用土地面积达到362万公顷，废弃矿坑治理率不到30%。本报告所采用的马鞍山废弃矿坑生态修复项目（以下简称“马鞍山项目”）和志辉废弃矿坑生态修复项目（以下简称“志辉项目”），位于中国西部宁夏回族自治区银川市，年平均降水量200毫米左右，雨雪稀少，蒸发强烈，气候干燥，风大沙多，废弃矿坑是难以通过自然过程恢复为健康的生态系统结构和功能（Li，2006；Cao et al.，2020）。

生态修复是指通过自然或人工的手段去协助一个遭到退化、损伤或破坏生态系统的恢复过程（沈国舫，2017；Martin，2017；李淑娟等，2021）。生态修复可增加自然资本，有利于实现生态和社会经济多重目标，改善生物多样性、增加碳汇，贡献于缓解气候变化、调节小气候、减少水土流失，为人类提供各种物质和非物质的产品和服务，为消除贫困和饥饿、保障粮食安全、促进妇女就业、创造就业机会等联合国可持续发展目标作贡献（Benayas et al.，2009；UN，2022）。然而，因投资大、涉及相关部门多、相关利益者众，废弃矿坑生态修复常由政府主导，私有企业和社会组织介入较少（王红旗等，2017；韦宝玺和孙晓玲，2020）。因此，测算生态修复自然资本累积，权衡生态修复的经济投入和产出，评估生态系统服务价值改善，有助于利益相关者达成生态修复的共识，探索整合政府资源、私人和商业活力、社会组织灵活性的合理路径和方法，激励更多相关利益群体参与到生态修复事业中

（Brancalion et al.，2019；Hodge and Adams，2016；Reyes－García et al.，2018；Mohr et al.，2018；Le，et al.，2012；Buitenhuis and Dieperink，2019）。

中国政府加大了对生态修复的扶持力度，积极鼓励社会资本和国际合作共同参与生态修复。[①] 中国在生态系统修复方面取得了举世瞩目的成绩，如森林及生物多样性保护和荒漠化治理。[②] 中国生态修复的成就是底层案例和故事叠加的结果，会体现在田间地头、山水林田草沙等生态系统的改善之中。马鞍山项目和志辉项目是来自中国西部地区生态修复的典型代表。宁夏被称为"塞上江南"，黄河水哺育了银川一带人民，成就了盛极一时的西夏王朝。长期以来，当地民众和企业为了生存而对自然资源采取掠夺式的开发，造成土地退化和荒漠化，民众贫困程度加深，贫困与生态恶化相互作用，宁夏不少地区一度陷入贫困—开发—生态恶化—更加贫困的恶性循环中。

马鞍山项目位于黄河边上，银川河东机场附近。因在马鞍山采挖砂石以建设银川河东机场、黄河码头、高速公路等，致其沟壑遍布、水土流失、破碎不堪，来自马鞍山废旧矿坑的沙尘严重威胁到河东机场、保税区、高铁站和黄河码头生态环境，如银川河东机场的航班偶因沙尘暴天气不能正常起飞和降落。经过全国劳模王有德先生牵头成立的宁夏沙漠绿化与沙产业基金会（以下简称"基金会"）近十年的努力，马鞍山从破烂不堪的废弃矿坑变成了绿树成荫的生态经济发展试验田。

志辉项目位于贺兰山东麓的连片废弃矿坑，项目所在地因开采砂石历时久远，到处是大面积裸露砂石，植被损毁后水土流失、采空塌陷等

---

① 发改委．全国重要生态系统保护和修复重大工程总体规划（2021～2035年），https：//www.ndrc.gov.cn/xxgk/zcfb/tz/202006/P020200611354032680531.pdf，2020.

② 中国自然资源部国土空间生态修复司．中国生态修复典型案例集，https：//mp.weixin.qq.com/s/6MbYcGZHvQ6_1InxgGI－Ww?，2021.

问题突出，区域生态环境退化，土地荒漠化，生产力丧失殆尽。当地人如此描述生态修复前的生存环境，“一年一场风，从春刮到冬；天上无飞鸟，地上无寸草，风吹石头跑”。该地历经志辉集团二十余年的生态修复治理，如今已成为闻名遐迩的葡萄酒庄和国家4A级景区。

地处中国西部的宁夏回族自治区，经济相对落后，普遍存在财政拮据、人才匮乏、资本市场欠发达等问题。然而，马鞍山和志辉成功修复了上万亩废弃砂石矿坑，实现了生态、社会和经济的可持续发展。它们保护了贺兰山和黄河流域的生态系统，带动了西海固移民和当地民众脱贫致富，实现了自我造血及自我盈利的可持续发展。本章将对马鞍山和志辉生态修复实施产生的生态系统服务和自然资本进行科学、全面和系统的评估，诠释案例成功的缘由，展示生态文明的底层实践故事，探索具有借鉴价值的政策启示。

生态系统服务是可持续发展，乃至人类文明延续的基础。生态修复通过改变生态系统格局与过程，对生态系统服务的产生和供给具有重要影响。本章采用基于地点的生态系统服务评估（toolkit for ecosystem service site-based assessment，TESSA）方法，TESSA适用于对小规模生态系统开展生态系统服务价值评估（Peh et al.，2013）。据IPBES生物多样性和生态系统服务评估报告，生态修复是在修复主体和当地社区的介入下以改善生态系统结构和功能，促进自然资本的增加，增值的自然资本又转化为有益于人类的供给类、调节类和文化类生态系统服务。供给类服务包括食物、燃料、药材、木材、纤维等生物资源和创造就业岗位；调节类服务，含维护生物多样性、固碳和调节气候、水系统、土壤生态，维护野生动植物栖息地、授粉与种子扩散、防沙治沙、减轻洪涝与干旱灾难、环境净化等；文化类服务，含生态系统的美学、艺术、教育价值，休闲、生态旅游、娱乐等有益于身心健康价值；触发灵感和创造性、乡愁、地方认同、改善社会关系和创造社区共同体等。生态系统修复让荒芜的土地重新焕发生机、凋敝的社区重生活力，形成良性社会生态系统，调动更多利益相关者投入生态修复中，激励政府进一步完善生态修复的政策和制度框架，推动生态系统和社会经济系统协同，迈入自然资本不断增值和当地社区人民福利和健康不断提升的正向循环之中，实现人与自然和谐发展（见图 18－1）。

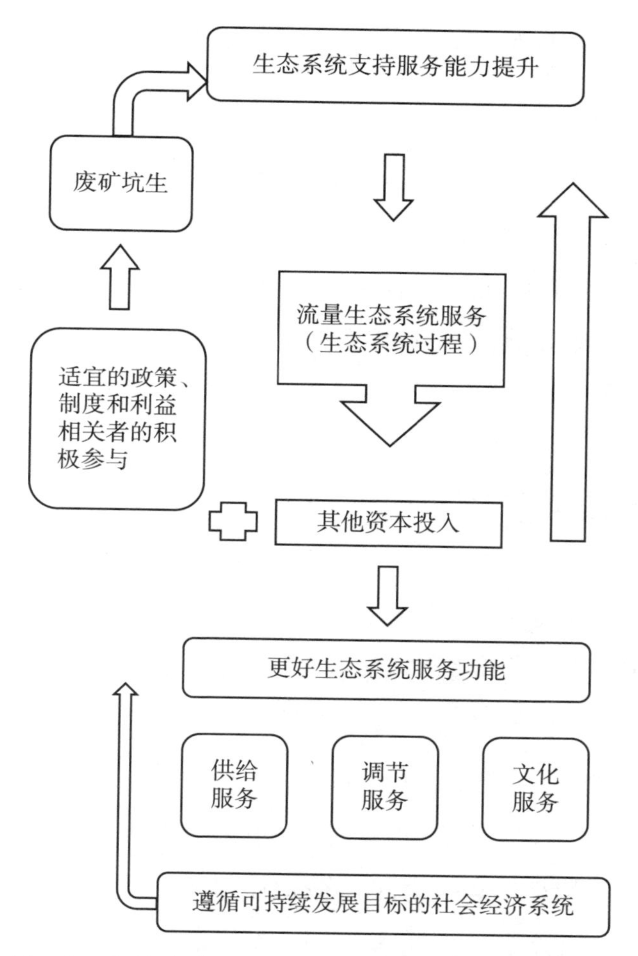

图 18－1　自然资本和生态系统服务价值评估的概念框架

资料来源：据波尔特等（Bolt et al.，2016）和迪亚兹等（Diaz et al.，2015）修改。

本报告数据来源于：（1）田野调研：采用观察、深度访谈、小型研讨会等方法；（2）媒体：马鞍山项目代表人物王有德先生是全国劳模和人民楷模，志辉项目是宁夏葡萄酒产业的优秀企业代表，新闻媒体给予深度跟踪报道；（3）报告和论文：通过学术期刊网、亚行、地方政府部门、相关科研单位收集相关资料。

第二节　马鞍山生态修复自然资本和生态系统服务评估

马鞍山项目是在退休官员及全国治理英雄王有德[①]的带领下，以社会组织参与生态修复治理的方式完成了1万亩废弃砂石矿坑的治理。王有德及基金会在废弃矿坑生态修复过程中，发挥了组织和统合各级政府部门、企业及社会力量，动员和激励利益相关方贡献力量，实现了“小马拉大车”的治理效果。

一、马鞍山项目简介

马鞍山项目位于灵武市临河镇，黄河东岸马鞍山山脚，总面积10 000亩（667公顷）。项目地紧挨着宁夏几个重要基础设施，含宁夏银川河东机场、综合保税区、高铁车站和黄河码头。马鞍山荒滩为这些大型基础设施提供了大量的砂石原料，本身却成为沟壑遍布的废弃砂石矿坑地。从2014年始，王有德和基金会动用土方700万立方米，回填表层土200万立方米，全面完成马鞍山项目地的土地平整和表层土壤修复，投资建设水利设施、道路、涵洞、桥梁，生产生活、宣传教育等配

① 王有德，宁夏灵武白芨滩国家级自然保护区管理局（原国有白芨滩防沙治沙林场）原党委书记、局长。他曾带领白芨滩林场职工营造了63万亩防沙治沙林，控制流沙近百万亩，有效阻止毛乌素沙漠的南移和西扩，实现人进沙退的治沙壮举。

套设施。到2021年底，马鞍山项目共种植树木130多万株，建成了440公顷的生态公益林、133公顷的经济林，33公顷的景观林和40公顷的苗圃、23座温棚设施的绿色生态经济园区。马鞍山项目成为灵武、银川、宁夏乃至全国的爱国、党建和生态文明教育、青少年研学及科学家精神教育基地。

马鞍山项目是一个生态、社会和经济可持续发展的生态修复治理案例。马鞍山项目突破了政府主导生态修复治理的中国模式，其通过多元主体协同合作实现生态修复治理。马鞍山项目具有多元主体参与、多样化资金和资源投入、多种集成创新及多种产出的协同治理特征。马鞍山项目的资金来源有政府补贴、企业、国际组织、社会捐款和项目地经济活动获益。基金会通过制度创新有效降低了生态修复的成本。该项目恢复了废弃矿坑的生态系统，提升了生态系统服务能力和自然资本价值，为当地民众创造了稳定的就业机会，实现了生态、社会和经济多赢的绿色高质量发展。

二、马鞍山项目生态系统服务价值评估

马鞍山项目将废弃矿坑转变为花果飘香的生态园地，生态系统物质循环和能量流动过程发生了质的变化。本章以田野调查数据为基础，结合现有文献，评估2021年马鞍山项目生态系统服务价值。

马鞍山的供给服务包括苗木、大棚、西瓜、水果、牛羊等产品和收入，共计1 340. 9万元。马鞍山项目温室大棚产值75. 3万元；出圃各类苗木10万株，产值275万元；西瓜产量750吨，产值为60万元；马鞍山项目养殖业收入包括出栏牛200头、羊399只，收入645万元，有机肥估值19. 6万元，合计664. 6万元；杏、苹果、桃、枣鲜果合计产量202吨，产值约为78万元。温棚和露天经济林果处于幼林期或初果阶

段，到2025年经济林达产后，正常年份经济林总产量可达4 500吨，经济林产值不少于2 250万元。马鞍山项目创造就业岗位85个，包括基金会工作人员10人，45位农牧民长期承包经济林、生态林养护、套种西瓜等，6位从事养殖业。短期打工计6 000工日，按250工日折算一个就业岗位算，创造就业岗位数24个。按宁夏创造公益性岗位解决待岗失业人员的补贴标准，灵武市最低工资标准1 840元/月计算，创造就业岗位的价值约为188万元。

马鞍山的调节和支持服务主要体现在拦蓄雨水、保持水土、培肥土壤、提升碳汇能力等。该项目水土保持、水源涵养服务十分突出。马鞍山项目集储雨水约80万立方米/年，按黄河灌溉用水价格每立方米0.4元计，收集山洪水的价值达32万元。因干旱伏天各行各业需增加耗水，为保民生和经济，马鞍山项目的黄河引水会受限，启用储蓄山洪水可帮助植物安全度过高温干旱季节，增强应对极端干燥气候的灵活性和韧性。总固碳量约为15 022吨，以我国碳交易市场每吨85元计，马鞍山项目碳汇估值127.69万元。目前生态林、经济林处于幼林期，随着树木生长逐渐加速，土壤有机质含量逐年提高，其碳汇能力会进一步释放。

马鞍山项目提供了丰富的精神文化类服务。首先，它是生态文明教育鲜活标杆，是宁夏的党政机关、事业单位、大中小学生态文明教育基地，是全国治沙精神、爱国主义精神、科学家精神教育基地，吸引着各地访客前来参观学习。2021年，其访客量达1.4万人次，且呈逐年增加的趋势。马鞍山项目提升了当地民众对共建绿色美好家园的认同。其次，马鞍山之旅是精神洗涤之旅，到访的人会被劳模精神所感染，被他呕心沥血治理荒漠的生态价值观所震撼，感悟到生态修复的艰辛和建设人与自然和谐共生的重要性；再次，马鞍山项目为全球防沙治沙提供了中国方案。基金会向国际社会推广科学防沙治沙和荒漠化治理技术，先后有美国、日本、德国、韩国、沙特等国前来参观学习和考察交流，接待了“阿拉伯国家防沙治沙技术培训班”“国际荒漠化研修班”及阿盟21个成员国的官员和学员；最后，马鞍山项目赋能弱势群体以实现共同富裕，可作为中国特色现代化的实践样本。基金会通过马鞍山项目与附近农牧民形成伙伴关系，为周边的农民提供了学习技能的良好场所。

基于地点的生态系统服务评估方法，参照最新科研成果，将马鞍山项目生态系统服务中可用货币评估的记入其自然资本账户中（见表18－1）。TESSA将劳动服务以增加就业数量归入作为供给服务类别，而IPBES将增加就业机会置于精神文化价值中。2021年，依TESSA方法，马鞍山项目自然资本的总价值为2 154.4万元，其中，供给类服务价值1 340.9万元，占比62.3%、调节类合计估值515.5万元，占23.9%，而精神文化类服务估值为298万元，占比13.8%。上述评估严重低估了马鞍山项目的精神文化服务和就业服务的价值，该项目体现了一群人为了人与自然和谐关系和保护我们共同的家园而奋斗的共同体精神，与参与者共享生态修复治理成果的社区精神，以及不唯经济利润的公共精神等均难以量化为货币价值。

表18－1　　马鞍山项目自然资本评估

生态系统服务类型	服务内容	价值（万元）	比重（%）
供给服务		1 340.9	62.3
调节服务	涵养水土	250.0	—
	积存水资源	32.0	—
	授粉	102.4	—
	增加碳汇	127.7	—
	降尘除污	3.4	—
	合计	515.5	23.9

续表

生态系统服务类型	服务内容	价值（万元）	比重（%）
精神文化服务	研学、游学	298.0	—
	合计	298.0	13.8
总价值	2 154.4		—

三、马鞍山项目财务和经济分析

在市场机制对提升自然资本实现机制存在缺陷的情况下，马鞍山项目在经济上是可行的和财务上是可持续的。到2021年底，基金会共收到社会捐赠和政府项目现金收入5 199.8万元，亚行捐款8 400万元，结余895.18万元，其余全部投入到基础设施建设和生产活动上。

马鞍山项目通过各种创新管理方式，降低了生态修复项目的运营成本，并获得了经济效益持续提升。其将可产生经济效益的设施和土地使用权以“零租金+代管生态林”的方式出租给当地社区和外来农牧民，让承租人的利弊得失和项目的成败紧密联系在一起，极大地降低了项目的运营和监督成本。例如项目建设的温棚，出租给当地社区并由其代管40公顷幼林。新建果园中的73公顷露地承包给私有企业和种植大户，基金会自建60公顷桃、苹果、枣树，承租给缺乏投资资金的脱贫农牧户，承租人需代管一定面积的生态林。2021年，基金会将20公顷生态公益林新造林地免费承包给农民种植西瓜，并代管20公顷生态林。养殖场的承租人需将牛羊出售收入的10%捐赠给基金会，且牛羊的粪污免费交给基金会，增加经济林有机肥施用量。如果雇用当地民工承包管护，在生活设施、水电免费情况下，幼林管护成本平均8 250元/公顷，那么建成440公顷人工生态公益林则需每年363万元管护投资。马鞍山项目采取以短养长、以林养林、以副促林等办法，通过多种灵活承包关系，与利益相关者分享生态治理中创造的经济财富，实现了留住人、培养人、管好生态林的可持续生态修复治理模式。

马鞍山项目存量投资总额为 8 148.1 万元（见表 18－2），即为基础设施、经济设施等资产的历史成本，转化为马鞍山项目自然资本和基础设施上。2021 年，马鞍山项目部分生态系统调节支持、精神文化和劳动服务估值 1 001.5 万元，投资回报率达 12.3%，远高于社会平均投资收益率。这些服务收入返回整个社会，推动了社会经济的整体进步。

表 18－2　马鞍山项目基金会建设投资现金流量表　单位：万元

年份	基础建设	经济活动	合计
2015	219.0	123.6	342.6
2016	254.7	33.0	287.7
2017	87.4	87.0	174.4
2018	725.0	30.8	755.8
2019	2 348.4	649.3	2 997.7
2020	1 926.5	496.9	2 423.4
2021	514.0	20.0	534.0
合计	6 075.0	1 440.6	7 515.6
现值	6 586.3	1 561.8	8 148.1

马鞍山项目经济活动包括大户、企业和农牧民等主体经济活动，以租用基金会经济活动投资形成的资源条件为依托。将这些主体的经济活动现金流入和流出合并而成表 18－3。马鞍山项目的投资收益率计算方法为累计净现金流量/累计现金流出量，求得其值为－47.3%，即截止到 2021 年末，该项目的投资成本尚未被回收。对于项目投资回收期，采用的计算方法为：投资回收期＝最后一项为负值的净现金流量对应的年数＋最后一项为负值的累计净现金流量绝对值/下年净现金流量，算得马鞍山项目的投资回收期为 17 年，预计 2030 年可收回投资成本。

表 18 -3 经济活动现金流量表 单位：万元

年份	现金流出量	现金流入量	净现金流量
2014	500	0	-500
2015	100	0	-100
2016	450	200	-250
2017	860	200	-660
2018	1 000	300	-700
2019	1 230	500	-730
2020	1 070	800	-270
2021	1 000	1 270.6	270.6
合计	6 210	3 270.6	-2 939.4

表 18 -4 显示的是基金会经济活动现金流出和租出资源所活动的现金流入情况。选择 2015 ~2022 年 1 年期政府债券利率的平均值 2.63% 作为折现率，可以得到截至 2022 年末，基金会经济活动净现值为 -915.15 万元。马鞍山项目自 2020 年基本建成以后，每年需要 20 万元的运转投入，在不扩大规模时，其运转投入不变，故在预测未来现金流出时，按每年 20 万元计。在现金流入中，2020 ~2023 年果园进入盛果期，租金收入大幅增长，测算每年现金流入为 250 万元。基于此计算，马鞍山项目累计现金流量于 2028 年转为正值，为 119.43 万元；净现值于 2028 年转为正值，为 100.18 万元，财务内部收益率为 4%。

表 18 -4 基金会经济活动现金流出和流入表 单位：万元

年份	经营性资产现金流出	经营性资产现金流入	现金流量净值	累计现金流量	净现值
2015	123.6	0	-123.6	-123.6	
2016	33	4	-29	-152.6	
2017	86.97	13	-73.97	-226.57	

续表

年份	经营性资产现金流出	经营性资产现金流入	现金流量净值	累计现金流量	净现值
2018	30.8	43	12.2	-214.37	
2019	649.3	43	-606.3	-820.67	
2020	496.9	74	-422.9	-1 243.57	
2021	20	106	86	-1 157.57	
2022	20	159	139	-1 018.57	-915.15
2023E	20	238	218	-800.57	
2024E	20	250	230	-570.57	
2025E	20	250	230	-340.57	
2026E	20	250	230	-110.57	
2027E	20	250	230	119.43	-59.74
2028E	20	250	230	349.43	100.18

第三节 志辉生态修复项目

志辉项目是民营企业参与生态修复的典型案例，突破了生态修复是经济负担的常规思维，实现生态修复与产业发展的协同。1996 年，袁辉先生作为民营企业家，成立了志辉公司并开始承包贺兰山东麓的废弃矿坑土地进行生态修复和经济开发，历经 20 多年的发展，修复废弃矿坑 15 000 亩，建成一个国家 4A 级中式葡萄酒庄和休闲风景区。

一、志辉项目简介

袁辉家族在贺兰山脚下以采挖砂石起家，开发后留下遍布深达 40 ~ 50 米的废弃矿坑。志辉项目通过土地整治、种植防风林等措施，获得可供生产和经营的土地。废弃矿坑生态修复需要大量的一次性投入，且生态林管护需要长期的持续投入，志辉项目一直在寻求合适的产业以实现生态修复过程中有竞争力的经济回报。曾尝试种植玉米、小麦等谷物、桃、李、杏等经济林，养殖猪、牛、羊等，建立苗圃，多以失败而告终。直到2009年确定发展葡萄酒产业，历经十余年的努力，志辉项目才成为远近闻名的生态修复和经济效益协同的典范。截至2021年，志辉项目建成6 000亩生态林、4 000亩葡萄园、800亩其他经济林，源石葡萄酒酒庄年销售额已达4 000万元（见表18－5）。

表18－5　2021年志辉项目土地利用现状　单位：亩

土地类型	项目	面积
生态林	休闲运动公园	1 000
	防护林	5 000
经济林	达产葡萄园	2 000
	初果葡萄园	1 000
	在建葡萄园	1 000
	筹建葡萄园	2 000
	其他果园	800
其他	草地	120
	水面	500
	道路	150
	酒庄	240
	仓库及未利用土地等	1 190

二、志辉项目生态系统服务评估

志辉项目将废弃矿坑变成了绿色的葡萄酒庄和旅游目的地，供给类服务贡献最大的是葡萄酒产业。2021年志辉项目建成达产葡萄园2 000

亩，共收获酿酒葡萄900吨左右。志辉源石酒庄拥有先进的葡萄酒生产设备，所收获的合格葡萄全部用于酿酒，可生产30万瓶葡萄酒，葡萄酒销售额为4 000万元。建成150亩桃、100亩李、550亩梨、200亩杏的经济林，产值460万元。

该项目提供了可观的就业岗位。袁辉说："志辉项目让外乡人落了地、扎下根、安下心。"志辉项目所在地为昊苑村，其由8省17县移民在国有荒地上形成。志辉项目成为昊苑村及周边社区学习种植生态林、发展葡萄园和建设酒庄的样板。到2021年，昊苑村已建成18 000亩葡萄园和18个酒庄、8 500亩的生态林、3 500亩的经济林，成为全国生态文明示范村。袁辉说："有了生态，才有机会，才有产业。有了体面的工作人心才能落地，外出打工的孩子才会回来。有了社区，有了文化，才算扎下根、安下心。"（见专栏1和专栏2）志辉项目共创造就业岗位463个，包括源石酒庄的酿酒、销售和文旅环节100个；葡萄园管理就业200个；经济林园就业50个；休闲运动公园就业13个；基础设施建设及维护\新建葡萄园等需要短期工2万个工日，折100个就业岗位。按宁夏创造公益性岗位解决待岗失业人员的补贴标准，2021年宁夏西夏区最低工资1 950元/月为参数，志辉项目创造就业岗位的价值为1 081万元。志辉项目还创造了不少间接就业岗位，如休闲运动公园提供8个免费使用的摊位。

专栏1　李先生随志辉项目一同成长

李先生，男，甘肃人，小学肄业，现担任负责酒庄酿酒罐装和出库部门经理。他下过煤矿挖煤，租地种粮，数次躲过矿难和危险。于2001年跟随袁辉董事长至今，开过大货车，运过砂石、树苗、葡萄苗，最终做到了部门经理。在早年种树季节，住地窝子，吃沙子，拉树苗带种树，历时三个月，辛辛苦苦种下去，到了秋天，大多数树苗又死了。为了留住人，袁辉投资给职工建房，只按成本的半价卖给员工作为福利房。因为艰苦，很多人不愿意要房。李先生说："我一家人坚持了下来，直到今天。孩子也上中专了，愿意到外面先闯一闯。全家在银川市买了商品房，落了户。妻子在志辉项目管理葡萄园。"李先生夫妻俩一年有十多万工资收入，不欠外债，日子还算满足。

专栏2　昊苑村移民二代返乡就业者——乔静

乔静，女，陕西人。随父辈移民来昊苑村。乔静家乡地处偏僻的陕北高山，坡陡、沟深、没水，交通极为不便，植被遭到破坏，生态极为恶劣。作为生态难民，搬迁到此。初中毕业后在本地养马场打工，因工资低远赴广东深圳打工10余年。2016年到志辉源石酒庄工作，现成长为志辉源石酒庄的销售部负责人，管理12个人组成的志辉源石酒庄销售，年收入15~20万元。

该项目具有良好的涵养水源、净化大气、保持土壤、固碳释氧、授粉传播、保护生物多样性等调节类功能。其防护林面积达6 000亩，为葡萄园、葡萄酒庄和休闲运动公园提供良好生态环境。因生态环境改善和节水技术的普及，引黄灌溉用水量从每亩350方降低到200方，可节水162万立方米，折合64.8万元。志辉项目有321种植物，共200多万株，鸟、松鼠、刺猬、兔子、蜜蜂、蚂蚁等野生动物增多。总固碳量

16.12 万吨，授粉服务年估算价值 137 万元。

志辉项目提供了丰富的文化类服务。志辉酒庄是国家 4A 级景区，2021 年访客量增长到 35 万人次，主要是非宁夏人，旅游估值 584 万元。贺兰山休闲运动公园免费对市民开放，2021 年接待银川游客 20 万人次，是休闲公园一角。在社区建设方面，志辉项目通过给社区民众创造发家致富的机会，将一个派系林立、争权夺利、弱肉强食的移民村转变成生活富足、生态优美、精神丰富、勤劳致富、欣欣向荣的美丽乡村。源石酒庄每年举办各类文化活动，增强了社区的荣誉感和自豪感，强化地方身份认同。

2021 年，志辉项目自然资本年总价值为 6 790 万元，其中供给类生态系统服务价值 5 542 万元，占比 81.6%，调节类可估算的生态系统服务价值为 280 万元，占比 4.1%，而文化类可估价的生态系统服务为 968 万元，占比 14.3%（见表 18－6）。相关方都认识到：地方认同和社区建设是志辉项目最具价值的部分，却很难对其价值进行估算。

表 18－6　　2021 年志辉项目自然资本价值评估

生态系统服务	种类	价值（万元）	比重（%）
供给类	葡萄酒	4 000	
	水果	460	
	创造就业	1 082	
	合计	5 542	81.6
调节类	积存水资源	65	
	授粉服务	137	
	固碳	69	
	降尘除污	9	
	合计	280	4.1

续表

生态系统服务	种类	价值（万元）	比重（%）
精神文化类	酒庄旅游	548	
	休闲娱乐	420	
	合计	968	14. 3
合计	6 790		

三、志辉项目财务和经济分析

表 18 –7 核算了志辉项目的现金流量情况。志辉项目是 1996 年开始，但 1996 ~2008 年，该项目处于探索期，财务记录极不规范，大多财务数据缺乏记录，且项目投资失败或基本失败了。直到 2009 年，项目确定葡萄酒庄产业为方向，项目才走向正轨，故选择 2009 年作为核算起始年。志辉项目现金净流量（NCF）从 2016 年开始转为正值，2018 年虽有回落，但整体上呈增长态势，到 2021 年，该项目现金净流量已达 2 500 万元。考虑到项目的政府高支持程度与数据的可获得性，选择 2009 ~2021 年中国政府发行的 1 年期国债平均利率（2. 63%）作为项目折现率，得到项目的净现值（NPV）为 4 055. 75 万元。项目的财务内部收益率为 16%，说明志辉项目整体上具有较高的收益率。

表 18 –7　　志辉项目的现金流入和流出表　　单位：万元

项目		2009 年	2010 年	2011 年	2012 年	2013 年	2014 年	2015 年	2016 年	2017 年	2018 年	2019 年	2020 年	2021 年
流入	负债流入	500	750	1 000	1 250	1 500	1 500	1 750	2 000	2 500	3 500	5 000	2 750	0
	追加投资	200	300	300	500	500	500	500	800	1 000	800	750	500	500
	经营性收入	80	100	105	100	200	210	220	260	400	1 000	1 300	2 000	4 400
	政府补贴	800	1 000	1 200	1 500	1 500	1 500	2 000	3 000	5 000	3 000	2 500	3 000	2 000
	合计	1 580	2 150	2 605	3 350	3 700	3 710	4 470	6 060	8 900	8 300	9 550	8 250	6 900

续表

项目		2009年	2010年	2011年	2012年	2013年	2014年	2015年	2016年	2017年	2018年	2019年	2020年	2021年
流出	固定资产投资	2 000	2 000	2 500	2 500	2 500	5 000	5 000	5 000	6 000	6 000	6 000	4 000	1 000
	经营性支出	250	350	450	600	800	800	850	900	1 000	1 100	1 250	1 800	2 700
	税收	0	0	0	0	0	0	0	0	0	0	100	200	700
	合计	2 250	2 350	2 950	3 100	3 300	5 800	5 850	5 900	7 000	7 100	7 350	6 000	4 400
NCF		-670	-200	-345	250	400	-2 090	-1 380	160	1 900	1 200	2 200	2 250	2 500
NPV		4 055.75												
FIRR		16%												

志辉项目2021年主要收入来源有葡萄酒销售收入4 000万元，政府补贴、场地出租、农产品销售等400万元。支出项目包括利息、工资、水电费以及税费支出，共计3 400万元。2021年志辉项目盈利1 000万元（见表18-8）。志辉项目累计固定资产现值8.5亿元，其中来源于企业投资5.7亿元，政府实物和现金补贴折算2.8亿元。2021年，商誉评估11.5亿元，企业净资产11.5亿元（见表18-9）。

表18-8　　2021年志辉项目现金流　　单位：万元

收入项目	金额
销售收入	4 000
其他收入	400
支出项目	
利息支出	1 000
工资支出	1 350
水电费用	350
应交税费	700
利润	1 000

表 18－9　　志辉项目资产负债平衡表　　单位：10^6元

资产		负债	
固定资产净值	850	银行借款	150
商誉	1 150	私人借贷	100
合计	2 000	合计	250
净资产	1 750		

志辉集团正在扩大葡萄园面积、提升酒庄产能和储存能力、改进生产工艺，新建蒸馏酒生产车间等。未来 8 年内，志辉项目将建成 6 000 亩葡萄园，葡萄酒年销售额将增长到 1.2 亿元，年净利润 1 亿元。

第四节　结论与启示

一、主要结论

马鞍山和志辉项目是亚行资助“宁夏中部节水特色农业示范项目”重要组成部分，本报告全面评估了马鞍山和志辉废弃矿坑生态修复后生态系统服务和自然资本价值。从生态系统服务和自然资本价值的角度审视，生态修复项目的投资回报周期将缩短，可以有效提升生态修复项目的吸引力。马鞍山项目投资回报需要 17 年，一旦计入其生态系统服务和自然资本价值，则投资回报周期缩短至 4 年。志辉项目需要 13 年左右才能回收成本。如果计算志辉项目生态系统服务和自然资本价值，则可将回收周期缩短一半。这可解释为何生态修复被视作经济负担，目前的市场逻辑难以体现生态修复后生态系统服务和自然资本价值的提升。

马鞍山和志辉项目证明了社会资本投资生态修复是可行的。以私有企业投资、社会组织公益的方式，而非局限于政府投资，是能够达到生态修复的目的，多元主体协同合作是实现成功修复的重要条件。马鞍山项目以社会组织作为平台，以成熟的生态修复理念、王有德劳模精神魅力、以非营利的方式募集社会资本投入生态修复（Moore，2000）。这种方式激发了人们对公共价值的追求、共建绿色家园和美好社会的良好愿望，且转化为实际的捐款、捐物和志愿劳动，突破了生态修复的资金困境，彰显了政府、企业和社会各行为体共同为生态修复投入资源的愿意。志辉项目则是展示了企业在政府产业政策指导下，通过生态修复开发适宜的生态产业，获得有竞争力的经济回报。志辉项目探索出“生态修复＋葡萄园开发＋葡萄酒庄”的创新模式，该模式吸引了更多主体参与废弃矿坑生态修复，给当地社会创造了大量的就业机会，将生态修复转变成为一项可获取绿色利润的产业。两个案例证明私人企业和社会组织可以成为生态修复的主体。

二、马鞍山项目评估总结

马鞍山项目建成防风林 233 公顷、公益林 187 公顷、经济林 133 公顷、苗圃 40 公顷，植树达 130 多万株；项目每年涵养水源、净化水质达到 80 万立方米；项目至今累计固碳 1.5 万吨，创造了 85 个就业岗位。马鞍山项目以社会公益的方式吸引了社会募捐达到 2 158.6 万元，获得 8 400 万元国际援助，政府补助为 2 738 万元，创新解决了生态修复项目融资难题。2021 年通过灵活多样的创新管理模式，发展农牧林等相关生态绿色产业，降低项目管理和运营成本，吸引了更多社会资本参与马鞍山项目，进而实现项目本身的生态、经济和社会的可持续运营。通过出让土地、温棚等使用权，获得承包方管护生态幼林，每年节省生态林管护资金达 363 万元；通过租赁畜牧场地，获得有机肥，每年节省 19.6 万元；通过苗圃经营，解决生态修复用苗问题，这些创新举措解决了生态修复一次性投资后的管理和维护可持续难题。

2021 年其生态系统服务和自然资本价值如下：

➢ 供给类服务产值为1 340.9 万元，占62.3%。其中，畜牧业产值最大，为664.6 万元，苗木产值275 万元，经济林78 万元，温棚种植水果和蔬菜75.3 万元，套种西瓜60 万元。创造就业岗位合计85 个，折合188 万元。

➢ 支持调节类服务估值515.5 万元，占23.9%，其中，收集山洪水的价值达32 万元；授粉服务价值为101.3 万元；碳汇估值127.69 万元。滞尘吸纳污染物的价值为3.4 万元。

➢ 精神文化类服务只评估游学一项的价值，298 万元，占13.8%。

从经济投入与产出的分析，马鞍山项目8 年间基础建设投资总值为6 075 万元，使用2.73%的折现率分期折现加总后得到现值为6 586.25 万元。到2021 年，苗圃、经济林、养殖场等经济活动投资总值为1 440.57 万元，现值为1 561.8 万元，投资收益率为-47.3%。马鞍山项目经济活动投资回收期为17 年，预计2030 年可收回投资成本。

从生态系统服务及自然资本积累分析，2021 年马鞍山项目的生态系统服务和自然资本的年度总价值为2 154.4 万元。如果自然资本能够全部实现，马鞍山项目投资的价值回收期从17 年缩短至4 年。从可货币化的自然资本看，供给类服务占比高达62.2%。而在田野调查中，普遍共识是马鞍山项目生态系统服务调节类和文化类生态系统服务远比供给类生态系统服务价值高，其中如劳模精神、社区文化价值等很难以用金钱来衡量其价值。

三、志辉项目评估总结

截至2021 年，志辉项目已建成400 公顷生态林、266.7 公顷葡萄园、53 公顷其他经济林和源石葡萄酒酒庄。志辉项目的总投资在 8.5 亿元左右，项目累计资产估值为 9.7 亿元。2021 年总收入约 4 400 万元，主要为销售葡萄酒收入 4 000 万元，政府补贴、场地出租、农产品销售 400 万元。支出项目包括利息、工资、水电费、税费支出，共计 3 400 万元，盈利 1 000 万元。2021 年，志辉项目自然资本和生态系统服务评估价值为 6 790 万元，具体如下：

➢ 供给类生态系统服务价值 5 542 万元，占比 81.6%，其中生产 30 万瓶葡萄酒，葡萄酒销售额为 4 000 万；经济林产值 460 万元；创造就业岗位的价值为 1 081 万元。

➢ 调节类可估算的生态系统服务价值为 280 万元，占比 4.1%。其中，节水 162 万立方米的水资源，折合 64.8 万元；授粉服务 137 万元。固碳增汇 68.5 万元。滞尘和吸收二氧化硫算为 93 858 元。

➢ 文化类可估价的生态系统服务为 968 万元，占比 14.3%。志辉酒庄旅游估值 548 万元。贺兰山休闲运动公园，接待游客 20 万人，估算价值 420 万元。

志辉项目最重要的价值是地方认同和社区建设，对贺兰山东麓葡萄酒产业发展战略中所起创新示范作用，很难用资本衡量其价值。志辉项目证明生态修复是可以由企业—逐利的市场主体来完成的，关键是绿色企业家精神、生态责任，以及恰当的政商关系和政策支持。志辉项目说明，生态修复必须和社区建设同步，生态系统修复和社会系统修复是相辅相成、协同发展的。

未来志辉源石酒庄将建成 400 公顷酿酒葡萄园基地，高档葡萄酒产能和销量大幅度增加。酒庄正改进工艺、扩充产能，把葡萄酒生产过程中形成的废料加工成窖藏酱香型白酒、提取物、饲料、肥料等。未来 8 年内，酒庄葡萄酒年销售额增长到 1.2 亿元，年净利润 1 亿元。

第五节　启示和讨论

一、生态社会经济协同创新是生态修复成功的条件

生态修复项目是可以获得成功的。马鞍山和志辉两个生态修复项目均面临着生态、经济和社会的多重困境。地处生态脆弱带，加上干旱少雨寒冷，破坏易而修复极难，而废弃矿坑彻底破坏了自然生态系统。宁夏经济发展水平低，地方财力有限。在社会方面，项目区吸纳了来自不同省份的移民和周边社区低收入群体，重建社区共同体、孕育地方文化和价值观尤为重要。这些不利生态、经济和社会条件没有阻碍马鞍山和志辉生态修复项目取得成功。

成功的生态修复应是生态、经济和社会协同共赢的。应重视修复活动所带来自然资本的有效积累，并体现在供给、调节、精神文化服务的改善上。自然资本雄厚了，生态系统的供给服务能力才有效增强。供给服务能力的增强，又有助于延伸产业链，聚集人气、活跃经济、修复社区、凝聚社区新的精神文化价值。社区精神文化的重建，必要的前提是依托修复自然资本供给、支持、精神文化服务基础的经济活动而带来的稳定就业，能人、意见领袖和来自五湖四海寻求富裕的人们共同生发出新的社区公共价值。生态修复过程本身也是社会修复过程、社区重建过程和经济活动日益活跃协作分工更加精细化的过程。

创新实践是生态修复成功的必要条件。企业和社会组织介入生态修复就是典型的创新实践，生态修复主体在实践中探索生态修复的技术方案、市场方案、组织方案，实事求是地分阶段有计划创建并与当地社会

经济适配的相关利益群体参与的机制和平台，与所有相关利益者在生态修复过程中共担风险、共同受益、共建人与自然和谐的社会生态系统。

二、社会资本参与生态修复是重要的创新实践

马鞍山和志辉项目展示了社会组织和企业参与生态修复治理的创新性作用。马鞍山项目代表着社会组织参与生态修复治理的创新治理模式，而志辉代表着民营企业家参与生态修复治理的创新治理模式，两者突破了以政府主导或公共企事业单位主导的生态修复治理模式。

马鞍山项目展示了社会组织参与生态修复的多元、共治和共享的创新治理机制。在社会组织的协调下，政府、企业和公众参与到马鞍山项目的生态修复之中，各方协同合作，调动各方资源，采取共同行动，共享了生态修复的生态、经济和社会成果。社会组织作为治理的主体，与各级政府、中小企业和脱贫农户分享生态修复中的生态、经济和社会成果。

志辉项目展示了中国民营企业家注重经济投入和产出、不断探索绿色产业和获取绿色利润的生态修复创新治理模式。志辉项目展示了民营企业家的社会和生态担当，发挥企业家创新精神，不断探索绿色和经济双赢，实现了依靠绿色利润支撑高质量生态投入和创造大量就业岗位的高质量发展。

两个项目减轻了政府生态修复的财政负担，促进了公共价值的实现。案例表明，社会力量和私人资本在生态修复中可发挥重要作用。

三、需建立生态系统服务和自然资本的价值实现体制

志辉和马鞍山项目均获得良好的生态系统服务或丰裕的自然资本价

值，转变了废弃矿坑自然资本贫瘠和恶化的趋势。但是，生态修复项目生态系统服务和自然资本的价值没有有效的政策支持和市场价值实现路径。马鞍山和志辉成为生态修复成本的承担者，提供了诸多的公共产品和服务，实现了正的外部经济效益，但没有为公共产品和服务的有效付费机制。生态系统服务价值难以实现，扭曲了非政府组织参与废弃矿坑生态修复的激励机制，让真正投资做生态修复的私人投资和社会组织难以获得相应的收入和回报。如何将生态修复中生态系统服务的价值增值转化为市场价值，鼓励更多的非政府主体和资本参与到生态修复之中，是政策界和学术界均需要深入思考的议题。

四、产权模糊导致生态修复激励机制不到位

在中国废弃矿区和矿坑常常是国有土地，其产权属性较为模糊。社会组织难以获得相应的建设用地用于支持生态业务建设，不能有效利用和开发生态系统服务而获益。私人企业和社会组织需要获取经营收入或合法现金流，扩大生态修复的投入能力。志辉项目需要支付租用国有土地使用权的费用，依托生态修复而建设起的防风林、葡萄园、酒庄等建筑产权是模糊的、不可交易的，导致其难以用这些资产抵押获得银行贷款。就防风林而言，志辉项目仍需要支付土地使用费，而防护林只提供了生态和社会价值，提升了生态系统服务能力，难以获得经济回报。需要明晰生态修复的产权制度，让社会组织和私人企业的投入得到回报，建立起正向的激励机制，鼓励更多的企业和社会投入生态修复之中。

五、生态修复的绿色金融融资机制

两个项目均获得亚行的资助，但国内金融机构的参与较少。马鞍山

和志辉项目展示了生态修复的前期投资大、投资周期长、投资和回报风险高，但生态和社会公益效益明显等特点。马鞍山项目主要依靠亚行的资助、社会捐款和政府采购服务等方式获得资金，无其他金融机构的参与。志辉项目在前期主要依靠多元经营和家族财富积累支撑生态修复中高额投入。绿色金融服务明显缺位，应加大绿色金融投入，助力社会组织和企业投资参与废弃矿山的生态修复。

生态修复可增强生态系统服务能力和改善自然资本，实现生态、经济和社会的共赢。社会组织和企业在生态修复治理创新中发挥着重要的作用，是生态修复重要的力量。生态修复中的生态系统服务和自然资本的价值实现依旧面临诸多困境，需要明晰产权制度，加大绿色金融支持力度，建立市场化的激励制度以实现正向的激励机制，鼓励更多的社会组织和企业积极投身至生态修复之中。

参考文献

[1] 蔡佳亮，殷贺，黄艺．生态功能区划理论研究进展［J］．生态学报，2010（11）：3018－3027．

[2] 陈哲璐，程煜，周美玲，等．国家公园原住民对野生动物肇事的认知、意愿及其影响因素——以武夷山国家公园为例［J］．生态学报，2022（7）：1－10．

[3] 丁敏．哥斯达黎加的森林生态补偿制度［J］．世界环境，2007（6）：66－69．

[4] 董娟．右玉精神是“不忘初心、牢记使命”主题教育的生动教材［N］．朔州日报，2019－09－23．

[5] 范丹，付嘉为，王维国．碳排放权交易如何影响企业全要素生产率？［J］．系统工程理论与实践，2022，42（3）：591－603．

[6] 高清佳，尹怀斌．“两山”理念引领美丽乡村建设的余村经验及其实践方向［J］．湖州师范学院学报，2019，41（3）：15－20．

[7] 高玉娟，王媛，宋阳．中国与哥斯达黎加森林生态补偿比较及启示［J］．世界林业研究，2021，34（6）：81－85．

[8] 谷树忠．产业生态化和生态产业化的理论思考［J］．中国农业资源与区划，2020，41（10）：8－14．

[9] 国家林业局野生动植物保护司．自然保护区社区共管指南［M］．北京：中国林业出版社，2002．

［10］洪潇敏，来金星，陈积微，等．环境地球化学视域下生态乡村可持续发展研究——以湖州安吉余村为例［J］．南方农机，2019，50（19）：14－15.

［11］侯艺许，陈有锦，彭雪凌，等．澳大利亚国家公园社区共管模式与经验借鉴［J］．世界林业研究，2021，34（1）：107－112.

［12］胡旭珺，张惠远，郝海广，等．国际生态补偿实践经验及对我国的启示［J］．环境保护，2018，46（2）：76－79.

［13］黄宝荣，王毅，苏利阳，等．我国国家公园体制试点的进展、问题与对策建议［J］．中国科学院院刊，2018，33（1）：76－85.

［14］黄宇．习近平新时代中国特色社会主义思想的发展历程、逻辑体系与根本特征［J］．浙江学刊，2018（1）：25－37.

［15］黄玉环，宋佳丽．余村村：走发展绿色经济致富路［J］．新农村，2016（9）：15.

［16］姜春前，吴伟光，沈月琴，等．天目山自然保护区与周边社区的冲突和成因分析［J］．东北林业大学学报，2005（7）.

［17］姜晓晓．看余村如何蝶变“金山银山”［J］．政策，2017（12）：62－64.

［18］焦雯珺，刘显洋，何思源，等．基于多类型自然保护地整合优化的国家公园综合监测体系构建［J/OL］．生态学报，2022（14）：1－13［2022－06－30］.

［19］金帅，蒋思琦，张道海．考虑排污权有偿使用和交易的企业生产优化［J］．中国人口·资源与环境，2021，31（5）：119－130.

［20］巨文辉．书写“功成不必在我”的时代篇章—弘扬新时代“右玉精神”［J］．中国党政干部论坛，2020（7）：89－92.

［21］赖庆奎，李贤忠．自然保护区管理冲突分析［J］．林业与社会，2002（6）.

［22］李或挥，祝浩，我国保护区社区共管绩效评估［J］．环境保护，2006（12）．

［23］李莉．右玉绿化史及其对生态文明建设的启示［D］．临汾：山西师范大学，2014．

［24］李淑娟，郑鑫，隋玉正．国内外生态修复效果评价研究进展．生态学报，2021，41（10）：4240－4249．

［25］李溪．国外绿色金融政策及其借鉴［J］．苏州大学学报（哲学社会科学版），2011，32（6）：134－137．

［26］刘传明，孙喆，张瑾．中国碳排放权交易试点的碳减排政策效应研究［J］．中国人口·资源与环境，2019，29（11）：49－58．

［27］刘金龙，李建民，龙贺兴，等．从生态建设走向生态文明：人文社会视角下的福建长汀经验［M］．北京：中国社会科学出版社，2015．

［28］刘锐．共同管理：中国自然保护区与周边社区和谐发展模式探讨［J］．资源科学，2008（6）：870－875．

［29］刘瑞峰，王剑，梁飞等．绿色食品认证对猕猴桃种植的环境效益和经济效益影响——基于倾向得分匹配的实证分析［J］．农业经济与管理，2021（3）：39－49．

［30］柳荻，胡振通，靳乐山．生态保护补偿的分析框架研究综述［J］．生态学报，2018，38（2）：380－392．

［31］龙贺兴，张明慧，刘金龙．从管制走向治理：森林治理的兴起［J］．林业经济，2016，38（3）：19－24．

［32］牛芳，赵丽娜．右玉生态建设的实践与启示［J］．理论与探索．2014（5）：104－107．

［33］欧阳志云，杜傲，徐卫华．中国自然保护地体系分类研究［J］．生态学报，2020，40（20）：7207－7215．

［34］彭奎．保护地球生物多样性，昆明如何真正成为转机［N］．澎湃新闻，2020．

［35］秦书生，晋晓晓．政府、市场和公众协同促进绿色发展机制构建［J］．中国特色社会主义研究，2017（3）：93－98．

［36］任佳，郧文聚，王军．创新运用“政府＋市场”模式实现生态产品价值——以哥斯达黎加为例［J］．中国土地，2019（9）：52－54．

［37］任世丹，张百灵，孙晶晶，等．中哥森林生态效益补偿制度比较研究［C］//国家林业局政策法规司，中国法学会环境资源法学研究会，东北林业大学．生态文明与林业法治：2010全国环境资源法学研讨会（年会）论文集（上册）．哈尔滨，2010：5．

［38］邵有道．天一阁明代方志选刊续编：嘉靖汀洲府志（上册）［M］．上海：上海书店出版社，1990．

［39］沈国舫．从生态修复的概念说起．国家林业和草原局官网．https：//www.forestry.gov.cn/main/3957/20171205/1054408.html，2017．

［40］司开创．社区共管的外部社会环境分析［J］．林业与社会，2002（3）．

［41］苏杨．大部制后三说国家公园和既有自然保护地体系的关系——解读《建立国家公园体制总体方案》之五（下）［J］．中国发展观察，2018（10）：46－51．

［42］苏杨．多方共治、各尽所长才能形成生命共同体——解读《建立国家公园体制总体方案》之八［J］．中国发展观察，2019（7）：50－54．

［43］苏杨．中国西部自然保护区与周边社区协调发展的研究与实践［J］．中国发展，2003（4）．

［44］涂成悦，龙贺兴，刘金龙．森林景观恢复视角下的福建长汀水土流失治理经验［J］．林业经济，2016，38（3）：14－18．

[45] UN. “联合国生态系统恢复十年（2021～2030年）”落实进展，https：//www. fao. org/3/nj013zh/nj013zh. pdf，2022.

[46] 王爱萍，窦斌，胡海峰. 企业社会责任与上市公司违规 [J]. 南开经济研究，2022（2）：138－156.

[47] 王红旗，许洁，吴枭雄，等. 我国土壤修复产业的资金瓶颈及对策分析. 中国环境管理，2017，9（4）：6.

[48] 王淑娟，李国庆. 环京津贫困带旅游扶贫困境分析——基于旅游产业链的视角 [J]. 河北经贸大学学报，2015，36（6）：121－124.

[49] 王献溥，崔国发. 自然保护区建设与管理 [M]. 北京：化学工业出版社，2003.

[50] 王妍 .2016. 三江源藏村探索环保新模式 .in 中外对话. https：//www. sixthtone. com/news/1002655/why－citizen－science－faces－an－uphill－climb－in－china.

[51] 韦宝玺，孙晓玲. 矿山生态修复的利益相关者分析及共同参与建议 [J]. 中国矿业，2020，29（8）：47－54.

[52] 温素威 .1 个汉子、13 名藏族妇女、1 个博士的环保脱贫故事 [N]. 人民日报，2018－8－15.

[53] 吴乐，孔德帅，靳乐山. 中国生态保护补偿机制研究进展 [J]. 生态学报，2019，39（1）：1－8.

[54] 吴小敏，徐海根，蒋明康，等. 试论自然保护区与社区协调发展 [J]. 农村生态环境，2002，18（2）：10－3.

[55] 吴茵茵，齐杰，鲜琴，等. 中国碳市场的碳减排效应研究——基于市场机制与行政干预的协同作用视角 [J]. 中国工业经济，2021（8）：114－132.

[56] 徐有钢，万超. 基于“两山”理论的流域治理市场化探索与

规划实践——以《永定河综合治理与生态修复实施方案》为例［J］. 规划师，2021，37（8）：55－60.

［57］杨文忠，靳莉，赵晓东. 云南自然保护区社区共管内涵的演变［J］. 林业经济问题，2007（2）.

［58］杨志飞. 学习浙江余村经验　建好屯留美丽乡村［N］. 长治日报，2017－07－05（006）.

［59］右玉县地方志编制委员会. 右玉县志［D］. 北京：中华书局，2018.

［60］袁利平. 公司社会责任信息披露的软法构建研究［J］. 政法论丛，2020（2）：149－160.

［61］曾贤刚，虞慧怡，谢芳. 生态产品的概念、分类及其市场化供给机制［J］. 中国人口·资源与环境，2014，24（7）：12－17.

［62］张朝枝. 建立与完善特许经营制度，加强保护地旅游经营管理［J］. 旅游研究，2019，11（3）：11－13.

［63］张宏，杨新军，李邵刚. 社区共管：自然保护区资源管理模式的新突破——以太白山大湾村为例［J］. 中国人口·资源与环境，2004（3）.

［64］张金良，李焕芳，黄方国. 社区共管——一种全新的保护区管理模式［J］. 生物多样，2000（3）：347－350.

［65］张林波，虞慧怡，李岱青，等. 生态产品内涵与其价值实现途径［J］. 农业机械学报，2019，50（6）：173－183.

［66］张晓妮，王忠贤，李雪. 中国自然保护区社区共管模式的限制因素分析［J］. 农业资源与环境科学，2007（5）.

［67］张艳群. 哥斯达黎加的生态有偿服务法律制度［J］. 法制与社会，2013：22.

［68］赵连霞，王芳晴，张小峰，等. 市场监管环境下考虑生态标

签欺诈的双寡头竞争策略［J］. 管理学报，2020，17（12）：1865－1872.

［69］赵晓迪，赵一如，窦亚权. 生态产品价值实现：国内实践［J］. 世界林业研究，2022，35（3）：124－129.

［70］中央党校（国家行政学院）党的建设教研部课题组. 党的领导视角下的“右玉精神”：内涵与启示［J］. 前进，2019（5）：8－12.

［71］周睿，曾瑜皙，钟林生. 中国国家公园社区管理研究［J］. 林业经济问题，2017，37（4）：45－50，104.

［72］周妍，张丽佳，翟紫含. 生态保护修复市场化的国际经验和我国实践［J］. 中国土地，2020（9）：39－42.

［73］朱小静，张红霄，汪海燕. 哥斯达黎加森林生态服务补偿机制演进及启示［J］. 世界林业研究，2012，25（6）：69－75.

［74］朱战国，王月. 多维地理标志形象对消费者网购地理标志农产品意愿的影响——基于感知价值视角［J］. 江苏大学学报（社会科学版），2022，24（2）：57－69.

［75］卓越，赵蕾. 加强公民生态文明意识建设的思考［J］. 马克思主义与现实，2007（3）：106－111.

［76］Agrawal A，Gibson C. Enchantment and Disenchantment：The Role of Community in Natural Resource Conservation［J］. World Development，1999，27：629－649.

［77］Barbier E B. Valuing Ecosystem Services as Productive Inputs［J］. Economic Policy，2007，22（49）：177－229.

［78］Benayas J，Newton A C，Diaz A & Bullock J M. Enhancement of Biodiversity and Ecosystem Services by Ecological Restoration：A Meta－Analysis［J］. Science，2009，325：1121－1124.

［79］Bolt K，Cranston G. Biodiversity at the Heart of Accounting for Natural Capital：the Key to Credibility. https：//capitalscoalition. org/wp－

content/uploads/2016/07/CCI – Natural – Capital – Paper – July – 2016 – low – res. pdf. 2016.

[80] Bowler D E, Buyung – Ali L M, Healey J R, Jones J P, Knight T M & Pullin A S. Does Community forest Management Provide Global Environmental Benefits and Improve Local Welfare? [J]. Frontiers in Ecology and the Environment, 2012 (10): 29 – 36.

[81] Bowler D et al. Communities and Forest Management in Southeast Asia [M]. IUCN, 2012.

[82] Brancalion P H, Meli P, Tymus J R, Lenti F E, Benini R D, Silva A P, Isernhagen I & Holl K D. What Makes Ecosystem Restoration Expensive? A Systematic Cost Assessment of Projects in Brazil [J]. Biological Conservation, 2019.

[83] Bray D. The Struggle for the Forest: Conservation and Development in the Sierra Juarez [J]. Grassroots Development, 1991 (15): 12 – 25.

[84] Brechin S. Beyond the Square Wheel: Toward a More Comprehensive Understanding of Biodiversity Conservation as Social and Political Process [J]. Society and Natural Resources, 2002 (15): 41 – 64.

[85] Brechin S, Murray G, Benjamin C. Contested Ground in Nature Protection: Current Challenges and Opportunities in Community-based Natural Resources and Protected Areas Management, 2007: 553 – 577.

[86] Brinkerhoff D. African State – Society Linkages in Transition: The Case of Forestry Policy in Mali [J]. Canadian Journal of Development Studies, 1995 (16): 201 – 228.

[87] Brosius J, Zerner C. Representing Communities: Histories and Politics of Community-Based Natural Resource Management [J]. Society &

Natural Resources – SOC NATUR RESOUR, 1998 (11): 157 – 168.

[88] Buitenhuis Y & Dieperink C. Governance Conditions for Successful Ecological Restoration of Estuaries: Lessons from the Dutch Haringvliet case [J]. Journal of Environmental Planning and Management, 2019 (62): 1990 – 2009.

[89] Cao Y, Kong L, Zhang L & Ouyang Z. Spatial Characteristics of Ecological Degradation and Restoration in China from 2000 to 2015 using Remote Sensing [J]. Restoration Ecology, 2020: 28.

[90] Carlos A. Peres T E, Juliana Schietti, Sylvain J M. Desmoulière, and Taal Levi. Dispersal Limitation Induces Long-Term Biomass Collapse in Overhunted Amazonian Forests [J]. Proceedings of the National Academy of Sciences of the United States of America, 2016, 113 (4): 892 – 897.

[91] Chevallier R. The State of Community-Based Natural Resource Management in Southern Africa: Assessing Progress and Looking Ahead [R].

[92] Coase R. The Problem of Social Cost, 1960: 87 – 137.

[93] Costanza R, Groot R D, Sutton P et al. Changes in the Global Value of Ecosystem Services [J]. Global Environmental Change, 2014 (26): 152 – 158.

[94] Daily G C. Nature's Services: Societal Dependence on Natural Ecosystems [J]. The Future of Nature. 1997.

[95] Derman B. Environmental NGOs, Dispossession, and the State: The Ideology and Praxis of African Nature and Development [J]. Hum Ecol, 1995 (23): 199 – 215.

[96] Diaz S, Demissew S, Carabias J et. al. The IPBES Conceptual Framework-Connecting Nature and People [J]. Current Opinion of Environmental Sustainability, 2015 (14): 1 – 16.

[97] Engel S, Pagiola S, Wunder S. Designing Payments for Environmental Services in Theory and Practice: An Overview of Theissues [J]. Ecological Economics, 2008, 65 (4): 663 -674.

[98] Engel S, Palmer C. Payments for Environmental Services as An Alternative to Logging Under Weak Property Rights: The Case of Indonesia [J]. Ecological Economics, 2008, 65 (4): 799 -809.

[99] Fonafifo, Conafor. Ministry of Environment. Lessons Learned for REDD + from PES and Conservation Incentive Programs: Examples from Costa Rica, Mexico, and Ecuador (EB/OL). http: //www. forest - trends. org/publication_details. php? publicationID =3171.

[100] Fox H E & Cundill G. Towards Increased Community - Engaged Ecological Restoration: A Review of Current Practice and Future Directions [J]. Ecological Restoration, 2018 (36): 208 -218.

[101] Freese, Lyssa. "Why 'Citizen Science' Faces an Uphill Climb in China." in Sixth Tone. https: //www. sixthtone. com/news/1002655/why - citizen - science - faces - an - uphill - climb - in - china. 2018.

[102] G B - F. Collaborative Management of Protected Areas: Tailoring the Approach to the Context [M]. Gland: IUCN - The World Conservation Union, 1996.

[103] Gibson C C, Mckean M A. And Ostrom, E. Explaining Deforestation: the Role of Local Institutions [M]. Cambridge, MA: MIT Press, 2000.

[104] Griffith S J. Corporate Governance in an Era of Compliance [J]. William and Mary Law Review, 2016 (6).

[105] Grima N, Singh S J, Smetschka B et al. Payment for Ecosystem Services (PES) in Latin America: Analysing the Performance of 40 Case

Studies [J]. Ecosystem Services, 2016 (17): 24 –32.

[106] Hardin G. The Tragedy of the Commons [J]. Science, 1968, 162 (3859): 1243 –1248.

[107] Hobbes T. Leviathan [M]. 1909.

[108] Hodge I & Adams W M. Short – Term Projects versus Adaptive Governance: Conflicting Demands in the Management of Ecological Restoration [J]. Land, 2016 (5): 1 –17.

[109] Idrissou L, Van Paassen A, Aarts N et al. From Cohesion to Conflict in Participatory Forest Management: The Case of Ouémé Supérieur and N'Dali (OSN) forests in Benin [J]. Forest Policy and Economics, 2011, 13 (7): 525 –534.

[110] Joshua Farley, Robert Costanza. Payments for Ecosystem Services: From Local to Global [J]. Ecological Economics, 2010, 69 (11): 2060 –2068.

[111] Kosoy N, Corbera E. Payments for Ecosystem Services as Commodity Fetishism [J]. Ecological Economics, 2010, 69 (6): 1228 – 1236.

[112] Leach M, Mearns R, Scoones I. Challenges to Community – Based Sustainable Development: Dynamics, Entitlements, Institutions [J]. IDS Bulletin, 1997 (28): 4 –14.

[113] Le H D, Smith C S, Herbohn J L & Harrison S R. More than Just Trees: Assessing Reforestation Success in Tropical Developing Countries [J]. Journal of Rural Studies, 2012 (28): 5 –19.

[114] Li M S. Ecological Restoration of Mineland with Particular Reference to the Metalliferous Mine Wasteland in China: A Review of Research and Practice [J]. The Science of the Total Environment, 2006 (357): 1 –

3, 38 – 53.

[115] Lockwood M, Davidson J. Environmental Governance and the Hybrid Regime of Australian Natural Resource Management [J]. Geoforum, 2010, 41 (3): 388 – 398.

[116] Martin D M. Ecological Restoration Should be Redefined for the Twenty-First Century [J]. Restoration Ecology, 2017 (25): 668 – 673.

[117] Mary Tiffen M M F G. More People, Less Erosion: Environmental Recovery in Kenya [M]. New York: John Wiley, 1994.

[118] Matzke G, Nabane N. Outcomes of a Community Controlled Wildlife Utilization Program in a Zambezi Valley Community [J]. Human Ecology, 1996 (24): 65 – 85.

[119] Metcalfe S. The Zimbabwe Communal areas Management Programme for Indigenous Resources (Campfire) [M]. Washington, D. C.: Island Press, 1994.

[120] Mohr J J & Metcalf E C. The Business Perspective in Ecological Restoration: Issues and Challenges [J]. Restoration Ecology, 2018 (26).

[121] Moore M H. Managing for Value: Organizational Strategy in for – Profit, Nonprofit, and Governmental Organizations [J]. Nonprofit and Voluntary Sector Quarterly, 2000 (29): 183 – 204.

[122] Murphree M. The Role of Institutions in Community-Based Conservation [M]. Washington, D. C.: Island Press, 1994.

[123] Neumann R P. Imposing Wilderness: Struggles over Livelihood and Nature Preservation in Africa [M]. Berkeley: University of California Press, 1998.

[124] Ngoma H, Teklay A, Angelsen A et al. Pay, Talk, or 'Whip' to Conserve Forests: Framed Field Experiments in Zambia [M]. 2018.

[125] Ojha H, Ford R, Keenan R et al. Delocalizing Communities: Changing Forms of Community Engagement in Natural Resources Governance [J]. World Development, 2016 (87).

[126] Ostrom E. Coping With Tragedies of the Commons [J]. Annual Review of Political Science, 1999, 2 (1): 493 – 535.

[127] Ostrom E. Design Principles of Robust Property – Rights Institutions: What have We Learned [J]. Property Rights and Land Policies, 2009.

[128] Ostrom E. Governing the Commons: The Evolution of Institutions for Collective Action [M]. Cambridge: Cambridge University Press, 1990.

[129] Pagiola S, Arcenas A, Platais G. Can Payments for Environmental Services Help Reduce Poverty? An Exploration of the Issues and the Evidence to Date from Latin America [J]. World Development, 2005, 33 (2): 237 – 253.

[130] Pagiola S, Elías Ramírez, José Gobbi et al. Paying for the Environmental Services of Silvopastoral Practices in Nicaragua [J]. Ecological Economics, 2007, 64 (2): 374 – 385.

[131] Pagiola S. Paying for Water Services in Central America: learning from Costa Rica [M]. 2002.

[132] Pailler S, Naidoo R, Burgess N et al. Impacts of Community – Based Natural Resource Management on Wealth, Food Security and Child Health in Tanzania [J]. PLoS ONE, 2015 (10).

[133] Pattanayak S K, Wunder S, Ferraro P J. Show Me the Money: Do Payments Supply Environmental Services in Developing Countries? [J]. Review of Environmental Economics and Policy, 2010, 4 (2): 254 – 274.

[134] Peh K S, Balmford A, Bradbury R B, Brown C, Butchart S

H, Hughes F M, Stattersfield A J, Thomas D H, Walpole M J, Bayliss J, Gowing D J, Jones J P, Lewis S L, Mulligan M, Pandeya B, Stratford C J, Thompson J R, Turner K, Vira B, Willcock S, & Birch J C. TESSA: A Toolkit for Rapid Assessment of Ecosystem Services at Sites of Biodiversity Conservation Importance [J]. Ecosystem Services, 2013 (5): 51 -57.

[135] Pepperdine, University, Malibu et al. Corporate Social Responsibility and Corporate Fraud [J]. Social Responsibility Journal, 2017, 21 (5).

[136] Pomeroy R S, Katon B M, Harkes I. Conditions Affecting the Success of Fisheries Co-management: Lessons from Asia [J]. Marine Policy, 2001, 25 (3): 197 -208.

[137] Reed M S, Allen K, Attlee A et al. A Place-based Approach to Payments for Ecosystem Services [J]. Global Environmental Change, 2017 (43): 92 -106.

[138] Reyes - García V, Fernández - Llamazares Á, McElwee P, Molnár Z, Öllerer K, Wilson S J & Brondízio E S. The Contributions of Indigenous Peoples and Local Communities to Ecological Restoration [J]. Restoration Ecology, 2018 (27).

[139] Ribot J C. Democratic Decentralization of Natural Resources: Institutionalizing Popular Participation [M]. Washington, D C: World Resources Institute, 2002.

[140] Ribot J C. Markets, States and Environmental Policy: The Political Economy of Charcoal in Senegal [M]. Berkeley: University of California Press, 1990.

[141] Robinson E, Albers H, Meshack C et al. Implementing REDD Through Community-based Forest Management: Lessons from Tanzania [J].

Natural Resources Forum, 2013 (37).

[142] Seymour F, La Vina T & Hite, K. Evidence Linking Community-Level Tenure and Forest Condition: An Annotated Bibliography [M]. San Francisco, CA, USA: Climate and Land Use Alliance, 2014.

[143] Shang W, Gong Y, Wang Z et al. Eco-compensation in China: Theory, Practices and Suggestions for the Future [J]. Journal of Environmental Management, 2018 (210): 162.

[144] Sivaramakrishnan K R H. Of Myths and Movements: Rewriting Chipko into Himalayan History [J]. Environmental History, 2007, 7 (2): 1893 - 1894.

[145] Soeftestad L T G C D. Community - Based Natural Resource Management (CBNRM) [R]. Washington D. C. : World Bank Institute.

[146] Suich H. The Effectiveness of Economic Incentives for Sustaining Community Based Natural Resource Management [J]. Land Use Policy, 2013 (31): 441 - 449.

[147] Tacconi L. Redefifining Payments for Environmental Services [J]. Ecological Economics, 2012 (73): 29 - 36.

[148] Terborgh J N - I G, Pitman N C A, Valverde F H C, Alvarez P, Swamy V, Pringle E G, Paine C E T. Tree Recruitment in an Empty Forest [J]. Ecology, 2008, 89 (6): 1757 - 1768.

[149] Terborgh J, Peres C A. Do Community - Managed Forests Work? A Biodiversity Perspective [J]. Land, 2017, 6 (2): 22.

[150] Turpie J, Letley G. Would Community Conservation Initiatives Benefit from External Financial Oversight? A Framed Field Experiment in Namibia's Communal Conservancies [J]. World Development, 2021 (142): 105442.

[151] Wunder S, Engel S, Pagiola S. Taking stock: A Comparative Analysis of Payments for Environmental Services Programs in Developed and Developing Countries [J]. Ecological Economics, 2008, 65 (4): 834 - 852.

[152] Wunder S. Payments for Environmental Services: Some Nuts and Bolts [J]. Practitioner, 2005, 239 (1548): 206 - 208.

[153] Wunder S, The B D, Ibarra E et al. Payment is Good, Control is Better. Why Payments for Forest Environmental Services in Vietnam Have so far Remained Incipient [M]. 2005.

后　记

一

习近平总书记2022年5月在中国人民大学考察时强调："要以中国为观照、以时代为观照，立足中国实际，解决中国问题，不断推动中华优秀传统文化创造性转化、创新性发展，不断推进知识创新、理论创新、方法创新，使中国特色哲学社会科学真正屹立于世界学术之林。"遵循总书记的指示，我认为作为自然资源管理领域一名应用社会科学工作者，至少肩负着两个重要责任。

第一，真正懂得人类自然资源管理社会科学理论、方法和实践，尤其是以欧美为代表的西方国家，理解西方社会科学理论和方法问题溯源、萌芽、发展演化的历史逻辑和发展规律，吸收趋向一定普适性、真理性知识，借鉴扎根于西方政治社会经济文化脉络中的地方性知识。全球生态环境问题，包括自然生态系统退化、气候变化、生物多样性下降和以塑料、化肥、农药等为代表污染增加，成为全球性政治优先话题。近三十年，中国在污染控制、生态系统修复、森林面积增长，以光伏、风电、电动汽车为代表的绿色产业的发展引起了国际环境政治学界高度关注，西方学者为此创立了环境威权主义学说、环境民主主义学说等政治视角诠释中国生态环境保护、绿色发展所取得的成就。这些学说将中国定位在与西方不同的国家，助推了西方社会对中国的误解，为美欧政治家更新对华政策提供理论依据，提出极高的要价，逼迫中国政府承担超出应当承担的全球生态环境义务。尽管本书没有介绍西方环境威权主义学说，但本书本质上是将西方维权主义学说作为靶向，用西方学者听得懂的主流前沿学术逻辑提出我们的立场、理论和方法。

第二，扎根近八十年来，中国共产党领导中国人民开展生态环境工作的伟大实践和伟大创造，面向美丽中国和国家现代化目标，归纳和总结出具有世界意义的，能与西方生态环境社会科学家进行对话的我们的立场、理论和方法。这突出体现在基于中国基层在激情燃烧的建设年代、波澜壮阔的改革岁月中生发出的生态环境建设优秀案例，提炼和归纳统筹经济发展和生态保护的政府机制、市场机制、社会机制和社区机制协同的中国故事、中国方案、中国实践和中国理论，为全球环境管理，尤其是发展中国家环境管理理论和方法提供一条崭新的选择。

本书不完全是针对中国学者的，将来会翻译成英文、德文和西班牙文。

坦率地说，我尚没有足够的理论素养将中国实践、中国故事、中国方案凝练出对全球生态环境管理具有重大理论意义的逻辑。我愿意成为生态环境管理构建中国自主的知识体系金字塔的一粒沙、一块石头，求真务实，为现代化美丽中国建设系统性整体性理论体系构建提供合格的元素、培肥土壤。这就是本书的深层次用意。

中国必须是世界发展、和平、文明的中坚力量之一。人类社会正处于前所未有的世界之变、时代之变、历史之变，中国发布了全球发展倡议、全球安全倡议、全球文明倡议，构建人类命运共同体，推动人类现代化和人类文明进步。习近平主席在2023年新年贺词中指出："今天的中国，是紧密联系世界的中国"，郑重宣示中国"坚定站在历史正确的一边、站在人类文明进步的一边，努力为人类和平与发展事业贡献中国智慧、中国方案。”同时必须冷静地看到，工业革命以来，尤其是第二次世界大战结束后，美西方建立，并企图霸占人类对和平、发展和文明及其内涵的解释权。中国快速崛起，令不少包括日本在内的美西方国家不适应，不愿正面迎接百年未有之大变局，不愿与中国分享世界和平、发展和文明的定义权、解释权和话语权。美西方将之纳入与中国激烈竞争的领域。面对美西方，我国必须坚决维护自身的发展利益、和平诉求和对中国特色现代化文明向往。

而环境问题是美西方的软肋，近现代资本主义文明是与全球生态环境问题不断恶化相伴随的。工业革命以来，人类持续消耗不可再生资源，工业污染大量排放，大量使用化学品，导致空气、土壤、水域等生态环境系统全面恶化，环境污染由点到面，从英国、欧洲大陆逐步蔓延到地球的每一个角落，叠加接续转化为气候变化、生物多样性锐减、森林湿地海洋等生态系统退化、土地荒漠化、冰川融化等全球性生态问题。自20世纪中叶始，美西方主导致力于探索可持续发展的道路，期待扭转生态恶化的趋势，消除绝对贫困和饥饿，减少不平等，缓解技术圈和生物圈失衡。学者和专家们提出了可持续发展、包容式发展、绿色发展等理念，生发形成了集体行动、治理、转型、耦合、社会生态系统等有影响力的概念和理论。联合国和各国政府达成了千年发展目标（MDGs）和可持续发展目标（SGDs），初步建成了国际环境治理框架体系。各国大力发展清洁和可再生能源，改革生态环境治理体系，实施大规模生态修复恢复工程等举措，以期阻止生态环境恶化的趋势。然而，正如联合国秘书长古特雷斯2023年在全球气候峰会上说，人类打开了通往地狱的大门，人类该到了与自然和解的时候了。古特雷斯还说，与自然和平相处，是未来几十年起决定性作用的任务。我常与西方学者说：当代生态环境管理思想、理论和方法源于西方，殖民全球，把地球生态环境搞脏了、半死不活了，请给东方人机会。受联合国环境署邀请，我参与到全球环境展望7报告编制的专家组中。受联合国成员国的要求，这次报告第一次聆听土著知识和地方知识的声音，包括用他们的知识体系诠释人类生态环境过去、现在和未来。在这个过程中，最难的就是如何克服西方环境思想、理论和方法所形成的固有范式、话语和逻辑的藩篱，真正准确地被已完全被西方知识体系所洗脑的来自全球所谓科学家，尤其是发展中国家所谓的学者所理解。能用西方思维、理论和方法并能与西方学者交流的来自发展中国家的学者都是在西方教育背景下成长起来的。西方学者深知：人类正拥抱在一起，走向地狱，走向灭亡。人作为一个物种，不可能逃避灭亡，但总不能糟蹋自己，让人这个物种早亡。我想无论美西方怎么拉长与中国激烈竞争的清单，也不能把全球生态系统管理思想、理论和方法纳入其中。没有相互理解、没有相互尊重，就没有真正的交流对话，不可能共商共建共享一个美好的地球。

我坚信创建具有中国自主的生态环境管理理念、理论、方法知识体系，与世界各国命运与共，把自身生态环境解决和建设人与自然和谐共生现代化置于走出人向自然开战泥沼、全球人类与自然和解的坐标系中，促进世界繁荣稳定、天地人和睦，中华民族会重新回到世界中央。

二

2019年3月23日，习近平总书记访问意大利时指出："我们对时间的理解，是以百年、千年为计"。近代中国发生了天翻地覆的变化，从被迫打开国门到引领全球化进程，通过反帝反封建的革命斗争实现了民族独立、人民解放，从站起来到富起来、强起来。引入了当代科学、民主、工业、城市、现代性、社会转型，中国政治、经济、社会、文化、人民生活发生了根本性、实质性转轨。从吸收人类文明成就、融入世界发展进程迈向具有自主知识体系哲学社会科学指导下的中国特色现代化实践，中国正经历从革命史叙事向中国特色现代化叙事的范式转换。作为生态环境管理社会科学工作者，我认为中国人和中国社会近现代巨变，本质上的变化是人与自然关系模式的深刻转型①。

2021年4月22日，习近平总书记在“领导人气候峰会”上讲话时指出：“中华文明历来崇尚天人合一、道法自然，追求人与自然和谐共生。”中华文明源远流长、生生不息，而天人合一理念集中体现着中华民族对自然及人与自然关系的根本看法。庄子说：“天地与我并生，而万物与我为一”，认为人可以“与天地精神往来”。2017年，我在浙江温州刘伯温铜像广场瞩目“通天地人”许久，置于美如天堂的仙境中，只觉羞愧难当，我们这代人不知不觉中做了不孝子孙。《周易》中的“道”，综合天道、地道、人道，其中“天地”是万物之母，一切皆由其“生生”而来，“生生”是“天地”内在的创生力量。天道、地道、人道既是一个不断创生的系统，也是一个各类物种和谐共生的生命共同体，这就从自然规律的角度阐释了天人合一是否可能的问题②。天人合一强调整个世界的有机关联，人不是孤零零的存在，人与草木、鸟兽、山水、沙石同在。

19世纪中叶前，我国失去了工业革命带来的发展机遇。西方受人类中心主义主导，认为人是对立于自然的，自然是人认识、利用和改造的对象，欧盟率先进入工业文明时代。从19世纪中叶至20世纪中叶，百余年间，我国从一个占全球GDP约1/3的大国，跌落至新中国成立之前的不足5%。中国被甩出了世界发展的主干道，沦为西方帝国主义争斗的牺牲品和强取巧夺的羔羊，滑落为世界上最贫困的国家之一，根本没有条件进行国家建设和生态环境保护，更无暇顾及自然的感受，不可能遵循自然的法则、祖宗的教诲，更没有可能操行“治山方可治国”

① 王利华．关于中国近代环境史研究的若干思考——“近代中国的人与自然”笔谈（一）［J］．近代史研究，2022（2）．

② 郭其勇．天人合一的内涵与时代价值［N］．人民日报，2022-06-20．

的为政之道。20 世纪中叶前，作为山西土皇帝、地方军政长官的阎锡山鼓励种树，大家就用草包裹树枝，木棍插在地上冒充树苗。1918 年冬，阎锡山到阳泉考察，公路两旁整齐的“树苗”正迎着寒风向他张望。“阳泉孙知事还给作假，”阎锡山叹息了一声，“别人连假也不作”（景占魁，2008）。一个世纪有余，频繁发生兵荒马乱，天灾、人祸，帝国主义贪婪和封建主义固守撕咬着这片土地。欧洲人类中心主义思想与现代科学、技术、法律、制度、生活方式、工业和服务等不断涤荡着中国人和社会思想底色，从尊祖训、守孝道到洋务运动、中体西用，从天人合一到人定胜天，从自给自足到商品经济，新中国成立时山河破碎、经济凋敝，百废待兴。新中国成立后，反封建社会改造更加深入、更加彻底，在资源匮乏、生态退化、山河破碎的基础上，中国用一个多世纪完成了欧洲社会约 500 年的旅程，尽管有一些粗糙，实现了社会和人全面世俗化、工业化、现代化和全球化的过程。中华数千年文明中，诸如“天人合一”“通天地人”等人与自然关系逻辑思想受到了西方人类中心主义的冲击。而过去的一个半世纪，我国技术圈和所支持的人文、社会科学体系与自然的张力趋于极限。

新中国成立 75 年来，中国共产党领导中国人民成功摆脱压迫、奴役、饥饿和贫困，国家日益富强，民族全面复兴，一直没有放松解决长期积累的生态问题，保护自然环境，协调人与自然关系。随着生态环境保护成为基本国策，特别是习近平生态文明纳入宪法、党章，新时代以绿色为底色的高质量发展赋予了生态资源管理者新的学术使命。继承和发展中华民族优秀传统，赋予“天人合一”“通天地人”新的内涵，提炼传统生态智慧。吸收当代人类一切优秀文明成果，适度改良人类中心主义。构建面向中华民族伟大复兴的人与自然和谐共生现代化新型人与自然的关系。习近平生态文明思想三大理念：绿水青山就是金山银山，尊重自然、顺应自然、保护自然，绿色发展、循环发展、低碳发展，是探索和构建新型人与自然关系的基本指引。

三

《绿水青山之路》案例是中国共产党领导中国人民治理破碎山河、退化生态恢宏篇章中精选出的几朵美丽的花。这些生态修复、恢复和保护的案例不一定是最好的但无疑是成功的，这些案例都客观地展示了中国共产党人或共产党领导人民开展生态修复、恢复和保护的一个侧面。河北塞罕坝、山西右玉、宁夏王有德劳模一定程度上代表了中国共产党人对初心使命的坚守，而其他案例则展示了在中国共产党领导下，以人民性的原则积极探索市场机制、社会机制、社区机制开展修复、恢复和保护生态增进人民福祉、建设美丽中国感人画卷。

坦诚地说，我们这一代中国知识分子，尤其是像我这样完整接受西式现代科学教育的学者，崇拜西方思想、科学、方法，或多或少都会赞美西方现代性。然而，在与西方学者长期共事的过程中发现，他们对西方现代性文明弊端的理解更为深刻，尤其西方现代性与全球生态环境恶化直接相关，部分西方学者对人类中心主义、资本利润至上、单纯工具理性、单向度的人、物质主义、消费主义等的批判更为激烈。我们全面引入西方现代化元素改造社会经济和人民的生产生活，其所带来生态环境恶化的深刻感悟（如雾霾、水污染和毒土壤），让我们这一代生态环境管理学者陷入了迷茫彷徨、价值悖论和思想纠结。随着年龄的增长，对源于西方的理论、方法普适性的怀疑加深。

西方政治学者创建了环境威权主义学说诠释中国生态环境事业所取得的重大进步，这我不认同。环境威权主义和环境民主主义学说遵循了西方学界一贯的逻辑，将事物一分为二，不能为全球环境问题的缓解和解决提供一个可借鉴可互学的合二为一的思想、理论和方法的科学范式。为此，我创建了政府机制、市场机制、社会机制和社区机制协同学说。从底层看，全球生态环境管理基础逻辑是一致的，总是政府、市场、社会和社区合作的结果。只是在世界不同的地方，政府、市场、社会和社区机制合作或冲突内容、方式各异而已。

本书中介绍的社区机制是基于中华民族存留的集体主义逻辑、性本善文化等引入西方现代理念杂交而成。它们在实践中充满东西方文化底色、利己和利他、个人主义和集体主义、性本善和性本恶的张力。在实践中成功的概率不高，效率很低。事实上，实践中，社区机制尚没有得到充分的重视。中国的社区机制应发挥出当有的魅力，有效推进人与自然和谐共生，而不应让市场机制和社会机制完全遵循西方现代性思想、理论和方法。我们这一代迷恋西方式市场，照搬了西方市场生态环境管理的学说、理论和方法，强行在中国的不同场景下推动，客观地说，学者眼中美丽的生态环境市场与现实中生态环境市场完全不是一码事。我们的生态环境管理极其独特的是政府机制。为此，旨在为中国特色社会主义生态文明建设自主知识体系构建，从本书案例中可以提炼出以下观点。

（一）不断拓展和提升全社会绿色公共价值

在新自由主义泛滥全球的背景下，使习近平生态文明思想“坚持人与自然和谐共生”“绿水青山就是金山银山”“良好生态环境是最普惠的民生福祉”“山水林田湖草是生命共同体”“用最严格制度最严密法治保护生态环境”“共谋全球生态文明建设”等生态文明建设的原则成为全体中国人民共同的价值追求、国家建设和发展的根本目标、中国特色社会主义现代化进程的特质，深刻揭示了中国特色生态文明新经济对公共价值的注重。公共价值导向的生态文明新经济是对市场化经济的超越，它既包含着市场经济要素，同时也注重被市场力量所忽视的自然的价值和对弱势群体的关怀。在新公共管理日益将政治经济化和市场化的当下，倡导公共价值和公共利益是对利润最大化的市场贪婪弊病的有效制衡。政治乃是集体生活，人们需要集体思考我们将如何共同生活，而不是以市场化的个人理性，去考虑个人如何获得最大化利益。公共价值导向是对建立在个人理性经济人基础上的各类西方理论的一种反思，个人理性导致公地悲剧和集体行动困境，集体理性需要建立在公共价值之上。有着公共价值导向的政党、国家和社会组织，生态文明经济追求的是社会福利最大化和人与自然的和谐发展，而不是个人利润最大化。在一个公共价值导向的生态经济平台上，市场运行规则只是其中的一个部分，其将有效地保障生态经济的可行性，同时还包含政治运行规则和社会非营利运行规则，政治规则为公共价值提供合法性，并给予其和政治权力相关的资源，例如政治强制力征收的税收用于公共价值，或者是违反公共价值将强制性惩罚；也包含着社会非营利运行规则，即各类社会组织及个人为了公共利益，自愿贡献自己的时间和资源。生态文明价值理念要融入社会和组织运行和发展中去，生态正义和公平成为社会和组织分享责任、共享利益的重要准则。“像保护自己眼睛一样保护自然”等价值理念成为中国人的核心价值认同和行为规范。

生态修复恢复具有明确的公共价值。王有德劳模和马鞍山项目、塞罕坝提供了鲜活公共价值引领生态文明建设标杆，成为治沙精神、爱国主义精神、科学家精神教育基地，党政机关、事业单位、大中小学等的爱国和生态文明的教育基地。百笈滩、塞罕坝、库布齐、右玉可视为一个中国特色社会主义生态文明建设的样本，通过勤劳奋斗，把物质生产、生态文明、社会进步和精神文明建设有机统一起来，为中国特色人与自然和谐共生现代化建设展示了参照模式。

（二）中国共产党坚守初心使命，人民是生态环境的建设者、保护者和受益者

西方资本主义政党，或多或少被利益集团绑架，易陷入利益纷争，而忽视长期公共价值和全球福祉。无须讳言，为了尽快改变旧中国贫穷落后的面貌，在赶超型的经济发展战略指引下，我国也提出过一些“征服自然”“向自然宣战”的口号等激进主义发展主张，毁林开荒、围湖造田、环境污染，对自然生态环境造成了很大的破坏。《毛主席论林业》从多方面论述了林业的重要地位，向全国人民发出了“绿化祖国”的伟大号召，形成了科学自然、行之有效的毛泽东林业思想。党的十八大以来，以习近平同志为核心的党中央将生态文明纳入五位一体总体布局，以强烈的问题意识、改革意识、人民意识和辩证意识，开辟了中国特色社会主义生态文明建设的世界观、价值观、方法论、认识论和实践论，以习近平生态文明思想形成了关于生态文明建设科学完整的理论体系。领袖的人民情怀、国家情怀和全球胸怀佐证着中国共产党人百年不变的“绿色梦想”。回顾新中国成立七十周年发展进程，中国共产党始终是环境保护和生态文明建设事业的领导力量。党的主张反映时代的呼唤，顺应时代发展的潮流，生发出新时代的全民公共价值。党的建设生态文明的主张经人民的同意上升为国家意志，取得了对全社会的普遍约束力，不断推动我国生态文明建设迈上新的历史台阶。

放眼中国生态脆弱带、中国少林地区，在过去一个多世纪激烈的动荡中由绿变枯，又由枯变绿了。尽管这些地方自然生态系统极度退化了，但都在 1949 年以后逐渐变绿，塞罕坝、右玉、白笈滩、库布齐就是其中典型的代表。这蕴含着共性的规律，但凡成功的生态恢复都是一代接一代中国共产党人率领人民接力奋斗的历史，并深深嵌入我国政治、经济、科技制度系统中。

百笈滩之于王有德劳模、塞罕坝三代务林人、右玉二十一任县委书记，他们都是中国共产党人的优秀代表、中华民族的优秀儿女。他们体现了艰苦奋斗、不怕牺牲、勇于奉献、甘做人梯的精神，努力为人民服务、为国家建功立业的情怀。得到人民的信任，才能让共产党人将一盘散沙、处于积贫积弱的人民有效组织起来，修复恶劣的自然环境。在山西右玉，一代又一代县委书记和县长们，始终围绕修复生态、为人民谋福利，把人民群众的根本利益作为谋划发展的出发点和落脚点，热爱人民、忠于人民、尊重人民、依靠人民、为了人民，充分彰显了中国共产党党员干部的为民情怀，坚持了正确的政绩观、荣辱观，始终保持“为人民服务”的初心和宗旨，而生态建设的成就客观地体现在“始终”两字。

诸如右玉、塞罕坝、百笈滩，70年来的绿化历程是一场马拉松，党竖起生态建设的大旗，党员带头奔跑在前方，而这场旷日持久的长跑主体是广大人民群众，人民群众的广泛参与则是生态建设落到实处的根本保证和力量源泉。人民群众是历史的主人，他们既是生态建设的执行者，也是生态建设的直接受益者。生态建设要深入持久地发展下去，就需要全民的广泛参与，就要依靠人民群众的力量。人民群众具有强大力量，在生态建设中通过宣传、动员、引导、组织，调动起广大人民参与的积极性，充分发挥其主观能动性，让人民亲自参与到生态建设“建设—管理—维护—受益”的全过程，因此，生态建设才能落到实处，才能大规模大范围地开展。

（三）生态文明建设是科学和激情融合的结果

塞罕坝、右玉、百笈滩案例具有一个共同的特点是党的领导干部和人民群众都表达出对科学和技术的渴望，对知识分子的尊敬，而知识分子吸收了党和人民革命的热情，并与对科学技术的探索合二为一。那是正规培训出来的一代大学生实打实结合了革命的浪漫主义、理想主义和技术的理性主义“疯疯癫癫、痴痴呆呆、傻傻呼呼”地干出来的，他们在实践中成为真正一代科技工作者，把论文写在了祖国大地上。他们对科学的理解有天然的缺陷，他们还没有闲暇并琢磨科学到底是什么，但对科学本身的价值——实用性，是深入灵魂的。其实我们这一代人总体来讲应当感到自愧，既缺乏科学之魂，又缺乏科学之用，而将科学变成了自我目标实现之器。

在我学术生涯早期，曾与联合国粮农组织、世界银行、欧盟委员会、联合国发展署、环境署的工作者一起在中国及其他发展中国家针对严重退化或与右玉、塞罕坝一样被判定为不宜人类生存的地方，试图通过生态系统的恢复让经济发展、生计改善与生态系统康复走向正途，提出了“一揽子”的组合方案包括社区参与、能力建设、传统知识与现代科技融合、技术推广体系创建、金融支持、基础设施提升、创业者精神培育、合作精神的重塑、多部门合作、制度和文化培育等。我们提出的方案或多或少影响到国际技术援助项目的方案设计和执行，影响到了世界银行、亚开行、德国复兴银行等国际财政援助机构项目框架。研判右玉、塞罕坝、百笈滩生态建设的成功实践，回过头来想，这些方案不免有些天真。右玉有近2 000平方公里的面积，超过3/4的土地已经沙化，在如此大的空间中，用高强度技术援助和财政援助项目造一盆景、绣一朵花是可能的，但没有造“景”社区丰厚的自我组织能力和社区干部的领导力是不可能成功的。“景”造出来了，淹没在广袤的生态退化系统之中，缺乏系统的制度和市场支持，一定会枯萎而去。

实事求是是技术的灵魂，要实事求是，要解决问题。塞罕坝第一代林业工作者有一批从学校正规培养出来的，他们学的就是基于法正林的系统林学知识。法正林原产地德国也经历了从毁林到恢复的过程，而法正林正迎合了这一趋势。1990年后，塞罕坝试图引入德国近自然森林经营思想，改造一代人工林。总体上，从现在的观点去看是成功的。塞罕坝机械化林场的成功就是德国的营林思想+中国人的奋斗精神，至今塞罕坝身上还没有流淌中国人的哲学、科学和技术思想。塞罕坝需要积极探索符合自身定位的迎合市场需求的（包括生态旅游）森林管理思想和实践，需要寻找中国人对科学精神的理解和技术致用的探索。

（四）规划引领、实事求是、循序渐进

生态建设一旦成为党的意志、人民期待，就能够纳入国家和地方社会经济发展长期和五年计划中。我国的中长期规划，每一个五年规划都成为社会经济生态等各项事业发展的重要载体。这是自新中国成立以来党的一个十分重要的治国理政的工具。我国已将生态文明建设纳入2035年远景规划和“十四五”规划中。在“十四五”期间，将深入贯彻习近平生态文明思想，坚持“绿水青山就是金山银山”的理念，实施可持续发展战略，完善生态文明领域统筹协调机制，全面推进生产生活方式绿色转型，使发展建立在高效利用资源、严格保护生态环境、有效控制温室气体排放的基础上，推动我国绿色发展迈上新台阶。国家总体规划会全面体现在各部门和地方社会经济发展规划中，并得以落实。

在山西右玉，规划的作用体现得特别明显。70年来，县委班子一任接着一任，坚持生态建设，一个重要的抓手，就是规划。第一个十年规划，提出了“哪里能栽哪里栽，先让局部绿起来”的口号，号召全民广泛植树。第二个十年规划，“哪里有风哪里栽，要把风沙锁起来”。第三个十年规划，右玉作为国家“三北”防护林建设重点县，“哪里有空哪里栽，再把窟窿补起来”。第四个十年规划，走多林种、多树种、多草种、高效益的大林业路子。第五个十年规划，林业建设由生态防护型向生态经济型转移。第六个十年规划，走生态建设、人居环境、经济效益三者科学发展之路。第七个十年规划，右玉县把生态文明建设作为打赢脱贫攻坚战，全面建成小康社会的关键举措，在“巩固绿、提升绿、依靠绿、展示绿、享受绿、打造绿”上做文章，越来越多的群众因绿脱贫致富。

退化生态系统恢复需要较长的时间，必须具备持之以恒、滴水穿石的精神，依实事求是、循序渐进的原则实施退化生态系统的修复，右玉是其典型。第一个三十五年，右玉需要解决让4万人民在破坏生态系统

中活下来，而不是富起来、美起来，甚至追求高级的自然生态和人类社会发展的平衡。强调先绿起来，只有绿起来了，地才能打粮食，人才能活下来。1983 年，右玉人均粮食达到了 1 000 斤，人民才过上了真正饱食的日子。此后，调整农业结构、产业结构向适应自然资源特色、迎合市场需求的方向迈进。先解决种上树、种活树，其次解决优树壮苗，提高造林标准，提升森林质量，再向绿色自然化、景观化改善，迈向土地利用结构合理化、产业结构合理化新的旅程。回顾本书中所有案例生态建设历程，就是一个实事求是、循序渐进的生态事业过程。生态建设不是一蹴而就、异想天开的做“盆景”、绣“花坛”的事情。

（五）生态劳动创造生态价值

经典资本主义生产是将劳动力视为资源，将土地、材料、技术、资本和管理作为生产要素，而劳动异化为劳动者谋生和资本家获取剩余价值的手段，导致人与自然物质变换断裂，劳动成为反自然的存在，劳动的反自然性造成了全球生态环境危机。生态劳动者应当遵循生态伦理，树立尊重自然、顺应自然和保护自然的生态文明理念，增强人对自然的责任感，进而调整自己的行为，以生态劳动来发展生产力，创造生态化的物质、精神和文化财富，不断满足人民对于美好生活的需要。社会主义生态文明视域中的劳动，摒弃了对自然和劳动的奴役，是人对劳动美的追求，是人与自然交换物质、信息和能量的中介。生态劳动者嵌入马鞍山项目的王有德劳模精神生动诠释了马克思主义的劳动观。真正体现出劳动者的自主性。劳动不再是异化的、外在的、脱离了人的本性的东西，劳动者通过自己的劳动肯定自己，在劳动中感受幸福，在劳动中体现人与人的平等关系。劳动对象从物化的自然拓展到人与自然构成的物化和非物化资料，尤其是非物化人的因素，如呵护自然、和谐共生、科学精神、社区价值等。这些都丰富和发展了马克思主义关于劳动和生产力的学说。在当下中国不少人热衷于金融改造生态产品的价值实现，为金融业找到开疆拓土新领域。宣传买卖空气挣钱，点手机卖碳汇收钱，鼓励金融炒作，这都不符合中国特色社会主义本质要求。只有更多像王劳模这样的生态劳动者，传播生态知识，践行生态伦理，催化行动者生态意识和行为，催生生态集体行动，实现人与自然之间的良性物质变换，把满足人的生存、发展和审美需要与促进大自然的生生不息相统一，保护、恢复和修复生态环境，才能更好地创建中国特色的人与自然和谐共生的现代化国家。

生态劳动目标包含修复、恢复和维护生态系统。生态劳动是人的目的与自然的目的的有机统一，在满足人自由而全面发展的同时，要修复、恢复和维护子孙万代同享的美丽、和谐、多彩、复杂的自然，形成全民分享、世代传承的人与自然和谐共生的生动局面。传统三次产业均是以满足人的需求为核心价值的，而生态生产第四产业是以包括人类与自然生态系统在内的人与自然生命共同体为服务对象的，以促进人与自然和谐共生、增进人类福祉和生态系统服务保值增值为根本目标的。这是对劳动目标变革型的跃升。在人类生产的历史长河中，通过征服和改造自然获得适合需要的物质资料，在近现代资本主义快速崛起的时期，呈现出劳动和资本共谋，过快消耗了生态资源。而马鞍山项目呈现出了生态劳动目标，不再单纯为了满足人的物质和精神生活需要和人类的生存和延续，而是突出了修复、恢复和维护自然生生不息，让人与自然生命共同体共生共存共荣，创造出了人与自然和谐共生现代化的美好愿景。